Grundwissen Mathematik 2

Herausgeber

G. Hämmerlin, F. Hirzebruch, M. Koecher,
K. Lamotke (wissenschaftliche Redaktion),
R. Remmert, W. Walter

Max Koecher

Lineare Algebra und analytische Geometrie

Zweite Auflage

Mit 35 Abbildungen

Springer-Verlag
Berlin Heidelberg New York Tokyo
1985

Max Koecher
Mathematisches Institut
Universität Münster
Einsteinstraße 62
D-4400 Münster

ISBN 3-540-13952-4 2. Auflage
Springer-Verlag Berlin Heidelberg New York Tokyo
ISBN 0-387-13952-4 2nd edition
Springer-Verlag New York Heidelberg Berlin Tokyo

ISBN 3-540-12572-8 1. Auflage Springer-Verlag Berlin Heidelberg New York Tokyo
ISBN 0-387-12572-8 1st edition Springer-Verlag New York Heidelberg Berlin Tokyo

CIP-Kurztitelaufnahme der Deutschen Bibliothek
Koecher, Max:
Lineare Algebra und analytische Geometrie / Max Koecher. - 2. Aufl. -
Berlin ; Heidelberg ; New York ; Tokyo : Springer, 1985.
(Grundwissen Mathematik ; 2)
ISBN 3-540-13952-4 (Berlin ...)
ISBN 0-387-13952-4 (New York ...)
NE: GT

Satz: Buchdruckerei Dipl.-Ing. Schwarz' Erben KG, Zwettl
Druck- und Bindearbeiten: Beltz Offsetdruck, Hemsbach/Bergstraße
2141/3140-543210

Vorwort

Dieses Buch wendet sich an alle, die durch Neigung oder Pflicht mit der Mathematik verbunden sind: Es soll

- Studierende der Mathematik in Haupt- und Nebenfach,
- Lehrer für Mathematik oder Physik an weiterführenden Schulen,
- ausgebildete Mathematiker und cum grano salis,
- interessierte Laien

ansprechen. Aus ihm kann man als Anfänger die Grundzüge der linearen Algebra und der analytischen Geometrie lernen. Es eignet sich dann gleichermaßen zur Weiterbildung, zur Vorbereitung auf Prüfungen im Hochschulbereich und als bescheidenes Nachschlagewerk für grundlegende algebraische und geometrische Begriffe. Selbst manche Begriffe und Ergebnisse der Analysis findet man in die lineare Algebra eingeordnet. Das Kapitel 4 (Elementar-Geometrie) und Teile der Kapitel 1, 2 und 7 sind darüber hinaus für Aufbau- und Leistungskurse in weiterführenden Schulen sowie für Proseminare gut geeignet.

Aber auch der ausgebildete Mathematiker wird hin und wieder neue Gesichtspunkte der linearen Algebra oder analytischen Geometrie entdecken und historische Bezüge kennenlernen. Das ausführliche Inhaltsverzeichnis gibt eine gute Übersicht über den behandelten Stoff.

Vom Inhalt her unterscheidet sich das vorliegende Buch von den meisten Büchern zur linearen Algebra:

- Der algebraische Teil ist nicht Selbstzweck, sondern versucht die Aspekte der linearen Algebra hervorzuheben, die auch für andere Teilgebiete der Mathematik wesentlich sind.
- Von Anfang an wird auf wichtige Beispiele aus der Analysis besonderer Wert gelegt.
- Der Matrizen- und Determinantenkalkül wird in teilweise neuer Form dargestellt.
- Die analytische Geometrie in der Ebene und im Anschauungsraum hat neben den euklidischen Vektorräumen ihren Platz. Die sphärische Geometrie kann als Anwendung des Vektorproduktes kurz dargestellt werden.
- In Beispielen und Anmerkungen wird auf Anwendung der linearen Algebra und auf weiterführende Theorien hingewiesen.

Nicht zuletzt werden häufig

- historische Bezüge

aufgezeigt: Dabei geht es nicht nur um Angabe von Lebensdaten berühmter Mathematiker. Die Einführung des abstrakten Vektorraum-Begriffs durch H. GRASSMANN im Jahre 1844 oder die Erfindung der Matrizenrechnung durch A. CAYLEY im Jahre 1858 wird z. B. ausführlich dargestellt und mit Zitaten belegt. Zu den historischen Bemerkungen muß allerdings gesagt werden, daß die Zitate zwar immer belegt sind, daß die Quellen dafür aber oft der Sekundärliteratur entnommen sind.

Die beabsichtigte Beschränkung dieses Buches auf knapp 300 Druckseiten erforderte, daß nicht nur unwichtige Teile des in Frage kommenden Stoffes weggelassen werden mußten: So konnte z. B. die projektive Geometrie und die multilineare Algebra nicht aufgenommen werden. Trotzdem glaube ich, daß das *Grundwissen zur linearen Algebra und analytischen Geometrie*, welches in einer zweisemestrigen Vorlesung behandelt werden sollte, durch das vorliegende Buch bereitgestellt wird.

Auf die im Kleindruck gesetzten Absätze wird an späterer Stelle kein Bezug genommen. Die mit einem Stern gekennzeichneten Abschnitte können und sollen bei der ersten Lektüre (z. B. als Studienanfänger) übergangen werden. Diese Stellen geben dem fortgeschrittenen Leser unter anderem zusätzliche Hinweise auf Zusammenhänge zu anderen mathematischen Theorien.

Ein Zitat 3.4.2 bedeutet Abschnitt 2 im Paragraphen 4 des Kapitels 3. Innerhalb eines Kapitels wird die Kapitelnummer, innerhalb eines Paragraphen die Paragraphennummer weggelassen, entsprechend wird innerhalb eines Abschnittes verfahren.

Bei der Abfassung des Manuskriptes wurde ich von Mitarbeitern und Kollegen tatkräftig unterstützt: Den Herren Dr. J. HEINZE, J. MEYER-LERCH, Dr. E. NEHER danke ich für eine kritische Durchsicht von Teilen des Manuskriptes. Herr H. PETERSSON und besonders die Herren R. REMMERT und K. LAMOTKE haben den vollständigen Text kritisch gelesen und oft nützliche Vorschläge gemacht. Ihnen gilt mein besonderer Dank. Herrn A. KRIEG danke ich für die Mitarbeit bei den Korrekturen und dem Verlag für sein besonderes Entgegenkommen. Schließlich danke ich meiner Tochter Martina für die Anfertigung der Federzeichnungen.

Die vorliegende 2. Auflage wurde durch weitere Aufgaben und durch den Abschnitt 8.7.5 ergänzt. Dank gilt allen Kollegen, deren Hinweise es erlaubten, die Zahl der Druckfehler zu vermindern.

Tecklenburg, 20. 10. 1984 M. Koecher

Inhaltsverzeichnis

Teil A. Lineare Algebra I

Teil B. Analytische Geometrie

Kapitel 1. Vektorräume

> Ein Begriff kann nicht auf immer neue Bestimmungen zurückgeführt werden mit immer umfangreicheren Erklärungen (Aristoteles, 384–322).

Einleitung. In diesem ersten Kapitel werden die Anfangsgründe der Theorie der Vektorräume – oder wie man auch sagen könnte – die *elementare* Theorie der Vektorräume dargestellt. Damit sind neben den relevanten Definitionen und Bezeichnungen die Herleitung der Ergebnisse über Basen und Dimension sowie erste Aussagen über Homomorphismen gemeint. Ausdrücklich vermieden werden hier komplexere Begriffe wie Quotientenraum und die Isomorphie-Sätze.

Die vorliegende „elementare" Theorie der Vektorräume ist keineswegs in dem Sinne elementar, daß alle oder fast alle Aussagen selbstverständlich sind. Es kommt vielmehr sehr darauf an, daß die richtigen Schlüsse in der richtigen Reihenfolge gemacht werden: Mit vielen trivialen[1]) Schritten kommt man zu einem elementaren, aber nicht-trivialen Ergebnis!

Die folgende Darstellung unterscheidet sich von den meist üblichen Vorgehensweisen dadurch, daß auf den sogenannten „Austausch-Satz von Steinitz" verzichtet wird. An seine Stelle tritt eine wesentlich anschaulichere, aber ebenso fundamentale Aussage über Lösungen von homogenen linearen Gleichungen. Es zeigt sich hier die Gültigkeit des Energie-Prinzips auch bei theoretischen Überlegungen: Ein anerkannt fundamentales Hilfsmittel, nämlich der „Austausch-Satz", kann nur durch ein anderes ersetzt werden, wenn der Ersatz ebenfalls fundamental ist.

Es wird unterstellt, daß der Leser mit Mengen und Abbildungen naiv umgehen kann. Eine systematische Einführung findet er im Band Analysis I.

§ 1. Der Begriff eines Vektorraumes

1. Vorbemerkung. Es wird angenommen, daß dem Leser der Begriff und die einfachsten Eigenschaften von additiv geschriebenen abelschen Gruppen sowie von Körpern geläufig sind. Er findet aber in § 2.2 ein Axiomensystem für abelsche Gruppen, das zwar aus der Mitte des 19. Jahrhunderts stammt und das eines der ersten seiner Art ist, bei moderner Interpretation aber allen Anforderungen genügt.

---

[1]) trivial = platt, abgedroschen, seicht oder alltäglich, kommt von *Trivium* (dem Dreiweg, der die Grammatik, Dialektik und Rhetorik umfassende untere Lehrgang mittelalterlichen Universitätsunterrichtes) und bedeutet in der Mathematik meist eine elementare und offensichtliche Schlußweise oder Aussage.

Der Begriff der „abstrakten" Gruppe wird in Kap. 2 § 4 im Zusammenhang mit einer Klasse von Beispielen eingeführt.

Dieses „Weglassen" der grundlegenden Definition einer abelschen Gruppe und eines Körpers mag für ein Buch, welches sowohl das Mathematik-Studium begleiten als auch später der Weiterbildung dienen soll, erlaubt sein: Dem Studenten, der die Materie lernen will, werden diese Begriffe in der Vorlesung erklärt, und ein etwas geübter Leser kennt sie.

Im folgenden wird angenommen, daß K stets ein (kommutativer) Körper mit Nullelement $0 = 0_K$ und Einselement $1 = 1_K$ ist. Die Elemente von K werden meist mit kleinen griechischen Buchstaben $\alpha, \beta, \ldots, \xi, \eta, \ldots,$ bezeichnet.

Für den ungeübten Leser, aber auch für viele Anwendungen genügt es, wenn man sich an Stelle eines abstrakten Körpers K den Körper $\mathbb{Q}$ der rationalen, den Körper $\mathbb{R}$ der reellen oder den Körper $\mathbb{C}$ der komplexen Zahlen (bzw. einen anderen Unterkörper von $\mathbb{C}$) vorstellt.

Die elementare Theorie der Vektorräume zeichnet sich dadurch aus, daß bei allen Überlegungen nur die Körperaxiome benutzt werden. Auf die Charakteristik des *Grundkörpers* K, also auf die Frage, ob man durch endliches Aufaddieren der Eins des Körpers die Null erhält, braucht meist nicht geachtet zu werden: Alle wesentlichen Aussagen gelten für beliebige Charakteristik! Auch eine möglicherweise in K gegebene Größer-Beziehung, die sich im Beispiel $K = \mathbb{R}$ u. a. durch $1 > 0$ ausdrückt, spielt in der elementaren Theorie keine Rolle, ebensowenig wie die in $\mathbb{R}$ gültigen Aussagen der Form

$$\alpha, \beta \in \mathbb{R}, \qquad \alpha^2 + \beta^2 = 0 \Rightarrow \alpha = \beta = 0.$$

Dagegen wird es in vielen Fällen entscheidend sein, daß K keine *Nullteiler* besitzt und daß jedes von Null verschiedene Element $\alpha \in K$ ein *Inverses* $\alpha^{-1} \in K$ besitzt. Man verwendet also häufig die beiden Aussagen:

(1) Für $\alpha, \beta \in K, \alpha \neq 0$, folgt aus $\alpha\beta = 0$ stets $\beta = 0$.

(2) Für $\alpha, \beta \in K$, $\alpha \neq 0$, hat die Gleichung $\alpha\xi = \beta$ genau eine Lösung ξ in K, nämlich $\xi = \beta/\alpha := \beta\alpha^{-1}$.

Hier folgt (1) natürlich aus (2). Im vorliegenden Kapitel 1 werden alle Stellen, bei denen (1) oder (2) verwendet wird, am Rand mit dem Symbol Z (Vorsicht! Gefährliche Kurve!) gekennzeichnet. Es ist dort also Vorsicht geboten, und die entsprechenden Stellen gelten in dieser Form wirklich nur für Körper.

2. Vektorräume. Eine nicht-leere Menge V zusammen mit zwei Abbildungen

$$\text{(V.0)} \quad \begin{cases} (x, y) \mapsto x + y & \text{von } V \times V \text{ in } V, \text{ der } \textit{Addition}, \\ (\alpha, x) \mapsto \alpha x & \text{von } K \times V \text{ in } V, \text{ der } \textit{skalaren Multiplikation}, \end{cases}$$

heißt ein *Vektorraum über* K (oder ein K-*Vektorraum* oder ein *linearer Raum über* K), wenn gilt:

(V.1) V ist zusammen mit der Addition eine abelsche Gruppe.

(V.2) Für $\alpha, \beta \in K$ und $x, y \in V$ gelten die Axiome

(a) $$(\alpha + \beta)x = \alpha x + \beta x,$$

(b) $$\alpha(x + y) = \alpha x + \alpha y,$$

(c) $$(\alpha\beta)x = \alpha(\beta x)$$

(d) $$1x = x, \qquad \text{wobei} \qquad 1 = 1_K.$$

Sei V ein Vektorraum über K. Die Elemente von V werden meist mit kleinen lateinischen Buchstaben bezeichnet. Nach (V.1) hat V ein Nullelement $0 = 0_V$. Auf die unterschiedliche Bezeichnung der Null von K und der Null von V wird oft verzichtet werden, wenn aus dem Zusammenhang ersichtlich ist, welche Null gemeint ist. So folgt z. B. aus (V.2c) und (V.2d) sofort die Rechenregel

(1) $$\alpha x = 0 \Leftrightarrow \alpha = 0 \qquad \text{oder} \qquad x = 0,$$

und es ist klar, daß links die Null von V und rechts erst die Null von K und dann die Null von V gemeint ist. Entsprechend wird das Negative eines Elementes $\alpha \in K$ bzw. $x \in V$ mit $-\alpha$ bzw. $-x$ bezeichnet. Aus (V.2) folgt die Regel

(2) $$(-\alpha)x = \alpha(-x) = -(\alpha x).$$

Eine Induktion zeigt, daß die Regeln (a) und (b) in (V.2) jeweils für endlich viele Summanden gültig sind.

Im trivialen Fall, daß V nur aus einem Element, das heißt nur aus der Null besteht, wird V als *Nullraum* bezeichnet und $V = \{0\}$ geschrieben.

Sind $x_1, \ldots, x_n$ Elemente von V, so nennt man jeden Ausdruck der Form

(3) $$\alpha_1 x_1 + \cdots + \alpha_n x_n \qquad \text{mit} \qquad \alpha_1, \ldots, \alpha_n \in K$$

eine *Linearkombination der* $x_1, \ldots, x_n$ (mit Koeffizienten aus K). Eine solche Linearkombination heißt *trivial*, wenn alle $\alpha_1, \ldots, \alpha_n$ gleich Null sind. Ein zentrales Problem in der Theorie der Vektorräume ist die Frage, ob es eine nicht-triviale Linearkombination von gegebenen Elementen $x_1, \ldots, x_n \in V$ gibt, welche gleich 0 ist, das heißt, ob es $\alpha_1, \ldots, \alpha_n \in K$ gibt, *die nicht alle Null sind* und für die

(4) $$\alpha_1 x_1 + \cdots + \alpha_n x_n = 0$$

gilt. Man sagt dann auch, daß die Elemente $x_1, \ldots, x_n$ *die Null nicht-trivial darstellen.*

Bemerkungen. 1) In den definierenden Axiomen (V.1) und (V.2) wird nur davon Gebrauch gemacht, daß K ein kommutativer Ring mit Einselement ist. Dies führt zu dem Begriff eines K-Moduls: Sei K ein kommutativer Ring mit Einselement. Eine nicht-leere Menge V zusammen mit zwei Abbildungen (V.0) heißt ein (unitärer) *K-Modul*, wenn die Axiome (V.1) und (V.2) erfüllt sind. In einem K-Modul ist aber im allgemeinen schon die Regel (1) nicht mehr gültig, auch wenn man als Ring den Ring $\mathbb{Z}$ der ganzen Zahlen nimmt. Ein illustrierendes Beispiel hierfür ist das Rechnen mit reellen Zahlen „modulo eins".

Eine elementare Theorie der K-Moduln findet man etwa in [11].

2) Die Elemente eines Vektorraumes V nennt man manchmal auch *Vektoren*, das heißt, man spricht von einem Element von V als von einem „Vektor aus V".

Historisch (und für jeden Techniker) ist ein Vektor etwas, was eine Länge und eine Richtung hat, also ein *Pfeil* ist. Um Mißverständnisse zu vermeiden, wird für beliebige Vektorräume auf das Wort „Vektor" hier meist verzichtet.

Weil oft eine geometrische Deutung möglich ist, nennt man die Elemente von V auch *Punkte* von V.

Aufgaben. 1) Man wähle $K := \mathbb{Q}$ und bezeichne mit $V := \mathbb{R} = (\mathbb{R}; +)$ die additive Gruppe der reellen Zahlen. Man mache sich klar, daß $V = \mathbb{R}$ zusammen mit der skalaren Multiplikation $(\alpha, x) \mapsto \alpha x$ von $\mathbb{Q} \times \mathbb{R}$ in $\mathbb{R}$, die durch das gewöhnliche Produkt von $\alpha \in \mathbb{Q}$ mit $x \in \mathbb{R}$ gegeben ist, ein Vektorraum über $\mathbb{Q}$ ist.

2) Man fasse $\mathbb{R}$ als $\mathbb{Q}$-Vektorraum auf und zeige, daß die Elemente 1 und $\sqrt{2}$ von $\mathbb{R}$ die Null nur trivial darstellen.

3) Es sei E die anschauliche Zeichenebene und V die Menge aller von einem Punkt P von E ausgehenden Pfeile. Für $\alpha \in \mathbb{R}$ verstehe man unter αx denjenigen Pfeil von P in der Richtung von x, dessen Länge das α-fache der Länge von x ist. Die Summe $x + y$ zweier Pfeile möge der Pfeil von P aus sein, der mit dem Parallelogramm-Gesetz aus x und y konstruiert werden kann. Schließlich sei 0 der Pfeil der Länge Null, also der Punkt P.

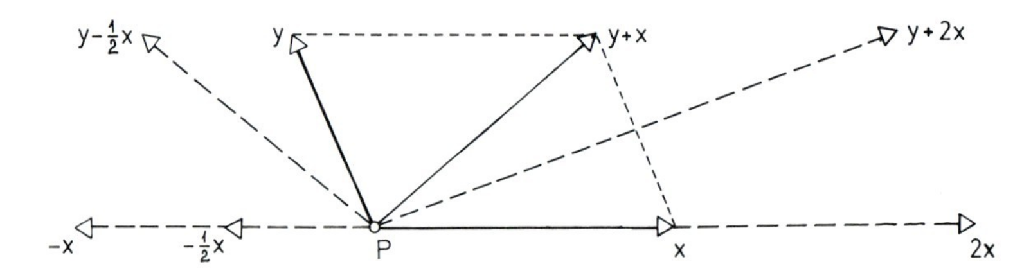

Man mache sich anschaulich klar:

a) V ist mit diesen beiden Verknüpfungen ein Vektorraum über $\mathbb{R}$.

b) Je drei Pfeile von V stellen die 0 nicht-trivial dar. Zur geometrischen Deutung vergleiche man Abschnitt 6.

3. Unterräume. Eine nicht-leere Teilmenge U eines Vektorraums V über K heißt ein *Unterraum* (oder *Teilraum*) *von* V, wenn gilt:

(U.1) $\quad x + y \in U$ für alle $x, y \in U$,

(U.2) $\quad \alpha x \in U$ für alle $\alpha \in K$ und $x \in U$.

Sei U ein Unterraum von V. Wählt man $\alpha = -1$ in (U.2), so folgt, daß mit x auch $-x$ zu U gehört. Wegen (U.1) und 2(2) gehört dann mit x, y auch $x - y$ zu U. Speziell *ist U eine Untergruppe der additiven Gruppe von V.*

Da sich die Regeln (V.2) von V auf die Teilmenge U übertragen, ist jeder Unterraum U von V wieder ein Vektorraum in bezug auf die induzierten Verknüpfungen. Man sagt daher manchmal auch *Untervektorraum* an Stelle von Unterraum.

In jedem Vektorraum V über K sind $\{0\}$ und V selbst Unterräume. Ist V nicht der Nullraum, dann kann man leicht auf andere Weise Unterräume angeben: Für $x \in V$, $x \neq 0$, ist offenbar

(1) $$Kx := \{\alpha x : \alpha \in K\}$$

stets ein von $\{0\}$ verschiedener Unterraum. Man beachte hier die Regel

(2) $$Kx = Ky \Leftrightarrow x = \alpha y, \qquad 0 \neq \alpha \in K.$$

Die Beschreibung aller Unterräume eines festen K-Vektorraums V ist in dieser Allgemeinheit eine unlösbare Aufgabe. Nur in ganz speziellen Situationen wird man eine vollständige Übersicht über alle Unterräume von V gewinnen können.

Nicht nur für dieses Problem sind Methoden von Interesse, mit denen man aus gegebenen Unterräumen von V neue Unterräume konstruieren kann:

Durchschnitt von Unterräumen. Sind U_1, U_2 Unterräume von V, so ist ihr Durchschnitt $U_1 \cap U_2$ wieder ein Unterraum von V. Eine entsprechende Aussage gilt für endlich viele oder eine beliebige Familie von Unterräumen.

Summe von Unterräumen. Sind U_1, U_2 Unterräume von V, so ist ihre *Summe*

$$U_1 + U_2 := \{u_1 + u_2 \colon u_1 \in U_1, u_2 \in U_2\}$$

ein Unterraum von V. Eine entsprechende Aussage gilt für endlich viele Unterräume.

Den Definitionen entnimmt man die Inklusionskette

$$\begin{array}{ccccc} & & U_1 & & \\ & \cup & & \cap & \\ \{0\} \subset U_1 \cap U_2 & & & & U_1 + U_2 \subset V. \\ & \cap & & \cup & \\ & & U_2 & & \end{array}$$

Ein weiteres Prinzip zur Erzeugung von Untervektorräumen wird in 4.3 besprochen.

4. Geraden. Sind p, a zwei Punkte von V und ist $a \neq 0$, so nennt man die Teilmenge

(1) $$G_{p,a} := \{p + \alpha a \colon \alpha \in K\} =: p + Ka$$

von V eine *Gerade*. Die Schreibweise $p + Ka$ ist dabei analog 3(1) symbolisch zu verstehen. Durch die Menge $G_{p,a}$ sind p und a keineswegs eindeutig festgelegt: Man kann offenbar p durch $p + \beta a$, $\beta \in K$, und a durch γa, $0 \neq \gamma \in K$, ersetzen, ohne daß man die Menge $G_{p,a}$ ändert.

Man sagt, daß *eine Gerade G durch x geht*, wenn $x \in G$ gilt. Ein Punkt, der auf mehreren Geraden liegt, heißt *Schnittpunkt* dieser Geraden.

Man verifiziert ohne Mühe:

(2) Ist G eine Gerade, dann gilt $G = G_{p,a-p}$ für jedes Paar p, a von G mit $p \neq a$.

(3) Zwei verschiedene Geraden haben höchstens einen Schnittpunkt.

(4) Zu zwei verschiedenen Punkten a, b von V gibt es genau eine Gerade durch a und b, nämlich

$$G_{a,b-a} = \{\alpha a + \beta b \colon \alpha + \beta = 1,\ \alpha, \beta \in K\}.$$

(5) Die Geraden $G_{p,a}$ und $G_{q,b}$ haben genau dann einen Schnittpunkt, wenn $p - q$ eine Linearkombination von a, b ist.

(6) Jede Gerade durch 0 kann in der Form $G = Ka$ mit $a \neq 0$ geschrieben werden.

Bemerkung. Eine Gerade durch 0 ist offenbar ein Unterraum von V. Es wird aber ausdrücklich darauf hingewiesen, daß eine nicht durch Null gehende Gerade sicher *kein* Unterraum ist.

5. Das Standard-Beispiel K^n. Man bildet das sogenannte *direkte* (oder *cartesische*) *Produkt*

$$K \times \cdots \times K = \{(\xi_1, \ldots, \xi_n) \colon \xi_1, \ldots, \xi_n \in K\}$$

von $n \geqslant 1$ Exemplaren von K. Die Elemente von $K \times \cdots \times K$ sind also n-Tupel von Elementen aus K. Man schreibt sie in der Form

$$x = (\xi_1, \ldots, \xi_n), \qquad y = (\eta_1, \ldots, \eta_n) \qquad \text{usw.,}$$

das heißt, man wählt für die Bezeichnung eines n-Tupels den „entsprechenden" lateinischen Buchstaben. Nach Konvention entspricht η dem Buchstaben y. Per Definition gilt $x = y$ genau dann, wenn $\xi_1 = \eta_1, \ldots, \xi_n = \eta_n$.

In $K \times \cdots \times K$ wird eine Addition und skalare Multiplikation mit Elementen von K definiert durch

(1) $$x + y := (\xi_1 + \eta_1, \ldots, \xi_n + \eta_n), \qquad \alpha x := (\alpha\xi_1, \ldots, \alpha\xi_n).$$

Man überzeugt sich davon, daß $K \times \cdots \times K$ zusammen mit der Addition $(x, y) \mapsto x + y$ eine abelsche Gruppe ist, deren Nullelement bzw. Negatives von x gegeben ist durch $0 := (0, \ldots, 0)$ bzw. $-x := (-\xi_1, \ldots, -\xi_n)$. Zusammen mit der skalaren Multiplikation $(\alpha, x) \mapsto \alpha x$ wird $K \times \cdots \times K$ dann zu einem Vektorraum über K. Die Axiome (V.2) folgen dabei direkt aus den entsprechenden Körperaxiomen für K.

Die Elemente von $K \times \cdots \times K$, also die Zeilen-n-Tupel, nennt man *Zeilenvektoren*. Dazu gleichberechtigt kann man Spalten-n-Tupel oder *Spaltenvektoren*

$$x = \begin{pmatrix} \xi_1 \\ \vdots \\ \xi_n \end{pmatrix}, \qquad y = \begin{pmatrix} \eta_1 \\ \vdots \\ \eta_n \end{pmatrix} \qquad \text{usw.}$$

betrachten und ebenfalls Addition und skalare Multiplikation

(1′) $$x + y := \begin{pmatrix} \xi_1 + \eta_1 \\ \vdots \\ \xi_n + \xi_n \end{pmatrix}, \qquad \alpha x := \begin{pmatrix} \alpha\xi_1 \\ \vdots \\ \alpha\xi_n \end{pmatrix}$$

definieren. Der entstehende Vektorraum wird üblicherweise mit K^n bezeichnet und *Vektorraum der Spaltenvektoren* genannt.

Es bezeichne e_i, $i = 1, \ldots, n$, das Spalten-n-Tupel, das nur an der Stelle i eine 1 und sonst 0 stehen hat, also

$$e_1 := \begin{pmatrix} 1 \\ 0 \\ \vdots \\ 0 \end{pmatrix}, \qquad e_2 := \begin{pmatrix} 0 \\ 1 \\ 0 \\ \vdots \\ 0 \end{pmatrix}, \qquad \ldots, \qquad e_n := \begin{pmatrix} 0 \\ \vdots \\ 0 \\ 1 \end{pmatrix}.$$

Aus (1′) folgt dann sofort

$$x = \xi_1 e_1 + \cdots + \xi_n e_n \tag{2}$$

für alle $x \in K^n$. Mit anderen Worten: *Jedes $x \in K^n$ ist eine Linearkombination der $e_1, \ldots, e_n$*. Ferner entnimmt man (2), daß *die Elemente $e_1, \ldots, e_n$ die Null nur trivial darstellen*.

Aufgaben. 1) Für $\alpha \in K$ bestimme man alle $x = (\xi_1, \xi_2, \xi_3) \in K \times K \times K$ mit $\alpha\xi_1 + \xi_2 + \xi_3 = 0$ und $\xi_1 + \alpha\xi_2 - \xi_3 = 0$.

2) Man zeige, daß jedes Element von $\mathbb{R}^2$ eine Linearkombination von $\begin{pmatrix}1\\1\end{pmatrix}$ und $\begin{pmatrix}1\\-1\end{pmatrix}$ ist.

3) Man betrachte das Gleichungssystem $\alpha\xi + \beta\eta = 0$, $\gamma\xi + \delta\eta = 0$, in den Unbekannten ξ, η für $\alpha, \beta, \gamma, \delta \in K$ und zeige, daß $\xi = \eta = 0$ genau dann die einzige Lösung ist, wenn $\alpha\delta - \beta\gamma \neq 0$ gilt.

4) Sind a, b Elemente eines Vektorraums V, so ist die Menge $\{\alpha a + \beta b : \alpha, \beta \in K\}$ ein Unterraum von V.

6. Geometrische Deutung. Als eine Art Anhang zum „*Discours de la Méthode* pour bien conduire sa raison et chercher la verité dans les sciences" (Leyden 1637) erschien „La géometrie", das bedeutendste mathematische Werk von René DESCARTES. Nach den philosophischen Abhandlungen im „*Discours*" schreibt er sinngemäß:

„Bisher war ich bestrebt, für jedermann verständlich zu sein, aber von diesem Werke fürchte ich, daß es nur von solchen wird gelesen werden können, die sich das, was in den Büchern über Geometrie enthalten ist, angeeignet haben; denn, da diese mehrere sehr gut bewiesene Wahrheiten enthalten, so schien es mir überflüssig, solche hier zu wiederholen, ich habe es aber darum nicht unterlassen, mich ihrer zu bedienen."

(Nach R. DESCARTES, Geometrie, Deutsch herausgegeben von L. Schlesinger, Mayer & Müller, Leipzig, 1923)

René DESCARTES (Renatus Cartesius) geboren 1596 in der Touraine in Frankreich; als „Besatzungssoldat" in Ulm versuchte er 1619 erstmals, mathematische Modelle in der Philosophie zu verwenden. Er war 1621 in Paris, ab 1628 in Holland, erhielt 1649 eine Einladung der schwedischen Königin Christina und starb 1650 in Schweden.

In der „Geometrie“ löst DESCARTES die Geometrie von den konstruierbaren Objekten der Griechen und führt das algebraische Rechnen ein: Nach Wahl eines Punktes 0 in der Ebene und eines rechtwinkeligen Koordinatensystems ordnet er jedem Punkt P der Ebene seine Koordinaten (x, y) zu (linke Figur). Eigenschaften des „geometrischen Ortes“ von P übersetzt er dann in meist algebraische Beziehungen zwischen x und y. Dies ist die Geburtsstunde der „klassischen“ Analytischen Geometrie.

Literatur: J. F. SCOTT, *The scientific work of René Descartes*, Taylor & Francis, London, 1976.

Nach DESCARTES können also die Elemente (x, y) von $\mathbb{R} \times \mathbb{R}$ mit den Punkten P der Ebene und damit auch mit den gerichteten Pfeilen $\overrightarrow{OP}$ identifiziert werden.

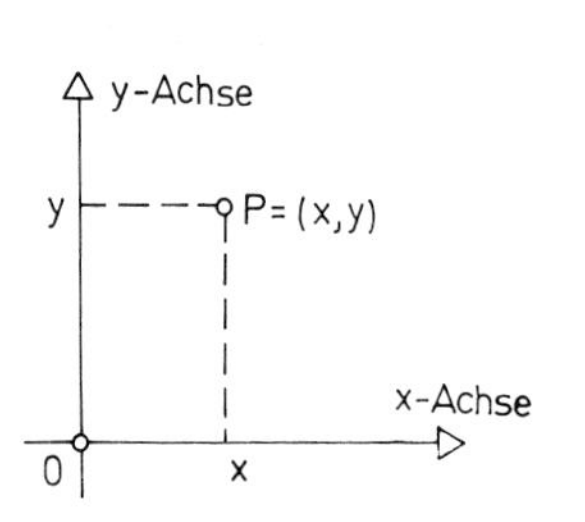

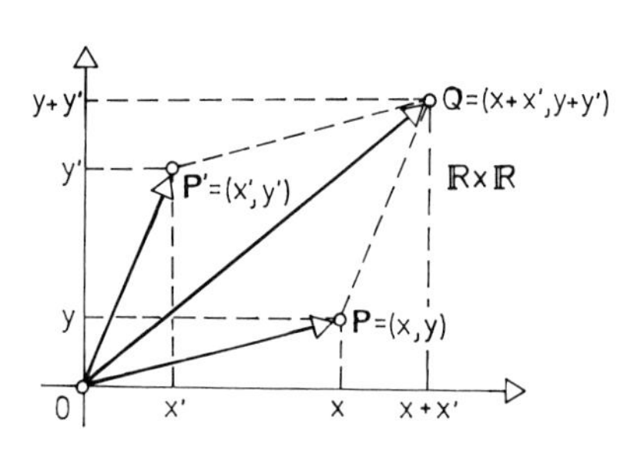

Die skalare Multiplikation eines Elementes $(x, y) \in \mathbb{R} \times \mathbb{R}$ mit einer positiven Zahl α ergibt als Ergebnis den Endpunkt des Pfeils in Richtung $\overrightarrow{OP}$ mit der α-fachen Länge. Die Addition zweier Elemente $P = (x, y)$ und $P' = (x', y') \in \mathbb{R} \times \mathbb{R}$ führt als Ergebnis zum Eckpunkt Q des durch O, P, P' bestimmten Parallelogramms $OPQP'$. Physikalisch gesehen stellt der Pfeil $\overrightarrow{OQ}$ die aus den Kräften $\overrightarrow{OP}$ und $\overrightarrow{OP}'$ resultierende Kraft dar (rechte Figur).

In der Anschauungsebene $\mathbb{R} \times \mathbb{R}$ ist es oft hilfreich, wenn man einen Vektor P, den man als Pfeil $\overrightarrow{OP}$ interpretiert hat, von dem Anfangspunkt 0 löst und ihn als gerichteten Pfeil betrachtet, der einen beliebigen Punkt der Ebene als Anfangspunkt besitzt. Alle solche „Vektoren“ mit gleicher Länge und gleicher Richtung werden dann identifiziert, das heißt, man kann sie unter Beibehaltung von Länge und Richtung in der Ebene beliebig verschieben. Die Addition von P und P' erhält man dann als Endpunkt von P', wenn man P als Anfangspunkt für P' wählt.

In diesem Zusammenhang spricht man manchmal von „gebundenen“ und von „freien“ Vektoren.

Eine analoge anschauliche Deutung ist im Anschauungsraum nützlich und hilfreich.

7. Anfänge einer Geometrie im $\mathbb{R}^2$. Die geometrische Deutung der Elemente des $\mathbb{R}^2$ als Punkte der Ebene und Addition des $\mathbb{R}^2$ als Zusammensetzung von Pfeilen soll sogleich zu einfachen geometrischen Überlegungen verwendet werden.

Man betrachte zunächst eine abstrakte „Gerade" im Sinne von 4, nämlich $G_{p,a} = p + \mathbb{R}a$. Die Additionsvorschrift zeigt nun, daß $G_{p,a}$ auch geometrisch eine Gerade ist, und zwar die Gerade „*durch p in Richtung a*".

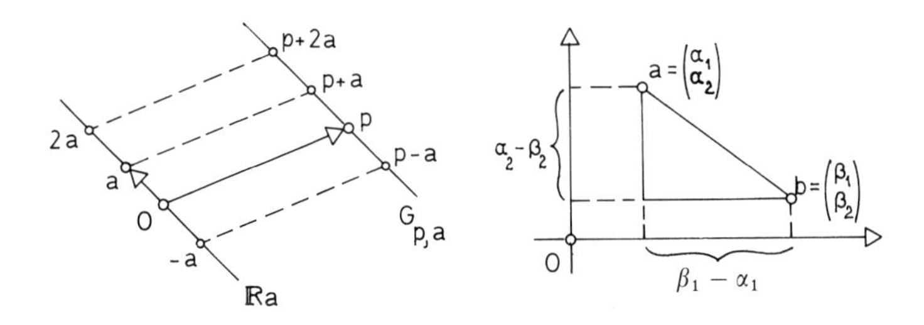

Bei vielen geometrischen Überlegungen spielt neben einer Richtung auch noch der Begriff einer *Länge* oder eines *Abstandes* eine wichtige Rolle. Nach dem Satz des PYTHAGORAS ist der *Abstand* $d(a, b)$ zweier Punkte a, b des $\mathbb{R}^2$ bzw. die *Länge* $|a|$ des zu $a \in \mathbb{R}^2$ gehörenden Pfeiles gegeben durch

$$d(a, b) := \sqrt{(\beta_1 - \alpha_1)^2 + (\beta_2 - \alpha_2)^2}$$

bzw. durch

$$|a| := \sqrt{\alpha_1^2 + \alpha_2^2}.$$

In Übereinstimmung mit der Anschauung gilt daher

$$d(a, b) = |a - b|.$$

Man verifiziert für a, b, $c \in \mathbb{R}^2$ die beiden *Dreiecksungleichungen*

$$|a + b| \leqslant |a| + |b|, \tag{1}$$

$$d(a, b) \leqslant d(a, c) + d(c, b), \tag{2}$$

und die Beziehung $|\pm \alpha a| = \alpha |a|$, falls $\alpha > 0$.

Die Punkte $a, \frac{1}{2}(a + b), b$ liegen offenbar auf der Geraden $G_{a,b-a}$ durch a und b; wegen $d(a, \frac{1}{2}(a + b)) = \frac{1}{2} d(a, b)$ ist $\frac{1}{2}(a + b)$ *Mittelpunkt der Verbindungsstrecke* zwischen a und b.

In einem Parallelogramm mit den Eckpunkten $0, a, b, a + b$ ist daher $\frac{1}{2}(a + b)$ sowohl der Mittelpunkt der Diagonalen von 0 nach $a + b$ als auch der Mittelpunkt der Diagonalen von a nach b. Man erhält den aus der Elementargeometrie bekannten

Diagonalen-Satz. *In einem Parallelogramm halbieren sich die Diagonalen gegenseitig.*

Sei nun ein Dreieck mit den Eckpunkten a, b, c im $\mathbb{R}^2$ gegeben. Nach (2) ist zunächst *die Länge einer Seite kleiner oder gleich der Summe der Längen der beiden anderen Seiten*[1]).

---

[1]) Daher der Name „Dreiecksungleichung".

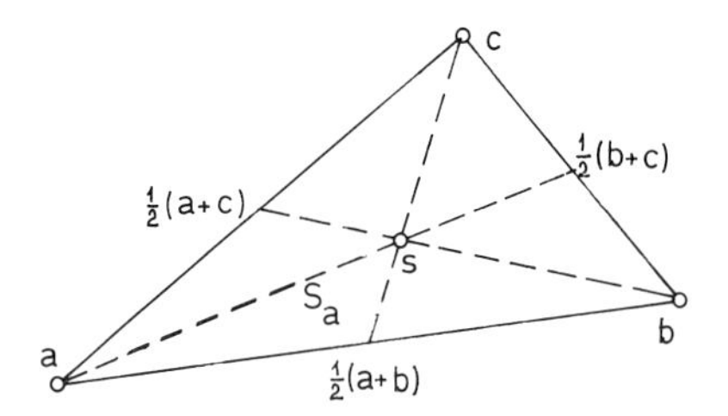

Der Punkt s teilt die Strecke von a nach $\frac{1}{2}(b+c)$ im Verhältnis 2 : 1, denn man hat

$$|a-s| = \tfrac{1}{3}|2a-b-c| = \tfrac{2}{3}|a-\tfrac{1}{2}(b+c)|,$$

$$|\tfrac{1}{2}(b+c)-s| = \tfrac{1}{3}|a-\tfrac{1}{2}(b+c)|.$$

Weiter ist $S_a := G_{a,\frac{1}{2}(b+c)-a}$ die Seitenhalbierende durch a (s. Abb.). Der Punkt $s := \frac{1}{3}(a+b+c)$ liegt wegen $a + \frac{2}{3}\{\frac{1}{2}(b+c)-a\} = s$ offenbar auf S_a. Durch zyklische Vertauschung von a, b, c sieht man, daß s auch auf den Seitenhalbierenden S_b und S_c liegt. Es folgt der

Schwerpunkt-Satz. *In einem Dreieck mit den Ecken a, b, c schneiden sich die Seitenhalbierenden in einem Punkt, nämlich im Schwerpunkt $\frac{1}{3}(a+b+c)$.*

Warnung: Man hüte sich davor, Abstand oder Länge in beliebigen Vektorräumen zu verwenden, sie sind bisher nur im $\mathbb{R}^2$ und sonst nirgends definiert!

Bemerkung. Auf reelle Vektorräume, in denen man von „Abständen“ u. ä. sprechen kann, nämlich auf sogenannte euklidische Vektorräume, wird in Kap. 5 ausführlich eingegangen.

§ 2*. Über den Ursprung der Vektorräume

1. Die GRASSMANNsche Ausdehnungslehre. Im Jahre 1844 erschien im Verlag O. WIGAND, Leipzig, ein Buch mit dem Titel

„Die lineale Ausdehnungslehre, ein neuer Zweig der Mathematik, dargestellt und durch Anwendungen auf die übrigen Zweige der Mathematik, wie auch auf die Statik, Mechanik, die Lehre vom Magnetismus und die Krystallonomie erläutert von Hermann Grassmann.“

In diesem Buch werden u. a. erstmals Begriffe eingeführt, untersucht und angewendet, die man in moderner Sprache mit den Worten „Vektorraum“, „Skalarprodukt“, „äußeres Produkt“, „GRASSMANN-Ring“ usw. verbindet. Diese „Ausdehnungslehre“ wurde von den Mathematikern kaum beachtet und praktisch nicht zur Kenntnis genommen. In einer stark überarbeiteten Neu-Auflage „Die Ausdehnungslehre“ aus dem Jahr 1862 (Th. Chr. Fr. ENSLIN, Berlin) schreibt GRASSMANN dazu in der Vorrede über den Hauptgrund, der ihn zur Neubearbeitung bewogen hat:

„... ist die Schwierigkeit, welche nach dem Urtheile aller Mathematiker, deren Urtheil ich zu hören Gelegenheit fand, das Studium jenes Werkes wegen seiner, wie sie meinen, mehr philosophischen als mathematischen Form dem Leser bereitet.“

Im Jahr 1878 erscheint bei O. Wigand, Leipzig, eine im Text unveränderte zweite Auflage der Ausdehnungslehre von 1844, in deren Vorrede Grassmann u. a. schreibt:

„Das Werk, dessen zweite Auflage ich hiermit der Oeffentlichkeit übergebe, hat in den ersten 23 Jahren nach seinem ersten Erscheinen nur eine geringe und meist nur gelegentliche Beachtung gefunden. Diesen Mangel an Erfolg konnte ich nicht der behandelten Wissenschaft als solcher zur Last legen; denn ich kannte deren fundamentale Wichigkeit, ja deren Nothwendigkeit vollkommen; sondern ich konnte die Ursache davon nur in der streng wissenschaftlichen, auf die ursprünglichen Begriffe zurückgehenden Behandlungsweise finden. Eine solche Behandlungsweise erforderte aber ein nicht bloss gelegentliches Auffassen dieser oder jener Resultate, sondern ein sich versenken in die zu Grunde liegenden Ideen und eine zusammenhängende Auffassung des ganzen auf dies Fundament aufgeführten Baues, dessen einzelne Theile erst durch das Ueberschauen des Ganzen ihr volles Verständniss erhalten konnten... Meine Hoffnung, einen akademischen Lehrstuhl zu gewinnen, und dadurch jüngere Kräfte in die Wissenschaft einzuführen und sie zum weiteren Ausbau derselben anzuregen, schlug fehl.“

Hermann Günther Grassmann (1809–1877) war Mathematiker und Sanskritforscher; er lebte als Gymnasiallehrer in Stettin.

Seine gesammelten Werke wurden ab 1894 von Friedrich Engel herausgegeben (B. G. Teubner, Leipzig). Eine ausführliche Würdigung der Ausdehnungslehre wurde 1896 von V. Schlegel in der Historisch-literarischen Abteilung der Zeitschrift für Mathematik und Physik unter dem Titel „Die Graßmann'sche Ausdehnungslehre“ veröffentlicht. Im Jahre 1845 publizierte Grassmann die „Neue Theorie der Elektrodynamik“, ab 1848 studierte er Sanskrit und Gotisch. Sein „Wörterbuch zum Rigveda“ (1873–1875) wurde von Spezialisten hoch geschätzt und war ein Standard-Werk für viele Jahre.

Eine Art Vorgriff auf den Begriff eines Vektorraums stammt von August Ferdinand Möbius (1790–1868), der im Jahre 1827 einen „barycentrischen Calcul“ (Gesammelte Werke I, 1–388) publizierte. Die Objekte dieses baryzentrischen Kalküls sind die Punkte A, $B, \ldots$ der Ebene oder des Raumes und ihre „numerischen Koeffizienten“ $\alpha, \beta, \ldots$, aus denen vermöge $(\alpha + \beta + \cdots)S = \alpha A + \beta B + \cdots$ der (gewichtete) Schwerpunkt S gebildet werden kann. Nach Wahl eines „Fundamentaldreiecks“ A, B, C der Ebene nennt man α, β, γ die baryzentrischen Koordinaten des Punktes $S = \alpha A + \beta B + \gamma C$, falls $\alpha + \beta + \gamma = 1$. Mit den Objekten des Kalküls kann dann ähnlich wie mit Vektoren gerechnet werden.

2. GRASSMANN: Übersicht über die allgemeine Formenlehre. Unter diesem Titel schickt GRASSMANN seiner Ausdehnungslehre von 1844 ein einführendes Kapitel voraus, in dem zu Beginn ein beachtlicher Anspruch formuliert wird:

„Unter der allgemeinen Formenlehre verstehen wir diejenige Reihe von Wahrheiten, welche sich auf alle Zweige der Mathematik auf gleiche Weise beziehen, ... Es müsste daher die allgemeine Formenlehre allen speciellen Zweigen der Mathematik vorangehen; da aber jener allgemeine Zweig noch nicht als solcher vorhanden ist, und wir ihn doch nicht, ohne uns in unnütze Weitläufigkeiten zu verwickeln, übergehen dürfen, so bleibt uns nichts übrig, als denselben hier so weit zu entwickeln, wie wir seiner für unsere Wissenschaft bedürfen."

Und in der Tat gibt GRASSMANN auf sieben Druckseiten (§ 2–§ 7) eine korrekte Axiomatik einer *kommutativen Gruppe*, natürlich ohne dabei von einer „Menge" zu sprechen. Im einzelnen geht er von einer „Verknüpfung" $a \frown b$ zweier „Größen" oder „Formen" a und b aus. Aus dem Zusammenhang ist klar, daß er dabei an einen Sachverhalt denkt, den man modern durch eine Abbildung $A \times A \to A$, $(a, b) \mapsto a \frown b$, beschreiben würde. Unter der ausdrücklichen Voraussetzung

(1) $$(a \frown b) \frown c = a \frown (b \frown c)$$

formuliert und beweist er den Satz, den man heute *das allgemeine Assoziativgesetz für Halbgruppen* nennt.

Eine Verknüpfung wird dann *einfach* genannt, wenn (1) und

(2) $$a \frown b = b \frown a$$

erfüllt sind, wenn es sich also modern um eine kommutative Halbgruppe handelt. Dann kommt der entscheidende Schritt:

„Eine noch weiter gehende Bestimmung ist nun für die Art der Verknüpfung, wenn man nicht auf die Natur der verknüpften Formen zurückgeht, nicht mehr möglich, und wir schreiten daher zur Auflösung der gewonnenen Verknüpfung, oder zum analytischen Verfahren."

Es wird dazu angenommen, daß eine weitere Verknüpfung $a \smile b$ gegeben ist mit der Eigenschaft

(3) $$(a \smile b) \frown b = a.$$

Speziell ist also jede Gleichung $x \frown b = a$ durch $x = a \smile b$ auflösbar.

Zur Unterscheidung nennt GRASSMANN die Verknüpfung $\frown$ *synthetische* und $\smile$ *analytische* Verknüpfung. Schließlich wird die analytische Verknüpfung $\smile$ *eindeutig* genannt, wenn die Regel

(4) $$a \neq b \;\Rightarrow\; a \frown c \neq b \frown c,$$

das heißt, wenn die *Kürzungsregel*

(5) $$a \cap c = b \cap c \;\Rightarrow\; a = b$$

gilt. Damit ist jede Gleichung $x \cap b = a$ eindeutig lösbar, und (1) bis (4) stellen ein vollständiges Axiomensystem für eine *kommutative Gruppe* dar.

GRASSMANN bemerkte schließlich, daß die Form $a \cup a$ unabhängig von a den gleichen Wert hat, und nennt sie die *indifferente* Form. Die indifferente Form ist also das *neutrale Element* e der Gruppe und $\cup a = e \cup a$ das *Inverse* von a. Auch die Rechenregel $\cup(\cup a) = a$ fehlt nicht!

3. Extensive Größen als Elemente eines Vektorraums. Der Begriff eines endlich erzeugten reellen Vektorraums[1]) war GRASSMANN wahrscheinlich schon vor 1844 vertraut, seine Ausdehnungslehre von 1844 ist jedoch hier nicht sehr klar. In der überarbeiteten Ausdehnungslehre von 1862 ist dieser Begriff jedoch präzise formuliert. Einige Zitate aus den ersten Seiten, auszugsweise wiedergegeben, belegen dies:

„Kap. 1. Addition, Subtraktion, Vervielfachung und Theilung extensiver Größen.
§. 1. Begriffe und Rechnungsgesetze.

1. *Erklärung.* Ich sage, eine Grösse a sei aus den Grössen $b, c, \ldots$ durch die Zahlen $\beta, \gamma, \ldots$ *abgeleitet*, wenn

$$a = \beta b + \gamma c + \cdots$$

ist, wo $\beta, \gamma, \ldots$ reelle Zahlen sind, gleichviel ob rational oder irrational, ob gleich null oder verschieden von null. Auch sage ich, a sei in diesem Falle *numerisch abgeleitet* aus $b, c, \ldots$."

In der 1. Erklärung wird also der Begriff einer Linearkombination erklärt. Anschließend folgt der Begriff „linear unabhängig", und ein „System von Einheiten $e_1, e_2, \ldots$" ist in moderner Sprache ein linear unabhängiges System $B = \{e_1, e_2, \ldots\}$. Nach der 5. Erklärung werden die Elemente des von B aufgespannten Raumes $V = \mathrm{Span}(e_1, e_2, \ldots)$ „extensive Größen" genannt, die Menge B erscheint als Basis von V. Es folgt dann die koeffizientenweise Definition der Addition, Subtraktion und skalaren Multiplikation und die

„8. *Erklärung.* Für extensive Grössen a, b, c gelten die Fundamentalformeln:

1) $$a + b = b + a,$$

2) $$a + (b + c) = (a + b) + c,$$

3) $$(a + b) - b = a,$$

4) $$(a - b) + b = a."$$

mit einem ausführlichen Beweis.

Im § 2 kommt dann die Definition eines (reellen) Vektorraums der Dimension n in der

„14. *Erklärung.* Die Gesamtheit der Grössen, welche aus einer Reihe von Grössen $a_1, a_2, \ldots, a_n$ numerisch ableitbar sind, nenne ich das aus jenen Grössen ableitbare *Gebiet* (das Gebiet der Grössen $a_1, \ldots, a_n$), und zwar nenne ich es ein Gebiet n-ter *Stufe*, wenn jene

[1]) Zur Definition der neuen Begriffe vergleiche man § 4.

Grössen von erster Stufe (d. h. aus n ursprünglichen Einheiten numerisch ableitbar) sind, und sich das Gebiet nicht aus weniger als n solchen Grössen ableiten lässt. Ein Gebiet, welches ausser der Null keine Grösse enthält, heisst ein Gebiet *nullter* Stufe."

In der 15. Erklärung werden Durchschnitt und Summe von Vektorräumen definiert, wobei sich GRASSMANN offenbar die betrachteten Vektorräume in einem „großen" Vektorraum enthalten denkt.

Es folgen dann fundamentale Sätze über den Spann von endlich vielen Größen und in der 25. Erklärung die abschließende „Dimensionsformel": $\dim U + \dim V = \dim(U + V) + \dim(U \cap V)$.

4. Reaktion der Mathematiker. Von wenigen Ausnahmen abgesehen wurden erst nach GRASSMANNS Tode die Ideen der Ausdehnungslehre in voller Allgemeinheit von anderen Mathematikern in Italien (beginnend mit G. PEANO, 1888) und in USA (E. W. HYDE, 1890) aufgegriffen.

Zu Beginn dieses Jahrhunderts erschienen dann zahllose Bücher über 2- und 3-dimensionale reelle Vektorräume, die auf den GRASSMANNschen Ideen aufbauten. So war die für die Physik wichtige Theorie der Vektoranalysis im dreidimensionalen Euklidischen Raum schon bald voll ausgebaut. I. Willard GIBBS (1839–1903) publizierte bereits 1881 eine ausführliche Theorie (Coll. Works, Vol. II, Seiten 18ff.). Im Jahre 1891 begann GIBBS (Coll. Works, Vol. II, Seiten 161–168) einen Artikel „Quaternions and the Ausdehnungslehre" mit den Worten:

„The year 1844 is memorable in the annals of mathematics on account of the first appearance on the printed page of Hamilton's Quaternions and Grassmann's Ausdehnungslehre."

Was sind hier die Quaternionen von HAMILTON und was haben sie mit GRASSMANNS Ausdehnungslehre, also mit dem Vektorraum-Begriff zu tun? Die Entdeckung der Quaternionen durch HAMILTON war die Entdeckung, daß es neben dem Körper $\mathbb{C}$ der komplexen Zahlen noch einen weiteren (allerdings nicht kommutativen) endlich-dimensionalen Oberkörper von $\mathbb{R}$ gibt, nämlich den „Quaternionen-Schiefkörper". Die Quaternionen sind unzweifelhaft ein wichtiges mathematisches Objekt, die Tragweite des Vektorraum-Begriffes kommt ihnen aber sicher nicht zu. Man vergleiche hierzu den Band „Zahlen", Kap. 6, § 1. Sir William Rowan HAMILTON (1805–1865) war sehr stolz auf seine Entdeckung der Quaternionen und maß die zeitgenössischen Mathematiker daran, ob sie die Quaternionen hätten entdecken können.

Eine späte Würdigung findet GRASSMANN in dem lesenswerten Artikel „The Tragedy of Grassmann" von J. DIEUDONNÉ (Linear and Multilinear Algebra *8*, 1–14 (1979)), der mit den Worten beginnt:

„In the whole gallery of prominent mathematicians who, since the time of the Greeks, have left their mark on science, Hermann Graßmann certainly stands out as the most exceptional in many respects ..."

Wenig später wurde von D. FEARNLEY-SANDER (Amer. Math. Monthly *86*, 809–817 (1979)) eine weitere Würdigung der „Ausdehnungslehre" publiziert, die auch eine Art Inhaltsverzeichnis enthält.

Eine ausführliche Geschichte der Vektor-Analysis findet man in dem Buch „*A history of vector analysis*" von Michael J. CROWE (University of Notre Dame Press, Notre Dame und London 1967).

5. Der moderne Vektorraum-Begriff. Die Schwierigkeiten, welche die Mathematiker des 19. und des beginnenden 20. Jahrhunderts mit dem abstrakten „n-dimensionalen Raum" hatten, können heute vor allem deswegen nicht mehr nachempfunden werden, weil jene Mathematiker in der *Analysis* mit großer Sicherheit Funktionen von n Variablen, also Funktionen von n-Tupeln, behandelten. Und von den n Variablen zum Vektorraum der n-Tupel scheint uns der Weg nicht weit! Gleichzeitig wurden Systeme linearer Gleichungen in n Unbekannten behandelt, und „jedermann" beherrschte die Determinantentheorie.

Es brauchte eine lange Zeit, bis man den Begriff eines abstrakten Vektorraums in Lehrbüchern findet. Zunächst erscheinen die „linearen Vektorgebilde" als Unterräume des Raumes $\mathbb{R}^n$ bei:

C. CARATHEODORY, *Vorlesungen über reelle Funktionen*, B. G. TEUBNER, Leipzig und Berlin, 1918;

H. WEYL, *Raum, Zeit, Materie*, J. SPRINGER, Berlin 1918;

O. SCHREIER und E. SPERNER, *Einführung in die analytische Geometrie und Algebra*, B. G. TEUBNER, Leipzig und Berlin, 1931;

und in dieser Form sogar noch bei

E. SPERNER, *Einführung in die analytische Geometrie und Algebra I*, VANDENHOECK & RUPRECHT, Göttingen 1948.

Die endlich erzeugten Vektorräume (oder „Linearformenmoduln") über kommutativen Ringen erscheinen dann im berühmten Buch „*Moderne Algebra*" von B. L. VAN DER WAERDEN, J. SPRINGER, Berlin, 1931, in moderner Form.

Wen wird es wundern, wenn der Begriff eines beliebigen (reellen) Vektorraumes zuerst bei einem Analytiker vorkommt: Stefan BANACH (1892–1945) veröffentlichte 1922 eine Arbeit „*Sur les opérations dans les ensembles abstraits et leur application aux équations intégrales*" (Fundamenta Mathematicae 3–4), in deren § 1 ein vollständiges Axiomensystem eines abstrakten Vektorraums angegeben wird.

§ 3. Beispiele von Vektorräumen

1. Einleitung. Wenn man nach Beispielen von Vektorräumen sucht, so sollte man zuerst immer an den Standard-Raum K^n (oder $K \times \cdots \times K$) denken. Bei vielen Anwendungen hat man aber Vektorräume zu behandeln, deren Elemente nicht „Punkte" oder „Pfeile" sind, sondern als Abbildungen einer Menge M in einen Körper K oder allgemeiner in einen K-Vektorraum gegeben sind. In diesem Paragraphen werden u. a. solche Beispiele von Vektorräumen vorgestellt. Besondere Beachtung finden Vektorräume, die in der Infinitesimalrechnung vorkommen. Dort wird ja fast als erstes gezeigt, daß Summe und skalares Vielfaches einer konvergenten Folge wieder konvergent sind, daß also die konvergenten Folgen einen Vektorraum bilden (vergleiche 2). Neben solchen Beispielen aus der Analysis sind die in 3 und 8 behandelten Typen mehr von theoretischem Interesse, sie sind Bestandteil der Theorie!

Beispiele, die mit (dem Leser) unbekannten Begriffen operieren (etwa 6), können und sollen bei einer ersten Lektüre übergangen werden. Der Leser sollte aber auf diese Beispiele zurückkommen, wenn er an anderer Stelle diese Begriffe kennengelernt hat.

Matrizen und die mit ihnen gebildeten Vektorräume sind dem Kapitel 2 vorbehalten, sie werden dort ausführlich diskutiert.

Die hier behandelten Beispiele werden in gleicher Reihenfolge später an den folgenden Stellen ergänzt: 5.2, 6.8, ferner 2.3.5.

2. Reelle Folgen. In der Infinitesimalrechnung werden für Folgen $a = (a_n \mid n \in \mathbb{N})$ von reellen Zahlen a_n die Begriffe *beschränkte Folge*, *konvergente Folge*, *Nullfolge* und *Häufungspunkt* definiert. Man setze

$$\mathcal{F} := \{a : a \text{ reelle Folge}\},$$

$$\mathcal{F}_{\text{beschränkt}} := \{a \in \mathcal{F} : a \text{ ist beschränkt}\},$$

$$\mathcal{F}_{\text{konvergent}} := \{a \in \mathcal{F} : a \text{ ist konvergent}\},$$

$$\mathcal{F}_{\text{Null}} := \{a \in \mathcal{F} : a \text{ ist Nullfolge}\},$$

$$\mathcal{F}_{\text{konstant}} := \{a \in \mathcal{F} : \text{es gibt } m \in \mathbb{N} \text{ mit } a_n = a_m \text{ für } n \geqslant m\},$$

$$\mathcal{F}_{\text{HP}} := \{a \in \mathcal{F} : a \text{ besitzt genau einen Häufungspunkt in } \mathbb{R}\}.$$

In dem folgenden Diagramm („Folgen-Baum“) sind diese Mengen nach Inklusion geordnet. Dabei bedeutet die Verbindung zweier Mengen durch einen Strich, daß die untere Menge in der oberen Menge enthalten ist.

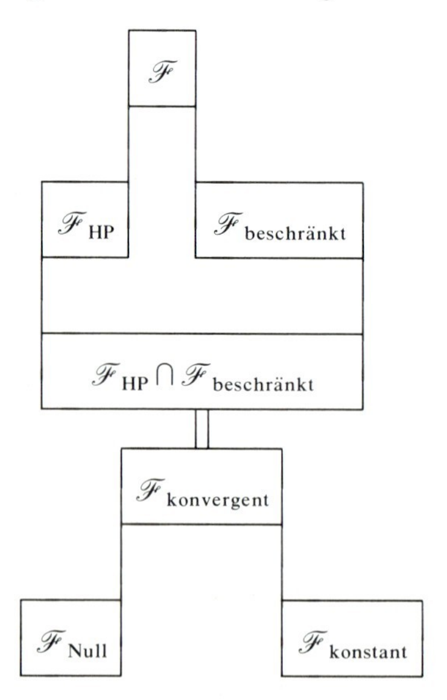

Der Doppelstrich steht hier für die Gleichheit der Mengen. Man vergegenwärtige sich, welche Sätze der Infinitesimalrechnung die angegebenen Inklusionen bzw. die

Gleichheit garantieren. Weiter belege man durch Gegenbeispiele, daß keine weiteren Inklusionen bestehen.

Die Menge $\mathscr{F}$ und gewisse Teilmengen von $\mathscr{F}$ werden sich als Standard-Beispiele für reelle Vektorräume erweisen. Man definiere zunächst

$$\alpha a \quad \text{für} \quad a \in \mathscr{F} \quad \text{und} \quad \alpha \in \mathbb{R} \quad \text{durch} \quad \alpha a := (\alpha a_n \,|\, n \in \mathbb{N}),$$

$$a + b \quad \text{für} \quad a, b \in \mathscr{F} \quad \text{durch} \quad a + b := (a_n + b_n \,|\, n \in \mathbb{N}).$$

Diesen Definitionen entnimmt man sofort, daß $\mathscr{F}$ zusammen mit der skalaren Multiplikation $(\alpha, a) \mapsto \alpha a$ und der Addition $(a, b) \mapsto a + b$ ein Vektorraum über $\mathbb{R}$ ist. Die Rechenregeln für Folgen zeigen, daß $\mathscr{F}_{\text{beschränkt}}$, $\mathscr{F}_{\text{konvergent}}$, $\mathscr{F}_{\text{Null}}$ und $\mathscr{F}_{\text{konstant}}$ Unterräume von $\mathscr{F}$ sind. Man mache sich klar, daß $\mathscr{F}_{\text{HP}}$ kein $\mathbb{R}$-Vektorraum ist.

3. Vektorräume von Abbildungen. Es sei K ein Körper und M eine beliebige nichtleere Menge. Mit $\text{Abb}(M, K)$ werde die Menge aller Abbildungen $\varphi: M \to K$ bezeichnet. Definiert man Addition und skalare Multiplikation von Elementen aus $\text{Abb}(M, K)$ *punktweise*, das heißt, setzt man für φ, $\psi \in \text{Abb}(M, K)$ und $\alpha \in K$

$$(1) \qquad (\varphi + \psi)(m) := \varphi(m) + \psi(m), \qquad (\alpha\varphi)(m) := \alpha \cdot \varphi(m), \qquad m \in M,$$

dann *ist* $\text{Abb}(M, K)$ *mit dieser Addition und skalaren Multiplikation ein Vektorraum über* K. Nullelement 0 bzw. das Negative $-\varphi$ von φ der additiven abelschen Gruppe von $\text{Abb}(M, K)$ sind gegeben durch $0(m) := 0$ für alle $m \in M$ bzw. $(-\varphi)(m) := -\varphi(m)$ für alle $m \in M$. Die Vektorräume, die in der Analysis eine Rolle spielen, sind meist Unterräume von gewissen Vektorräumen der Form $\text{Abb}(M, K)$, für $K = \mathbb{R}$, $K = \mathbb{C}$, usw.

Der Leser ist mit einem wichtigen Beispiel eines Vektorraums $\text{Abb}(M, K)$ bereits vertraut: Für den Folgenraum gilt $\mathscr{F} = \text{Abb}(\mathbb{N}, \mathbb{R})$, ebenso kann das Standardbeispiel K^n mit $\text{Abb}(\{1, 2, \ldots, n\}, K)$ identifiziert werden.

4. Stetige Funktionen. Sei I ein Intervall von $\mathbb{R}$, das mehr als einen Punkt enthält, und $C(I)$ die Teilmenge von $\text{Abb}(I, \mathbb{R})$, die aus allen stetigen Abbildungen $\varphi: I \to \mathbb{R}$ besteht. Die Rechenregeln für stetige Funktionen zeigen, daß $C(I)$ ein Unterraum von $\text{Abb}(I, \mathbb{R})$ ist.

Die Unterräume von $C(I)$ sind zahllos: So sind z. B. die Mengen $C^r(I)$ der r-mal stetig differenzierbaren Abbildungen $\varphi: I \to \mathbb{R}$ jeweils Unterräume von $C(I)$ mit der Inklusionskette

$$C^r(I) \subset C^{r-1}(I) \subset \cdots \subset C^1(I) \subset C(I),$$

und alle Inklusionen sind echt. Andere Beispiele sind

$$\{\varphi \in C^1(I) : \varphi(0) = \varphi'(0) = 0\}, \qquad \text{falls} \quad 0 \in I,$$

$$\left\{\varphi \in C(I) : \int_I \varphi(x)\,dx = 0\right\},$$

$$\{\varphi \in C^1(\mathbb{R}) : \varphi(x + 1) = \varphi(x) \text{ für alle } x \in \mathbb{R}\}, \qquad \text{usw.}$$

Definiert man

$$C^\infty(I) := \{\varphi \in C^1(I) \colon \varphi \text{ beliebig oft differenzierbar}\},$$

so gilt natürlich

$$C^\infty(I) = \bigcap_{n=1}^{\infty} C^n(I) \subset \cdots \subset C^r(I) \subset \cdots \subset C(I) \qquad \text{für alle } r.$$

5. Reelle Polynome. Eine Abbildung $\varphi\colon \mathbb{R} \to \mathbb{R}$ nennt man ein *Polynom*, wenn es $\alpha_0, \ldots, \alpha_n \in \mathbb{R}$ gibt mit

(1) $$\varphi(x) = \alpha_0 + \alpha_1 x + \cdots + \alpha_n x^n \qquad \text{für alle} \quad x \in \mathbb{R}.$$

In (1) heißen die α_m natürlich die *Koeffizienten* des Polynoms φ. Ist α_n ungleich Null, so nennt man n den *Grad* des Polynoms. Die Rechenregeln für Polynome zeigen, daß die Menge $\operatorname{Pol}\mathbb{R}$ der Polynome $\varphi\colon \mathbb{R} \to \mathbb{R}$ ein Unterraum von $C^\infty(\mathbb{R})$ ist. Man hat also die Inklusionskette

$$\operatorname{Pol}\mathbb{R} \subset C^\infty(\mathbb{R}) \subset \cdots \subset C^r(\mathbb{R}) \subset \cdots \subset C^1(\mathbb{R}) \subset C(\mathbb{R}).$$

Die in 3(1) definierte Addition und skalare Multiplikation von Abbildungen bedeuten für Polynome:

(2) Zwei Polynome werden addiert, indem man die Koeffizienten gleicher Potenzen von x addiert.

(3) Ein Polynom wird mit einem $\alpha \in \mathbb{R}$ skalar multipliziert, indem man alle Koeffizienten mit α multipliziert.

6*. Reell-analytische Funktionen. Zwischen den Polynomen und den beliebig oft differenzierbaren Funktionen liegt ein weiterer für die Analysis wichtiger $\mathbb{R}$-Vektorraum: Ist I ein offenes Intervall von $\mathbb{R}$, so heißt eine Abbildung $\varphi\colon I \to \mathbb{R}$ *reell-analytisch*, wenn es zu jedem Punkt $a \in I$ eine Umgebung $U(a)$ in I gibt, in welcher φ durch eine konvergente Potenzreihe mit Entwicklungsmittelpunkt a dargestellt wird. Die Menge $C^\omega(I)$ der reell-analytischen Abbildungen $\varphi\colon I \to \mathbb{R}$ ist dann ein Unterraum von $C^\infty(I)$.

Setzt man $\operatorname{Pol} I$ für die Menge der Abbildungen von I nach $\mathbb{R}$, die Einschränkung eines Polynoms auf das Intervall I sind, so ist $\operatorname{Pol} I$ ein Unterraum von $C^\omega(I)$.

7*. Lineare Differentialgleichungen *n*-ter Ordnung mit konstanten Koeffizienten. Darunter versteht man eine Differentialgleichung der Form

(1) $$\varphi^{(n)} + \alpha_1 \varphi^{(n-1)} + \cdots + \alpha_{n-1}\varphi' + \alpha_n \varphi = 0$$

mit konstanten Koeffizienten $\alpha_1, \ldots, \alpha_n$ für eine gesuchte Abbildung $\varphi \in C^n(\mathbb{R})$. Dabei bezeichnet $\varphi^{(m)}$ die m-te Ableitung von φ. Die Menge $V(\alpha_1, \ldots, \alpha_n)$ der Lösungen φ von (1) ist ein Unterraum von $C^n(\mathbb{R})$. Diese Tatsache, die verbal ausgedrückt besagt, daß mit Lösungen $\varphi_1, \ldots, \varphi_m$ von (1) und Konstanten $\beta_1, \ldots, \beta_m \in \mathbb{R}$ auch $\beta_1\varphi_1 + \cdots + \beta_m\varphi_m$ eine Lösung von (1) ist, war den Analytikern lange vor den Anfängen der Vektorraum-Theorie geläufig. Sie wird z. B.

bereits 1889 in dem „Lehrbuch der Differentialgleichungen" von A. R. FORSYTH, Vieweg und Sohn, Braunschweig, in § 40 ausdrücklich formuliert und wird manchmal „Superposition" genannt.

Das einfachste nicht-triviale Beispiel $\varphi'' + \varphi = 0$ ist dem Leser aus der Schule vertraut: Sinus und Cosinus sind Lösungen, und man kann zeigen, daß jede Lösung eine Linearkombination von Sinus und Cosinus ist (vergleiche Analysis I).

8. Die Vektorräume Abb$[M, K]$. Neben dem Vektorraum Abb(M, K) *aller* Abbildungen der nicht-leeren Menge M nach K spielt bei algebraischen Überlegungen ein Unterraum von Abb(M, K) eine ausgezeichnete Rolle.

Für $\varphi \in$ Abb(M, K) nennt man $T(\varphi) := \{m \in M : \varphi(m) \neq 0\}$ den *Träger* von φ. Ist $T(\varphi)$ endlich, so sagt man auch, daß φ *fast überall Null ist.*

Man hat offenbar für $\varphi, \psi \in$ Abb(M, K)

$$T(\alpha\varphi) = T(\varphi) \quad \text{für} \quad \alpha \in K, \quad \alpha \neq 0,$$

$$T(\varphi + \psi) \subset T(\varphi) \cup T(\psi).$$

Damit ist klar, *daß*

$$\text{Abb}[M, K] := \{\varphi \in \text{Abb}(M, K) : T(\varphi) \text{ endlich}\}$$

ein Unterraum von Abb(M, K) *ist.* Für eine endliche Menge M stimmen Abb$[M, K]$ und Abb(M, K) natürlich überein.

In Abb$[M, K]$ gibt es gewisse ausgezeichnete Abbildungen: Für jedes $a \in M$ wird $\delta_a \in$ Abb$[M, K]$ definiert durch

$$(1) \qquad \delta_a(m) := \begin{Bmatrix} 1, & \text{falls } m = a \\ 0, & \text{sonst} \end{Bmatrix}.$$

Man hat $T(\delta_a) = \{a\}$, und δ_a gehört zu Abb$[M, K]$.

Hilfssatz. *Jedes* $\varphi \in$ Abb$[M, K]$ *ist Linearkombination der Elemente* δ_a *mit* $a \in T(\varphi)$.

Denn besteht $T(\varphi)$ aus den Elementen $a_1, \ldots, a_n$, so folgt $\varphi(m) = \varphi(a_1)\delta_{a_1}(m) + \cdots + \varphi(a_n)\delta_{a_n}(m)$ für alle $m \in M$, also $\varphi = \varphi(a_1)\delta_{a_1} + \cdots + \varphi(a_n)\delta_{a_n}$.

Bemerkung. Im Gegensatz zur Algebra spielen in der Analysis Abbildungen mit endlichem Träger keine Rolle: Eine Abbildung $\varphi \in C(\mathbb{R})$ mit endlichem Träger ist konstant gleich Null! Dagegen sind die Abbildungen $\varphi \in C(\mathbb{R})$ mit *beschränktem* Träger von besonderem Interesse. In jedem guten Lehrbuch der Infinitesimalrechnung findet man sogar von Null verschiedene Abbildungen $\varphi \in C^\infty(\mathbb{R})$, für welche der Träger $T(\varphi)$ beschränkt ist. Offenbar ist die Menge $C_0^\infty(\mathbb{R})$ aller $\varphi \in C^\infty(\mathbb{R})$, für welche $T(\varphi)$ beschränkt ist, ein Unterraum von $C^\infty(\mathbb{R})$. Der sogenannte Identitätssatz für reell-analytische Funktionen zeigt, daß $C_0^\infty(\mathbb{R})$ und $C^\omega(\mathbb{R})$ nur die Null-Abbildung gemeinsam haben.

Der $\mathbb{R}$-Vektorraum $C_0^\infty(\mathbb{R})$ und seine höher dimensionalen Analoga bilden das Fundament, auf dem Laurent SCHWARTZ Ende der vierziger Jahre eine Theorie von „verallgemeinerten Funktionen" aufbaute. Diese sog. *Distributionen* spielen in der (angewandten) Analysis und in der theoretischen Physik eine besondere Rolle.

[1]: Es genügt den Fall $n=2$ zu betrachten (Rest Induktion!). Es gilt $\alpha_1 \neq 0$ und $\alpha_2 \neq 0$, denn sonst würde ja nicht der Fall $n \geq 2$ vorliegen. Dann aber sind alle $\binom{x_1}{x_2} \in K^2 \setminus \{0\}$ mit $x_1 = -\frac{\alpha_2}{\alpha_1} x_2$ nicht-triviale Lösungen von (1).

In der Analysis wird der Träger anders als hier definiert: Man nennt dort den topologischen Abschluß von $T(\varphi)$ den *Träger* von φ.

Literatur: L. SCHWARTZ, *Théorie des distributions*, Hermann, Paris, 1966.

§ 4. Elementare Theorie der Vektorräume

1. Vorbemerkung. Die elementare Theorie der Vektorräume beruht auf dem Zusammenspiel von zwei wichtigen Begriffen: dem Begriff des Erzeugendensystems und dem Begriff der linearen Abhängigkeit. In beiden Fällen geht die Vektorraum-Struktur dadurch voll in die Definitionen ein, daß man Linearkombinationen von Elementen des Vektorraums zu betrachten hat. Eine Verbindung dieser beiden grundlegenden Begriffe wird durch eine fundamentale Aussage über Lösungen von homogenen linearen Gleichungssystemen hergestellt, sie wird in 2 vorweggenommen. Der zentrale Begriff der Dimension eines endlich erzeugten Vektorraums V wird dann in 6 durch $\dim V = \operatorname{Min} \mathbb{N}(V)$ eingeführt, wobei $\mathbb{N}(V)$ die Teilmenge derjenigen natürlichen Zahlen n bedeutet, für welche je $n+1$ Elemente des Vektorraums V linear abhängig sind. In diesem Sinne kann man die Dimension als Anzahl der „Freiheitsgrade" oder als „Maximalzahl" von möglichen Parametern ansehen.

2. Homogene Gleichungen. Sind $\alpha_1, \ldots, \alpha_n$ gegebene Elemente aus K, so nennt man

$$\alpha_1 \xi_1 + \cdots + \alpha_n \xi_n = 0, \qquad \xi_1, \ldots, \xi_n \in K, \tag{1}$$

eine *homogene lineare Gleichung* in den Unbekannten $\xi_1, \ldots, \xi_n$. Mit dem Wort „homogen" deutet man an, daß die rechte Seite der Gleichung Null ist. Inhomogene Gleichungen werden später (5.4) behandelt. Man kann $(\xi_1, \ldots, \xi_n) = x$ als ein Element von $K \times \cdots \times K$ auffassen und nach der Menge aller *Lösungen* x der Gleichung (1) fragen: Es ist $x = 0$ stets eine Lösung, die *triviale Lösung*, und mit zwei Lösungen x, y sind auch $x + y$ und αx, $\alpha \in K$, wieder Lösungen. *Die Menge aller Lösungen von* (1) *bildet daher einen Unterraum von* $K \times \cdots \times K$. Der Leser mache sich klar, daß es im Falle $n \geqslant 2$ stets nicht-triviale Lösungen von (1) gibt. [1]

Bei vielen Anwendungen wird man auf die Frage geführt, ob mehrere Gleichungen der Form (1) eine simultane nicht-triviale Lösung besitzen. Man schreibt die gegebenen m Gleichungen als System

$$\begin{aligned} \alpha_{11}\xi_1 + \cdots + \alpha_{1n}\xi_n &= 0, \\ \alpha_{21}\xi_1 + \cdots + \alpha_{2n}\xi_n &= 0, \\ &\vdots \\ \alpha_{m1}\xi_1 + \cdots + \alpha_{mn}\xi_n &= 0, \end{aligned} \tag{2}$$

und nennt (2) ein *homogenes Gleichungssystem von m Gleichungen in den n Unbekannten* $\xi_1, \ldots, \xi_n$. Gesucht sind Lösungen x mit Komponenten $\xi_1, \ldots, \xi_n$ aus K. Wieder ist $x = 0$ eine Lösung, und wieder bilden alle Lösungen x einen Unterraum U von $K \times \cdots \times K$. In dieser allgemeinen Situation ist es keineswegs mehr einfach zu entscheiden, ob (2) eine nicht-triviale Lösung hat, das heißt, ob U

nicht der Nullraum ist. Einfache Beispiele, wie $\xi_1 + \xi_2 = 0$, $\xi_1 + 2\xi_2 = 0$, zeigen, daß ein System (2) nur die triviale Lösung $\xi_1 = \xi_2 = 0$ besitzen kann. Eine zentrale Rolle bei vielen theoretischen oder praktischen Anwendungen spielt das

Fundamental-Lemma. *Jedes homogene Gleichungssystem von m Gleichungen in n Unbekannten besitzt im Falle $m < n$ eine nicht-triviale Lösung.*

Nachdem bisher nur Begriffe und Definitionen aneinandergereiht wurden, ist jetzt erstmalig etwas zu beweisen. Hierbei geht entscheidend ein, daß das Gleichungssystem über K gegeben ist, das heißt, daß die Koeffizienten aus K stammen und Lösungen aus K gesucht werden und daß K keine Nullteiler besitzt.

Beweis. Es sei also ein Gleichungssystem der Form (2) mit $m < n$ gegeben. Als ersten (und wesentlichen) Beweis-Schritt organisiert man das Problem nach folgenden drei Punkten:

1) *Man darf $m = n - 1$ annehmen.* Denn hat man das Fundamental-Lemma in diesem Fall bewiesen, so erhält man den allgemeinen Fall $m < n$ durch Hinzufügen willkürlicher weiterer Gleichungen.

2) *Man darf $\alpha_{11} \neq 0$ annehmen.* Sind in (2) alle Koeffizienten α_{ij} gleich Null, dann ist jedes $x \in K^n$ eine Lösung, die Behauptung also trivialerweise richtig. Ist ein α_{ij} ungleich Null, dann kann man nach evtl. Umnumerierung der Gleichungen und der Unbekannten annehmen, daß α_{11} ungleich Null ist. Die Existenz von nicht-trivialen Lösungen wird von dieser Abänderung von (2) nicht berührt.

3) *Man darf $\alpha_{21} = \alpha_{31} = \cdots = \alpha_{m1} = 0$ annehmen.* Man multipliziert die erste Gleichung der Reihe nach mit $\alpha_{21}, \alpha_{31}, \ldots, \alpha_{m1}$ und subtrahiert das Ergebnis jeweils von dem α_{11}-fachen der 2-ten, 3-ten, ..., m-ten Gleichung. Man beachte hier, daß bei dieser Abänderung der Gleichungen die Lösungsmenge sich nicht ändert.

Nach diesen Vorbereitungen beweist man das Lemma leicht durch Induktion nach der Zahl der Unbekannten. Man beachte dabei, daß mit einer nicht-trivialen Lösung $\xi_2, \ldots, \xi_n$ der letzten $m - 1$ Gleichungen auch $\lambda\xi_2, \ldots, \lambda\xi_n$, $0 \neq \lambda \in K$, eine nicht-triviale Lösung ist. □

Bemerkungen. 1) Die etwas übertriebene Bezeichnung „Fundamental-Lemma" wird vielleicht dadurch gerechtfertigt, daß dieses Lemma einmal für die sich anschließenden Überlegungen wirklich fundamental ist, daß es aber auch an anderen Stellen häufig mit Nutzen verwendet wird. So beruhen z. B. viele Transzendenz-Beweise u. a. auf diesem Lemma (siehe z. B. Th. Schneider, Transzendente Zahlen, Springer-Verlag, 1957).

Den logischen Zusammenhang grundlegender Ergebnisse, die auf dem Fundamental-Lemma aufbauen, entnimmt man einem Schema in 7.

2) Das Beweisverfahren ist konstruktiv.

3) Im Beweis wird nur benutzt, daß K keine Nullteiler besitzt. Das Ergebnis gilt also z. B. auch für ganzzahlige Lösungen ganzzahliger Gleichungen.

3. Erzeugung von Unterräumen. Sei V ein Vektorraum über K und A eine nicht-leere Teilmenge von V. Man bezeichnet mit Span A diejenige Teilmenge von V, die aus allen Linearkombinationen von Elementen von A besteht, also

(1) $\quad \operatorname{Span} A := \{\alpha_1 a_1 + \cdots + \alpha_n a_n : n \geqslant 1,\ \alpha_1, \ldots, \alpha_n \in K,\ a_1, \ldots, a_n \in A\}.$

Man nennt $\operatorname{Span} A$ das *Erzeugnis* (oder den *Spann*) von A und setzt noch $\operatorname{Span} \emptyset := \{0\}$. Da skalare Vielfache und Summen von Linearkombinationen wieder Linearkombinationen sind, ist das *Erzeugnis* $\operatorname{Span} A$ *von* A *ein Unterraum von* V. Man nennt $\operatorname{Span} A$ *den von* A *erzeugten Unterraum von* V.

Für $A = \{a_1, \ldots, a_n\}$ schreibt man abkürzend $\operatorname{Span}(a_1, \ldots, a_n) := \operatorname{Span} A$. Man verifiziert sofort die Rechenregeln

(2)
$$\begin{aligned} &\operatorname{Span}(a) = Ka, \qquad A \subset \operatorname{Span} A, \\ &A \subset B \subset V \Rightarrow \operatorname{Span} A \subset \operatorname{Span} B, \\ &\operatorname{Span} A = A \Leftrightarrow A \text{ Unterraum von } V, \\ &\operatorname{Span}(\operatorname{Span} A) = \operatorname{Span} A. \end{aligned}$$

Eine Teilmenge E von V heißt ein *Erzeugendensystem von* V, wenn $V = \operatorname{Span} E$ gilt, wenn also jedes Element von V eine Linearkombination von gewissen Elementen von E ist. Der Vektorraum V heißt *endlich erzeugt*, wenn es ein endliches Erzeugendensystem von V gibt.

Jeder Vektorraum V besitzt Erzeugendensysteme, z. B. ist V selbst trivialerweise ein Erzeugendensystem. Weiter ist klar, daß mit E auch jede Menge E', $E \subset E' \subset V$, ein Erzeugendensystem ist. A priori ist nicht klar, daß jeder Unterraum eines endlich erzeugten Vektorraums selbst wieder endlich erzeugt ist. (Man vergleiche hierzu das Korollar in 6.)

Zu den beiden in 1.3 erwähnten Konstruktions-Prinzipien von Unterräumen kommt nun die Konstruktion von Unterräumen als Erzeugnis $\operatorname{Span} A$ einer Teilmenge A von V. Die Regel $\operatorname{Span}(A \cup B) = \operatorname{Span} A + \operatorname{Span} B$ für Teilmengen A, B von V ist manchmal nützlich, analog gilt aber nur $\operatorname{Span}(A \cap B) \subset \operatorname{Span} A \cap \operatorname{Span} B$.

Geometrische Deutung: Deutet man den $\mathbb{R}^2$ als Ebene, so beschreibt $\operatorname{Span}(x) = \mathbb{R}x$, $0 \neq x \in \mathbb{R}^2$, die Punkte der durch x und 0 gehenden Geraden. Sind von Null verschiedene Punkte $x, y \in \mathbb{R}^2$ gegeben, so sind die beiden sich ausschließenden Fälle möglich:

(a) $\quad \mathbb{R}x = \mathbb{R}y, \quad$ dann $\quad \operatorname{Span}(x, y) = \mathbb{R}x = \mathbb{R}y,$

(b) $\quad \mathbb{R}x \neq \mathbb{R}y, \quad$ dann $\quad \operatorname{Span}(x, y) = \mathbb{R}^2.$

Man mache sich die analoge Situation im anschaulichen $\mathbb{R}^3$ klar.

Beispiele: 1) Der Vektorraum K^n ist endlich erzeugt, denn nach 1. 5(2) ist $E := \{e_1, \ldots, e_n\}$ ein Erzeugendensystem.

2) Für jede endliche Menge M ist $\operatorname{Abb}[M, K] = \operatorname{Abb}(M, K)$ endlich erzeugt, denn nach Hilfssatz 3.8 ist $E := \{\delta_a : a \in M\}$ ein Erzeugendensystem.

3) Der Vektorraum der Polynome über $\mathbb{R}$ ist nicht endlich erzeugt, denn aus Grad-Gründen kann nicht jedes Polynom als Linearkombination von endlich vielen gegebenen Polynomen dargestellt werden. Man vergleiche auch 5.2, 4).

4) Der Vektorraum $C(I)$ der auf dem Intervall I stetigen Abbildungen ist nicht endlich erzeugt (folgt aus 3) und Korollar 6).

4. Lineare Abhängigkeit. Für die Untersuchung von Vektorräumen spielt der Begriff der linearen Abhängigkeit eine zentrale Rolle. Endlich viele Elemente $a_1, \ldots, a_n$ eines Vektorraumes V über K heißen *linear abhängig* (über K), wenn es $\alpha_1, \ldots, \alpha_n \in K$ gibt, die nicht alle gleich Null sind und für die

$$(1) \qquad \alpha_1 a_1 + \cdots + \alpha_n a_n = 0$$

gilt, das heißt, wenn die $a_1, \ldots, a_n$ die Null nicht-trivial darstellen.

Endlich viele Elemente $a_1, \ldots, a_n$ eines Vektorraumes V über K heißen *linear unabhängig*, wenn sie nicht linear abhängig sind, das heißt, wenn gilt

$$(2) \qquad \alpha_1 a_1 + \cdots + \alpha_n a_n = 0, \qquad \alpha_1, \ldots, \alpha_n \in K \Rightarrow \alpha_1 = \cdots = \alpha_n = 0;$$

mit anderen Worten, wenn jede Linearkombination der $a_1, \ldots, a_n$, welche Null ist, schon die triviale Linearkombination ist.

Eine nicht-leere Teilmenge A eines Vektorraums V über K heißt *linear unabhängig*, wenn je endlich viele verschiedene Elemente von A linear unabhängig sind. Die leere Menge $\emptyset$ soll ebenfalls linear unabhängig heißen.

Man beachte hier, daß unter (1) und (2) der Fall $n = 1$ nicht ausgeschlossen ist: Die Aussage „a ist linear abhängig" ist offenbar gleichwertig mit „$a = 0$", und a ist genau dann linear unabhängig, wenn $a \neq 0$ gilt!

Was bedeutet es, daß zwei Elemente a_1 und a_2 linear abhängig sind? Definitionsgemäß ist dies äquivalent mit der Existenz von $\alpha_1, \alpha_2 \in K$, nicht beide Null, und $\alpha_1 a_1 + \alpha_2 a_2 = 0$. Im Falle $\alpha_1 \neq 0$ bzw. $\alpha_2 \neq 0$ bedeutet dies $a_1 \in Ka_2$ bzw. $a_2 \in Ka_1$. Sind a_1 und a_2 von Null verschieden, so sind a_1 und a_2 genau dann linear abhängig, wenn $Ka_1 = Ka_2$ gilt.

Ist x eine Linearkombination der Elemente $a_1, \ldots, a_n$ aus V, so sind die Elemente $a_1, \ldots, a_n, x$ trivialerweise linear abhängig. Eine teilweise Umkehrung dieser Aussage bringt das simple, aber oft nützliche

Abhängigkeits-Lemma. *Sind $a_1, \ldots, a_n, x$ linear abhängige Elemente von V und $a_1, \ldots, a_n$ linear unabhängig, dann ist x eine Linearkombination der $a_1, \ldots, a_n$.*

Die nächste Aussage ist dagegen nicht trivial und benutzt das Fundamental-Lemma 2.

Schranken-Lemma. *Besitzt der Vektorraum V über K ein Erzeugendensystem von n Elementen, dann sind je $n + 1$ Elemente von V linear abhängig.*

Beweis. Ist $V = \{0\}$, so ist $\emptyset$ ein Erzeugendensystem von $n = 0$ Elementen, und je $n + 1 = 1$ Elemente sind linear abhängig, denn $a = 0$ ist linear abhängig.

Bevor der allgemeine Fall behandelt wird, soll die Methode für $n = 1$ erläutert werden: Ist $\{a\}$ ein Erzeugendensystem von V, so gilt $V = Ka$, und zu $x, y \in V$ gibt es $\alpha, \beta \in K$ mit $x = \alpha a$, $y = \beta a$. Für $\xi, \eta \in K$ folgt $\xi x + \eta y = (\alpha\xi + \beta\eta)a$, und x, y sind linear abhängig, falls es nicht-triviale ξ, η mit $\alpha\xi + \beta\eta = 0$ gibt. Dies ist ein einfaches Beispiel zum Fundamental-Lemma.

Seien nun $V \neq \{0\}$, $\{a_1, \ldots, a_n\}$ ein Erzeugendensystem von V und $x_1, \ldots, x_{n+1}$ beliebige Elemente von V. Es gibt dann $\alpha_{ji} \in K$ mit

$$(3) \qquad x_i = \sum_{j=1}^{n} \alpha_{ji} a_j, \qquad i = 1, \ldots, n + 1.$$

Zum Nachweis der linearen Abhängigkeit der $x_1, \ldots, x_{n+1}$ hat man zu zeigen, daß es $\beta_1, \ldots, \beta_{n+1} \in K$ gibt, die nicht alle Null sind und für die

$$\sum_{i=1}^{n+1} \beta_i x_i = 0 \tag{4}$$

gilt. Mit (3) folgt aber

$$\sum_{i=1}^{n+1} \beta_i x_i = \sum_{i=1}^{n+1} \beta_i \left(\sum_{j=1}^{n} \alpha_{ji} a_j \right) = \sum_{j=1}^{n} \left(\sum_{i=1}^{n+1} \beta_i \alpha_{ji} \right) a_j,$$

so daß (4) sicher dann mit nicht-trivialen $\beta_1, \ldots, \beta_{n+1}$ lösbar ist, wenn das homogene Gleichungssystem

$$\sum_{i=1}^{n+1} \alpha_{ji} \beta_i = 0, \qquad j = 1, \ldots, n,$$

von n Gleichungen in den $n+1$ Unbekannten $\beta_1, \ldots, \beta_{n+1}$ eine nicht-triviale Lösung hat. Nach dem Fundamental-Lemma ist letzteres richtig. □

Bemerkung. Wenn dem Leser die hier verwendete abkürzende Summenschreibweise nicht geläufig ist, so orientiere er sich an 2.4.4.

Geometrische Deutung der linearen Abhängigkeit. Im $\mathbb{R}^2$ sind zwei Punkte x, y genau dann linear abhängig, wenn sie beide auf einer Geraden durch 0 liegen. Die Punkte sind also genau dann linear unabhängig, wenn ihr Erzeugnis der ganze $\mathbb{R}^2$ ist.

Im $\mathbb{R}^3$ sind die Punkte x, y, z genau dann linear abhängig, wenn sie auf einer Ebene durch 0 liegen.

Aufgaben. 1) Man fasse $\mathbb{R}$ als Vektorraum über $\mathbb{Q}$ auf und zeige, daß $1, \sqrt{2}, \sqrt{3}$ über $\mathbb{Q}$ linear unabhängig sind.

2) Sind die Elemente $a_1, \ldots, a_n$ eines Vektorraumes V über K linear unabhängig, so sind für $\alpha_2, \ldots, \alpha_n \in K$ auch $a_1, a_2 + \alpha_2 a_1, \ldots, a_n + \alpha_n a_1$ linear unabhängig.

3) Die Abbildungen $\sin\colon \mathbb{R} \to \mathbb{R}$ und $\cos\colon \mathbb{R} \to \mathbb{R}$ sind Elemente von $\mathrm{Abb}(\mathbb{R}, \mathbb{R})$. Man zeige, daß die Abbildungen $1, \sin, \cos$ linear unabhängig sind. Sind auch $1, \sin, \cos, \sin^2, \cos^2$ linear unabhängig?

4) Die Abbildungen $\varphi_n\colon \mathbb{R}_+ \to \mathbb{R}$, $\varphi_n(\xi) := 1/(n + \xi)$, $n = 1, 2, \ldots$, sind Elemente des $\mathbb{R}$-Vektorraums $\mathrm{Abb}(\mathbb{R}_+, \mathbb{R})$. Man zeige, daß die Menge $A := \{\varphi_n\colon n = 1, 2, \ldots\}$ linear unabhängig ist.

5. Der Begriff einer Basis. Eine Teilmenge B eines Vektorraums $V \neq \{0\}$ über K nennt man eine *Basis* von V, wenn gilt

(B.1) B ist Erzeugendensystem von V,

(B.2) B ist linear unabhängige Menge, das heißt, je endlich viele verschiedene Elemente von B sind linear unabhängig.

Die Konvention, den Nullraum als Erzeugnis der leeren Menge anzusehen, $\{0\} = \mathrm{Span}\,\emptyset$, erlaubt gleichzeitig, die leere Menge als Basis von $\{0\}$ anzusehen.

Die Nützlichkeit einer Basis zeigt das folgende

Eindeutigkeits-Lemma. *Ist B eine Basis des Vektorraums $V \neq \{0\}$, dann läßt sich jedes Element von V eindeutig als Linearkombination von endlich vielen Elementen aus B schreiben.*

Hätte man nämlich zwei verschiedene Darstellungen eines Elementes von V durch Elemente von B, dann würde man durch Differenzbildung linear abhängige Elemente aus B finden.

Im Falle einer endlichen Basis $B = \{b_1, \ldots, b_n\}$ läßt sich also jedes Element $x \in V$ schreiben als

$$x = \alpha_1 b_1 + \cdots + \alpha_n b_n \quad \text{mit} \quad \alpha_1, \ldots, \alpha_n \in K,$$

und die $\alpha_1, \ldots, \alpha_n$ sind durch x eindeutig bestimmt.

Es ist nicht einmal im endlich erzeugten Fall a priori klar, ob jeder Vektorraum eine Basis besitzt. Es stellen sich die folgenden Probleme:

1. Basis-Problem: Besitzt jeder Vektorraum wenigstens eine Basis?
2. Basis-Problem: Haben je zwei Basen gleich viele Elemente?
3. Basis-Problem: Wie kann man alle Basen beschreiben?

Im endlich erzeugten Fall können die Probleme 1 und 2 sofort gelöst werden (das dritte Problem wird in 2.7.6 gelöst):

Basis-Satz für endlich erzeugte Vektorräume. *Ist $V \neq \{0\}$ ein endlich erzeugter Vektorraum über K, dann gilt*:

a) *V besitzt eine endliche Basis.*
b) *Je zwei Basen von V haben gleich viele Elemente.*
c) *Sind die Elemente $a_1, \ldots, a_r$ aus V linear unabhängig, dann ist entweder $\{a_1, \ldots, a_r\}$ eine Basis von V, oder es gibt Elemente $a_{r+1}, \ldots, a_n$ aus V, so daß $\{a_1, \ldots, a_r, a_{r+1}, \ldots, a_n\}$ eine Basis von V ist.*

An Stelle von c) sagt man meist nicht ganz präzise, daß gegebene linear unabhängige Elemente zu einer Basis ergänzt werden können. *Wenn keine Mißverständnisse zu befürchten sind, läßt man bei der Angabe einer Basis manchmal auch die Mengenklammern weg.*

Beweis. c) Ist $\{a_1, \ldots, a_r\}$ ein Erzeugendensystem, so ist nichts zu beweisen. Andernfalls ist der von $a_1, \ldots, a_r$ erzeugte Unterraum $U := \mathrm{Span}(a_1, \ldots, a_r)$ echt in V enthalten, das heißt, es gibt ein a_{r+1} in V, das nicht in U liegt.

Wären nun $a_1, \ldots, a_{r+1}$ linear abhängig, so wäre a_{r+1} nach dem Abhängigkeits-Lemma eine Linearkombination der $a_1, \ldots, a_r$, also in U enthalten. Dies ist ein Widerspruch zur Wahl von a_{r+1}.

Daher sind die $a_1, \ldots, a_{r+1}$ linear unabhängig, und das Verfahren kann fortgesetzt werden. Nach dem Schranken-Lemma in 4 bricht das Verfahren ab, und man erhält nach endlich vielen Schritten eine Basis von V.

a) Wegen $V \neq \{0\}$ gibt es $a \in V$ mit $a \neq 0$. Dann ist aber a linear unabhängig und kann nach Teil c) zu einer Basis ergänzt werden.

b) Ist B eine Basis von n Elementen, so ist B ein Erzeugendensystem von n Elementen. Nach dem Schranken-Lemma 4 sind dann je $n + 1$ Elemente von V

linear abhängig. Jede andere Basis C von V hat also wegen (B.2) höchstens so viele Elemente wie die Basis B. Vertauscht man hier B und C, so folgt die Behauptung. □

Aufgaben. 1) Man ergänze – wenn möglich – die Tripel $(1, -1, 1)$, $(1, \alpha, \alpha^2)$ zu einer Basis von $\mathbb{R} \times \mathbb{R} \times \mathbb{R}$.

2) Sei V die Menge der $x \in K^n$, für welche die Summe der Komponenten von x gleich Null ist. Man zeige, daß V ein Unterraum des K^n ist und gebe eine Basis von V an.

3) Sind die Elemente $a_1, \ldots, a_r$ eines endlich erzeugten Vektorraums V linear unabhängig und ist E ein Erzeugendensystem von V, so können die $a_1, \ldots, a_r$ durch Elemente von E zu einer Basis von V ergänzt werden.

6. Die Dimension eines Vektorraums. Sei $V \neq \{0\}$ zunächst ein beliebiger Vektorraum über K. Man betrachte die Teilmenge

(1) $\qquad \mathbb{N}(V) := \{m \in \mathbb{N}: \text{je } m+1 \text{ Elemente von } V \text{ sind linear abhängig}\}$

von $\mathbb{N}$. Für $m \in \mathbb{N}(V)$ und $n \geqslant m$ folgt $n \in \mathbb{N}(V)$.

Im allgemeinen (z. B. für den Vektorraum der Polynome über $\mathbb{R}$) wird $\mathbb{N}(V)$ leer sein. Der Vektorraum V heißt *endlich-dimensional*, wenn $\mathbb{N}(V)$ nicht leer ist. In diesem Falle besitzt $\mathbb{N}(V)$ als nicht-leere Teilmenge von $\mathbb{N}$ eine kleinste Zahl. Diese kleinste Zahl von $\mathbb{N}(V)$ nennt man *die Dimension von* V und schreibt

(2) $$\dim V := \operatorname{Min} \mathbb{N}(V).$$

Wegen $V \neq \{0\}$ gilt $\dim V \geqslant 1$.

Äquivalenz-Satz. *Für einen Vektorraum $V \neq \{0\}$ über K sind äquivalent:*

(i) *V ist endlich erzeugt,*
(ii) *V ist endlich-dimensional.*

Genauer gilt:

a) *Hat V ein Erzeugendensystem von n Elementen, dann ist* $\dim V \leqslant n$.
b) *Hat V die Dimension n, dann bestehen alle Basen von V aus n Elementen.*

Beweis. Wird V von n Elementen erzeugt, dann zeigt das Schranken-Lemma in 4, daß n in $\mathbb{N}(V)$ liegt. V ist also endlich-dimensional, und es gilt $\dim V = \operatorname{Min} \mathbb{N}(V) \leqslant n$.

Sei nun V endlich-dimensional und $n := \dim V = \operatorname{Min} \mathbb{N}(V)$ die Dimension von V. Es gibt n Elemente $a_1, \ldots, a_n$ von V, die linear unabhängig sind, denn anderenfalls wäre $\operatorname{Min} \mathbb{N}(V) < n$. Für beliebige $x \in V$ betrachtet man nun die $n+1$ Elemente $x, a_1, \ldots, a_n$ von V. Diese sind nach Voraussetzung linear abhängig, nach dem Abhängigkeits-Lemma 4 ist daher x eine Linearkombination der $a_1, \ldots, a_n$. Da $x \in V$ beliebig war, ist $\{a_1, \ldots, a_n\}$ ein Erzeugendensystem, also eine Basis von V. Mit Teil b) des Basis-Satzes 5 ist alles bewiesen. □

Korollar. *Sei $V \neq \{0\}$ endlich erzeugter Vektorraum über K und $U \neq \{0\}$ ein Unterraum von V. Dann gilt:*

a) *U ist endlich erzeugt und* $\dim U \leqslant \dim V$.
b) *Aus* $\dim U = \dim V$ *folgt* $U = V$.

Beweis. a) Ist U ein Unterraum von V, so entnimmt man (1) die Gültigkeit von $\mathbb{N}(U) \supset \mathbb{N}(V)$. Mit $\mathbb{N}(V)$ ist also $\mathbb{N}(U)$ nicht leer, das heißt U ist endlich-dimensional, und es folgt $\dim U \leqslant \dim V$.

b) Sei $n := \dim U = \dim V$. Man wendet Teil b) des Äquivalenz-Satzes auf U an Stelle von V an und erhält eine Basis $B = \{a_1, \ldots, a_n\}$ von U. Die $a_1, \ldots, a_n$ sind linear unabhängige Elemente von V.

Wäre B keine Basis von V, so könnte man B nach Teil c) des Basis-Satzes 5 zu einer Basis ergänzen, und V würde wenigstens $n+1$ linear unabhängige Elemente enthalten. Nach (1) und (2) wäre dann $\dim V \geqslant n+1$ im Widerspruch zu $\dim V = n$.

Damit ist B auch eine Basis von V, und es folgt $U = \mathrm{Span}(a_1, \ldots, a_n) = V$. □

Oft nützlich ist das folgende

Basis-Kriterium. *Hat der endlich erzeugte Vektorraum $V \neq \{0\}$ über K die Dimension n und sind die Elemente $a_1, \ldots, a_m$ von V paarweise verschieden, dann implizieren je zwei der drei folgenden Aussagen*

(i) $m = n$,
(ii) $a_1, \ldots, a_m$ *sind linear unabhängig,*
(iii) $\{a_1, \ldots, a_m\}$ *ist ein Erzeugendensystem von* V,

daß $\{a_1, \ldots, a_m\}$ *eine Basis von* V *ist.*

Beweis. (ii) und (iii) sind zusammen die Definition einer Basis. Gelten (i) und (ii), sind nach (1) und (2) je $n+1$ Elemente von V linear abhängig, für $x \in V$ speziell also $a_1, \ldots, a_n, x$. Nach dem Abhängigkeits-Lemma ist x eine Linearkombination der $a_1, \ldots, a_n$, und $\{a_1, \ldots, a_n\}$ ist ein Erzeugendensystem. Sind (i) und (iii) erfüllt, so folgt entsprechend aus (1) und (2), daß $a_1, \ldots, a_n$ linear unabhängig sind. □

7. Der Dimensions-Satz. Bisher war der Begriff der Dimension nur für einen endlich erzeugten Vektorraum $V \neq \{0\}$ eingeführt worden. Man setzt nun

$$\dim V = 0, \qquad \text{falls } V = \{0\},$$
$$\dim V = \infty, \qquad \text{falls } V \text{ nicht endlich erzeugt.}$$

Damit kann man die bisherigen Ergebnisse zusammenfassen im

Dimensions-Satz. *Für einen Vektorraum V über K tritt stets einer der folgenden (sich gegenseitig ausschließenden) Fälle ein:*

a) $\dim V = 0$ *und* $V = \{0\}$.
b) V *hat die endliche Dimension* $n > 0$, *und es gilt:*
 (1) V *besitzt n linear unabhängige Elemente,*
 (2) *Je $n+1$ Elemente aus V sind linear abhängig.*
c) V *hat die Dimension* ∞, *und zu jeder natürlichen Zahl n gibt es n linear unabhängige Elemente.*

Beweis. Da ein endlich erzeugter Vektorraum $V \neq \{0\}$ nach 6 eine positive (endliche) Dimension hat, schließen sich die drei Fälle in der Tat aus.

Hat V die Dimension $n > 0$, so besitzt V nach dem Basis-Satz 5 Basen, nach Teil b) des Äquivalenz-Satzes 6 haben alle Basen n Elemente. V besitzt also n linear unabhängige Elemente; außerdem zeigt das Schranken-Lemma 4, daß je $n+1$ Elemente linear abhängig sind.

Hat V die Dimension ∞, dann ist V definitionsgemäß nicht endlich erzeugt. Würde es dann ein n geben, so daß je n Elemente linear abhängig sind, dann wäre $\mathbb{N}(V)$ nach 6(1) nicht leer und V endlich-dimensional im Widerspruch zum Äquivalenz-Satz 6. □

Bemerkung. Bei Beweisen wird der Fall $V = \{0\}$ in der Regel nicht gesondert behandelt. Der ungeübte Leser mache sich dann die Richtigkeit der Aussage auch für den Fall $V = \{0\}$ klar.

Das Zusammenspiel der verschiedenen Teilergebnisse zeigt das folgende Schema:

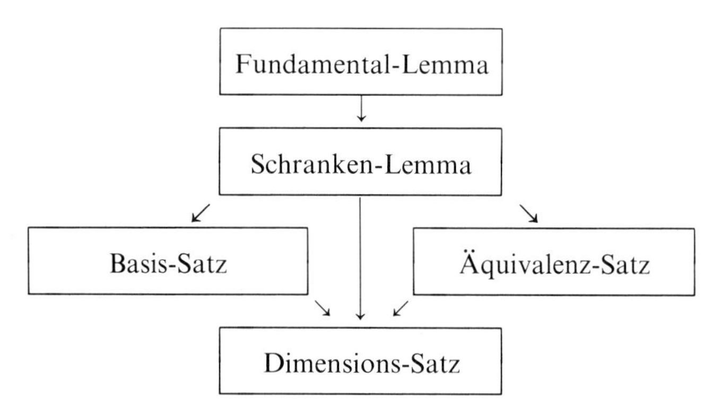

Bemerkungen. 1) Von Ungeübten wird oft von der „Anzahl der linear unabhängigen Elemente von V" gesprochen. Das hat natürlich deswegen keinen Sinn, weil man von einer Anzahl nur bei einer Menge sprechen kann: Die „linear unabhängigen Elemente von V" sind aber keine Menge (es sei denn, man meint damit die Menge der von Null verschiedenen Elemente von V), weil die Eigenschaft „linear unabhängig" nicht nur einem Element von V zukommt.

Will man diese Frage präzisieren, so muß man die Teilmenge

$$\{m \in \mathbb{N}: \text{es gibt } m \text{ linear unabhängige Elemente in } V\}$$

von $\mathbb{N}$ betrachten. Die Frage nach „Maximalzahlen linear unabhängiger Elemente" kann jetzt präzisiert werden zu der Frage nach dem Maximum dieser Menge.

2) Nach Teil c) des Basis-Satzes kann man ein System von linear unabhängigen Elementen von $V \neq \{0\}$ zu einer Basis ergänzen. Dual dazu kann man ein endliches Erzeugendensystem E von V zu einer Basis von V verkleinern. Man betrachte dazu die nicht-leere und nach Teil b) des Dimensions-Satzes beschränkte Teilmenge

$$M := \{m \in \mathbb{N}: \text{es gibt } m \text{ linear unabhängige Elemente in } E\}$$

von $\mathbb{N}$ und bezeichne das Maximum von M mit p. Dann sind je p linear unabhängige Elemente von E eine Basis von V (vgl. den Beweis des Rang-Satzes 5.3).

Aufgaben. 1) Man beschreibe alle Unterräume U des $\mathbb{R}^2$ und des $\mathbb{R}^3$ mit $\dim U \leqslant 2$.

2) Es sei V ein K-Vektorraum, und es seien $a, b, c \in V$ gegeben. Man zeige, daß der Unterraum $\operatorname{Span}(a, b, c)$ genau dann die Dimension 3 hat, wenn a, b, c linear unabhängig sind.

3) Es sei $a_1, \ldots, a_r \in \mathbb{Q}^n$ gegeben. Man zeige:

a) Sind $a_1, \ldots, a_r$ linear unabhängig über $\mathbb{Q}$, dann sind sie auch linear unabhängig über $\mathbb{R}$.

b) Sind $a_1, \ldots, a_r$ linear abhängig über $\mathbb{R}$, so sind sie auch linear abhängig über $\mathbb{Q}$.

(Hinweis: Ergänze $a_1, \ldots, a_r$ zu einer Basis von $\mathbb{Q}^n$).

8*. Der Basis-Satz für beliebige Vektorräume. Zum Basis-Satz für endlich erzeugte Vektorräume in 5 gibt es einen analogen Satz für beliebige Vektorräume:

Basis-Satz. *Sei V ein Vektorraum über K, dann gilt:*

a) *V besitzt eine Basis.*

b) *Je zwei Basen von V können bijektiv aufeinander abgebildet werden.*

c) *Ist A eine linear unabhängige Teilmenge von V, so gibt es eine Teilmenge B von V, so daß $A \cup B$ eine Basis von V ist.*

Einen *Beweis* findet man z. B. bei W. H. Greub ([5], S. 12). Alle Beweise dieses Satzes beruhen auf dem sogenannten Zornschen Lemma oder einem damit äquivalenten logischen Axiom und sind nicht konstruktiv. Dieser Basis-Satz hat zwar ein prinzipielles Interesse, aber praktisch keine nicht-trivialen Anwendungen.

9*. Ein Glasperlen-Spiel. Der fortgeschrittene Leser mache sich die logische Struktur der Ergebnisse aus den Abschnitten 4 bis 7 an der folgenden Abstraktion klar: An Stelle eines Vektorraums V betrachte man eine Menge $V \neq \emptyset$ mit einer Eigenschaft $E(a_1, \ldots, a_n)$ für $a_1, \ldots, a_n \in V$ und einer Abbildung $A \mapsto \langle A \rangle$, die jeder Teilmenge $A \neq \emptyset$ von V eine weitere Teilmenge $\langle A \rangle$ zuordnet. Man fordere nun

(1) $E(a_1, \ldots, a_n, x)$ aber nicht $E(a_1, \ldots, a_n) \Rightarrow x \in \langle \{a_1, \ldots, a_n\} \rangle$ (Abhängigkeits-Lemma).

(2) Es gibt $a_1, \ldots, a_n \in V$ mit $\langle \{a_1, \ldots, a_n\} \rangle = V \Rightarrow E(x_1, \ldots, x_{n+1})$ für alle $x_1, \ldots, x_{n+1} \in V$ (Schranken-Lemma).

Man nennt dann $B \subset V$ eine *Basis*, wenn gilt

(B.1) $\langle B \rangle = V$,

(B.2) Sind $a_1, \ldots, a_n \in B$ paarweise verschieden, dann gilt nicht $E(a_1, \ldots, a_n)$.

Gibt es dann eine endliche Menge A mit $V = \langle A \rangle$, so kann man alle Ergebnisse aus 5 bis 7 analog herleiten. Die Eigenschaft E entspricht der Aussage „sind linear abhängig", $\langle A \rangle$ ist das Analogon zu $\operatorname{Span} A$. Mit dieser Verallgemeinerung beweist man in der Algebra die Existenz von sogenannten *Transzendenz-Basen*.

§ 5. Anwendungen

1. Die reellen Zahlen als Vektorraum über $\mathbb{Q}$. Im weiteren Verlauf werden hauptsächlich endlich-dimensionale Vektorräume behandelt. Man sollte dabei aber nicht außer acht lassen (und die Beispiele in 2 belegen dies), daß die für die Analysis interessanten Beispiele meist nicht endlich-dimensional sind. Ein weiteres Beispiel bilden die reellen Zahlen $\mathbb{R}$, aufgefaßt als Vektorraum über $\mathbb{Q}$.

Die Frage, ob $\mathbb{R}$ als $\mathbb{Q}$-Vektorraum endlich erzeugt ist, sollte auch der ungeübte Leser sofort mit „nein" beantworten und die folgende Begründung angeben: Wäre $\mathbb{R}$ als $\mathbb{Q}$-Vektorraum endlich erzeugt, so hätte er eine Dimension, die also eine vor allen anderen natürlichen Zahlen ausgezeichnete Zahl ist. Eine solche Zahl gibt es nicht, denn anderenfalls hätte man schon auf der Schule von ihr gehört!

Wie beweist man nun aber, daß $\mathbb{R}$ als $\mathbb{Q}$-Vektorraum nicht endlich erzeugt ist?

Der übliche Beweis, daß $\sqrt{2}$ irrational ist, daß also 1 und $\sqrt{2}$ über $\mathbb{Q}$ linear unabhängig sind, kann mühelos dahingehend verallgemeinert werden, daß 1, $\sqrt{2}$, $\sqrt{3}$ oder auch 1, $\sqrt{2}$, $\sqrt{3}$, $\sqrt{5}$ über $\mathbb{Q}$ linear unabhängig sind. Bezeichnet man mit $\mathbb{P}$ die Menge aller Primzahlen, so wird man danach vermuten, daß $\{\sqrt{p}: p \in \mathbb{P}\}$ eine über $\mathbb{Q}$ linear unabhängige Menge ist. Das ist richtig, aber der Beweis ist nicht elementar. Dagegen existiert ein einfacher Beweis für das

Lemma. *Die Menge* $\log \mathbb{P} := \{\log p: p \in \mathbb{P}\}$ *ist über* $\mathbb{Q}$ *linear unabhängig.*

Beweis. Man geht von endlich vielen Elementen $\log p_k$, $1 \leqslant k \leqslant n$, von $\log \mathbb{P}$ aus und nimmt an, daß es $\alpha_k \in \mathbb{Q}$, $1 \leqslant k \leqslant n$, gibt mit

$$(1) \qquad \alpha_1 \log p_1 + \cdots + \alpha_n \log p_n = 0.$$

Da man diese Gleichung mit dem gemeinsamen Nenner aller rationalen Zahlen α_k multiplizieren kann, darf man annehmen, daß alle α_k, $1 \leqslant k \leqslant n$, ganze Zahlen sind. Geht man dann in der Gleichung (1) zum Exponential über, so erhält man eine Darstellung $p_1^{\alpha_1} \cdot \cdots \cdot p_n^{\alpha_n} = 1$ der Zahl 1 als Potenzprodukt (mit eventuell negativen Exponenten) von verschiedenen Primzahlen. Nach dem Fundamentalsatz der Arithmetik sind daher alle Exponenten α_k gleich Null. Damit sind $\log p_k$, $1 \leqslant k \leqslant n$, linear unabhängig. □

Korollar. *Die Dimension von* $\mathbb{R}$ *über* $\mathbb{Q}$ *ist nicht endlich.*

Bemerkungen. 1) Die Menge $\log \mathbb{P}$ ist zwar linear unabhängig, aber keine Basis von $\mathbb{R}$ über $\mathbb{Q}$: Man zeigt leicht, daß $\log(1 + \sqrt{2})$ nicht im Erzeugnis von $\log \mathbb{P}$ liegt.

2) Der Nachweis, daß $\mathbb{R}$ unendliche Dimensionen über $\mathbb{Q}$ hat, wird meist mit Hilfe der Tatsache geführt, daß ein endlich-dimensionaler Vektorraum über $\mathbb{Q}$ abzählbar und daß $\mathbb{R}$ nicht abzählbar ist.

3) In 4.8 wurde ein Satz angegeben, aus dem die Existenz einer Basis auch für den $\mathbb{Q}$-Vektorraum $\mathbb{R}$ folgt. Die Existenz einer Basis von $\mathbb{R}$ über $\mathbb{Q}$ wurde erstmals von G. HAMEL im Jahre 1905 (Math. Ann. *60*, S. 459–462) mit Hilfe des sogenannten Wohlordnungs-Satzes bewiesen. Es hat aber noch niemand eine Basis von $\mathbb{R}$ über $\mathbb{Q}$ „gesehen", das heißt eine solche Basis explizit angegeben.

2. Beispiele. Die in § 4 hergeleiteten Ergebnisse werden nun auf den Standard-Raum K^n (1.5) und auf die Beispiele aus § 3 angewendet:

1) *Der Standard-Raum* K^n. *Die Menge* $\{e_1, \ldots, e_n\}$ *ist eine Basis von* K^n. Denn nach 1.5(2) ist $\{e_1, \ldots, e_n\}$ ein Erzeugendensystem, und die $e_1, \ldots, e_n$ sind danach linear unabhängig. Man nennt $\{e_1, \ldots, e_n\}$ *die kanonische Basis* (oder *Standard-Basis*) *von* K^n. Damit hat K^n die Dimension n, und je $n + 1$ Vektoren des K^n sind linear abhängig.

2) *Reelle Folgen* (3.2). Die Folgen $a^{(m)} = (a_n^{(m)} \mid n \in \mathbb{N})$ mit

$$a_n^{(m)} = \begin{cases} 1, & \text{falls } n = m \\ 0, & \text{sonst} \end{cases}$$

sind Elemente von $\mathscr{F}_{\text{Null}}$ und linear unabhängig. Damit haben $\mathscr{F}_{\text{Null}}$ und folglich auch $\mathscr{F}_{\text{konvergent}}$, $\mathscr{F}_{\text{beschränkt}}$ und $\mathscr{F}$ nach dem Dimensions-Satz eine unendliche Dimension. Analog weist man $\dim \mathscr{F}_{\text{konstant}} = \infty$ nach.

3) *Die Räume* Abb(M, K) *und* Abb$[M, K]$ (3.3 und 3.8). Die Menge $\{\delta_a : a \in M\}$ ist eine Basis von Abb$[M, K]$. Zunächst ist $B := \{\delta_a : a \in M\}$ nach Hilfssatz 3.8 ein Erzeugendensystem von Abb$[M, K]$. Gilt für verschiedene Elemente $a_1, \ldots, a_n \in M$ eine Relation $\alpha_1 \delta_{a_1} + \cdots + \alpha_n \delta_{a_n} = 0$, so setzt man als Argument $m = a_i$ und erhält $\alpha_i = 0$ für $i = 1, \ldots, n$. Wieder nennt man B *die kanonische Basis von* Abb$[M, K]$. Damit ist die Dimension von Abb$[M, K]$ gleich n, falls M aus n Elementen besteht, und ∞, falls M nicht endlich ist. Die gleiche Aussage gilt für Abb(M, K).

4) *Reelle Polynome und stetige Funktionen* (3.4 und 3.5). Aus Grad-Gründen können nicht alle Polynome Linearkombinationen von endlich vielen Polynomen sein. Der Grund für diesen Sachverhalt liegt in dem folgenden

Lemma. *Die Polynome* $1, x, x^2, \ldots, x^n, \ldots$ *sind linear unabhängig.*

Beweis. Man gehe von einer Linearkombination von endlich vielen Potenzen von x, also von einem Polynom $\varphi(x)$ aus und nehme an, daß die Abbildung $x \mapsto \varphi(x)$ die Nullabbildung ist, daß also gilt

$$(*) \qquad \varphi(x) = \alpha_0 + \alpha_1 x + \cdots + \alpha_n x^n = 0 \qquad \text{für alle} \quad x \in \mathbb{R}.$$

Wären nicht alle α_m gleich Null, dann könnte man nach eventueller Division mit einer Potenz von x annehmen, daß $\alpha_0 \neq 0$ ist. Da man durch x dividiert hat, gilt jetzt $(*)$ nur noch für $x \neq 0$. Für $x \to 0$ folgt aber $\alpha_0 = \lim_{x \to 0} \varphi(x) = 0$.

Auf eine andere Art kann man $\alpha_1 = \cdots = \alpha_n = 0$ aus $(*)$ dadurch erschließen, daß ein nicht verschwindendes Polynom nur endlich viele Nullstellen hat. □

Nach diesem Lemma hat der Vektorraum Pol $\mathbb{R}$ die Dimension ∞. Die Inklusionskette

$$\text{Pol}\,\mathbb{R} \subset C^\infty(\mathbb{R}) \subset \cdots \subset C^r(\mathbb{R}) \subset \cdots \subset C^1(\mathbb{R}) \subset C(\mathbb{R})$$

zeigt dann, daß alle angegebenen Vektorräume unendlich-dimensional sind.

3. Der Rang einer Teilmenge. Ist W eine nicht-leere Teilmenge des Vektorraums V über K, so definiert man den *Rang* von W durch

$$(1) \qquad \text{Rang}\, W := \dim \text{Span}\, W.$$

Der Definition entnimmt man die Regeln:

(2) $$\operatorname{Rang} W = 0 \Leftrightarrow W = \{0\}.$$

(3) $$W \subset W' \subset V \Rightarrow \operatorname{Rang} W \leqslant \operatorname{Rang} W'.$$

Schließlich liefert Korollar 4.6

(4) $$\operatorname{Rang} W = \operatorname{Rang} \operatorname{Span} W \leqslant \dim V.$$

Rang-Satz. *Sei V ein endlich-dimensionaler Vektorraum über K. Für eine nicht-leere Teilmenge $W \neq \{0\}$ von V sind äquivalent:*

(i) $r = \operatorname{Rang} W$,

(ii) *W enthält r linear unabhängige Elemente, und je $r + 1$ Elemente von W sind linear abhängig.*

Ist dies der Fall und sind r linear unabhängige Elemente $a_1, \ldots, a_r$ von W gefunden, dann ist jedes Element von W eine Linearkombination der $a_1, \ldots, a_r$.

Beweis. (i) $\Rightarrow$ (ii): Man betrachte die nicht-leere Teilmenge

$$M := \{m \in \mathbb{N}: \text{es gibt } m \text{ linear unabhängige Elemente in } W\}$$

von $\mathbb{N}$, die nach Teil b) des Dimensions-Satzes 4.7 beschränkt ist, bezeichne mit p das Maximum von M und wähle linear unabhängige Elemente $a_1, \ldots, a_p$ aus W. Nach dem Abhängigkeits-Lemma 4.4 folgt $W \subset \operatorname{Span}(a_1, \ldots, a_p)$ und daher $\operatorname{Span} W = \operatorname{Span}(a_1, \ldots, a_p)$, also $r = \dim \operatorname{Span} W = p$.

(ii) $\Rightarrow$ (i): Folgt wieder aus dem Abhängigkeits-Lemma 4.4. □

Das folgende Lemma gibt ein Kriterium dafür, wann sich der Rang einer Teilmenge W von V bei Hinzunahme eines weiteren Elementes nicht ändert:

Lemma: *Für $W \subset V$ und $b \in V$ sind äquivalent:*

(i) $$b \in \operatorname{Span} W,$$

(ii) $$\operatorname{Rang} W = \operatorname{Rang}(W \cup \{b\}).$$

Beweis. (i) $\Rightarrow$ (ii): Man verwendet der Reihe nach (4), (i) und wieder (4) in der folgenden Gleichungskette

$$\operatorname{Rang}(W \cup \{b\}) = \operatorname{Rang} \operatorname{Span}(W \cup \{b\}) = \operatorname{Rang} \operatorname{Span} W = \operatorname{Rang} W.$$

(ii) $\Rightarrow$ (i): Offenbar ist $\operatorname{Span} W$ ein Unterraum von $\operatorname{Span}(W \cup \{b\})$. Nach Voraussetzung gilt $\dim \operatorname{Span} W = \dim \operatorname{Span}(W \cup \{b\})$, so daß für $W \neq \{0\}$ Teil b) von Korollar 4.6 schon $\operatorname{Span} W = \operatorname{Span}(W \cup \{b\})$, also $b \in \operatorname{Span} W$ ergibt; im Fall $W = \{0\}$ folgt $b = 0$. □

4. Anwendung auf lineare Gleichungssysteme. In Verallgemeinerung von 4.2 betrachte man ein System

(1) $$\begin{aligned} \alpha_{11}\xi_1 + \cdots + \alpha_{1n}\xi_n &= \beta_1 \\ &\vdots \\ \alpha_{m1}\xi_1 + \cdots + \alpha_{mn}\xi_n &= \beta_m \end{aligned}$$

von m Gleichungen in den n Unbekannten $\xi_1, \ldots, \xi_n$ mit *Koeffizienten* α_{ji}, β_j aus K. Ein solches System nennt man ein (formal) *inhomogenes lineares Gleichungssystem*. Ersetzt man $\beta_1, \ldots, \beta_m$ durch Null, so erhält man das *zugeordnete homogene Gleichungssystem*.

Zur Vereinfachung bildet man die Elemente

$$a_i := \begin{pmatrix} \alpha_{1i} \\ \vdots \\ \alpha_{mi} \end{pmatrix}, \qquad i = 1, \ldots, n, \qquad b := \begin{pmatrix} \beta_1 \\ \vdots \\ \beta_m \end{pmatrix}$$

des K^m und kann dann (1) äquivalent schreiben als

$$\xi_1 a_1 + \cdots + \xi_n a_n = b. \tag{2}$$

Die Frage der Lösbarkeit des Gleichungssystems (1) ist also äquivalent zur Darstellbarkeit von b als Linearkombination der $a_1, \ldots, a_n$.

Man gebe sich nicht der Versuchung hin zu glauben, daß *jedes* Gleichungssystem lösbar ist: Das simple „System" von einer Gleichung $0 \cdot \xi = 1$ in einer Unbekannten ξ ist in keinem Körper lösbar!

Es stellen sich daher die folgenden Fragen nach der

(A) *Lösbarkeit*, das heißt, unter welchen Bedingungen an die $a_1, \ldots, a_n$, $b \in K^m$ gibt es $x \in K^n$ mit Komponenten $\xi_1, \ldots, \xi_n$, so daß (2) erfüllt ist?
(B) *Universellen Lösbarkeit*, das heißt, unter welchen Voraussetzungen an $a_1, \ldots, a_n$ ist (2) für *alle* $b \in K^m$ lösbar?
(C) *Beschreibung aller Lösungen* von (2), falls (2) lösbar ist.
(D) *Eindeutigen Lösbarkeit*.

Mit den bisher bereitgestellten Hilfsmitteln lassen sich bereits einige Fragen wenigstens teilweise beantworten.

Lemma A. *Sind $a_1, \ldots, a_n, b$ Elemente des K^m, so sind äquivalent:*

(i) *Das Gleichungssystem* (2) *ist lösbar.*
(ii) $b \in \operatorname{Span}(a_1, \ldots, a_n)$.
(iii) $\operatorname{Rang}\{a_1, \ldots, a_n\} = \operatorname{Rang}\{a_1, \ldots, a_n, b\}$.

Beweis. (i) $\Leftrightarrow$ (ii): Das ist nur eine Umformulierung.
(ii) $\Leftrightarrow$ (iii): Dies war in Lemma 3 bewiesen worden. □

Bemerkung. Der simple Beweis dieses Lemmas darf nicht darüber hinwegtäuschen, daß man mit (iii) sicher dann ein nützliches Kriterium für die Lösbarkeit gefunden hat, wenn algorithmische Verfahren zur Rangberechnung von Teilmengen des K^m bekannt sind. Man vergleiche dazu 2.1.7, wo man ein Verfahren zur Rangberechnung kennenlernen wird.

Lemma B. *Sind $a_1, \ldots, a_n$ Elemente des K^m, so sind äquivalent:*

(i) *Das Gleichungssystem* (2) *ist universell (das heißt für jedes $b \in K^m$) lösbar.*
(ii) $\operatorname{Rang}\{a_1, \ldots, a_n\} = m$.

Beweis. Nach Lemma A ist (i) äquivalent mit $b \in \operatorname{Span}(a_1, \ldots, a_n)$ für alle $b \in K^m$, das heißt mit $K^m = \operatorname{Span}(a_1, \ldots, a_n)$. Nach 3(1) ist dies aber äquivalent zu (ii). □

Bemerkung. Hier ist (ii) damit äquivalent, daß $\{a_1, \ldots, a_n\}$ eine Basis von K^m enthält. Die Aussage (ii) ⇒ (i) in Lemma B ist daher lediglich eine Abschwächung des Basis-Satzes 4.5.

Lemma C. *Für $a_1, \ldots, a_n, b \in K^m$ gilt:*

a) *Die Menge $L(a_1, \ldots, a_n)$ der Lösungen x (mit Komponenten $\xi_1, \ldots, \xi_n$) des homogenen Systems $\xi_1 a_1 + \cdots + \xi_n a_n = 0$ ist ein Untervektorraum von K^n.*
b) *Ist a (mit Komponenten $\alpha_1, \ldots, \alpha_n$) eine Lösung von (2), so erhält man alle Lösungen x von (2) in der Form*

$$x = a + y \qquad \textit{mit} \qquad y \in L(a_1, \ldots, a_n).$$

Beweis. a) Trivial.
b) Wegen der Linearität hat man

$$(\xi_1 - \alpha_1)a_1 + \cdots + (\xi_n - \alpha_n)a_n = (\xi_1 a_1 + \cdots + \xi_n a_n) - (\alpha_1 a_1 + \cdots + \alpha_n a_n).$$

Sind daher x und a Lösungen von (2), dann ist $x - a$ eine Lösung des homogenen Systems und umgekehrt. □

Bemerkung. In Teil a) bleibt die Frage offen, wie man die Dimension des Unterraums $L(a_1, \ldots, a_n)$ aus den $a_1, \ldots, a_n$ „ablesen" kann. Später (vgl. 6.7) wird man sehen, daß $\dim L(a_1, \ldots, a_n) = n - \operatorname{Rang}\{a_1, \ldots, a_n\}$ gilt.

In Teil b) wünscht man sich ein Verfahren zur Bestimmung einer Lösung von (2). Man vergleiche hierzu 3.1.6 und 3.4.1.

Aus Lemma C folgt direkt

Lemma D.1. *Seien $a_1, \ldots, a_n, b \in K^m$. Ist dann (2) lösbar, so sind äquivalent:*

(i) *Das Gleichungssystem (2) ist eindeutig lösbar.*
(ii) *Das zugeordnete homogene System ist nur trivial lösbar.*

Hat man ein Gleichungssystem mit so vielen Unbekannten wie Gleichungen, dann gilt

Lemma D.2. *Für $a_1, \ldots, a_m, b \in K^m$ sind äquivalent:*

(i) *Das Gleichungssystem (2) ist eindeutig lösbar.*
(ii) *Das zugeordnete homogene System ist nur trivial lösbar.*

Beweis. Wegen Lemma D.1 braucht nur gezeigt zu werden, daß aus (ii) die Lösbarkeit von (2) folgt. Aus (ii) folgt aber die lineare Unabhängigkeit der $a_1, \ldots, a_m$, und das Basis-Kriterium 4.6 zeigt, daß $\{a_1, \ldots, a_m\}$ eine Basis von K^m ist. Dann ist aber (2) sogar universell lösbar. □

Gleichungssysteme werden später in 6.7, in 2.7.1 bis 2.7.5 und in 2.8.3, 3.1.6, 3.4.1 erneut behandelt.

§ 6. Homomorphismen von Vektorräumen

1. Einleitung. Seit dem Erwachen der Analysis im 17. Jahrhundert haben die Mathematiker immer wieder nach Funktionen gesucht, die sich durch besonders „schöne" Eigenschaften auszeichnen. Eine interessante Klasse solcher Eigenschaften faßt man unter dem Stichwort „Funktionalgleichungen" zusammen. Für eine auf $\mathbb{R}$ definierte reellwertige Funktion f sind z. B. folgende Funktionalgleichungen denkbar:

(1) $$f(x+1)=f(x), \quad f(x+1)=xf(x), \quad f(x^2)=[f(x)]^2 \quad \text{für} \quad x\in\mathbb{R}$$

oder

(2) $$f(x+y)=f(x)+f(y) \qquad \text{für} \quad x,y\in\mathbb{R}.$$

Bei den Funktionalgleichungen vom Typ (1) sieht man relativ leicht, daß jeweils viele Lösungen möglich sind. Im Falle (2) verifiziert man, daß

(3) $$f(x)=cx \qquad \text{mit konstantem } c$$

eine Lösung ist und der Versuch, weitere Lösungen zu finden, versagt. Es *scheint* also im Falle (2) die Lösung (bis auf eine Konstante) eindeutig bestimmt zu sein. Vom algebraischen Standpunkt aus ist jede Lösung von (2) ein Homomorphismus der additiven Gruppe von $\mathbb{R}$ in sich.

Bereits Baron Augustin Louis Cauchy (1789–1857) zeigte 1821 in seinem Cours d'Analyse (Oeuvre, 2. Serie, Bd. III, S. 99/100), daß jede *stetige* Lösung von (2) schon die Form (3) hat: Aus (2) folgt

(4) $$f(mx)=mf(x)$$

zunächst für ganze Zahlen m und dann für rationales m. Speziell hat man $f(m)=mf(1)$ für $m\in\mathbb{Q}$, und aus der Stetigkeit von f erhält man $f(x)=x\cdot f(1)$ für $x\in\mathbb{R}$. A. M. Legendre (1791) und C. F. Gauss (1809) haben vor Cauchy in einer weniger exakten Form denselben Gedankengang verwendet.

Mit (4) kann man (2) in der Form

(H) $$f(\alpha x+\beta y)=\alpha f(x)+\beta f(y) \qquad \text{für} \quad \alpha,\beta\in\mathbb{Q} \quad \text{und} \quad x,y\in\mathbb{R}$$

schreiben. Dies bedeutet, daß jede Lösung der Funktionalgleichung (2) die Vektorraum-Struktur von $\mathbb{R}$ über $\mathbb{Q}$ respektiert. Man wird im Abschnitt 9 sehen, daß (2) bzw. (H) keineswegs nur die hier angegebenen Lösungen hat.

Schon bei einfachsten, in der Analysis vorkommenden Vektorräumen können analytische Prozesse als Abbildungen der betreffenden Vektorräume interpretiert werden, welche ebenfalls die Vektorraum-Strukturen respektieren:

Sei $I\neq\emptyset$ ein offenes Intervall von $\mathbb{R}$. Man bezeichne mit $C(I)$ den Vektorraum der stetigen Funktionen $\varphi\colon I\to\mathbb{R}$ und mit $C^1(I)$ den Vektorraum der stetig differenzierbaren Funktionen $\varphi\colon I\to\mathbb{R}$ (vgl. 3.4). Für $\varphi\in C^1(I)$ ist dann die Ableitung $D\varphi:=\varphi'$ definiert. Die Rechengesetze für differenzierbare Funktionen zeigen, daß die Abbildung $D\colon C^1(I)\to C(I)$, $\varphi\mapsto D\varphi:=\varphi'$ die Eigenschaft

(H) $$D(\alpha\varphi+\beta\psi)=\alpha\cdot D\varphi+\beta\cdot D\psi \qquad \text{für} \quad \alpha,\beta\in\mathbb{R}, \quad \varphi,\psi\in C^1(I),$$

besitzt. In diesem Sinne respektiert die Differentiation D die Vektorraum-

Verknüpfungen von $C^1(I)$ und $C(I)$. Die Produkt-Regel der Differentiation, $D(\varphi\psi) = D\varphi \cdot \psi + \varphi \cdot D\psi$ für $\varphi, \psi \in C^1(I)$, kann in der Vektorraum-Sprache nicht formuliert werden, da für zwei Elemente eines Vektorraums im allgemeinen *kein* Produkt definiert ist!

Das bestimmte Integral kann als Abbildung der auf einem endlichen abgeschlossenen Intervall stetigen Funktionen nach $\mathbb{R}$ angesehen werden, welche die Eigenschaft (H) hat. Man vergleiche 7.2.

Auch bei abstrakt gegebenen Vektorräumen kommt der Eigenschaft (H) eine besondere Bedeutung zu:

Seien M, N nicht-leere Mengen, K ein Körper und $f: M \to N$ eine Abbildung von M nach N. Eine naheliegende Frage ist es, ob f eine „Beziehung" zwischen den Vektorräumen $\text{Abb}(M, K)$ und $\text{Abb}(N, K)$ (vgl. 3.3) impliziert? In der Tat: Ordnet man bei fester Abbildung $f: M \to N$ jedem $\varphi \in \text{Abb}(N, K)$ eine Abbildung $D\varphi \in \text{Abb}(M, K)$ zu durch die Vorschrift $(D\varphi)(m) := \varphi(f(m))$, $m \in M$, also durch $D\varphi := \varphi \circ f$, dann verifiziert der geübte Leser, daß die Abbildung D: $\text{Abb}(N, K) \to \text{Abb}(M, K)$ die Eigenschaft (H) besitzt. Der ungeübte Leser wird beim Beweis, weil er vielleicht die relevanten Definitionen nicht parat hat, in Bezeichnungsschwierigkeiten kommen; er findet eine ausführliche Begründung in 8.

2. Definition und einfachste Eigenschaften. Es seien V und V' zwei Vektorräume über *demselben* Körper K. Eine Abbildung f: $V \to V'$ heißt ein *Homomorphismus von V in V'* (oder *Homomorphismus der Vektorräume* oder *lineare Abbildung* oder *lineare Transformation* oder *linearer Operator von V in V'*), wenn die beiden Eigenschaften

(H.1) $\quad f(x + y) = f(x) + f(y) \quad$ für $\quad x, y \in V$,

(H.2) $\quad f(\alpha x) = \alpha f(x) \quad$ für $\quad \alpha \in K \quad$ und $\quad x \in V$,

erfüllt sind. Dabei besagt (H.1) gerade, daß f ein Homomorphismus der additiven Gruppe von V in die additive Gruppe von V' ist.

Eine Abbildung f: $V \to V'$ ist also definitionsgemäß genau dann ein Homomorphismus, wenn f die Vektorraum-Strukturen von V und V' respektiert. Offenbar ist die Nullabbildung, $f(x) := 0$ für alle $x \in V$, von V nach V' stets ein Homomorphismus. Aus (H.1) und (H.2) folgt durch Induktion über n sofort die Eigenschaft

(H) $\quad f(\alpha_1 x_1 + \cdots + \alpha_n x_n) = \alpha_1 f(x_1) + \cdots + \alpha_n f(x_n)$

$$\text{für} \quad \alpha_1, \ldots, \alpha_n \in K \quad \text{und} \quad x_1, \ldots, x_n \in V.$$

Ist f: $V \to V'$ ein Homomorphismus, so verifiziert man mühelos

(1) $\quad f(0) = 0$ und $f(-x) = -f(x)$ für $x \in V$.

(2) $\quad$ Sind V, V', V'' drei Vektorräume über K und sind f: $V \to V'$, g: $V' \to V''$ Homomorphismen, so ist $g \circ f$: $V \to V''$ ein Homomorphismus.

(3) $\quad$ Ist f bijektiv, so ist die Umkehrabbildung f^{-1}: $V' \to V$ ein Homomorphismus.

Die in der Einleitung betrachteten Abbildungen, welche die jeweiligen Vektorraum-

Strukturen respektieren, können nunmehr als Homomorphismen der betreffenden Vektorräume betrachtet werden. Manchmal nennt man einen Homomorphismus $f: V \to V'$ einen

Epimorphismus, wenn f surjektiv ist,
Monomorphismus, wenn f injektiv ist,
Isomorphismus, wenn f bijektiv ist,
Endomorphismus, wenn $V' = V$ gilt,
Automorphismus, wenn $V' = V$ gilt und f bijektiv ist.

Zwei Vektorräume V und V' heißen *isomorph*, in Zeichen $V \simeq V'$, wenn es einen Isomorphismus $f: V \to V'$ gibt. Wegen (2) und (3) gilt für Vektorräume V, V', V'' stets

$$V \simeq V,$$

$$V \simeq V' \Rightarrow V' \simeq V,$$

$$V \simeq V', V' \simeq V'' \Rightarrow V \simeq V''.$$

Eine Relation mit diesen Eigenschaften nennt man eine *Äquivalenz-Relation.*

Für endlich-dimensionale Vektorräume V und V' werden die Homomorphismen durch die folgenden beiden Sätze beschrieben:

Eindeutigkeits-Satz. *Sind $f, g: V \to V'$ Homomorphismen und ist $b_1, b_2, \ldots, b_n$ eine Basis von V, so sind äquivalent:*

(i) $f(b_i) = g(b_i)$ *für* $i = 1, \ldots, n$.
(ii) $f = g$.

Beweis. Folgt aus (H).

Existenz-Satz. *Ist $b_1, \ldots, b_n$ eine Basis von V, so gibt es zu jeder Wahl von Vektoren $a'_1, \ldots, a'_n$ aus V' einen Homomorphismus $f: V \to V'$ mit $f(b_i) = a'_i$ für $i = 1, \ldots, n$.*

Beweis. Man definiert $f(x) := \alpha_1 a'_1 + \cdots + \alpha_n a'_n$, falls $x = \alpha_1 b_1 + \cdots + \alpha_n b_n$. Nach dem Eindeutigkeits-Lemma 4.5 ist f wohldefiniert und ein Homomorphismus der Vektorräume.

3. Kern und Bild. Ist $f: V \to V'$ ein Homomorphismus der Vektorräume und U eine Teilmenge von V, so setzt man $f(U) := \{f(x): x \in U\}$ und definiert *Kern* und *Bild* durch

$$\operatorname{Kern} f := \{x \in V: f(x) = 0\},$$

$$\operatorname{Bild} f := f(V) := \{f(x): x \in V\}.$$

Mit Hilfe von (H.1) und (H.2) bzw. (H) erhält man mühelos:

(1) Kern f ist ein Unterraum von V.

(2) Bild f ist ein Unterraum von V'.

(3) f ist genau dann injektiv, wenn $\operatorname{Kern} f = \{0\}$ gilt.

(4) $f(\mathrm{Span}(a_1, \ldots, a_n)) = \mathrm{Span}(f(a_1), \ldots, f(a_n))$ für $a_1, \ldots, a_n \in V$.

(5) Ist E Erzeugendensystem von V, so ist $f(E)$ ein Erzeugendensystem von $\mathrm{Bild}\, f = f(V)$.

(6) Sind $a_1, \ldots, a_n \in V$ linear abhängig, dann sind die Elemente $f(a_1), \ldots, f(a_n)$ von V' linear abhängig.

(7) Sind die Elemente $f(a_1), \ldots, f(a_n)$ von V' linear unabhängig, so sind die Elemente $a_1, \ldots, a_n$ von V linear unabhängig.

Aus (5) und dem Äquivalenz-Satz 4.6 folgt daher:

(8) Ist V endlich erzeugt, so ist auch $\mathrm{Bild}\, f$ endlich erzeugt, und es gilt $\dim \mathrm{Bild}\, f \leqslant \dim V$.

Satz. *Zwei endlich-dimensionale Vektorräume V und V' sind genau dann isomorph, wenn sie gleiche Dimensionen haben.*

Beweis. Sei $f: V \to V'$ ein Isomorphismus der Vektorräume, speziell gilt also $\mathrm{Bild}\, f = V'$. Ist V endlich erzeugt, so ist V' nach (8) endlich erzeugt, und es gilt $\dim V' \leqslant \dim V$. Wendet man dies auf die Umkehrabbildung $f^{-1}: V' \to V$ an, so folgt die Behauptung $\dim V = \dim V'$.

Ist dies umgekehrt der Fall, dann wählt man Basen $b_1, \ldots, b_n$ bzw. $b'_1, \ldots, b'_n$ von V bzw. V' und definiert $f: V \to V'$ nach dem Existenz-Satz in 2. □

Korollar. *Ist V ein Vektorraum der endlichen Dimension $n \geqslant 1$, dann ist V isomorph zu K^n.*

Damit ist K^n das Standard-Beispiel für einen n-dimensionalen Vektorraum, die Bezeichnung „Standard-Raum" ist also gerechtfertigt.

Weder die Aussage (6) noch die Aussage (7) lassen sich im allgemeinen umkehren. Es gilt jedoch das

Lemma. *Für einen injektiven Homomorphismus $f: V \to V'$ und $x_1, \ldots, x_n \in V$ sind äquivalent:*

(i) *$x_1, \ldots, x_n$ sind linear unabhängig.*
(ii) *$f(x_1), \ldots, f(x_n)$ sind linear unabhängig.*

Beweis. Wegen (7) braucht nur noch gezeigt werden, daß (ii) aus (i) folgt: Aus $\alpha_1 f(x_1) + \cdots + \alpha_n f(x_n) = 0$ für $\alpha_1, \ldots, \alpha_n \in K$ folgt mit (H) aber $f(\alpha_1 x_1 + \cdots + \alpha_n x_n) = 0$, also wegen der Injektivität von f auch $\alpha_1 x_1 + \cdots + \alpha_n x_n = 0$. Nach (i) erhält man $\alpha_1 = \cdots = \alpha_n = 0$, das heißt die Aussage (ii). □

Korollar 1. *Ist $f: V \to V'$ ein injektiver Homomorphismus, dann gilt* $\dim \mathrm{Bild}\, f = \dim V$.

Korollar 2. *Ist V ein Vektorraum endlicher Dimension und U ein zu V isomorpher Unterraum, dann ist $U = V$.*

Bemerkung. Nach dem Satz ist die Dimension eines endlich-dimensionalen Vektorraums invariant gegenüber bijektiven *linearen* Abbildungen. Beschränkt man sich auf endlich-dimensionale Vektorräume über $\mathbb{R}$, so sind lineare Abbildungen sicher stetig, und man kann fragen, ob der *Satz von der Invarianz der Dimensionszahl* auch bei bijektiven und in beiden Richtungen stetigen Abbildungen richtig bleibt?

L. E. J. Brouwer gab 1911 (Math. Ann. *70*, S. 161–165) einen Beweis dieser Invarianz der Dimensionszahl (sogar in einer lokalen Form). Vorher hatte Lüroth (Math. Ann. *63*, S. 222–238 (1907)) einige Fälle von niederer Dimension betrachtet.

Dagegen ist es sehr wohl möglich, eine stetige Kurve $f: [0, 1] \to Q$, Q Einheitsquadrat im $\mathbb{R}^2$, zu finden, die jeden Punkt von Q durchläuft, das heißt, für welche die Abbildung f surjektiv ist. Solche Kurven nennt man nach dem Entdecker des ersten aufsehenerregenden Beispiels (1890) Peano-Kurven (G. Peano, 1858–1932).

Aufgaben. 1) Ist $f: V \to V$ ein Endomorphismus der Vektorräume mit $f \circ f = f$, so gilt $\text{Bild}\, f \cap \text{Kern}\, f = \{0\}$.

2) Ist V ein Vektorraum über K und B eine Basis von V, so zeige man $V \simeq \text{Abb}[B, K]$.

3) Sind M und N zwei nicht-leere Mengen und $f: N \to M$ eine Abbildung, dann definiert $\text{Abb}[M, K] \to \text{Abb}[N, K]$, $\varphi \mapsto \varphi \circ f$, einen Homomorphismus der Vektorräume mit Kern $\{\varphi \in \text{Abb}[M, K]: \varphi \mid f(N) = 0\}$.

4. Die Dimensionsformel für Homomorphismen. Sind V und V' zwei endlich erzeugte Vektorräume über K, so kann man für jeden Homomorphismus $f: V \to V'$ die Zahlen $\dim \text{Kern}\, f$ und $\dim \text{Bild}\, f$ betrachten, die natürlich von der Wahl von f abhängen. Überraschenderweise hängt jedoch die Zahl $\dim \text{Kern}\, f + \dim \text{Bild}\, f$ weder von f noch von V' ab:

Dimensionsformel. *Ist $f: V \to V'$ ein Homomorphismus der Vektorräume, dann gilt* $\dim \text{Kern}\, f + \dim \text{Bild}\, f = \dim V$.

Man beachte, daß diese Formel die folgende Aussage enthält: Sind Kern f und Bild f endlich-dimensional, so ist auch V endlich-dimensional.

Beweis. Ist $\text{Kern} f = \{0\}$, so folgt die Behauptung aus Korollar 1 in 3. Ist $\text{Bild}\, f = \{0\}$, also $f = 0$, so ist $\text{Kern}\, f = V$, und die Behauptung ist ebenfalls richtig. Man darf also $\text{Kern}\, f \neq \{0\}$ und $\text{Bild}\, f \neq \{0\}$ annehmen. Seien $a_1, \ldots, a_n$ und $b_1, \ldots, b_m$ aus V gegeben mit

(1) $\quad a_1, \ldots, a_n$ linear unabhängig aus Kern f,

(2) $\quad f(b_1), \ldots, f(b_m)$ linear unabhängig aus Bild f.

Behauptung 1. *Die Elemente $a_1, \ldots, a_n, b_1, \ldots, b_m$ aus V sind linear unabhängig.* Denn sind $\alpha_1, \ldots, \alpha_n, \beta_1, \ldots, \beta_m \in K$ gegeben mit

$$\alpha_1 a_1 + \cdots + \alpha_n a_n + \beta_1 b_1 + \cdots + \beta_m b_m = 0, \tag{3}$$

so wendet man f an und erhält $\beta_1 f(b_1) + \cdots + \beta_m f(b_m) = 0$ wegen $f(a_1) = \cdots = f(a_n) = 0$. Nach (2) folgt $\beta_1 = \cdots = \beta_m = 0$, und aus (3) folgt $\alpha_1 = \cdots = \alpha_n = 0$ wegen (1).

Behauptung 2. *Man darf annehmen, daß sowohl* Kern f *als auch* Bild f *endliche Dimension haben.* Denn anderenfalls darf man in (1) bzw. (2) die Zahlen n bzw. m beliebig groß wählen und erhält nach Behauptung 1 in V beliebig viele linear unabhängige Elemente. Die Dimensions-Formel reduziert sich also auf eine Gleichung $\infty = \infty$.

Behauptung 3. *Ist* $a_1, \ldots, a_n$ *eine Basis von* Kern f *und ist* $f(b_1), \ldots, f(b_m)$ *eine Basis von* Bild f, *dann ist*

$$a_1, \ldots, a_n, b_1, \ldots, b_m \tag{4}$$

eine Basis von V, *speziell gilt die Dimensionsformel.* Denn nach Behauptung 1 sind die Elemente (4) zunächst linear unabhängige Elemente von V. Für $x \in V$ gilt $f(x) \in \text{Bild}\, f$, es gibt also $\beta_1, \ldots, \beta_m \in K$ mit $f(x) = \beta_1 f(b_1) + \cdots + \beta_m f(b_m)$. Speziell folgt $x - (\beta_1 b_1 + \cdots + \beta_m b_m) \in \text{Kern}\, f$, und es gibt $\alpha_1, \ldots, \alpha_n \in K$ mit $x - (\beta_1 b_1 + \cdots + \beta_m b_m) = \alpha_1 a_1 + \cdots + \alpha_n a_n$. Damit ist x eine Linearkombination der Elemente (4), und (4) ist ein Erzeugendensystem von V. Zusammengenommen bilden die Elemente (4) eine Basis von V. □

5. Der Äquivalenz-Satz für Homomorphismen. Ein wichtiger Satz über endlich-dimensionale Vektorräume ist eine Analogie zu einem Lemma über Abbildungen endlicher Mengen:

Lemma. *Sei* M *eine endliche Menge und* $f: M \to M$ *eine Selbstabbildung von* M. *Dann sind äquivalent:*

(i) f *ist injektiv,*
(ii) f *ist surjektiv,*
(iii) f *ist bijektiv.*

Beweis. Sei f surjektiv. Da f eine Selbstabbildung von M ist, enthalten Urbildmenge und Bildmenge von f gleich viel Elemente, f ist also auch injektiv.

Analog läßt sich schließen: Ist f injektiv, so sind Urbild- und Bildmenge gleichmächtig, also ist die Bildmenge ganz M. □

Eine analoge Aussage gilt nun für Homomorphismen endlich-dimensionaler Vektorräume:

Äquivalenz-Satz. *Ist* $f: V \to V'$ *ein Homomorphismus der Vektorräume und haben* V *und* V' *die gleiche endliche Dimension, dann sind äquivalent:*

(i) f *ist injektiv,*
(ii) f *ist surjektiv,*
(iii) f *ist bijektiv.*

Beweis. (i) ⇒ (ii): Nach Korollar 1 in 3 oder nach der Dimensions-Formel in 4 gilt $\dim \text{Bild}\, f = \dim V'$. Nach Korollar 4.6 folgt nun $\text{Bild}\, f = V'$.

(ii) ⇒ (iii): Nach Voraussetzung ist $\text{Bild}\, f = V'$, also $\dim \text{Bild}\, f = \dim V' = \dim V$ nach Voraussetzung. Die Dimensions-Formel liefert $\dim \text{Kern}\, f = 0$, also $\text{Kern}\, f = \{0\}$ und f ist auch injektiv.

(iii) ⇒ (i): Trivial. □

Bemerkungen. 1) Auf die Voraussetzung, daß $\dim V = \dim V'$ endlich ist, kann nicht verzichtet werden: Ist $V = V' = \text{Pol}\,\mathbb{R}$ der Vektorraum der Polynome über $\mathbb{R}$ und ist $f\colon \text{Pol}\,\mathbb{R} \to \text{Pol}\,\mathbb{R}$ der Homomorphismus, der durch die Ableitung der Funktion gegeben wird (vgl. 6.8, 4), so ist f surjektiv, aber nicht injektiv, denn die konstanten Polynome liegen im Kern. Die Abbildung $g\colon \text{Pol}\,\mathbb{R} \to \text{Pol}\,\mathbb{R}$, die jedem Polynom $\varphi(\xi)$ das Polynom $\xi \cdot \varphi(\xi)$ zuordnet, ist ein Homomorphismus der Vektorräume, der injektiv, aber nicht surjektiv ist, denn die konstanten Polynome liegen nicht im Bild.

2) Der Äquivalenz-Satz gehört zu den zentralen Sätzen über Homomorphismen von Vektorräumen, er wird häufig angewandt werden.

6. Der Rang eines Homomorphismus. In 5.3 hatte man für nicht-leere Teilmengen W eines K-Vektorraums V den Rang von W definiert durch $\text{Rang}\, W := \dim \text{Span}\, W$. Ist $f\colon V \to V'$ ein Homomorphismus der K-Vektorräume, so ist damit auch der Rang von $\text{Bild}\, f$ erklärt. Es ist oft zweckmäßig, dieser natürlichen Zahl einen besonderen Namen zu geben: Man definiere den *Rang* von f durch

$$\text{Rang}\, f := \dim \text{Bild}\, f = \dim f(V). \tag{1}$$

Die Dimensionsformel aus 4 erhält damit die Form

$$\dim \text{Kern}\, f + \text{Rang}\, f = \dim V. \tag{2}$$

Speziell ist stets

$$\text{Rang}\, f \leqslant \dim V. \tag{3}$$

Einige Rechenregeln über den Rang von komponierten Abbildungen werden formuliert als

Satz. *Sind V, V' und V'' endlich-dimensionale Vektorräume und sind $V \xrightarrow{f} V' \xrightarrow{g} V''$ Homomorphismen der K-Vektorräume, so gilt*

a) $$\begin{aligned}\text{Rang}\, g \circ f &= \text{Rang}(g \mid \text{Bild}\, f) \\ &= \text{Rang}\, f - \dim(\text{Bild}\, f \cap \text{Kern}\, g).\end{aligned}$$

b) $$\text{Rang}\, f + \text{Rang}\, g - \dim V' \leqslant \text{Rang}\, g \circ f \leqslant \text{Min}(\text{Rang}\, f, \text{Rang}\, g).$$

Beweis. a) Man betrachte den Homomorphismus

$$\hat{g}\colon \text{Bild}\, f \to V'', \qquad \hat{g}(x) := g(x) \qquad \text{für} \qquad x \in \text{Bild}\, f,$$

also $\hat{g} = g \mid \text{Bild}\, f$. Man verifiziert

$$\text{Bild}\, \hat{g} = \text{Bild}\, g \circ f, \tag{$*$}$$

$$\text{Rang}\, \hat{g} = \text{Rang}\, g \circ f, \tag{$**$}$$

$$\text{Kern}\, \hat{g} = \text{Bild}\, f \cap \text{Kern}\, g. \tag{$***$}$$

Mit (2) folgt $\text{Rang}\, \hat{g} = \dim \text{Bild}\, f - \dim \text{Kern}\, \hat{g}$, also Teil a).

b) Nach a) ist Rang $g \circ f \leqslant$ Rang f, und nach (3) wird

$$\operatorname{Rang} g \circ f = \operatorname{Rang}(g \mid \operatorname{Bild} f) = \dim g(f(V)) \leqslant \dim g(V') = \operatorname{Rang} g.$$

Andererseits ist nach a)

$$\operatorname{Rang} f - \operatorname{Rang} g \circ f = \dim(\operatorname{Bild} f \cap \operatorname{Kern} g) \leqslant \dim \operatorname{Kern} g = \dim V' - \operatorname{Rang} g,$$

wobei (2) benutzt wurde. Das ist Teil b). □

7. Anwendung auf homogene lineare Gleichungen. Ein homogenes lineares System von m linearen Gleichungen in den n Unbekannten $\xi_1, \ldots, \xi_n$ kann man in der Form

(1) $$\xi_1 a_1 + \cdots + \xi_n a_n = 0$$

schreiben, wobei $a_1, \ldots, a_n \in K^m$ die Koeffizienten des Gleichungssystems beschreiben (vgl. 5.4). Für $x \in K^n$ (mit den Komponenten $\xi_1, \ldots, \xi_n$) definiert $f(x) := \xi_1 a_1 + \cdots + \xi_n a_n$ eine Abbildung des K^n in den K^m. Eine Verifikation zeigt, daß $f: K^n \to K^m$ ein Homomorphismus der Vektorräume ist. Offenbar ist $x \in K^n$ genau dann eine Lösung von (1), wenn $x \in \operatorname{Kern} f$ gilt. Das Fundamental-Lemma 4.2 besagt also

$$\operatorname{Kern} f \neq \{0\} \qquad \text{falls} \qquad m < n,$$

und das Lemma 5.4C besagt, daß der Lösungsraum $L(a_1, \ldots, a_n) = \operatorname{Kern} f$ ein Unterraum des K^n ist. Die Dimensions-Formel in 4 zeigt jetzt, wie die Dimension des Lösungsraums $L(a_1, \ldots, a_n) = \operatorname{Kern} f$ berechnet werden kann:

(2) $$\dim L(a_1, \ldots, a_n) = n - \dim \operatorname{Span}(a_1, \ldots, a_n),$$

denn $a_1, \ldots, a_n$ erzeugen den Teilraum Bild f. Nach 5.3 gilt hier

(3) $$\begin{aligned} \dim \operatorname{Span}(a_1, \ldots, a_n) &= \operatorname{Rang}\{a_1, \ldots, a_n\} \\ &= \max\{k \in \mathbb{N}: \text{es gibt } k \text{ linear unabhängige Elemente} \\ &\qquad \text{unter den } a_1, \ldots, a_n\}. \end{aligned}$$

Als *Beispiel* ein Gleichungssystem von 4 Gleichungen in den 4 Unbekannten $\xi_1, \ldots, \xi_4$:

(4) $$\begin{aligned} \xi_1 + \xi_2 + \xi_3 + \xi_4 &= 0, \\ \xi_1 + \xi_3 + \xi_4 &= 0, \\ \xi_1 + \xi_2 + \xi_4 &= 0, \\ 4\xi_1 + 8\xi_2 + \xi_3 + 4\xi_4 &= 0. \end{aligned}$$

Dieses System hat die Form (1), wenn man definiert

$$a_1 = \begin{pmatrix} 1 \\ 1 \\ 1 \\ 4 \end{pmatrix}, \quad a_2 = \begin{pmatrix} 1 \\ 0 \\ 1 \\ 8 \end{pmatrix}, \quad a_3 = \begin{pmatrix} 1 \\ 1 \\ 0 \\ 1 \end{pmatrix}, \quad a_4 = \begin{pmatrix} 1 \\ 1 \\ 1 \\ 4 \end{pmatrix}.$$

Hier sind a_1, a_2, a_3 linear unabhängig, aber a_1, a_2, a_3, a_4 linear abhängig. Es folgt $\operatorname{Rang}\{a_1, a_2, a_3, a_4\} = 3$ und $\dim L(a_1, a_2, a_3, a_4) = 1$. Man braucht also nur ein $u \in L(a_1, a_2, a_3, a_4)$, $u \neq 0$, zu finden und weiß dann, daß jede Lösung von (4) die Form αu mit

$\alpha \in K$ hat. Im vorliegenden Falle kann man

$$u = \begin{pmatrix} 1 \\ 0 \\ 0 \\ -1 \end{pmatrix}$$

wählen.

8. Beispiele. Neben den in 1 aufgeführten Beispielen von Homomorphismen werden jetzt weitere Beispiele erläutert. Die Numerierung entspricht dabei der in § 3 und in 5.2 verwendeten.

1) *Die Standard-Räume.* Nach dem Korollar in 3 ist jeder n-dimensionale Vektorraum isomorph zu K^n. Homomorphismen zwischen endlich-dimensionalen Vektorräumen entsprechen daher Homomorphismen zwischen Standard-Räumen und umgekehrt. Die Beschreibung solcher Abbildungen gelingt durch sogenannte „Matrizen" und wird in 2.2.4 durchgeführt.

2) *Reelle Folgen.* Die Abbildung

$$\lim : \mathscr{F}_{\text{konvergent}} \to \mathbb{R}, \qquad a \mapsto \lim a := \lim_{n \to \infty} a_n$$

ist wohldefiniert. Die Rechenregeln über Limiten konvergenter Folgen zeigen, daß die Abbildung ein surjektiver Homomorphismus der $\mathbb{R}$-Vektorräume ist. Weiter gilt natürlich Kern lim $= \mathscr{F}_{\text{Null}}$. Sätze über konvergente Folgen können manchmal in die Vektorraum-Sprache von $\mathscr{F}_{\text{konvergent}}$ übersetzt werden:

Jeder Folge $a = (a_n \mid n \in \mathbb{N})$ ordne man die Folge der arithmetischen Mittel

$$s(a) := \left(\frac{1}{n}[a_1 + \cdots + a_n] \mid n \in \mathbb{N}\right)$$

zu. Bekanntlich ist mit a auch $s(a)$ konvergent, und es gilt $\lim s(a) = \lim a$. Damit ist $s\colon \mathscr{F}_{\text{konvergent}} \to \mathscr{F}_{\text{konvergent}}$ ein injektiver Homomorphismus der $\mathbb{R}$-Vektorräume. Die Abbildung s ist nicht surjektiv, z. B. liegt $(b_n \mid b_n := \sum_{i=1}^{n} (-1)^i/i,\ n \in \mathbb{N})$ nicht im Bild von s.

Ein weiterer Typ von Homomorphismen $f\colon \mathscr{F}_{\text{konvergent}} \to \mathscr{F}_{\text{Null}}$ wird durch $f(a) := ((1/n)a_n \mid n \in \mathbb{N})$ gegeben.

3) *Die Räume* Abb(M, K) *und* Abb$[M, K]$. Wie in 1 geht man von zwei nichtleeren Mengen M, N und einer Abbildung $f\colon M \to N$ aus. Dann definiert man

$$D\colon \operatorname{Abb}(N, K) \to \operatorname{Abb}(M, K), \qquad D\varphi := \varphi \circ f,$$

und erhält einen Homomorphismus der K-Vektorräume: Für $\varphi \in \operatorname{Abb}(N, K)$ und $\alpha \in K$ gilt für alle $m \in M$

$$\begin{aligned}
[D(\alpha\varphi)](m) &= [(\alpha\varphi) \circ f](m) && \text{(Definition von } D) \\
&= (\alpha\varphi)[f(m)] && \text{(Definition von } \circ) \\
&= \alpha[\varphi(f(m))] && \text{(Definition von } \alpha\varphi) \\
&= \alpha[(\varphi \circ f)(m)] && \text{(Definition von } \circ) \\
&= \alpha[(D\varphi)(m)] && \text{(Definition von } D) \\
&= (\alpha \cdot D\varphi)(m) && \text{(Definition von } \alpha \cdot D\varphi)
\end{aligned}$$

und damit $D(\alpha\varphi) = \alpha \cdot D\varphi$. Damit ist die Eigenschaft (H.2) für D nachgewiesen, der Nachweis von (H.1) verläuft analog.

4) *Reelle Polynome und stetige Abbildungen.* In 1 war bereits erwähnt worden, daß die Ableitung

$$D: C^1(I) \to C(I), \qquad D\varphi := \varphi',$$

ein Homomorphismus der $\mathbb{R}$-Vektorräume ist. Er ist surjektiv, aber nicht injektiv. Ist a ein Punkt von I, kann man

$$J: C(I) \to C^1(I), \qquad (Jf)(x) := \int_a^x f(t)\,dt,$$

definieren, und die Rechenregeln für das Integral zeigen, daß Jf wirklich in $C^1(I)$ liegt und daß man einen Homomorphismus der $\mathbb{R}$-Vektorräume erhält. J ist nicht surjektiv, es gilt vielmehr

$$\operatorname{Bild} J = \{f \in C^1(I): f(a) = 0\} =: C_0^1(I).$$

Bezeichnet man die Einschränkung von D auf $C_0^1(I)$ wieder mit D, so sind $J \circ D$ und $D \circ J$ jeweils die Identität, das heißt, man erhält den

Hauptsatz der Differential- und Integralrechnung. *Die Abbildung $D: C_0^1(I) \to C(I)$ ist ein Isomorphismus der $\mathbb{R}$-Vektorräume mit Umkehrabbildung $J: C(I) \to C_0^1(I)$.*

Damit ist $C(I)$ zu einem echten Unterraum isomorph. Nach Korollar 4.6 und Satz 3 ist Analoges für endlich-dimensionale Vektorräume nicht möglich.

Sowohl D als auch J können auf die Polynome Pol $\mathbb{R}$ eingeschränkt werden und liefern Homomorphismen.

Definiert man für $\varphi \in \operatorname{Pol} \mathbb{R}$ und $a \in \mathbb{R}$ eine Abbildung $\varphi_a: \mathbb{R} \to \mathbb{R}$, die *Translation* um a, durch $\varphi_a(x) := \varphi(x + a)$, so ist

$$T_a: \operatorname{Pol} \mathbb{R} \to \operatorname{Pol} \mathbb{R}, \qquad (T_a\varphi)(x) := \varphi(x + a)$$

wohldefiniert und ist ein Homomorphismus. Wie man sieht, ist T_a ein Spezialfall von 3).

9*. Die Funktionalgleichung $f(x + y) = f(x) + f(y)$. In 1 hatte man gesehen, daß eine Abbildung $f: \mathbb{R} \to \mathbb{R}$ genau dann der Funktionalgleichung

(1) $$f(x + y) = f(x) + f(y) \qquad \text{für alle } x, y \text{ aus } \mathbb{R}$$

genügt, wenn f ein Homomorphismus des $\mathbb{Q}$-Vektorraums $\mathbb{R}$ ist. Da ein Homomorphismus eines Vektorraums nach 2 durch die Werte auf einer Basis festgelegt ist und man diese Werte beliebig vorschreiben darf, gibt es zahllose Lösungen von (1):

Nach Wahl einer Basis B des Vektorraums $\mathbb{R}$ über $\mathbb{Q}$ erhält man alle Lösungen von (1) in der Form

$$f(x) = \sum_{i=1}^{n} \xi_i f(b_i), \qquad \text{falls} \qquad x = \sum_{i=1}^{n} \xi_i b_i, \qquad b_1, \ldots, b_n \in B,$$

wobei man die reellen Zahlen $f(b)$, $b \in B$, beliebig vorschreiben kann. Da aber noch niemand eine Basis von $\mathbb{R}$ über $\mathbb{Q}$ explizit angegeben hat, ist dieses Ergebnis nur ein Existenz-Satz. Die Situation ändert sich völlig, wenn man zusätzliche Eigenschaften fordert:

Satz. *Für eine Lösung* $f\colon \mathbb{R} \to \mathbb{R}$ *der Funktionalgleichung* (1) *sind äquivalent:*

(i) *f ist in der Umgebung eines Punktes beschränkt.*
(ii) *f ist in einem Punkt stetig.*
(iii) *f ist überall stetig.*
(iv) $f(x) = x \cdot f(1)$ *für alle* $x \in \mathbb{R}$.

Hierfür kann man speziell auch sagen, daß der $\mathbb{R}$-Vektorraum der stetigen Lösungen von (1) eindimensional ist.

Beweis. (i) $\Rightarrow$ (ii): Wegen (1) darf man annehmen, daß f in einer Umgebung von 1 beschränkt ist, das heißt, es gibt $b > 0$, $1 > a > 0$, mit

$$|f(x)| \leqslant b \qquad \text{für} \qquad 1 - a \leqslant x \leqslant 1 + a.$$

Da f wegen (1) genau dann in 0 stetig ist, wenn f in irgendeinem Punkte stetig ist, genügt der Nachweis der Ungleichung

$$|f(x)| \leqslant \frac{b}{1-a}|x| \qquad \text{für} \qquad x \in \mathbb{R}.$$

Man wählt hierfür zu $0 \neq x \in \mathbb{R}$ ein $0 \neq r \in \mathbb{Q}$ mit $1 - a \leqslant x/r \leqslant 1 + a$ und erhält

$$|f(x)| = \left|f\left(r \cdot \frac{x}{r}\right)\right| = |r|\left|f\left(\frac{x}{r}\right)\right| \leqslant \frac{b}{1-a}|x|.$$

(ii) $\Rightarrow$ (iii) $\Rightarrow$ (iv) $\Rightarrow$ (i): Trivial bzw. bereits in 1 gezeigt. □

Nach dem Satz sind die unstetigen Lösungen von (1) nirgendwo beschränkt. Wie unstetig diese Lösungen sind, zeigt das

Lemma. *Ist f eine unstetige Lösung der Funktionalgleichung* (1), *dann gibt es zu jedem* $\alpha \in \mathbb{R}$ *eine Nullfolge* t_n, $n \in \mathbb{N}$, *mit* $\lim_{n\to\infty} f(t_n) = \alpha$.

Beweis. Als unstetige Lösung hat f nach dem Satz nicht die Form $f(x) = x \cdot f(1)$. Es gibt daher von Null verschiedene $x, y \in \mathbb{R}$ mit $f(x)/x \neq f(y)/y$. Dann sind $(f(x), x)$ und $(f(y), y)$ linear unabhängige Elemente von $\mathbb{R} \times \mathbb{R}$, und es gibt $a, b \in \mathbb{R}$ mit

$$ax + by = 0, \qquad af(x) + bf(y) = \alpha.$$

Man wähle $r_n, s_n \in \mathbb{Q}$ mit $|a - r_n| < 1/n$, $|b - s_n| < 1/n$, und erhält eine Nullfolge $t_n := r_n x + s_n y$ mit $f(t_n) = r_n f(x) + s_n f(y)$ und

$$\begin{aligned}|\alpha - f(t_n)| &= |(a - r_n)f(x) + (b - s_n)f(y)| \\ &\leqslant \frac{1}{n}(|f(x)| + |f(y)|) \to 0.\end{aligned}$$ □

Korollar. *Der Graph* $\{(x, f(x)) \colon x \in \mathbb{R}\}$ *einer unstetigen Lösung f der Funktionalgleichung* (1) *liegt in der Ebene überall dicht.*

§ 7*. Linearformen und der duale Raum

1. Vorbemerkungen. In jeder grundlegenden mathematischen Theorie – ob es sich um reelle oder komplexe Analysis, Geometrie, Zahlentheorie oder Lineare Algebra handelt – gibt es Teile, die erst zu einem späteren Zeitpunkt benötigt werden, die jedoch unverzichtbare Bestandteile der Theorie sind. Es ist eine unentscheidbare didaktische Frage, wo und wann im Verlauf einer Darstellung der Theorie diese Teile gebracht werden sollten: Manchmal ist es angebracht, neue Begriffe und Ergebnisse erst dann zu entwickeln, wenn diese angewendet werden; manchmal hat der systematische Standpunkt sein Vorrecht. Da im vorliegenden Kapitel die elementare Vektorraumtheorie behandelt wird, darf eine Darstellung des „dualen Raumes" und der „direkten Summe" nicht fehlen. Da beide Begriffe in den nächsten Kapiteln nicht (oder nur am Rande) benötigt werden, kann der Leser § 7 und § 8 bei der ersten Lektüre auslassen.

Die systematische Untersuchung aller Homomorphismen zwischen zwei Vektorräumen wird dagegen bis zum Kapitel 9 zurückgestellt. Der interessierte Leser kann dieses Kapitel jedoch schon jetzt lesen.

2. Definition und Beispiele. Bei reellen Vektorräumen, die in der Analysis auftreten, ergeben sich in natürlicher Weise oft Abbildungen in die reellen Zahlen, welche die Vektorraum-Struktur respektieren, die also Homomorphismen des gegebenen Vektorraums in die reellen Zahlen sind.

Einen Homomorphismus λ eines Vektorraums V in seinen Grundkörper K (aufgefaßt als Vektorraum über sich selbst) nennt man eine *Linearform* (oder ein *lineares Funktional*). Eine Abbildung $\lambda: V \to K$ ist also genau dann eine *Linearform von* V, wenn gilt

$$\lambda(\alpha x + \beta y) = \alpha \cdot \lambda(x) + \beta \cdot \lambda(y) \qquad \text{für} \quad \alpha, \beta \in K, \quad x, y \in V.$$

Zur Illustration sollen zunächst einige typische Beispiele angegeben werden:

1) *Die Standard-Räume.* Die Abbildung $\lambda_1: K^n \to K$, die jedem $x \in K^n$ die erste Komponente ξ_1 zuordnet, ist eine Linearform des K^n. Allgemeiner kann man jedem $x \in K^n$ eine feste Linearkombination seiner Koeffizienten zuordnen und erhält jedesmal eine Linearform. In 2.2.7 wird man sehen, daß man auf diese Weise alle Linearformen von K^n erhält.

2) *Reelle Folgen.* In 6.8 hatte man bereits gesehen, daß die Limes-Abbildung von $\mathscr{F}_{\text{konvergent}}$ nach $\mathbb{R}$ eine Linearform ist. Bei fester konvergenter Folge $a = (a_n \mid n \in \mathbb{N})$ ist aber auch die Abbildung $\mathscr{F}_{\text{konvergent}} \to \mathbb{R}$, $x \to \lim ax$ eine Linearform.

3) *Die Räume* $\text{Abb}(M, K)$. Definiert man den „Einsetzungshomomorphismus" $E_m: \text{Abb}(M, K) \to K$ für $m \in M$ durch $E_m(\varphi) := \varphi(m)$, $\varphi \in \text{Abb}(M, K)$, so verifiziert man, daß E_m für jedes $m \in M$ eine Linearform ist.

4) *Stetige Abbildungen.* Hier gibt es die interessanten Beispiele: Für ein abgeschlossenes Intervall I besitzt der Vektorraum $C(I)$ der auf I stetigen Funktionen nach 3) die Einsetzungs-Linearformen. Aber auch das Integral $\varphi \mapsto \int_{\xi \in I} \varphi(\xi)\, d\xi$ ist eine Linearform.

3. Existenz von Linearformen. Für einen endlich-dimensionalen Vektorraum V über K gibt es stets so viele Linearformen von V, daß man mit ihnen eine beliebige Basis von V „trennen" kann:

Existenz-Satz. *Ist $b_1, \ldots, b_n$ eine Basis des K-Vektorraums V, dann gibt es Linearformen $\lambda_1, \ldots, \lambda_n$ von V mit $\lambda_i(b_j) = \delta_{ij}$, und die $\lambda_1, \ldots, \lambda_n$ sind hierdurch eindeutig bestimmt (hier ist $\delta_{ii} = 1$ und $\delta_{ij} = 0$ für $i \neq j$).*

Beweis. Man definiert $\lambda_i(x) := \xi_i$, falls $x = \xi_1 b_1 + \cdots + \xi_n b_n$ die eindeutige Darstellung in bezug auf die Basis $b_1, \ldots, b_n$ ist. Wegen dieser eindeutigen Darstellbarkeit sind die $\lambda_1, \ldots, \lambda_n$ Linearformen mit der verlangten Eigenschaft. □

Korollar. *Zu jedem* $0 \neq a \in V$ *gibt es eine Linearform* λ *mit* $\lambda(a) \neq 0$.

Denn nach dem Basis-Satz 4.5 kann man a zu einer Basis von V ergänzen und dann λ mit $\lambda(a) = 1$ finden. □

4. Der Dual-Raum. Ist V ein K-Vektorraum, dann bezeichnet man die Menge aller Linearformen von V mit V^*. Offenbar ist V^* eine Teilmenge von $\text{Abb}(V, K)$, es stellt sich also die Frage, ob V^* ein Unterraum des Vektorraums $\text{Abb}(V, K)$ ist (vgl. 3.3). Man betrachtet dazu λ und μ aus V^* und erhält für $\alpha, \beta \in K$ und $x, y \in V$

$$\begin{aligned}(\lambda + \mu)(\alpha x + \beta y) &= \lambda(\alpha x + \beta y) + \mu(\alpha x + \beta y) && (\text{Definition } \lambda + \mu)\\ &= \alpha\lambda(x) + \beta\lambda(y) + \alpha\mu(x) + \beta\mu(y) && (\lambda \text{ und } \mu \text{ aus } V^*)\\ &= \alpha[(\lambda + \mu)(x)] + \beta[(\lambda + \mu)(y)] && (\text{Definition } \lambda + \mu).\end{aligned}$$

Damit ist $\lambda + \mu: V \to K$ eine Linearform von V. In analoger Weise zeigt man, daß auch skalare Vielfache von Linearformen wieder Linearformen sind.

Satz. *Ist* V *ein endlich-dimensionaler* K*-Vektorraum, dann gilt:*

a) V^* *ist ein* K*-Vektorraum, und es gilt* $\dim V^* = \dim V$.
b) *Ist* $b_1, \ldots, b_n$ *eine Basis von* V *und sind* $\lambda_1, \ldots, \lambda_n \in V^*$ *mit* $\lambda_i(b_j) = \delta_{ij}$ *gewählt, dann ist* $\{\lambda_1, \ldots, \lambda_n\}$ *eine Basis von* V^*.

Nach dem Existenzsatz 2 gibt es stets solche Linearformen $\lambda_1, \ldots, \lambda_n$. Man nennt $\lambda_1, \ldots, \lambda_n$ die *duale Basis* zu $b_1, \ldots, b_n$ und V^* den *Dual-Raum* oder den *dualen Raum* zu V.

Beweis. Nach dem oben Gesagten genügt es, b) zu zeigen. Für $\lambda \in V^*$ und $\alpha_1, \ldots, \alpha_n \in K$ gilt

$$(*) \qquad \lambda = \alpha_1\lambda_1 + \cdots + \alpha_n\lambda_n \Leftrightarrow \alpha_i = \lambda(b_i) \qquad \text{für} \qquad i = 1, \ldots, n,$$

was durch Auswerten an den Basisvektoren $b_1, \ldots, b_n$ unmittelbar folgt. (*) zeigt sowohl, daß $\lambda_1, \ldots, \lambda_n$ linear unabhängig sind, als auch, daß sie ein Erzeugendensystem bilden. □

5. Linearformen des Vektorraums der stetigen Funktionen. Ist $I = [a, b]$ wieder ein abgeschlossenes und beschränktes Intervall von $\mathbb{R}$, dann ist es leicht, nicht-triviale Linearformen vom Raum $C(I)$ der auf I stetigen Funktionen, das heißt Elemente des Dualraumes $C^*(I)$ anzugeben: Für $c \in I$ ist

$$\lambda_c: C(I) \to \mathbb{R}, \qquad \lambda_c(\varphi) := \varphi(c),$$

ersichtlich eine Linearform von $C(I)$. Die Rechenregeln für Integrale zeigen aber, daß auch

$$\mu(\varphi) := \int_{\xi \in I} \varphi(\xi)\, d\xi$$

eine Linearform von I ist.

Lemma. *Die Menge* $\{\lambda_c : c \in I\} \cup \{\mu\}$ *von Linearformen von* $C(I)$ *ist linear unabhängig.*

Beweis. Seien $c_1, \ldots, c_n \in I$ paarweise verschieden und $\alpha, \alpha_1, \ldots, \alpha_n \in \mathbb{R}$ gegeben mit $\alpha\mu + \alpha_1\lambda_{c_1} + \cdots + \alpha_n\lambda_{c_n} = 0$. Nach Definition bedeutet das $\alpha \cdot \mu(\varphi) + \alpha_1 \cdot \varphi(c_1) + \cdots + \alpha_n \cdot \varphi(c_n) = 0$ für *alle* $\varphi \in C(I)$. Hier werden nun spezielle Funktionen eingetragen. Zunächst sei φ gegeben durch den Graphen (1). Dann ist $\mu(\varphi) \neq 0$ und $\varphi(c_i) = 0$, also folgt $\alpha = 0$. Wird φ_i durch (2) definiert, dann gilt $\varphi_i(c_j) = \delta_{ij}$, und es folgt $\alpha_i = 0$. Damit sind je endlich viele Elemente aus der fraglichen Menge linear unabhängig.

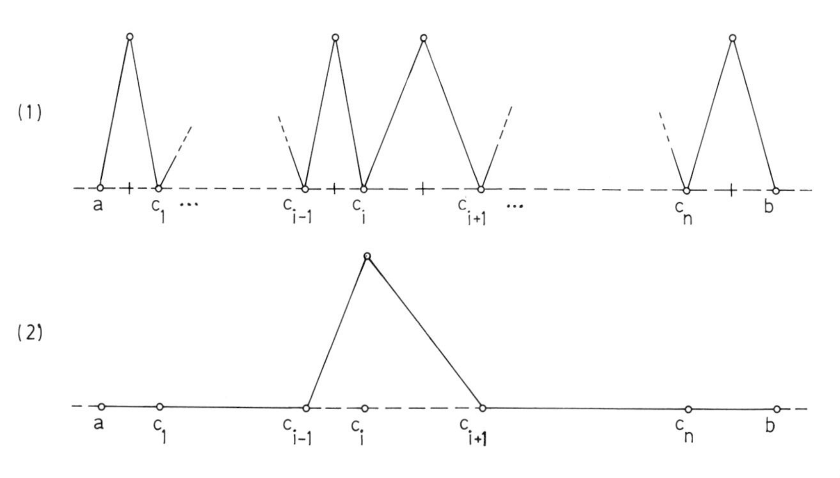

□

§ 8*. Direkte Summen und Komplemente

1. Summe und direkte Summe. Es sei V ein Vektorraum über K. Sind $U_1, \ldots, U_s$, $s \geqslant 2$, Unterräume von V, so nennt man die Teilmenge

(1) $$U := U_1 + \cdots + U_s := \{u_1 + \cdots + u_s : u_1 \in U_1, \ldots, u_s \in U_s\}$$

von V die *Summe* der Unterräume $U_1, \ldots, U_s$. Man verifiziert, daß diese Summe wieder ein Unterraum von V ist, sie ist ersichtlich von der Reihenfolge der $U_1, \ldots, U_s$ unabhängig. Da $U_1 + \cdots + U_s$ ein Unterraum ist, der $U_1 \cup \cdots \cup U_s$ enthält, gilt $U_1 + \cdots + U_s \supset \operatorname{Span}(U_1, \ldots, U_s)$. Die andere Richtung ist trivial, es folgt

(2) $$U_1 + \cdots + U_s = \operatorname{Span}(U_1 \cup \cdots \cup U_s).$$

Im Beispiel $V := K \times K \times K$, $U_1 := \{(\alpha, \beta, 0) : \alpha, \beta \in K\}$, $U_2 := \{(0, \beta, \gamma) : \beta, \gamma \in K\}$ ist $U_1 + U_2 = V$, und jedes Element von V kann auf mehrfache Weise in der Form $u_1 + u_2$ mit $u_1 \in U_1$, $u_2 \in U_2$, geschrieben werden.

Äquivalenz-Satz für direkte Summen. *Ist* $U_1 + \cdots + U_s$ *die Summe der Unterräume* $U_1, \ldots, U_s$ *von* V, *so sind äquivalent*:

(i) *Aus* $u_1 + \cdots + u_s = 0$, $u_1 \in U_1, \ldots, u_s \in U_s$, *folgt* $u_1 = \cdots = u_s = 0$.
(ii) *Jedes* $u \in U$ *läßt sich eindeutig schreiben als* $u = u_1 + \cdots + u_s$ *mit* $u_1 \in U_1, \ldots, u_s \in U_s$.
(iii) *Bezeichnet man mit* W_i *die Summe der* $U_1, \ldots, U_s$, *bei der man* U_i *weggelassen hat, so gilt* $U_i \cap W_i = \{0\}$ *für* $i = 1, \ldots, s$.

In diesem Falle nennt man $U = U_1 + \cdots + U_s$ eine *direkte Summe* und schreibt $U = U_1 \oplus \cdots \oplus U_s$. Im Falle von zwei Unterräumen reduziert sich (iii) auf die eine Bedingung $U_1 \cap U_2 = \{0\}$.

Beweis. (i) $\Rightarrow$ (ii): Hat man zwei Darstellungen für ein Element von U, so erhält man durch Differenzbildung eine Darstellung der Null.

(ii) $\Rightarrow$ (iii): Zu $u_i \in U_i \cap W_i$ gibt es $u_j \in U_j$, $j \neq i$, mit $u_i = u_1 + \cdots + u_{i-1} + u_{i+1} + \cdots + u_s$. Nach Voraussetzung sind hier alle $u_1, \ldots, u_s$ gleich Null.

(iii) $\Rightarrow$ (i): Ist eine Darstellung $u_1 + \cdots + u_s = 0$ mit $u_1 \in U_1, \ldots, u_s \in U_s$, gegeben, so liegt u_i in U_i und in W_i. Nach Voraussetzung sind alle $u_1, \ldots, u_s$ gleich Null.

Korollar. $\dim(U_1 \oplus \cdots \oplus U_s) = \dim U_1 + \cdots + \dim U_s$.

Beweis. Ist einer der Vektorräume $U_1, \ldots, U_s$ nicht endlich-dimensional, so hat auch $U_1 \oplus \cdots \oplus U_s$ keine endliche Dimension. Sei also V endlich-dimensional.

Da man den allgemeinen Fall mit einer Induktion nach s erhalten kann, genügt es, die Behauptung für $s = 2$ zu beweisen:

Ist $u_1, \ldots, u_m$ eine Basis von U_1 und ist $v_1, \ldots, v_n$ eine Basis von U_2, so ist $u_1, \ldots, u_m, v_1, \ldots, v_n$ wegen (2) ein Erzeugendensystem von $U_1 + U_2$ und wegen (i) linear unabhängig. □

Bemerkungen. 1) Ist V endlich-dimensional mit Basis $b_1, \ldots, b_n$, so folgt aus der Definition einer Basis, daß man V als direkte Summe von eindimensionalen Unterräumen, also von Geraden durch Null, $V = Kb_1 \oplus \cdots \oplus Kb_n$, schreiben kann.

2) Sind $V_1, \ldots, V_s$ Vektorräume über K, so wird das direkte Produkt $V := V_1 \times \cdots \times V_s$ mit komponentenweiser Addition und komponentenweiser skalarer Multiplikation ein Vektorraum über K, der die Räume $V_1, \ldots, V_s$ in kanonischer Weise als Unterräume enthält. Man nennt dann V die (äußere) direkte Summe der $V_1, \ldots, V_s$ und hat dann $V = V_1 \oplus \cdots \oplus V_s$.

2. Komplemente. Ist U ein Unterraum des Vektorraums V, so nennt man jeden Unterraum W von V, für welchen $V = U \oplus W$ gilt, ein *Komplement* von U (in V).

Satz. *Ist V endlich-dimensional, so besitzt jeder Unterraum U von V ein Komplement W.*

Beweis. Im Falle $U = \{0\}$ wählt man $W = V$ und ist fertig. Anderenfalls wählt man eine Basis $u_1, \ldots, u_r$ von U. Nach Definition einer Basis sind dann die Elemente $u_1, \ldots, u_r$ linear unabhängig und lassen sich daher nach dem Basis-Satz für endlich erzeugte Vektorräume in 4.5 durch $u_{r+1}, \ldots, u_n$ zu einer Basis von V ergänzen. Man setzt dann $W := \mathrm{Span}(u_{r+1}, \ldots, u_n)$ und erhält $V = U + W$. Nach Teil (i) des Äquivalenz-Satzes für direkte Summen in 1. ist die Summe aber direkt. □

Bemerkungen. 1) Man mache sich an Beispielen klar, daß es zu einem Unterraum im allgemeinen viele Komplemente gibt: In der anschaulichen Ebene $\mathbb{R}^2$ ist $\mathbb{R}a$ für $0 \neq a \in \mathbb{R}^2$ ein eindimensionaler Unterraum. Es ist $\mathbb{R}b$ genau dann ein Komplement von $\mathbb{R}a$, wenn a und b linear unabhängig sind.

2) Wenn auch ein Komplement W von U in V durch U nicht eindeutig bestimmt ist, so hängt doch die Dimension von W nur von U ab: Nach Korollar 1 gilt $\dim V = \dim U \oplus W = \dim U + \dim W$, und die Dimension eines jeden Komplements von U ist $\dim V - \dim U$, also gleich der sogenannten *Codimension* von U.

3. Die Dimensionsformel für Summen. *Ist V ein endlich-dimensionaler Vektorraum und sind U_1 und U_2 Unterräume von V, dann gilt* $\dim(U_1 + U_2) = \dim U_1 + \dim U_2 - \dim(U_1 \cap U_2)$.

Beweis. Man setzt $U := U_1 + U_2$ und $W := U_1 \cap U_2$. Hier ist W ein Unterraum sowohl von U_1 als auch von U_2. Es gibt daher nach Satz 2 Komplemente W_1 und W_2 mit

(1) $$U_i = W \oplus W_i, \qquad \dim U_i = \dim W + \dim W_i, \qquad i = 1, 2.$$

Es folgt $U = U_1 + U_2 = (W + W_1) + (W + W_2) = W + W_1 + W_2$. Zum Nachweis von

(2) $$U = W \oplus W_1 \oplus W_2$$

geht man von einer Darstellung $w + w_1 + w_2 = 0$ aus mit $w \in W$, $w_i \in W_i$. Hier ist z. B. $w_2 = -(w + w_1) \in U_1 \cap W_2 \subset U_1 \cap U_2 = W$, also $w_2 \in W \cap W_2$. Da die Summe $U_2 = W + W_2$ direkt ist, folgt $W \cap W_2 = \{0\}$, also $w_2 = 0$. Analog folgt $w_1 = 0$ und dann $w = 0$. Nach Teil (i) des Äquivalenz-Satzes für direkte Summen in 1 folgt (2).

Jetzt wendet man das Korollar 1 auf (2) an und bekommt mit (1) schon $\dim U = \dim W + \dim W_1 + \dim W_2 = \dim U_1 + \dim U_2 - \dim W$. □

Bemerkungen. 1) Schreibt man die Dimensionsformel in der Form $\dim(U_1 + U_2) + \dim U_1 \cap U_2 = \dim U_1 + \dim U_2$, so bleibt sie auch für einen nicht-endlich-dimensionalen Vektorraum V gültig.

2) Da die Summe $U_1 + U_2$ genau dann eine direkte Summe ist, wenn $U_1 \cap U_2 = \{0\}$ gilt, ist dies mit $\dim(U_1 + U_2) = \dim U_1 + \dim U_2$ äquivalent.

4. Die Bild-Kern-Zerlegung. *Ist V ein endlich-dimensionaler Vektorraum und ist $f: V \to V$ ein Homomorphismus, dann sind äquivalent:*

(i) $V = \text{Bild}\, f \oplus \text{Kern}\, f$,
(ii) $\text{Bild}\, f \cap \text{Kern}\, f = \{0\}$.

Hier sind Bild und Kern wie in 6.3 definiert.

Beweis. (i) $\Rightarrow$ (ii): Nach dem Äquivalenz-Satz in 1 ist das klar.

(ii) $\Rightarrow$ (i): Nach der Dimensionsformel in 3 hat man zunächst $\dim(\text{Bild}\, f + \text{Kern}\, f) = \dim \text{Bild}\, f + \dim \text{Kern}\, f$. Mit der Dimensionsformel für Homomorphismen in 6.4 ist die rechte Seite gleich der Dimension von V. Aus Teil b) von Korollar 4.6 folgt $\text{Bild}\, f + \text{Kern}\, f = V$, und nach Voraussetzung ist die Summe direkt. □

Beispiel. Einen Homomorphismus $f: V \to V$ nennt man eine *Projektion* von V, wenn $f \circ f = f$ gilt. Zu $x \in \text{Bild}\, f \cap \text{Kern}\, f$ gibt es dann $y \in V$ mit $x = f(y)$. Wegen $0 = f(x) = f(f(y)) = (f \circ f)(y) = f(y) = x$ ist (ii) erfüllt. Damit gilt (i) für jede Projektion f von V.

Hat man umgekehrt eine Darstellung $V = U \oplus W$, so kann man durch $f: V \to V, f(u + w) = u$, falls $u \in U$, $w \in W$, eine Projektion f von V definieren, für welche $U = \text{Bild}\, f$ und $W = \text{Kern}\, f$ gilt.

Aufgaben zu den §§ 7* und 8*

1) Gegeben seien K-Vektorräume V und W, eine Basis $b_1, \ldots, b_n$ von W und eine Abbildung $f: V \to W$. Dann sind äquivalent:
(i) $f: V \to W$ ist ein Homomorphismus.
(ii) Es gibt $\lambda_1, \ldots, \lambda_n \in V^*$ mit $f(x) = \lambda_1(x) b_1 + \cdots + \lambda_n(x) b_n$ für alle $x \in V$.

2) Sind V und W Vektorräume über K und ist $f: V \to W$ ein Homomorphismus, dann ist $f^*: W^* \to V^*$, $f^*(\lambda) := \lambda \circ f$, ein Homomorphismus.

3) In der Bezeichnung 3.2 und 6.8 sind lim und λ_n, $\lambda_n(a) := a_n$, Elemente von $(\mathscr{F}_{\text{konvergent}})^*$. Man zeige, daß $\{\lim, \lambda_1, \ldots, \lambda_m, \ldots\}$ eine linear unabhängige Menge ist.

4) In der Bezeichnung 3.2 und 3.5 kann man jedem $a \in \mathscr{F}$ eine Abbildung $\lambda_a : \text{Pol}\, \mathbb{R} \to \mathbb{R}$ zuordnen vermöge $\lambda_a(\varphi) := \alpha_0 a_0 + \alpha_1 a_1 + \cdots + \alpha_m a_m$, falls $a = (a_n | n \in \mathbb{N})$ und $\varphi(x) = \alpha_0 + \alpha_1 x + \cdots + \alpha_m x^m$. Es gilt $\lambda_a \in (\text{Pol}\, \mathbb{R})^*$, und die Abbildung

$$\lambda : \mathscr{F} \to (\text{Pol}\, \mathbb{R})^*, \; a \mapsto \lambda_a,$$

ist ein Isomorphismus der Vektorräume.

5) Sind $V = V_1 \oplus V_2$ und $W = W_1 \oplus W_2$ Vektorräume über K und ist $f: V \to W$ eine Abbildung, dann ist f genau dann ein Homomorphismus, wenn es Homomorphismen $f_{ij}: V_i \to W_j$ für $i, j = 1, 2$ gibt mit $f(x_1 + x_2) = [f_{11}(x_1) + f_{21}(x_2)] + [f_{12}(x_1) + f_{22}(x_2)]$ für $x_1 \in V_1$ und $x_2 \in V_2$.

6) Für Projektionen f, g des endlich dimensionalen Vektorraums V gilt:
a) $g \circ f = f$ und $f \circ g = g \Leftrightarrow \text{Bild}\, f = \text{Bild}\, g$,
b) $g \circ f = g$ und $f \circ g = f \Leftrightarrow \text{Kern}\, f = \text{Kern}\, g$.

7) Sei V ein Vektorraum über K und $0 \neq \lambda \in V^*$. Für jedes $a \in V$ mit $\lambda(a) \neq 0$ gilt $V = \mathbb{R}a \oplus \text{Kern}\, \lambda$.

8) Ist U ein Unterraum des endlich dimensionalen Vektorraums V, dann gibt es $\lambda_1, \ldots, \lambda_r \in V^*$ mit $U = \bigcap_{1 \leq i \leq r} \text{Kern}\, \lambda_i$.

Kapitel 2. Matrizen

Einleitung. Matrizen werden in den Lehrbüchern zur Linearen Algebra sehr unterschiedlich behandelt. Die Darstellungen liegen aber in jedem Falle zwischen den beiden Extremen:

(1) Matrizen sind lediglich ein Hilfsmittel zur Handhabung von Homomorphismen endlich-dimensionaler Vektorräume, man versuche daher nach Möglichkeit, sie zu vermeiden.

(2) Matrizen sind legitime mathematische Objekte mit einem ausgeprägten Eigenleben, man soll sie daher als Selbstzweck untersuchen.

Jedes dieser Extreme hat seine Fürsprecher: So gibt es Teile der Theorie, die nach (1) behandelt werden sollen und erst dadurch ihre Eleganz und Klarheit erhalten. Andererseits bekommt die Theorie der Systeme von linearen Gleichungen für die Anwendung erst durch die Matrix-Schreibweise ihre optimale Form der Darstellung.

Im weiteren Verlauf wird (abgesehen von Kap. 9) meist der Standpunkt (2) eingenommen.

In der vorliegenden Darstellung wird die Sprache der Vektorräume zur Behandlung der Matrizen verwendet. Mit Ausnahme von 2.5 sind die Überlegungen von den Ergebnissen in Kap. 1, §§ 5 und 6, unabhängig. Insbesondere wird die Rang-Gleichung, wonach Zeilenrang und Spaltenrang einer Matrix übereinstimmen, ad hoc mit Hilfe des Fundamental-Lemmas bewiesen (1.7). Wie bisher bezeichnet K einen Körper, dessen Elemente mit kleinen griechischen Buchstaben bezeichnet werden.

§ 1. Erste Eigenschaften

1. Der Begriff einer Matrix. Ein „rechteckiges Schema"

$$A = (\alpha_{ij}) = \begin{pmatrix} \alpha_{11} & \alpha_{12} & \cdots & \alpha_{1n} \\ \alpha_{21} & \alpha_{22} & \cdots & \alpha_{2n} \\ \vdots & \vdots & & \vdots \\ \alpha_{m1} & \alpha_{m2} & \cdots & \alpha_{mn} \end{pmatrix},$$

bei dem die α_{ij} für $1 \leqslant i \leqslant m$ und $1 \leqslant j \leqslant n$ aus K sind, nennt man eine *Matrix über K*, und zwar eine Matrix von *m Zeilen* und *n Spalten*. Will man ausdrücken, daß A eine Matrix von m Zeilen und n Spalten ist, so sagt man auch:

$$A \text{ ist } m \times n \text{ Matrix (oder } (m,n) \text{ Matrix) oder schreibt } A = A^{(m,n)}$$

und nennt $m \times n$ oder (m, n) den *Typ* von A. Dabei wird stets angenommen, daß m und n positive natürliche Zahlen sind. Die Elemente α_{ij} nennt man die *Komponenten* (oder manchmal auch *Elemente*) der Matrix $A = (\alpha_{ij})$.

Zwei Matrizen $A = (\alpha_{ij})$ und $B = (\beta_{kl})$ heißen *gleich*, in Zeichen $A = B$, wenn A und B vom gleichen Typ $m \times n$ sind und wenn außerdem $\alpha_{ij} = \beta_{ij}$ für alle $1 \leqslant i \leqslant m$ und $1 \leqslant j \leqslant n$ gilt.

In unmißverständlicher Weise geben in einer Matrix $A = (\alpha_{ij})$ der Index i die Nummer der Zeile und der Index j die Nummer der Spalte an, in der das Element α_{ij} steht. Man nennt daher i den *Zeilenindex* und j den *Spaltenindex* und sagt, daß α_{ij} *an der Stelle* (i, j) *steht*. Im Normalfalle wählt man für die Matrix und für die Komponenten sich entsprechende Buchstaben. Im Falle $m = n$ nennt man A eine *quadratische* Matrix und $\alpha_{11}, \ldots, \alpha_{nn}$ die *Diagonalelemente* von A. Eine quadratische Matrix A heißt *Diagonalmatrix*, wenn alle Nicht-Diagonalelemente Null sind.

So wie ein n-Tupel $a = (\alpha_1, \ldots, \alpha_n)$ aus $K \times \cdots \times K$ die Position der Elemente $\alpha_1, \ldots, \alpha_n$ von K, also ihre Reihenfolge angibt, so gibt eine Matrix $A = (\alpha_{ij})$ die Position der Elemente $\alpha_{11}, \ldots, \alpha_{mn}$ von K in einem rechteckigen Schema wieder. Wie man sieht, können die $n \times 1$ Matrizen mit den Elementen von K^n identifiziert werden, die $1 \times n$ Matrizen mit den Elementen von $K \times \cdots \times K$.

Man bezeichnet mit

$$\mathrm{Mat}(m, n; K) \qquad \text{oder} \qquad K^{(m,n)} \qquad \text{oder} \qquad K^{m \times n}$$

die Menge aller $m \times n$ Matrizen über K. Mit der obigen Identifizierung ist

$$K^n = \mathrm{Mat}(n, 1; K) = K^{(n,1)}.$$

Wie in 1.1.5 nennt man die Elemente von K^n *Spaltenvektoren*.

Analog definiert man

$$K_n := \mathrm{Mat}(1, n; K) = K^{(1,n)} = K \times \cdots \times K,$$

die Elemente von K_n heißen *Zeilenvektoren*.

Die 1×1 Matrizen, also die Matrizen der Form (α) mit $\alpha \in K$, werden mit den Elementen α identifiziert, also $(\alpha) = \alpha$.

Zur Abkürzung schreibt man $\mathrm{Mat}(n; K)$ oder $K^{(n)}$ an Stelle von $\mathrm{Mat}(n, n; K)$.

Bemerkungen. 1) Der Leser präge sich ein, daß häufig Aussagen für $m \times n$ Matrizen auch dann nicht trivial sind, wenn $m = 1$ oder $n = 1$ gilt, das heißt, wenn eine der Matrizen ein Zeilen- oder ein Spaltenvektor ist.

2) Matrizen müssen nicht mit Hilfe des undefinierten Begriffs des „rechteckigen Schemas", also als neue mathematische Objekte eingeführt werden, man kann sie vielmehr wie folgt auf bekannte Objekte zurückführen: Eine Matrix $A = (\alpha_{ij})$ kann aufgefaßt werden als eine Abbildung α: $[m, n] \to K$, wobei die Menge $[m, n]$ definiert ist durch $[m, n] = \{1, 2, \ldots, m\} \times \{1, 2, \ldots, n\}$, also durch die Menge der Paare (i, j) mit $i = 1, 2, \ldots, m$ und $j = 1, 2, \ldots, n$. Jedem Paar (i, j) wird das Körperelement $\alpha(i, j) := \alpha_{ij}$ zugeordnet. Damit kann man $\mathrm{Mat}(m, n; K)$ und $\mathrm{Abb}([m, n]; K)$ identifizieren.

3) In der Schreibweise $A = (\alpha_{ij})$ können i, j natürlich durch jedes andere Buchstabenpaar ersetzt werden, $A = (A_{\alpha\beta})$ oder $A = (a^{kl})$, sofern keine Mißverständnisse entstehen.

2. Über den Vorteil von Doppelindizes. Die Verwendung von Doppelindizes zur Festlegung von Positionen findet man außerhalb der Wissenschaften schon frühzeitig im Zimmermanns-Gewerbe: Im Museumsdorf Cloppenburg (Niedersachsen) wurde ein Bauernhaus im Fachwerkstil aus dem Jahre 1793 (der „Haakenhof") wiederaufgebaut, bei dem die Zimmerleute vor fast 200 Jahren die Position der zahlreichen Fachwerkteile durch „Doppelindices" gekennzeichnet hatten. Bei den verschiedenen Hauswänden sind dabei Ziffern, römische Ziffern oder Großbuchstaben als Indizes verwendet worden.

Bereits 1693 wird diese positionelle Schreibweise von G. W. LEIBNIZ (1646–1716) in einem Brief an G. F. A. DE L'HOSPITAL (1661–1704) verwendet:

„Par exemple soyent proposées trois equations simples pour deux inconnues à dessein d'oster ces deux inconnues, et cela par un canon general. Je suppose

$$10 + 11x + 12y = 0 \tag{1}$$

$$\text{et} \quad 20 + 21x + 22y = 0 \tag{2}$$

$$\text{et} \quad 30 + 31x + 32y = 0 \tag{3}$$

ou le nombre feint estant de deux characteres, le premier me marque de quelle equation il est, le second me marque à quelle lettre il appatient."

(Math. Schr. II, Hrsg. C. I. GERHARDT)

3. Mat($m, n; K$) als K-Vektorraum. In der Menge Mat$(m, n; K)$ der $m \times n$ Matrizen über K wird eine *Addition* $(A, B) \mapsto A + B$ erklärt durch

$$(1) \qquad A + B := (\alpha_{ij} + \beta_{ij}), \qquad \text{falls} \qquad A = (\alpha_{ij}), \qquad B = (\beta_{ij}).$$

Die hierdurch definierte „*Matrizen-Addition*" wird also auf die Addition von entsprechenden Komponenten zurückgeführt. Man verifiziert sofort, *daß* Mat$(m, n; K)$ *zusammen mit dieser Addition eine* (additiv geschriebene) *abelsche Gruppe wird*, deren Nullelement die *Nullmatrix* $0^{(m,n)} = 0 = (o_{ij})$, $o_{ij} = 0_K$ für alle i, j ist und bei der das *Negative* von $A = (\alpha_{ij})$ durch $-A := (-\alpha_{ij})$ gegeben ist.

Zeilen- und Spaltenzahl einer Nullmatrix brauchen nur selten angegeben zu werden, sie gehen meist aus dem Zusammenhang hervor.

Weiter definiert man eine *skalare Multiplikation* $(\xi, A) \mapsto \xi A$ von K mit Mat$(m, n; K)$ durch

$$(2) \qquad \xi A := (\xi \cdot \alpha_{ij}), \qquad \text{falls} \qquad A = (\alpha_{ij}) \qquad \text{und} \qquad \xi \in K.$$

Wieder verifiziert man sofort, *daß* Mat$(m, n; K)$ *zusammen mit diesen beiden Verknüpfungen zu einem K-Vektorraum wird.*

Bei der Frage nach Dimension und nach Basen wird man sich vom Spezialfall $K^n = \text{Mat}(n, 1; K)$ leiten lassen (vgl. 1.5.2).

Man bezeichnet mit E_{kl} diejenige $m \times n$ Matrix, die an der Stelle (k, l) eine 1 und sonst überall Nullen stehen hat.

Im Falle $m = n = 2$ hat man also speziell

$$E_{11} := \begin{pmatrix} 1 & 0 \\ 0 & 0 \end{pmatrix}, \quad E_{12} := \begin{pmatrix} 0 & 1 \\ 0 & 0 \end{pmatrix}, \quad E_{21} := \begin{pmatrix} 0 & 0 \\ 1 & 0 \end{pmatrix}, \quad E_{22} := \begin{pmatrix} 0 & 0 \\ 0 & 1 \end{pmatrix},$$

und es folgt offenbar

$$\begin{aligned} &\alpha_{11}E_{11} + \alpha_{12}E_{12} + \alpha_{21}E_{21} + \alpha_{22}E_{22} \\ &= \begin{pmatrix} \alpha_{11} & 0 \\ 0 & 0 \end{pmatrix} + \begin{pmatrix} 0 & \alpha_{12} \\ 0 & 0 \end{pmatrix} + \begin{pmatrix} 0 & 0 \\ \alpha_{21} & 0 \end{pmatrix} + \begin{pmatrix} 0 & 0 \\ 0 & \alpha_{22} \end{pmatrix} \qquad \text{(nach (2))} \\ &= \begin{pmatrix} \alpha_{11} & \alpha_{12} \\ \alpha_{21} & \alpha_{22} \end{pmatrix} \qquad \text{(nach (1))} \end{aligned}$$

für $\alpha_{ij} \in K$.

Analog verifiziert man für beliebiges m, n

$$\text{(3)} \qquad \sum_{k=1}^{m} \sum_{l=1}^{n} \alpha_{kl} E_{kl} = (\alpha_{ij}).$$

Hieraus entnimmt man den

Satz. $\mathrm{Mat}(m, n; K)$ *ist zusammen mit der Matrizen-Addition* (1) *und der skalaren Multiplikation* (2) *ein Vektorraum über* K *der Dimension* mn. *Die Matrizen* E_{kl} *für* $1 \leqslant k \leqslant m$ *und* $1 \leqslant l \leqslant n$ *bilden eine Basis von* $\mathrm{Mat}(m, n; K)$ *über* K.

Bemerkungen. 1) Man nennt $\{E_{kl}: 1 \leqslant k \leqslant m, 1 \leqslant l \leqslant n\}$ die *kanonische Basis* von $\mathrm{Mat}(m, n; K)$. Im Spezialfall $\mathrm{Mat}(n, 1; K)$ entspricht sie der kanonischen Basis von K^n (vgl. 1.5.2).

2) Die verbale Definition der Matrizen E_{kl} kann durch eine formale Definition ersetzt werden: L. Kronecker schlug 1869 in einem Brief an R. Baltzer vor (Werke I, S. 237), die abkürzende Schreibweise

$$\delta_{ij} := \begin{Bmatrix} 1, & \text{falls} & i = j \\ 0, & \text{sonst} & \end{Bmatrix} = \delta_{ji}$$

zu verwenden. Dieser Vorschlag hat sich in der Mathematik schnell durchgesetzt; δ_{ij} wird das „Kronecker-Symbol" genannt. Damit hat man

$$E_{kl} := (\varepsilon_{ij}^{(k,l)}), \qquad \varepsilon_{ij}^{(k,l)} := \delta_{ik}\delta_{jl}.$$

Mit $E = E^{(n)}$ werde die $n \times n$ Matrix bezeichnet, deren Diagonalelemente alle gleich 1 sind, während alle übrigen Komponenten den Wert Null haben, also

$$E := (\delta_{ij}) = \begin{pmatrix} 1 & 0 & \cdots & 0 \\ 0 & \ddots & \ddots & \vdots \\ \vdots & \ddots & \ddots & 0 \\ 0 & \cdots & 0 & 1 \end{pmatrix}.$$

$E = E^{(n)}$ heißt $n \times n$ *Einheitsmatrix*.

Aufgaben. 1) Es bezeichne $\mathrm{St}(n; K)$ die Teilmenge von $\mathrm{Mat}(n; K)$, die aus allen Matrizen A besteht, für welche alle Zeilensummen den gemeinsamen Wert $\sigma(A)$ haben. Man zeige, daß $\mathrm{St}(n; K)$ ein Untervektorraum der Dimension $n^2 - n + 1$ ist („*stochastische Matrizen*").

2) Es bezeichne $\mathrm{Dp}(n; K)$ die Teilmenge von $\mathrm{Mat}(n; K)$, die aus allen Matrizen A besteht, für welche alle Zeilensummen und alle Spaltensummen den gemeinsamen Wert $\omega(A)$ haben.

Man zeige, daß $\mathrm{Dp}(n;K)$ ein Untervektorraum der Dimension $(n-1)^2+1$ ist („*doppeltstochastische Matrizen*").

3) Es bezeichne $\mathrm{Mg}(n;K)$ die Teilmenge von $\mathrm{Dp}(n;K)$, die aus allen Matrizen A besteht, für welche die Summe der Diagonalelemente und die Summe der Neben-Diagonale $\{\alpha_{i,n-i+1}; 1 \leqslant i \leqslant n\}$ gleich $\omega(A)$ ist. Man zeige, daß $\mathrm{Mg}(n;K)$ ein Untervektorraum ist und bestimme die Dimension für $n = 3, 4$ usw. („*magische Quadrate*").

4. Das Transponierte einer Matrix. Jeder Matrix $A \in \mathrm{Mat}(m,n;K)$ kann in kanonischer Weise eine Matrix $A^t \in \mathrm{Mat}(n,m;K)$ zugeordnet werden: Dabei entsteht A^t aus A durch Spiegelung an der Hauptdiagonalen $\alpha_{11}, \alpha_{22}, \ldots$ von A.

$$A^t = \begin{pmatrix} \alpha_{11} & \alpha_{21} & \cdots & \alpha_{m1} \\ \alpha_{12} & \alpha_{22} & \cdots & \alpha_{m2} \\ \vdots & \vdots & & \vdots \\ \alpha_{1n} & \alpha_{2n} & \cdots & \alpha_{mn} \end{pmatrix}, \quad \text{falls} \quad A = \begin{pmatrix} \alpha_{11} & \cdots & \alpha_{1n} \\ \vdots & & \vdots \\ \alpha_{m1} & \cdots & \alpha_{mn} \end{pmatrix}.$$

In Formeln gilt

$$A^t := (\tilde{\alpha}_{ij}) \qquad \text{mit} \qquad \tilde{\alpha}_{ij} := \alpha_{ji}.$$

Man nennt A^t die *gespiegelte* oder *transponierte Matrix* zu A oder einfach das *Transponierte von* A. In der älteren Literatur wurde oft A' an Stelle von A^t geschrieben, die englische Literatur verwendet manchmal ${}^tA$ an Stelle von A^t.

Offensichtlich gelten die Rechenregeln

$$(1) \quad (\alpha A + \beta B)^t = \alpha A^t + \beta B^t \qquad \text{für} \quad A, B \in \mathrm{Mat}(m,n;K) \quad \text{und} \quad \alpha, \beta \in K,$$

$$(2) \qquad (A^t)^t = A \qquad \text{für} \quad A \in \mathrm{Mat}(m,n;K).$$

Nach Satz 3 haben $\mathrm{Mat}(m,n;K)$ und $\mathrm{Mat}(n,m;K)$ gleiche (endliche) Dimension. Wegen Satz 1.6.3 sind daher beide K-Vektorräume isomorph. Dies kann man ohne diesen Satz direkt sehen: Wegen (1) und (2) erhält man den

Satz. *Die Abbildung* $\mathrm{Mat}(m,n;K) \to \mathrm{Mat}(n,m;K)$, $A \mapsto A^t$, *ist ein Isomorphismus der Vektorräume.*

Insbesondere ist die Abbildung

$$x = (\xi_1, \ldots, \xi_n) \mapsto x^t = \begin{pmatrix} \xi_1 \\ \vdots \\ \xi_n \end{pmatrix},$$

die jedem Zeilenvektor $x \in K_n$ den entsprechenden Spaltenvektor $x^t \in K^n$ zuordnet, ein Isomorphismus der Vektorräume.

Aus Dimensionsgründen sind auch die Vektorräume $\mathrm{Mat}(m,n;K)$ und K^{mn} isomorph. Ein möglicher Isomorphismus wird gegeben durch

$$A = (\alpha_{ij}) \mapsto (\alpha_{11}, \alpha_{12}, \ldots, \alpha_{1n}, \alpha_{21}, \ldots, \alpha_{mn}) \in K^{mn}.$$

Aufgaben. 1) Sei $\mathrm{Sym}(n;K)$ die Teilmenge der $A \in \mathrm{Mat}(n;K)$ mit $A^t = A$. Man zeige, daß $\mathrm{Sym}(n;K)$ ein Unterraum ist und bestimme die Dimension. Die Matrizen A mit $A^t = A$ heißen *symmetrische* Matrizen.

2) Sei $\mathrm{Alt}(n; K)$ die Teilmenge der $A \in \mathrm{Mat}(n; K)$ mit $A^t = -A$. Man zeige, daß $\mathrm{Alt}(n; K)$ ein Unterraum ist und bestimme die Dimension. Die Matrizen A mit $A^t = -A$ heißen *schiefsymmetrische* (oder *alternierende*) Matrizen. (Man achte darauf, daß $2\alpha = 0$ für α aus einem beliebigen Körper K nicht $\alpha = 0$ impliziert).

5. Spalten- und Zeilenrang. In unmißverständlicher Weise kann man jede $m \times n$ Matrix $A = (\alpha_{ij})$ durch ihre Spalten- bzw. ihre Zeilenvektoren beschreiben:

$$A = (a_1, \ldots, a_n) = \begin{pmatrix} b_1 \\ \vdots \\ b_m \end{pmatrix}, \tag{1}$$

wobei

$$a_j := \begin{pmatrix} \alpha_{1j} \\ \vdots \\ \alpha_{mj} \end{pmatrix} \in K^m, \qquad b_i := (\alpha_{i1}, \ldots, \alpha_{in}) \in K_n. \tag{2}$$

Man nennt $a_1, \ldots, a_n$ die *Spaltenvektoren* und $b_1, \ldots, b_m$ die *Zeilenvektoren* von A. Beide Typen von Vektoren vertauschen sich beim Übergang zum Transponierten:

$$A^t = (b_1^t, \ldots, b_m^t) = \begin{pmatrix} a_1^t \\ \vdots \\ a_n^t \end{pmatrix}, \tag{3}$$

das heißt, die Zeilenvektoren von A^t sind die Transponierten der Spaltenvektoren von A usw.

Der Leser ist gut beraten, wenn er sich dieses Bild, das heißt die Gleichungen (1), (2) und (3), gut einprägt. Im folgenden wird davon häufig Gebrauch gemacht!

Nach (1) kann man jeder $m \times n$ Matrix A die Teilmenge $\{a_1, \ldots, a_n\}$ des Vektorraums K^m zuordnen. Wie in 1.4.3 bezeichnet man mit $\mathrm{Span}(a_1, \ldots, a_n)$ den von den $a_1, \ldots, a_n$ erzeugten Untervektorraum von K^m und definiert

$$\text{Spaltenrang}\, A := \dim \mathrm{Span}(a_1, \ldots, a_n). \tag{4}$$

Vergleicht man dies mit 1.5.3, so folgt

$$\text{Spaltenrang}\, A = \mathrm{Rang}\{a_1, \ldots, a_n\}. \tag{5}$$

Man kann daher den Rang-Satz 1.5.3 anwenden, der jetzt geschrieben werden kann als

Spaltenrang-Satz. *Eine $m \times n$ Matrix A hat genau dann den Spaltenrang r, wenn es unter den Spaltenvektoren von A*

(i) *r linear unabhängige Vektoren gibt und*
(ii) *je $r + 1$ Vektoren linear abhängig sind.*

Ist dies der Fall und hat man r linear unabhängige Spaltenvektoren von A gegeben, so ist jeder Spaltenvektor von A eine Linearkombination dieser gegebenen Vektoren.

Danach kann man den Spaltenrang als *die maximale Zahl von linear unabhängigen Spaltenvektoren bezeichnen.*

Natürlich sind die Spalten einer Matrix nicht vor den Zeilen ausgezeichnet! Man kann daher die entsprechenden Bildungen für Zeilen vornehmen und analog zu (4) in der Bezeichnung (1) den

$$\text{(4')} \qquad \operatorname{Zeilenrang} A := \dim \operatorname{Span}(b_1, \ldots, b_m)$$

definieren und einen Zeilenrang-Satz formulieren. Wegen (3) gilt offensichtlich

$$\text{(6)} \qquad \operatorname{Zeilenrang} A = \operatorname{Spaltenrang} A^t,$$

$$\text{(6')} \qquad \operatorname{Spaltenrang} A = \operatorname{Zeilenrang} A^t.$$

6. Elementare Umformungen. Für das Rechnen mit Matrizen und zur Rangberechnung sind die sogenannten elementaren Umformungen sehr wichtig: Ist A eine $m \times n$ Matrix über K, so definiert man

(ES.1) Addition einer Spalte zu einer *anderen* Spalte.

(ES.2) Multiplikation einer Spalte mit einem von Null verschiedenen Element aus K.

Durch eine endliche Kombination dieser Operationen erhält man dann die Operationen:

(ES.3) Addition einer Linearkombination von r Spalten $(1 \leqslant r < n)$ zu einer weiteren Spalte.

(ES.4) Vertauschung zweier Spalten.

Im Fall (ES.4) soll dies bewiesen werden. Seien a, b zwei verschiedene Spalten von A. In unmißverständlicher Bezeichnung hat man dann

$$\begin{aligned} (a,b) &\overset{(1)}{\to} (a, a+b) \overset{(3)}{\to} (a - [a+b], a+b) = (-b, a+b) \\ &\overset{(3)}{\to} (-b, (a+b) - b) = (-b, a) \overset{(2)}{\to} (b, a). \end{aligned}$$

Die Operationen (ES.1) bis (ES.4) nennt man *elementare Spaltenumformungen.* Man beachte, daß jede solche Umformung durch die speziellen Umformungen (ES.1) und (ES.2) erzeugt werden kann.

Analog werden die *elementaren Zeilenumformungen* definiert, ohne daß hier die Analoga zu (ES.1)–(ES.4) wiederholt werden. Man hat dann: *Geht die Matrix B aus A durch elementare Zeilenumformungen hervor, dann geht B^t aus A^t durch die entsprechenden Spaltenumformungen hervor.*

7. Die Ranggleichung. A priori ist kein Grund zu sehen, warum Spaltenrang und Zeilenrang einer Matrix stets übereinstimmen sollten. Dies ist jedoch der Fall, und diese Tatsache ist fundamental.

Satz. *Für jede $m \times n$ Matrix A über K gilt die Ranggleichung:*

$$\operatorname{Spaltenrang} A = \operatorname{Zeilenrang} A.$$

Diesen gemeinsamen Wert r nennt man den *Rang von A* und schreibt $\operatorname{Rang} A := r$. Speziell gilt $\operatorname{Rang} A^t = \operatorname{Rang} A$.

Beweis des Satzes. In den Bezeichnungen 5(1) und 5(2) setzt man

$$r := \text{Spaltenrang}\, A, \qquad s := \text{Zeilenrang}\, A.$$

Behauptung 1. *Bei Vertauschung von Spalten und von Zeilen von A ändern sich r und s nicht.* Wegen 5(6) und 5(6′) genügt es, den Spaltenrang zu betrachten. Sind dazu $a_1, \ldots, a_r$ Spaltenvektoren und entstehen $c_1, \ldots, c_r$ aus $a_1, \ldots, a_r$ durch eine Permutation der Vektoren (bzw. eine Permutation der Zeilen), so sind $c_1, \ldots, c_r$ genau dann linear unabhängig, wenn $a_1, \ldots, a_r$ linear unabhängig sind.

Nach dem Spaltenrang-Satz bzw. dem analogen Zeilenrang-Satz darf man daher annehmen:

(1) Jeder Spaltenvektor ist Linearkombination von $a_1, \ldots, a_r$.

(2) Die Zeilenvektoren $b_1, \ldots, b_s$ sind linear unabhängig.

Behauptung 2. *Es gilt* $s \leqslant r$.

Man nimmt dazu $s > r$ an und betrachtet das Gleichungssystem

(3) $$\sum_{i=1}^{s} \alpha_{ij}\xi_i = 0, \qquad j = 1, \ldots, r,$$

von r Gleichungen in den s Unbekannten $\xi_1, \ldots, \xi_s$. Nach dem Fundamental-Lemma 1.4.2 gibt es $\xi_1, \ldots, \xi_s \in K$, die nicht alle Null sind und (3) lösen.

Nach (1) gibt es $\rho_{jk} \in K$ mit

$$a_j = \sum_{k=1}^{r} \rho_{jk} a_k, \qquad j = 1, \ldots, n,$$

speziell gilt

$$\alpha_{ij} = \sum_{k=1}^{r} \rho_{jk}\alpha_{ik} \qquad \text{für} \qquad i = 1, \ldots, s, \qquad j = 1, \ldots, n.$$

Mit (3) folgt nun für beliebiges j

$$\sum_{i=1}^{s} \xi_i\alpha_{ij} = \sum_{i=1}^{s} \xi_i \sum_{k=1}^{r} \rho_{jk}\alpha_{ik} = \sum_{k=1}^{r} \rho_{jk} \sum_{i=1}^{s} \xi_i\alpha_{ik} = 0.$$

Das bedeutet aber $\xi_1 b_1 + \cdots + \xi_s b_s = 0$ im Widerspruch zu (2).

Behauptung 3. *Es gilt* $r = s$.

Denn Behauptung 2 gilt für *alle* Matrizen über K, mit 5(6) und 5(6′) folgt daher

$$\begin{aligned} r &= \text{Spaltenrang}\, A = \text{Zeilenrang}\, A^t \\ &\leqslant \text{Spaltenrang}\, A^t = \text{Zeilenrang}\, A = s, \end{aligned}$$

also $r = s$. □

Korollar. Rang $A \leqslant \text{Min}(n, m)$.

Denn nach 5(4) gilt Spaltenrang $A \leqslant n$, analog Zeilenrang $A \leqslant m$.

Eine weitere Konsequenz ist der

Invarianz-Satz. *Bei elementaren Spalten- und Zeilenumformungen ändert sich der Rang einer Matrix nicht.*

Beweis. Da A und A^t den gleichen Rang haben, kann man sich auf elementare Spaltenumformungen, also auf Umformungen vom Typ (ES.1) und (ES.2) beschränken. Hierfür folgt es aber sofort aus der Definition 5(4). □

Bemerkungen. 1) Der Invarianz-Satz ist *das* Hilfsmittel zur Rangberechnung von Matrizen. Die erforderliche Vorgehensweise illustriert das folgende Beispiel:

$$A = \begin{pmatrix} 2 & 3 & 5 \\ 3 & 4 & 1 \end{pmatrix} \overset{(E.4)}{\rightarrow} \begin{pmatrix} 5 & 3 & 2 \\ 1 & 4 & 3 \end{pmatrix} \overset{(E.3)}{\rightarrow} \begin{pmatrix} 5 & -17 & -13 \\ 1 & 0 & 0 \end{pmatrix} \overset{(E.2)}{\rightarrow} \begin{pmatrix} 5 & 17 & 13 \\ 1 & 0 & 0 \end{pmatrix}$$

$$\overset{(E.2)}{\rightarrow} \begin{pmatrix} 5 & 13\cdot 17 & 13\cdot 17 \\ 1 & 0 & 0 \end{pmatrix} \overset{(E.3)}{\rightarrow} \begin{pmatrix} 5 & 221 & 0 \\ 1 & 0 & 0 \end{pmatrix} \overset{(E.2)}{\rightarrow} \begin{pmatrix} 5 & 1 & 0 \\ 1 & 0 & 0 \end{pmatrix},$$

also $\operatorname{Rang} A = 2$.

Warnung: Hier hatte man einmal Spalten mit 13 bzw. 17 multipliziert. Das ist nur dann legitim, wenn K eine von 13 bzw. 17 verschiedene Charakteristik hat! Denn anderenfalls ist z. B. $13 = 13 \cdot 1_K = 0_K$.

2) Da der Rang der Matrix $A \in \operatorname{Mat}(m, n; K)$ mit Spaltenvektoren $a_1, \dots, a_n$ gleich dem Rang der Teilmenge $\{a_1, \dots, a_n\}$ des K^m ist, hat man gleichzeitig ein Verfahren zur Berechnung von $\operatorname{Rang} W$ für $W \subset K^m$ (vgl. 1.5.3 und 1.5.4).

3) Eine „fortgeschrittene" Methode zur Rangberechnung mit Hilfe von Determinanten findet man in 3.4.4.

8. Kästchenschreibweise und Rangberechnung. Für $1 \leqslant p < m$, $1 \leqslant q < n$ denke man sich die $m \times n$ Matrix A durch je eine Linie zwischen der p-ten und $(p+1)$-ten Zeile und zwischen der q-ten und $(q+1)$-ten Spalte in *Kästchen* unterteilt. Bezeichnet man die entstehenden vier Teilmatrizen mit A_1, A_2, A_3, A_4, also

$$A = \begin{pmatrix} A_1 & A_2 \\ A_3 & A_4 \end{pmatrix},$$

so gilt

$$A_1 \in K^{(p,q)}, \qquad A_2 \in K^{(p,n-q)}, \qquad A_3 \in K^{(m-p,q)}, \qquad A_4 \in K^{(m-p,n-q)}.$$

Die Unterteilung ist also durch den Typ von A und A_1 allein festgelegt.

Besonders oft kommt der Fall $p = q = 1$ vor. Man schreibt hier auch

$$A = \begin{pmatrix} \alpha & b \\ c & D \end{pmatrix} \quad \text{mit} \quad \alpha \in K, \quad b \in K_{n-1}, \quad c \in K^{m-1}, \quad D \in K^{(m-1,n-1)},$$

eine Darstellung, die für Induktionsbeweise oft nützlich ist. An Stelle von b schreibt man manchmal auch das Transponierte eines Spaltenvektors.

Ist hier z. B. $\alpha \neq 0$, so kann man durch elementare Zeilenumformungen die Matrix A überführen in eine Matrix der Form $\begin{pmatrix} \alpha & * \\ 0 & * \end{pmatrix}$ und liest dann den Rang ab:

$$\text{(1)} \qquad \operatorname{Rang} A = 1 + \operatorname{Rang} D, \qquad \text{falls} \qquad A = \begin{pmatrix} \alpha & b \\ 0 & D \end{pmatrix}, \qquad \alpha \neq 0.$$

Etwa im Falle $m < n$ ergibt eine Induktion damit

$$\text{(2)} \quad \operatorname{Rang} A = m, \quad \text{falls} \quad A = \begin{pmatrix} \alpha_1 & * & & \cdots & & & * \\ 0 & \alpha_2 & & & & & \vdots \\ \vdots & \ddots & \ddots & & & & \vdots \\ 0 & \cdots & 0 & \alpha_m & * & \cdots & * \end{pmatrix} \quad \text{und alle} \quad \alpha_i \neq 0.$$

Da man eine $m \times n$ Matrix $A = \begin{pmatrix} \alpha & b \\ c & D \end{pmatrix}$ im Falle $\alpha \neq 0$ durch elementare Zeilen- und Spaltenumformung auf eine Matrix der Form $\begin{pmatrix} 1 & 0 \\ 0 & A' \end{pmatrix}$ mit einer $(m-1) \times (n-1)$ Matrix A' bringen kann, ergibt eine Induktion den

Satz. *Eine $m \times n$ Matrix $A \neq 0$ kann durch elementare Zeilen- und Spaltenumformung in die Form*

$$\begin{pmatrix} E & 0 \\ 0 & 0 \end{pmatrix}, \qquad E = E^{(r)}, \qquad r = \operatorname{Rang} A,$$

gebracht werden.

9. Zur Geschichte des Rang-Begriffes. In einer Arbeit aus dem Jahre 1850 (Coll. Math. Pap., Vol. I, S. 145–151) hat James (Joseph) Sylvester (1814–1897) beim Manipulieren mit Matrizen mit „Rang-Argumenten“ gearbeitet, allerdings ohne den Begriff „Rang“ zu verwenden.

Der Terminus „Rang“ wird von Georg Frobenius (1849–1917) in einer Arbeit aus dem Jahre 1879 (Ges. Abh., S. 435–453) mit Hilfe von Unterdeterminanten (vgl. 3.4.4) eingeführt, während er bereits im Jahre 1877 in seiner Abhandlung „*Über das Pfaff'sche Problem*“ (Ges. Abh., S. 249–334) umfassenden Gebrauch davon gemacht hat. Kronecker, der die große Bedeutung dieses Begriffs sofort erkannt hatte, fand auch die Benennung höchst zweckmäßig und übernahm sie (Sitz. der Berl. Akad. 1884, S. 1078).

Die Ungleichungen

$$\operatorname{Rang}(AB) \leqslant \operatorname{Rang} A, \qquad \operatorname{Rang}(AB) \leqslant \operatorname{Rang} B$$

und

$$\operatorname{Rang}(AB) \geqslant \operatorname{Rang} A + \operatorname{Rang} B - n$$

sind bis heute als Formeln von Sylvester bekannt; Sylvester beweist sie 1884 mit Hilfe des Begriffs „Nullität“ (Coll. Math. Pap., Vol. IV, S. 133–145). Die Nullität einer $n \times n$ Matrix A meint dabei nichts anderes als die Größe $n - \operatorname{Rang} A$. Diese Formeln werden in 2.5 bewiesen.

§ 2. Matrizenrechnung

1. Arthur CAYLEY oder die Erfindung der Matrizenrechnung. Wenn es auch nicht im strengen Sinne zutrifft, so gilt Arthur CAYLEY manchmal als der Erfinder der Matrizenrechnung. Im Jahre 1858 publizierte er die grundlegende Arbeit „A Memoir on the Theory of Matrices" (Collected Papers II, S. 475), die wie folgt beginnt:

A MEMOIR ON THE THEORY OF MATRICES.

[From the *Philosophical Transactions of the Royal Society of London*, vol. CXLVIII. *for the year*, 1858, pp. 17—37. Received December 10, 1857,—Read January 14, 1858.]

THE term matrix might be used in a more general sense, but in the present memoir I consider only square and rectangular matrices, and the term matrix used without qualification is to be understood as meaning a square matrix; in this restricted sense, a set of quantities arranged in the form of a square, e.g.

$$\begin{pmatrix} a, & b, & c \\ a', & b', & c' \\ a'', & b'', & c'' \end{pmatrix}$$

is said to be a matrix. The notion of such a matrix arises naturally from an abbreviated notation for a set of linear equations, viz. the equations

$$\begin{aligned} X &= ax + by + cz, \\ Y &= a'x + b'y + c'z, \\ Z &= a''x + b''y + c''z, \end{aligned}$$

may be more simply represented by

$$(X, Y, Z) = \begin{pmatrix} a, & b, & c \\ a', & b', & c' \\ a'', & b'', & c'' \end{pmatrix} (x, y, z),$$

and the consideration of such a system of equations leads to most of the fundamental notions in the theory of matrices. It will be seen that matrices (attending only to those of the same order) comport themselves as single quantities; they may be added, multiplied or compounded together, &c.: the law of the addition of matrices is precisely similar to that for the addition of ordinary algebraical quantities; as regards their multiplication (or composition), there is the peculiarity that matrices are not in general convertible; it is nevertheless possible to form the powers (positive or negative, integral or fractional) of a matrix, and thence to arrive at the notion of a rational and integral function, or generally of any algebraical function, of a matrix. I obtain the remarkable theorem that any matrix whatever satisfies an algebraical equation of its own order, the coefficient of the highest power being unity, and those of the other powers functions of the terms of the matrix, the last coefficient being in fact the determinant;

Daran anschließend definiert er Summe, skalares Vielfaches und Produkt (zunächst nur für quadratische, dann auch für rechteckige Matrizen), erwähnt ausdrücklich, daß Summe und Produkt dem Assoziativ-Gesetz genügen, und erklärt das Inverse einer Matrix A durch die Gleichungen $AB = E$, $BA = E$. Für zwei- und dreireihige Matrizen beweist er den nach ihm genannten Satz, wonach eine Matrix ihr charakteristisches Polynom annulliert, und sagt dann:

„... but I have not thought it necessary to undertake the labour of a formal proof of the theorem in the general case of a matrix of any degree.“

Die CAYLEYsche Auffassung, wonach Matrizen legitime mathematische Objekte sind, setzt sich nicht sofort durch.

Arthur CAYLEY, geboren 1821 in Richmond, England, studierte am Trinity College in Cambridge Mathematik, war dort ab 1842 Tutor, studierte dann Jura und war ab 1849 für 14 Jahre Rechtsanwalt und Mathematiker zugleich, publizierte während dieser Zeit etwa 300 mathematische Arbeiten, darunter einige seiner besten und originellsten, wurde 1863 für den „Sadlerian chair“ in Cambridge gewählt; von Zeitgenossen mit CAUCHY und EULER verglichen publizierte er fast 1000 Arbeiten zur Mathematik, theoretischen Dynamik und mathematischen Astronomie; er starb 1895 in Cambridge

F. G. FROBENIUS erklärt noch 1878 (Über lineare Substitutionen und bilineare Formen, Werke I, S. 343ff.) das Matrizenprodukt über bilineare Formen: Sind A, B bilineare Formen in den Variablen $\xi_1, \ldots, \xi_n$ und $\eta_1, \ldots, \eta_n$, so wird das Produkt AB erklärt durch

$$AB = \sum_{i=1}^{n} \frac{\partial A}{\partial \eta_i} \frac{\partial B}{\partial \xi_i}.$$

Hieraus werden dann die üblichen Rechenregeln hergeleitet.

Auch bei Leopold KRONECKER (1823–1891) findet man 1882 (Die Subdeterminanten symmetrischer Systeme, Werke II, S. 392) noch die Formulierung:

„Ich bezeichne zwei Systeme von n^2 Größen (a_{ik}), (a'_{ik}) als „reziprok“, wenn deren Zusammensetzung das „Einheitssystem“ (δ_{ik}) ergibt, das heißt also, wenn

$$\sum_i a_{hi} a'_{ik} = \delta_{hk}$$

ist...“

Und 1889 (Werke III, S. 317) spricht er vom Produkt zweier 2×2 Matrizen als „(symbolische) Compositionsgleichungen".

Schon vor A. CAYLEY hatte man aber keine Scheu, von „Substitutionen"

$$x' = \alpha x + \beta y + \gamma z + \cdots, \qquad y' = \alpha' x + \beta' y + \gamma' z + \cdots, \qquad z' = \cdots$$

zu sprechen und im Zusammenhang mit deren Determinanten auch das Analogon zum Matrizenprodukt zu verwenden. Es scheint demnach, daß die Entdeckung der Addition von Matrizen durch CAYLEY das wirklich Neue war.

Trotzdem wird man CAYLEY nicht als wirklichen Erfinder der Matrix-Theorie bezeichnen können, er stellte ihre Anfänge aber als erster geschlossen dar. Man vergleiche Th. HAWKINS, *The Theory of Matrices in the 19th Century* (Proc. Intern. Congress of Math., Vancouver, 1974).

Der Begriff einer „Matrix" als Abkürzung für ein quadratisches Schema kommt erstmals wohl bei J. SYLVESTER im Jahre 1850 vor (Coll. Math. Pap., Vol. I, S. 150, 209, 222, 247f.). Er benutzt dann 1852 (Coll. Math. Pap., Vol. I, S. 383) u. a. das Matrizenprodukt zweier 2×2 Matrizen zur Berechnung des Produktes zweier Determinanten. Von einem Matrizenkalkül kann aber nicht die Rede sein.

2. Produkte von Matrizen. Ist $A = (\alpha_{ij})$ eine $m \times n$ Matrix und $B = (\beta_{ij})$ eine $n \times p$ Matrix, so wird das Matrizenprodukt AB der Matrizen A und B definiert durch die Matrix $C = (\gamma_{ij})$, deren Komponenten gegeben sind durch

$$\text{(1)} \qquad \gamma_{ij} := \sum_{k=1}^{n} \alpha_{ik}\beta_{kj}, \qquad 1 \leqslant i \leqslant m, \qquad 1 \leqslant j \leqslant p.$$

Nach Konstruktion ist $C = AB$ eine $m \times p$ Matrix. Man beachte, *daß AB nur definiert ist, wenn die Spaltenzahl von A gleich der Zeilenzahl von B ist.* Wenn im folgenden Matrizenprodukte geschrieben werden, so wird diese Bedingung stets stillschweigend vorausgesetzt. In symbolischer Schreibweise hat man dann $K^{(m,n)} \cdot K^{(n,p)} \subset K^{(m,p)}$ für beliebige positive natürliche Zahlen m, n und p.

Man verifiziert die fundamentalen Rechenregeln:

$$\text{(2)} \qquad (\xi A)B = A(\xi B) = \xi(AB) \quad \text{für} \quad A \in K^{(m,n)}, \quad B \in K^{(n,p)} \quad \text{und} \quad \xi \in K,$$

$$\text{(3)} \qquad A(B + C) = AB + AC \quad \text{für} \quad A \in K^{(m,n)} \quad \text{und} \quad B, C \in K^{(n,p)},$$

$$\text{(4)} \qquad (A + B)C = AC + BC \quad \text{für} \quad A, B \in K^{(m,n)} \quad \text{und} \quad C \in K^{(n,p)},$$

$$\text{(5)} \qquad (AB)C = A(BC) \quad \text{für} \quad A \in K^{(m,n)}, \quad B \in K^{(n,p)}, \quad C \in K^{(p,q)},$$

$$\text{(6)} \qquad (AB)^t = B^t A^t \quad \text{für} \quad A \in K^{(m,n)}, \quad B \in K^{(n,p)}.$$

Bemerkungen. 1) Nach der Definition (1) steht an der Stelle (i, j) der Produktmatrix AB das Körperelement $\alpha_{i1}\beta_{1j} + \alpha_{i2}\beta_{2j} + \cdots + \alpha_{in}\beta_{nj} = \gamma_{ij}$. Anschaulich erhält man daher γ_{ij}, indem man die Komponenten der *i-ten Zeile* von A der Reihe nach mit den Komponenten der *j-ten Spalte* von *B multipliziert und die Produkte addiert.* Mit dieser Merkregel kann man dann leicht anders indizierte Matrizen multiplizieren:

$$\begin{pmatrix} \alpha & \beta & \gamma \\ \alpha' & \beta' & \gamma' \end{pmatrix} \begin{pmatrix} a & a' \\ b & b' \\ c & c' \end{pmatrix} = \begin{pmatrix} \alpha a + \beta b + \gamma c & \alpha a' + \beta b' + \gamma c' \\ \alpha' a + \beta' b + \gamma' c & \alpha' a' + \beta' b' + \gamma' c' \end{pmatrix}.$$

Aufgaben. 1) Für die kanonischen Basen von $K^{(m,n)}$ und $K^{(n,p)}$ (vgl. 1.3) beweise man $E_{kl}E_{rs} = \delta_{lr}E_{ks}$.

2) Man berechne die beiden Produkte von $\begin{pmatrix} 1 & 2 & 5 \\ 4 & -1 & 2 \end{pmatrix}$ und $\begin{pmatrix} 1 & -3 \\ 2 & -6 \\ -1 & 3 \end{pmatrix}$.

3) Für $A \in K^{(m,n)}$ zeige man, daß $V_p(A) := \{X \in K^{(n,p)}: AX = 0\}$ ein Unterraum von $K^{(m,p)}$ ist. Bei numerisch gegebenen Matrizen A bestimme man die Dimension von $V_p(A)$.

3. Produkte von Vektoren. Bei der Definition des Produktes 2(1) war nicht ausgeschlossen worden, daß die Zahl 1 unter den Zahlen m, n, p vorkommt:

Im Falle $n = p = 1$ geht man von einem Spaltenvektor $a \in K^m$ und einer 1×1 Matrix $(\beta) = \beta$ aus und hat per Definition

$$(1) \qquad a(\beta) = a\beta = \begin{pmatrix} \alpha_1\beta \\ \vdots \\ \alpha_m\beta \end{pmatrix} = \beta a.$$

Man kann also einen Skalar an einem Vektor vorbeiziehen. Im Falle $m = n = 1$ erhält man die Skalarmultiplikation zurück.

Im Falle $p = 1$ ist $B = b \in K^n$ ein Spaltenvektor, und $Ab \in K^m$ ist ebenfalls ein Spaltenvektor.

Unter Verwendung der kanonischen Basen von K^n bzw. K^m hat man

$$(2) \qquad Ae_j = \begin{bmatrix} \alpha_{11} & \cdots & \alpha_{1j} & \cdots \\ \alpha_{21} & \cdots & \alpha_{2j} & \cdots \\ \vdots & & \vdots & \\ \alpha_{j1} & \cdots & \alpha_{jj} & \cdots \\ \vdots & & \vdots & \\ \alpha_{m1} & \cdots & \alpha_{mj} & \cdots \end{bmatrix} \begin{bmatrix} 0 \\ \vdots \\ 0 \\ 1 \\ 0 \\ \vdots \\ 0 \end{bmatrix} = \begin{bmatrix} \alpha_{1j} \\ \alpha_{2j} \\ \vdots \\ \alpha_{jj} \\ \vdots \\ \alpha_{mj} \end{bmatrix} = \sum_{i=1}^{m} \alpha_{ij}e_i$$

für $1 \leqslant j \leqslant n$.

Im Falle $m = 1$ ist $A = a \in K_n$ ein Zeilenvektor, und $aB \in K_p$ ist ebenfalls ein Zeilenvektor. Man formuliere das Analogon zu (2).

Im Falle $n = 1$ ist $A = a \in K^m$, $B = b \in K_p$, und $ab \in K^{(m,p)}$ ist eine $m \times p$ Matrix:

$$(3) \qquad ab = \begin{pmatrix} \alpha_1 \\ \vdots \\ \alpha_m \end{pmatrix} (\beta_1, \ldots, \beta_p) = \begin{pmatrix} \alpha_1\beta_1 & \alpha_1\beta_2 & \cdots & \alpha_1\beta_p \\ \alpha_2\beta_1 & \alpha_2\beta_2 & \cdots & \alpha_2\beta_p \\ \vdots & \vdots & & \vdots \\ \alpha_m\beta_1 & \alpha_m\beta_2 & \cdots & \alpha_m\beta_p \end{pmatrix},$$

also in laxer Form:

Spaltenvektor · Zeilenvektor = Matrix.

Im Falle $m = p = 1$ ist $A = a \in K_n$, $B = b \in K^n$, und $ab \in K^{(1,1)} = K$ ist ein Skalar:

$$(4) \qquad ab = (\alpha_1, \ldots, \alpha_n) \begin{pmatrix} \beta_1 \\ \vdots \\ \beta_n \end{pmatrix} = \sum_{i=1}^{n} \alpha_i\beta_i,$$

also

$$\boxed{\text{Zeilenvektor} \cdot \text{Spaltenvektor} = \text{Skalar.}}$$

Für $a, b \in K^m$ ist das Produkt (im Falle $m > 1$) nicht definiert, nach (3) und (4) haben aber ab^t und $a^t b$ einen Sinn: Es ist ab^t die in (3) angegebene Matrix und $a^t b$ der in (4) angegebene Skalar.

4. Homomorphismen zwischen Standard-Räumen. Jeder $m \times n$ Matrix A über K ordnet man durch

(1) $$h_A \colon K^n \to K^m, \qquad h_A(x) := Ax, \qquad x \in K^n,$$

eine Abbildung von K^n in K^m zu. An Stelle vom Matrixprodukt Ax sagt man auch, *daß man A auf x angewendet hat.* Die Rechenregeln (2) und (3) in 2 zeigen, *daß h_A ein Homomorphismus der K-Vektorräume ist.* Hier ist $h_A = h_B$ mit $A = B$ äquivalent.

Ist umgekehrt $f \colon K^n \to K^m$ ein Homomorphismus der K-Vektorräume, so verwendet man die kanonische Basis von K^n und K^m und findet $\alpha_{ij} \in K$ mit

(2) $$f(e_j) = \sum_{i=1}^{m} \alpha_{ij} e_i \qquad \text{für} \qquad 1 \leqslant j \leqslant n.$$

Setzt man hier $A := (\alpha_{ij})$ und vergleicht mit 3(2), so folgt zunächst $f(e_j) = Ae_j$ für $1 \leqslant j \leqslant n$ und daraus $f(x) = Ax$ für $x \in K^n$. Man erhält damit den

Satz. *Ist $f \colon K^n \to K^m$ ein Homomorphismus, dann gibt es eine $m \times n$ Matrix A mit $f = h_A$.*

Aus (1) und dem Assoziativgesetz 2(5) der Matrizenmultiplikation entnimmt man nun direkt die Beziehung

(3) $$h_A \circ h_B = h_{AB} \qquad \text{für} \qquad A \in K^{(m,n)}, \qquad B \in K^{(n,p)}.$$

Dies zeigt, daß Matrizenmultiplikation und Hintereinander-Anwendung von Homomorphismen verträgliche Operationen sind. Ebenso legitim ist aber die Auffassung, wonach man sich das Matrizenprodukt AB durch (3) definiert denken kann.

5. Erntezeit. Nachdem man in 4 gesehen hat, daß Matrizen zu Homomorphismen von Standard-Räumen Anlaß geben, wird man nun versuchen, die Ergebnisse von 1, §6, anzuwenden und die dort bereitgestellten Ergebnisse abzuernten: Sei also $A = (a_1, \ldots, a_n)$ eine in Spaltenvektoren geschriebene $m \times n$ Matrix und $h_A \colon K^n \to K^m$, $h_A(x) := Ax$, der zugehörige Homomorphismus. Ein Vergleich mit 1.6.3 ergibt

(1) $$\boxed{\operatorname{Bild} h_A = \{Ax \colon x \in K^n\} = \operatorname{Span}(a_1, \ldots, a_n).}$$

Wegen 1.6.6 und 1.5(4) zusammen mit der Ranggleichung folgt daher

$$\text{(2)} \qquad \boxed{\operatorname{Rang} h_A = \operatorname{Rang} A.}$$

Nach Satz 1.6.6 und 4(3) erhält man

$$\text{(3)} \qquad \boxed{\operatorname{Rang} AB \leqslant \operatorname{Min}(\operatorname{Rang} A, \operatorname{Rang} B)}$$

und

$$\text{(4)} \qquad \boxed{\operatorname{Rang} AB + n \geqslant \operatorname{Rang} A + \operatorname{Rang} B}$$

für $A \in \operatorname{Mat}(m, n; K)$ und $B \in \operatorname{Mat}(n, p; K)$.

Will man auch die Dimensionsformel 1.6.4 in die Matrizen-Sprache übersetzen, so definiert man abkürzend

$$\operatorname{Bild} A := \{Ax\colon x \in K^n\} = \operatorname{Bild} h_A,$$

$$\operatorname{Kern} A := \{x \in K^n\colon Ax = 0\} = \operatorname{Kern} h_A$$

und erhält

$$\text{(5)} \qquad \boxed{\operatorname{Rang} A = \dim \operatorname{Bild} A}$$

sowie die Dimensionsformel

$$\text{(6)} \qquad \boxed{\dim \operatorname{Kern} A + \operatorname{Rang} A = n \quad \text{für} \quad A \in \operatorname{Mat}(m, n; K).}$$

Schließlich erhält man aus dem Äquivalenz-Satz für Homomorphismen (1.6.5) und (6) noch

$$\text{(7)} \qquad \boxed{\operatorname{Kern} A = \{0\} \Leftrightarrow \operatorname{Bild} A = K^n \Leftrightarrow \operatorname{Rang} A = n \quad \text{für} \quad A \in \operatorname{Mat}(n; K).}$$

Bemerkung. Einen direkten Beweis von (3) kann man wie folgt erhalten: Man schreibt $B = (b_1, \ldots, b_q)$ als Matrix von Spaltenvektoren und erhält mit (1) und (5) zunächst $\operatorname{Rang} AB = \dim \operatorname{Bild} AB = \dim \operatorname{Span}(Ab_1, \ldots, Ab_q)$. Sind jetzt s Spaltenvektoren von B linear abhängig, so sind auch s Spaltenvektoren von AB linear abhängig, und es folgt $\operatorname{Rang} AB \leqslant \operatorname{Rang} B$. Wendet man dieses Ergebnis auf das Transponierte von AB an, so folgt (3).

6. Das Skalarprodukt. Für $x, y \in K^n$ definiert man das (*kanonische*) *Skalarprodukt* $\langle x, y \rangle$ durch

$$\langle x, y \rangle := x^t y = \xi_1 \eta_1 + \cdots + \xi_n \eta_n.$$

Andere Schreibweisen aus der Literatur sind $(x \mid y)$, $x \cdot y$ u. ä. Aus der Definition entnimmt man sofort: Die Abbildung $K^n \times K^n \to K$, $(x, y) \mapsto \langle x, y \rangle$ ist

bilinear, das heißt in jedem Argument K-linear,
symmetrisch, das heißt $\langle x, y \rangle = \langle y, x \rangle$,
nicht-ausgeartet, das heißt, aus $\langle x, y \rangle = 0$ für alle y folgt $x = 0$.

Ferner gilt

$$\langle Ax, y \rangle = \langle x, A^t y \rangle \qquad \text{für} \qquad A \in \mathrm{Mat}(m, n; K), \qquad x \in K^n, \qquad y \in K^m.$$

Aus dem Zusammenhang ist hier klar, daß links das Skalarprodukt im K^m und rechts das Skalarprodukt im K^n steht. Zum Beweis hat man die simple Rechnung $\langle Ax, y \rangle = (Ax)^t y = (x^t A^t) y = x^t (A^t y) = \langle x, A^t y \rangle$ einzusehen, bei der die Regeln (5) und (6) aus 2 wesentlich sind.

Lemma. *Für eine Abbildung* λ: $K^n \to K$ *sind äquivalent*:

(i) λ *ist eine Linearform, also ein Homomorphismus der K-Vektorräume.*
(ii) *Es gibt* $a \in K^n$ *mit* $\lambda(x) = \langle a, x \rangle$.

Beweis. Die Linearformen von K^n, also die Homomorphismen λ: $K^n \to K$, haben nach 4 die Form $\lambda = h_A$ mit einer $1 \times n$ Matrix A, also mit einem $A \in K_n$. Man schreibt $A = a^t$ mit $a \in K^n$ und erhält die Behauptung. □

Bemerkung. Man nennt $\langle x, y \rangle$ auch das *innere Produkt* der Vektoren x und y. Diese Bezeichnung geht auf H. Grassmann (vgl. 1.2.1) zurück, der diesen Begriff in seiner Ausdehnungslehre von 1862 als Gegensatz zur „äußeren Multiplikation" prägte (Werke II, S. 112).

7*. Rang $A \leqslant r$. Will man alle $m \times n$ Matrizen A vom Rang 1 charakterisieren, so verwendet man die Formel $\mathrm{Rang}\, A = \dim \mathrm{Bild}\, A$ gemäß 5(5).

Lemma. *Für eine* $m \times n$ *Matrix* A *sind äquivalent*:

(i) $\mathrm{Rang}\, A = 1$.
(ii) *Es gibt* $0 \neq a \in K^m$ *und* $0 \neq b \in K^n$ *mit* $A = ab^t$.

Beweis. Es ist $\mathrm{Rang}\, A = 1$ gleichwertig mit $\mathrm{Bild}\, A = Ka$ mit einem $0 \neq a \in K^m$.
Dies bedeutet einerseits, daß es zu jedem $x \in K^n$ ein $\alpha(x) \in K$ gibt mit $Ax = \alpha(x) a$. Zum Nachweis von (i) $\Rightarrow$ (ii) wählt man ein $0 \neq c \in K^m$ mit $\langle a, c \rangle = 1$ und erhält $\alpha(x) = \langle Ax, c \rangle = \langle x, A^t c \rangle$ nach 6. Setzt man noch $b := A^t c \in K^n$, so ist $b \neq 0$, und es folgt

$$(1) \qquad Ax = \alpha(x) a = \langle b, x \rangle a = a \langle b, x \rangle = a(b^t x) = (ab^t) x$$

nach 2(5). Da dies für alle $x \in K^n$ gilt, folgt $A = ab^t$. Ist andererseits $A = ab^t$ mit $a \neq 0$, $b \neq 0$, so folgt aus (1) $\mathrm{Bild}\, A = Ka$. □

Eine andere Beweis-Variante verläuft wie folgt: Die Abbildung $x \mapsto \alpha(x)$ ist eine Linearform des K^n und hat nach Lemma 6 die Form $\alpha(x) = \langle x, b \rangle$ mit einem $b \in K^n$.

Mit analogen Schlüssen zeigt man den

Satz. *Für eine $m \times n$ Matrix A und $r \leqslant \mathrm{Min}(m, n)$ sind äquivalent:*

(i) $\mathrm{Rang}\, A \leqslant r$.

(ii) *Es gibt $a_1, \ldots, a_r \in K^m$ und $b_1, \ldots, b_r \in K^n$ mit*

$$A = a_1 b_1^t + \cdots + a_r b_r^t.$$

Bemerkungen. 1) Sei $A \in \mathrm{Mat}(n; K)$ vom Rang 1. Nach dem Lemma gibt es von Null verschiedene $a, b \in K^n$ mit $A = ab^t$. Wegen $A^t = (ab^t)^t = b^{tt} a^t = ba^t$ ist A sicher dann symmetrisch, wenn $b = \alpha a$ mit $\alpha \in K$ gilt. Hiervon gilt aber auch die Umkehrung: Ist A symmetrisch und vom Rang 1, so gilt $A = \alpha a a^t$ mit $0 \neq \alpha \in K$ und $0 \neq a \in K^n$. Zum Beweis wende man $ab^t = ba^t$ auf x an, es folgt $\langle b, x \rangle a = \langle a, x \rangle b$, also $b = \alpha a$.

2) Sind $b_1, \ldots, b_n \in K^n$ linear unabhängig, so gibt es zu $A \in \mathrm{Mat}(n; K)$ Vektoren $a_1, \ldots, a_n \in K^n$ mit $A = a_1 b_1^t + \cdots + a_n b_n^t$. Zum Beweis stelle man Ax als Linearkombination von $a_1, \ldots, a_n$ dar.

3) In der Physik wird ab^t manchmal das *dyadische Produkt* von a und b genannt. Man vergleiche 7.1.6.

8. Kästchen-Rechnung. Sind $A \in K^{(m,n)}$ und $B \in K^{(n,p)}$ in der folgenden Weise in Kästchen aufgeteilt

$$A = \begin{pmatrix} A_1 & A_2 \\ A_3 & A_4 \end{pmatrix}, \qquad B = \begin{pmatrix} B_1 & B_2 \\ B_3 & B_4 \end{pmatrix} \qquad \text{mit} \qquad A_1 \in K^{(r,s)}, \qquad B_1 \in K^{(s,t)},$$

so kann man das Produkt AB in Kästchenform schreiben. Aus der Definition 2(1) entnimmt man nämlich die Darstellung

$$AB = \begin{pmatrix} A_1 B_1 + A_2 B_3 & A_1 B_2 + A_2 B_4 \\ A_3 B_1 + A_4 B_3 & A_3 B_2 + A_4 B_4 \end{pmatrix}.$$

Hat man nur eine Zeile und Spalte abgeteilt, so hat man

$$\begin{pmatrix} \alpha_1 & b_1^t \\ c_1 & D_1 \end{pmatrix} \begin{pmatrix} \alpha_2 & b_2^t \\ c_2 & D_2 \end{pmatrix} = \begin{pmatrix} \alpha_1 \alpha_2 + \langle b_1, c_2 \rangle & (\alpha_1 b_2 + D_2^t b_1)^t \\ \alpha_2 c_1 + D_1 c_2 & c_1 b_2^t + D_1 D_2 \end{pmatrix}.$$

Im Spezialfall

$$\begin{pmatrix} 1 & 0 \\ c_1 & E \end{pmatrix} \begin{pmatrix} 1 & 0 \\ c_2 & E \end{pmatrix} = \begin{pmatrix} 1 & 0 \\ c_1 + c_2 & E \end{pmatrix}$$

findet man die Addition von K^{m-1} in der Matrizenmultiplikation wieder.

Aufgaben. 1) Zu A, B, $C \in K^{(m)}$ gibt es $X \in K^{(m)}$ mit

$$\begin{pmatrix} A & B \\ C & E \end{pmatrix} \begin{pmatrix} E & 0 \\ X & E \end{pmatrix} = \begin{pmatrix} * & * \\ 0 & E \end{pmatrix}.$$

2) Für A, B, C, $D \in K^{(m)}$ berechne man beide Produkte der Matrizen (A, B) und $\begin{pmatrix} C \\ D \end{pmatrix}$.

§ 3. Algebren

> Mathematics is the science which draws necessary conclusions (Benjamin PEIRCE, Linear Associative Algebra, 1870)

1. Einleitung. Die Rechengesetze, die in 2.2 für das Matrizenprodukt hergeleitet wurden, sind bisher zwar mehrfach ganz wesentlich in die Überlegungen eingegangen, sie können jedoch intensiver ausgenutzt werden. Insbesondere wurden bisher quadratische Matrizen, das heißt Matrizen vom Typ $n \times n$, nicht besonders behandelt. Die quadratischen Matrizen spielen aber deswegen eine ausgezeichnete Rolle, da je zwei $n \times n$ Matrizen miteinander multipliziert werden dürfen und das Produkt wieder eine $n \times n$ Matrix ist. Mit anderen Worten kann man sagen, daß der K-Vektorraum $\mathrm{Mat}(n; K)$ gegenüber dem Matrizenprodukt abgeschlossen ist, also – wie man sagt – *eine K-Algebra ist.*

Algebren treten in vielen Teilgebieten der Mathematik in natürlicher Weise auf. Man vergleiche die Beispiele in 5 und in Kap. 9. In diesem Paragraphen soll daher der durch die quadratischen Matrizen motivierte Algebren-Begriff in hinreichender Allgemeinheit entwickelt werden. Eine Anwendung auf Matrizen schließt sich im § 5 an.

Mit Ausnahme des Abschnitts 2 werden in diesem Paragraphen nur assoziative Algebren betrachtet.

Der Begriff einer „linearen Algebra“ geht auf Benjamin PEIRCE (1809–1880) zurück, dessen Memoir „Linear Associative Algebra“ (Vortrag vor der National Academy of Sciences in Washington, 1870) seit 1871 in wenigen Exemplaren unter seinen Freunden kursierte und das erst 1881 (im Amer. Journal of Math. *4*, S. 97–225) abgedruckt wurde. Im Gegensatz zu W. R. HAMILTON (1805–1865), der 1843 bei der Suche nach einer Erweiterung der komplexen Zahlen die Quaternionen entdeckte und dem dabei die Nullteilerfreiheit die größten Schwierigkeiten machte (vgl. Band Zahlen, Kap. 6), läßt B. PEIRCE sofort (reelle oder komplexe) Algebren mit Nullteilern zu.

2. Der Begriff einer Algebra. Einen Vektorraum V zusammen mit einer Abbildung $(x, y) \mapsto xy$ von $V \times V$ nach V nennt man eine *Algebra über K* oder eine *K-Algebra*, wenn das Produkt mit der Vektorraum-Struktur verträglich ist, das heißt, wenn die beiden

Distributiv-Gesetze:
$$(\alpha x + \beta y)z = \alpha(xz) + \beta(yz),$$
$$x(\alpha y + \beta z) = \alpha(xy) + \beta(xz)$$

für $\alpha, \beta \in K$ und $x, y, z \in V$ erfüllt sind. Die Abbildung $(x, y) \mapsto xy$ nennt man das *Produkt* oder die *Multiplikation* der Algebra.

Es ist oft nützlich, das Produkt in die Bezeichnung der Algebra aufzunehmen: Man schreibt also $\mathscr{A} = (V; \cdot)$ und meint die auf V definierte Algebra, deren Produkt durch $(x, y) \mapsto x \cdot y = xy$ gegeben ist. An Stelle von $x \in V$ schreibt man dann auch $x \in \mathscr{A}$.

Sei nun $\mathscr{A} = (V; \cdot)$ eine Algebra über K. Die Distributiv-Gesetze enthalten speziell die Regel

$$\alpha(xy) = (\alpha x)y = x(\alpha y) \quad \text{für} \quad \alpha \in K \quad \text{und} \quad x, y \in \mathscr{A}.$$

Die Regeln

$$0 \cdot x = x \cdot 0 = 0 \quad \text{für} \quad x \in \mathscr{A} \quad \text{und} \quad 0 = 0_V$$

und

$$(-x)y = x(-y) = -xy, \quad (-x)(-y) = xy \quad \text{für} \quad x, y \in \mathscr{A}$$

sollte der ungeübte Leser als Übung beweisen.

Man nennt $\mathscr{A}$ *assoziativ*, wenn das

Assoziativ-Gesetz: $\quad (xy)z = x(yz) \quad$ für $\quad x, y, z \in \mathscr{A}$

erfüllt ist, und *kommutativ*, wenn das

Kommutativ-Gesetz: $\quad xy = yx \quad$ für $\quad x, y \in \mathscr{A}$

erfüllt ist. Nach diesen Definitionen ist eine Algebra also im allgemeinen weder assoziativ noch kommutativ. Das Assoziativ-Gesetz wurde erstmals wohl von W. R. Hamilton formuliert (siehe Band Zahlen, Einleitung zu Kap. 6).

Ein Element $e \in \mathscr{A}$ heißt *Einselement*, wenn $ex = xe = x$ für alle $x \in \mathscr{A}$ gilt. Besitzt $\mathscr{A}$ ein Einselement, dann ist es eindeutig bestimmt. Eine Algebra mit Einselement wird manchmal *unitär* genannt.

Eine Teilmenge $\mathscr{B}$ von $\mathscr{A}$ heißt *Unteralgebra* von $\mathscr{A}$, wenn $\mathscr{B}$ ein Unterraum ist und $ab \in \mathscr{B}$ für a, $b \in \mathscr{B}$ gilt.

Man nennt eine Teilmenge $\mathscr{B}$ von $\mathscr{A}$ ein (zweiseitiges) *Ideal* von $\mathscr{A}$, wenn $\mathscr{B}$ ein Unterraum ist und $bx \in \mathscr{B}$, $xb \in \mathscr{B}$ für alle $b \in \mathscr{B}$ und $x \in \mathscr{A}$ gilt. Offenbar sind $\{0\}$ und $\mathscr{A}$ Ideale von $\mathscr{A}$.

Eine Algebra $\mathscr{A}$ nennt man *einfach*, wenn gilt

(E.1) $\quad \mathscr{A}$ ist nicht die triviale Algebra, das heißt, es gibt a, $b \in \mathscr{A}$ mit $ab \neq 0$.

(E.2) $\quad \{0\}$ und $\mathscr{A}$ sind die einzigen Ideale von $\mathscr{A}$.

Sind $\mathscr{A} = (V; \cdot)$ und $\mathscr{A}' = (V'; \cdot)$ zwei K-Algebren, so heißt eine Abbildung $f: \mathscr{A} \to \mathscr{A}'$ ein *Homomorphismus der Algebren*, wenn gilt:

(H.1) $\quad f(x + y) = f(x) + f(y) \quad$ für $\quad x, y \in \mathscr{A}$,

(H.2) $\quad f(\alpha x) = \alpha f(x) \quad$ für $\quad \alpha \in K \quad$ und $\quad x \in \mathscr{A}$,

(H.3) $\quad f(xy) = f(x) f(y) \quad$ für $\quad x, y \in \mathscr{A}$.

Speziell ist also jeder Homomorphismus der Algebren auch Homomorphismus der Vektorräume (vgl. 1.6.2). Eine leichte Verifikation liefert das

Lemma. *Ist $f: \mathscr{A} \to \mathscr{A}'$ ein Homomorphismus der K-Algebren, dann gilt*:

a) $f(0) = 0$.
b) $f(-x) = -f(x)$ *für* $x \in \mathscr{A}$.
c) *Ist $\mathscr{B}$ eine Unteralgebra von $\mathscr{A}$, dann ist $f(\mathscr{B})$ eine Unteralgebra von $\mathscr{A}'$.*

d) *Ist* $\mathscr{B}'$ *eine Unteralgebra von* $\mathscr{A}'$, *so ist* $f^{-1}(\mathscr{B}')$ *eine Unteralgebra von* $\mathscr{A}$.
e) Kern f *ist ein Ideal von* $\mathscr{A}$.
f) f *injektiv* $\Leftrightarrow$ Kern $f = \{0\}$.

Aufgaben. 1) Es sei $f: \mathscr{A} \to \mathscr{A}'$ ein Homomorphismus der Algebren. Ist e das Einselement von $\mathscr{A}$, so ist $f(e)$ das Einselement von $f(\mathscr{A})$.

2) Es sei $\mathscr{A}$ eine K-Algebra mit Einselement e. Gilt $xx = 0$ für alle $x \in \mathscr{A}$, so gilt $2x = 0$ für alle $x \in \mathscr{A}$.

3. Invertierbare Elemente. Im weiteren Verlauf dieses Paragraphen sind alle Algebren assoziativ. Es sei $\mathscr{A}$ eine K-Algebra mit Einselement $e \neq 0$. Ein $u \in \mathscr{A}$ nennt man *invertierbar* (oder eine *Einheit* von $\mathscr{A}$), wenn es $v \in \mathscr{A}$ gibt mit

$$uv = vu = e. \tag{1}$$

Man definiert

$$\operatorname{Inv}\mathscr{A} := \{u \in \mathscr{A} : u \text{ invertierbar}\}$$

und erhält sofort $\alpha e \in \operatorname{Inv}\mathscr{A}$ für $0 \neq \alpha \in K$. Ist u *invertierbar, dann ist* v *durch* (1) *eindeutig festgelegt*, denn ist v' mit $uv' = e$ gegeben, so folgt $v' = ev' = (vu)v' = v(uv') = v$ nach (1). Für $u \in \operatorname{Inv}\mathscr{A}$ bezeichnet man das durch (1) eindeutig bestimmte Element von $\mathscr{A}$ mit u^{-1} und nennt u^{-1} das *Inverse von u*. Definitionsgemäß gilt also

$$uu^{-1} = u^{-1}u = e \qquad \text{für} \qquad u \in \operatorname{Inv}\mathscr{A}. \tag{2}$$

Lemma. *Ist* $\mathscr{A}$ *eine assoziative K-Algebra mit Einselement e, so gilt:*

a) *Für* $u, v \in \operatorname{Inv}\mathscr{A}$ *gilt* $uv \in \operatorname{Inv}\mathscr{A}$ *und* $(uv)^{-1} = v^{-1}u^{-1}$.
b) *Für* $u \in \operatorname{Inv}\mathscr{A}$ *gilt* $u^{-1} \in \operatorname{Inv}\mathscr{A}$ *und* $(u^{-1})^{-1} = u$.
c) *Für* $u \in \operatorname{Inv}\mathscr{A}$ *und* $0 \neq \alpha \in K$ *gilt* $\alpha u \in \operatorname{Inv}\mathscr{A}$ *und* $(\alpha u)^{-1} = (1/\alpha)u^{-1}$.

Beweis. a) Man hat $(uv) \cdot (v^{-1}u^{-1}) = u(vv^{-1})u^{-1} = uu^{-1} = e$ und analog $(v^{-1}u^{-1}) \cdot (uv) = e$.

b) Folgt ebenso aus (2) wie c). □

Bemerkungen. 1) Gibt es zu $u \in \mathscr{A}$ zwei Elemente v, w mit $uv = wu = e$, so ist u schon invertierbar, und es gilt $v = w = u^{-1}$, denn man hat $v = (wu)v = w(uv) = w$.

2) Nach Teil a) und b) ist $\operatorname{Inv}\mathscr{A}$ gegenüber dem in $\mathscr{A}$ gebildeten Produkt und gegenüber der Inversenbildung abgeschlossen. Da dies die charakteristischen Eigenschaften einer Gruppe sind, ist es an der Zeit, im nächsten Paragraphen den Begriff einer abstrakten Gruppe einzuführen.

4. Ringe. Eine additive abelsche Gruppe $\mathscr{R}$ zusammen mit einer Abbildung $(x, y) \mapsto xy$ von $\mathscr{R} \times \mathscr{R}$ nach $\mathscr{R}$ nennt man einen *Ring*, wenn die beiden

Distributiv-Gesetze: $x(y+z) = xy + xz, \quad (x+y)z = xz + yz$

und das

Assoziativ-Gesetz: $(xy)z = x(yz)$

für $x, y, z \in \mathscr{R}$ erfüllt sind. Der Ring $\mathscr{R}$ heißt *kommutativ*, wenn das

Kommutativ-Gesetz: $$xy = yx$$

gilt.

Vergleicht man die Definition eines Ringes $\mathscr{R}$ mit der einer assoziativen Algebra $\mathscr{A}$ in 2, so sieht man, daß eine assoziative Algebra ein Ring ist, in dem noch eine skalare Multiplikation mit Verträglichkeits-Gesetzen definiert ist. Die Ergebnisse und Definitionen (wie Unterring, Ideal, Homomorphismus usw.) von 2 und 3 übertragen sich daher mühelos auf Ringe.

5. Beispiele. Die in 1, § 3, 1.5.2 und 1.6.8 diskutierten Beispiele von Vektorräumen werden jetzt vom Algebrenstandpunkt beleuchtet. Die bisherige Numerierung wird dabei beibehalten.

1) *Standard-Räume.* Jeder Standard-Raum K^n (oder analog K_n) kann in kanonischer Weise zu einer kommutativen und assoziativen K-Algebra gemacht werden durch die Festlegung $xy := (\xi_1\eta_1, \ldots, \xi_n\eta_n)^t$, das heißt durch „komponentenweise definiertes" Produkt. In dieser Algebra ist $e := (1, \ldots, 1)^t$ das Einselement, und es gelten die Regeln $e_i e_j = \delta_{ij} e_i$, $e_1 + \cdots + e_n = e$ für die kanonische Basis von K^n.

2) *Reelle Folgen.* Definiert man das Produkt zweier Folgen $a = (a_n \mid n \in \mathbb{N})$ und $b = (b_n \mid n \in \mathbb{N})$ durch

$$ab := (a_n b_n \mid n \in \mathbb{N}),$$

also „komponentenweise", dann ist leicht zu verifizieren, daß der Vektorraum $\mathscr{F}$ aller Folgen zu einer kommutativen und assoziativen $\mathbb{R}$-Algebra wird, deren Einselement gegeben ist durch $e = (e_n \mid n \in \mathbb{N})$ mit $e_n = 1$ für alle n.

Den Rechenregeln über konvergente Folgen entnimmt man nun, daß alle im Folgen-Raum angegebenen Unterräume (also alle in 1.3.2 angegebenen Mengen außer $\mathscr{F}_{\mathrm{HP}}$) Unteralgebren sind. Das Kriterium, wonach das Produkt aus einer Nullfolge mit einer beschränkten Folge wieder eine Nullfolge ist, formuliert sich hier als das folgende algebraische

Lemma. $\mathscr{F}_{\mathrm{Null}}$ *ist ein Ideal in* $\mathscr{F}_{\mathrm{beschränkt}}$ *(also auch in* $\mathscr{F}_{\mathrm{konvergent}}$*).*

3) *Die Räume* $\mathrm{Abb}(M, K)$ *und* $\mathrm{Abb}[M, K]$. Beide Typen werden durch eine punktweise Produktdefinition $(\varphi\psi)(m) := \varphi(m) \cdot \psi(m)$, $m \in M$, $\varphi, \psi \in \mathrm{Abb}(M, K)$, zu einer kommutativen und assoziativen K-Algebra.

4) *Reelle Polynome und stetige Abbildungen.* Die Rechenregeln für stetige Abbildungen zeigen, daß $C(I)$ eine Unteralgebra von $\mathrm{Abb}(I, \mathbb{R})$ ist. In der Inklusionskette (vgl. 1.3.4–6) $\mathrm{Pol}\, I \subset C^\omega(I) \subset C^\infty(I) \subset \cdots \subset C^r(I) \subset C(I)$ ist jedes Glied eine Unteralgebra der rechts davon stehenden $\mathbb{R}$-Algebren.

§ 4. Der Begriff einer Gruppe

1. Halbgruppen. Eine nicht-leere Menge H zusammen mit einer Abbildung $(a, b) \mapsto ab$ von $H \times H$ nach H heißt eine *Halbgruppe*, wenn das

Assoziativ-Gesetz: $a(bc) = (ab)c$ für alle $a, b, c \in H$

gilt. Man nennt ab das *Produkt* von a und b und schreibt auch $ab = a \cdot b$.

Die *Potenzen* a^n, $n = 1, 2, \ldots$, eines Elementes a einer Halbgruppe H werden rekursiv durch

$$a^1 := a, \quad a^2 := aa, \quad \ldots, \quad a^{n+1} := a \cdot a^n,$$

definiert. Induktionen nach m bzw. n beweisen die

Potenz-Regeln: $a^m \cdot a^n = a^{m+n}$ und $(a^m)^n = a^{mn}$.

Das Assoziativgesetz $(ab)c = a(bc)$ besagt offenbar, daß die beiden möglichen Klammerungen eines dreifachen Produktes übereinstimmen, daß man also $abc := (ab)c$ unmißverständlich definieren kann. Wie sieht es nun mit einem vierfachen Produkt aus? Die möglichen Klammerungen sind hier $[(ab)c]d$, $[a(bc)]d$, $(ab)(cd)$, $a[(bc)d]$ und $a[b(cd)]$, und man verifiziert sofort deren Gleichheit. Jedes dieser 5 Elemente kann man daher mit $abcd$ abkürzen. Zusammen mit den Erfahrungen über Potenzen ist damit das *allgemeine Assoziativ-Gesetz* einsichtig, wonach ein Produkt von n Elementen in einer Halbgruppe von der Klammerung unabhängig ist. Der Beweis dieser Aussage erfordert jedoch einen nicht völlig trivialen Induktionsbeweis (vgl. K. Meyberg, Algebra I, Satz 1.2.7).

Ein Element e einer Halbgruppe H nennt man *Einselement*, wenn $ea = ae = a$ für alle $a \in H$ gilt. Ist e' ein weiteres Einselement, so zeigt die Gleichung $e' = e'e = e$, daß ein Einselement – sofern es existiert – eindeutig bestimmt ist. Eine Halbgruppe mit Einselement nennt man manchmal *Monoid*.

Bemerkung. Standardbeispiele von Halbgruppen (die nicht zugleich Gruppen sind) findet man bei den Matrizen: Die Menge $\mathrm{Mat}(n; K)$ ist (wie jede assoziative Algebra) eine Halbgruppe bei Multiplikation, die Potenzregeln und das allgemeine Assoziativ-Gesetz gelten damit insbesondere für $n \times n$ Matrizen. Nach 2.5(3) ist bei gegebenem $r = 1, \ldots, n$ die Teilmenge der $A \in \mathrm{Mat}(n; K)$ mit $\mathrm{Rang}\, A \leqslant r$ eine Halbgruppe bei Multiplikation, die im Falle $r < n$ sicher nicht gegenüber Addition abgeschlossen ist (Beweis?).

Eine weitere Klasse von Halbgruppen erhält man als die Menge der Selbstabbildung $f\colon M \to M$ einer nicht-leeren Menge M bei Komposition $(f, g) \mapsto f \circ g$.

2. Gruppen. Der kritische Leser wird feststellen, daß im Vorangegangenen mathematisch eigentlich nichts – oder wenigstens nicht viel – geschehen ist. Der Begriff einer Halbgruppe ist einfach zu allgemein; überspitzt kann man sagen, daß nicht-triviale Sätze, die sich nur auf diesen Begriff beziehen, nicht existieren. Dieser Sachverhalt ändert sich, wenn man zum Begriff der *Gruppe* übergeht. Da eine Gruppe auf zwei verschiedene Weisen definiert werden kann, sollen diese Möglichkeiten zunächst als Satz formuliert werden:

Äquivalenz-Satz für Gruppen. *Für eine Halbgruppe G mit Produkt $(a, b) \mapsto ab$ sind äquivalent*:

(i) *Es gibt ein $e \in G$ mit folgenden Eigenschaften*:

(a) *e ist neutral, das heißt, es gilt $ea = ae = a$ für alle $a \in G$,*
(b) *Zu jedem $a \in G$ gibt es $a' \in G$ mit $a'a = aa' = e$.*

(ii) *Für alle $a, b \in G$ gibt es $x, y \in G$ mit $ax = b$ und $ya = b$.*

In (i) *ist a' durch a eindeutig bestimmt. In* (ii) *sind x und y durch a und b eindeutig bestimmt.*

Ist dies der Fall, dann gelten die

Kürzungsregeln: $ab = ac \Rightarrow b = c$ und $ba = ca \Rightarrow b = c$.

Beweis. (i) $\Rightarrow$ (ii): In (ii) wählt man $x = a'b$ bzw. $y = ba'$.

(ii) $\Rightarrow$ (i): Man wählt $a \in G$ fest und dazu $e \in G$ mit $ae = a$. Zu beliebigem $x \in G$ wähle man nun $b \in G$ mit $ba = x$ und hat $x = ba = b(ae) = (ba)e = xe$. Analog findet man $e' \in G$ mit $y = e'y$ für alle $y \in G$. Für $x = e'$, $y = e$ folgt $e = e'$, damit ist e neutral und eindeutig bestimmt. Zu beliebigem $a \in G$ gibt es nun $u, v \in G$ mit $au = e$ und $va = e$. Hier gilt aber $u = eu = (va)u = v(au) = ve = v$.

Schließlich folgen die Kürzungsregeln (und damit die behauptete eindeutige Existenz) durch linksseitige bzw. rechtsseitige Multiplikation mit a'. □

Ist in einer Halbgruppe G eine (und damit jede) der Eigenschaften (i) und (ii) des Satzes erfüllt, so nennt man G zusammen mit dem Produkt $(a, b) \mapsto ab$ eine *Gruppe*. Eine Gruppe G heißt *kommutativ* oder *abelsch*, wenn $ab = ba$ für alle $a, b \in G$ gilt. Das nach (i) eindeutig bestimmte Element e ist das *Einselement* der Gruppe. Das nach (i) zu jedem $a \in G$ eindeutig bestimmte a' mit $aa' = a'a = e$ nennt man das *Inverse* von a und schreibt $a^{-1} := a'$.

Man hat also definitionsgemäß

$$a \cdot a^{-1} = a^{-1} \cdot a = e.$$

Zum Nachweis von

$$(a^{-1})^{-1} = a \qquad \text{und} \qquad (ab)^{-1} = b^{-1}a^{-1}$$

folgt aus $aa' = a'a = e$, daß a das Inverse von a' ist, also die erste Behauptung. Weiter verifiziert man, daß $b^{-1}a^{-1}$ das Inverse von ab ist.

Man kann nun die Potenzen a^n eines Elementes $a \in G$ auch für den Exponenten 0 und für negative ganze Exponenten n erklären durch

$$a^0 := e, \qquad a^{-n} := (a^{-1})^n \qquad \text{falls} \qquad n \geqslant 1.$$

Mit $a^{n-1} = a^{-1} \cdot a^n$ für $n \geqslant 1$ schließt man zunächst auf die Gültigkeit von $a^{n+1} = a \cdot a^n$ für $n \in \mathbb{Z}$ und dann mit einer Induktion auf die

allgemeinen Potenz-Regeln: $a^m \cdot a^n = a^{m+n}$, $(a^m)^n = a^{mn}$

für $m, n \in \mathbb{Z}$. Hierin ist speziell die Beziehung $(a^{-1})^n = (a^n)^{-1}$ für $n \in \mathbb{Z}$ enthalten.

Standardbeispiele für Gruppen erhält man als Mengen von Abbildungen:

Lemma. *Ist M eine nicht-leere Menge, so ist die Menge $S(M)$ aller bijektiven Abbildungen $f\colon M \to M$ bei Komposition $(f, g) \to f \circ g$ eine Gruppe.*

Man nennt $S(M)$ die symmetrische Gruppe von M. Die Elemente von $S(M)$ nennt man manchmal auch *Permutationen von M.*

Beweis. Zunächst ist $S(M)$ eine Halbgruppe mit der identischen Abbildung als neutralem Element. Bezeichnet man mit f' die Umkehrabbildung von $f \in S(M)$, so gilt also $(f' \circ f)(m) = (f \circ f')(m) = m$ für alle $m \in M$, und $S(M)$ ist nach Teil (i) des Äquivalenz-Satzes eine Gruppe. □

Aufgaben. 1) Mit Lemma 3.3 zeige man, daß die Menge der invertierbaren Elemente einer assoziativen Algebra mit Einselement bei Multiplikation eine Gruppe bilden.

2) Man zeige, daß eine endliche Halbgruppe genau dann eine Gruppe ist, wenn die Kürzungsregeln gelten.

3. Untergruppen. Wie bei allen algebraischen Strukturen sind auch bei Gruppen die Unterstrukturen wichtig. Da es wieder zwei mögliche Definitionen gibt, hat man einen

Äquivalenz-Satz für Untergruppen. *Es sei G mit Produkt $(a, b) \mapsto ab$ eine Gruppe. Für eine nicht-leere Teilmenge U sind äquivalent:*

(i) *U ist zusammen mit der Abbildung $(u, v) \mapsto uv$ eine Gruppe.*
(ii) *Mit $u, v \in U$ gehören uv und u^{-1} zu U.*

Ist dies der Fall, so stimmen die Einselemente von U und G sowie für $u \in U$ die Inversen von u in U und G überein.

Jede solche Teilmenge von G nennt man eine *Untergruppe* von G.

Beweis. (i) ⇒ (ii): Nach Voraussetzung ist $(u, v) \mapsto uv$ eine Abbildung von $U \times U$ in U, mit u, v gehört also uv zu U. Ist e^* das Einselement von U und e das Einselement von G, so gelten $e^*u = u = eu$ für $u \in U$. Nach der in G geltenden Kürzungsregel folgt $e^* = e$. Bezeichnet u' das zu u in U gebildete Inverse von u, so gilt $uu' = u'u = e$. Damit ist $u' = u^{-1}$ auch das in G gebildete Inverse von u. Mit u gehört also auch u' zu U.

(ii) ⇒ (i): Man geht von einem $u \in U$ aus. Nach Voraussetzung gehört u^{-1} und dann auch $u \cdot u^{-1} = e$ zu U. Damit ist Teil (i) des Äquivalenz-Satzes für Gruppen erfüllt. □

Bemerkung. Viele „konkrete" Gruppen sind Untergruppen von symmetrischen Gruppen $S(M)$ für geeignete Mengen M. So steht im nächsten Paragraphen die Gruppe $GL(n; K)$ im Mittelpunkt der Überlegungen. Nach Teil (ii) des Äquivalenz-Satzes für Invertierbarkeit 5.2 stimmt $GL(n; K)$ mit der Untergruppe der *linearen* Abbildungen aus $S(K^n)$ überein.

Aufgaben. 1) Man zeige, daß eine endliche Teilmenge U einer Gruppe schon eine Untergruppe ist, wenn mit u und v auch uv zu U gehört.

2) Ist G eine Gruppe und $a \in G$, dann ist $\{a^n : n \in \mathbb{Z}\}$ eine kommutative Untergruppe von G.

4. Kommutative Gruppen. In einer kommutativen Gruppe G schreibt man das „Produkt" meist als *Summe* oder *Addition* $(a, b) \mapsto a + b$ und spricht dann von einer *additiven abelschen* Gruppe. Die folgenden Schreibweisen sind üblich:

(multiplikative) Gruppe	additive abelsche Gruppe
ab	$a+b$
neutrales Element = Einselement e	neutrales Element = Nullelement 0
$ae = ea = a$	$a + 0 = 0 + a = a$
Inverses a^{-1}	Negatives $-a$
$aa^{-1} = a^{-1}a = e$	$a + (-a) = (-a) + a = 0$
$(a^{-1})^{-1} = a$	$-(-a) = a$
ba^{-1}	$b + (-a) = b - a$
$(ab)^{-1} = b^{-1}a^{-1}$	$-(a+b) = -a - b$

Das Assoziativ-Gesetz lautet dann natürlich $a + (b + c) = (a + b) + c$. Wegen der Kommutativität stimmen nunmehr alle möglichen Klammerungen bei allen möglichen Reihenfolgen von endlich vielen Elementen überein. Den Potenzen entsprechen dann die „positiven" und „negativen" *Vielfachen na* von $a \in G$ gemäß

$$1a := a, \quad 2a := a + a, \ldots, \quad (n+1)a := a + na, \quad (-n)a := -na \quad \text{für} \quad n \geqslant 1.$$

Die allgemeinen Potenz-Regeln aus 2 schreiben sich als

$$ma + na = (m+n)a, \qquad n(ma) = (nm)a \qquad \text{mit} \qquad m, n \in \mathbb{Z},$$

und eine Induktion ergibt noch

$$m(a+b) = ma + mb \qquad \text{für} \qquad m \in \mathbb{Z}.$$

Ist G eine additive abelsche Gruppe und sind a_i beliebige Elemente von G, so verwendet man oft die abkürzende Schreibweise

$$\sum_{i=m}^{n} a_i := a_m + a_{m+1} + \cdots + a_n.$$

Anstelle des „Summationsbuchstabens" i kann hier jeder andere von n und m verschiedene Buchstabe genommen werden. Aus der Kommutativität und der Assoziativität erhält man die Regeln

$$\sum_{i=m}^{n} a_i + \sum_{j=n+1}^{p} a_j = \sum_{i=m}^{p} a_i,$$

$$\sum_{i=m}^{n} \left(\sum_{j=p}^{q} a_{ij} \right) = \sum_{j=p}^{q} \left(\sum_{i=m}^{n} a_{ij} \right),$$

$$\sum_{i=m}^{n} a_i + \sum_{i=m}^{n} b_i = \sum_{i=m}^{n} (a_i + b_i).$$

Bemerkung. Der Leser ist mit Beispielen von additiv geschriebenen abelschen Gruppen vertraut: Jeder Vektorraum ist definitionsgemäß speziell eine abelsche Gruppe (1.1.2), jedes Beispiel eines Vektorraumes (1, § 3) ist daher ein Beispiel für eine abelsche Gruppe. Die Rechenregeln für Summen wurden in diesen Beispielen bereits häufig benutzt.

5. Homomorphismen. Eine Abbildung $f\colon G \to G'$ von einer Gruppe G in eine Gruppe G' nennt man einen *Homomorphismus* (der Gruppen) wenn

(H) $$f(ab) = f(a)f(b) \qquad \text{für} \qquad a, b \in G$$

gilt. Hier ist aus dem Zusammenhang klar, daß links mit „ab" das Produkt in G gemeint ist, während rechts das in G' gebildete Produkt von $f(a)$ mit $f(b)$ steht.

Ist $f\colon G \to G'$ ein Homomorphismus und sind e bzw. e' die Einselemente von G bzw. G', so definiert man

$$\text{Kern}\, f := \{a \in G : f(a) = e'\}, \qquad \text{Bild}\, f := f(G) := \{f(a) : a \in G\}.$$

Mit (H) bestätigt man die folgenden Regeln:

(1) $f(e) = e'$.

(2) $[f(a)]^{-1} = f(a^{-1})$ für $a \in G$.

(3) Kern f ist eine Untergruppe von G.

(4) Bild f ist eine Untergruppe von G'.

(5) f ist genau dann injektiv, wenn Kern $f = \{e\}$ gilt.

6. Normalteiler. Ist $f\colon G \to G'$ ein Homomorphismus der Gruppen, so ist der Kern von f nach 5 eine Untergruppe von G. Die Kerne von Homomorphismen bilden eine ausgezeichnete Klasse von Untergruppen: Man nennt eine Untergruppe U von G einen *Normalteiler* (oder invariante Untergruppe), wenn gilt:

(NT) Für $u \in U$ und $a \in G$ gilt $a^{-1}ua \in U$.

Aus der definierenden Eigenschaft (H) von 5 entnimmt man den

Satz. *Der Kern eines Homomorphismus ist stets ein Normalteiler.*

Man kann umgekehrt zeigen, daß ein beliebiger Normalteiler stets Kern eines geeigneten Homomorphismus ist.

7. Historische Bemerkungen. Viele Historiker glauben, daß mindestens seit dem 17. Jahrhundert der Gruppenbegriff implizit von den Mathematikern verwendet wurde. Während des 18. Jahrhunderts wurde dann explizit klar, daß die n-ten Einheitswurzeln eine „zyklische" Gruppe bilden. Die ersten großen Namen, die mit der Gruppentheorie verbunden werden können, sind: P. Ruffini (1765–1822), I. L. Lagrange (1736–1813), C. F. Gauss (1777–1855), A. L. Cauchy (1789–1857), N. H. Abel (1802–1829), H. Grassmann (1809–1877), E. Galois (1811–1832), A. Cayley (1821–1895), L. Kronecker (1823–1891).

In der „Ausdehnungslehre" von 1844 wird von H. Grassmann die wahrscheinlich erste explizite Definition einer abstrakten kommutativen Gruppe publiziert (vgl. 1.2.2), während A. Cayley 1854 in einer Arbeit „On the Theory of Groups as Depending on the Symbolic Equation $\Theta^n = 1$" wohl zum ersten Mal eine abstrakte (endliche) Gruppe betrachtet.

Noch im Jahre 1870 findet man aber bei L. Kronecker (Auseinandersetzung einiger Eigenschaften der Klassenzahl idealer complexer Zahlen, Sitzungsberichte

d. Berliner Akademie, 1870, Werke I, S. 271–282) ohne Hinweis auf Literatur das in Aufgabe 2 von 2 formulierte explizite Axiomensystem für endliche abelsche Gruppen.

Abstrakte Gruppen werden spätestens seit dem „*Traité des substitutions et des équations algébriques*“ (Paris, 1871) von Camille JORDAN (1832–1922) dadurch untersucht, daß man sie als Gruppen von linearen Transformationen, das heißt als Gruppen von Matrizen darstellt.

Das erste Lehrbuch der Gruppentheorie von W. BURNSIDE (1852–1927) erschien 1897 unter dem Titel „Theory of Groups of Finite Order“ in Cambridge. Ihm folgte 1922 *Die Theorie der Gruppen von endlicher Ordnung* (Birkhäuser, Basel) von Andreas SPEISER (1885–1970).

Bereits C. JORDAN verwendet in seinem *Traité* den Begriff „holoëdrisch isomorph“ für isomorphe Gruppen und „meriedrisch isomorph“ für homomorphe Bilder von Gruppen. Eugen NETTO (1848–1919) hat dafür (*Substitutionentheorie und ihre Anwendung auf die Algebra*, Teubner 1882, Leipzig) die Bezeichnung „einstufig“ bzw. „mehrstufig isomorph“, die sinngemäß auch von W. BURNSIDE verwendet wird. Das Wort „homomorph“ scheint erstmalig A. SPEISER zu benutzen.

Durch die Bücher von N. BOURBAKI wurden die Begriffe isomorph, homomorph u. ä. auf beliebige algebraische Strukturen wie Ringe, Vektorräume usw. ausgedehnt.

Literatur: H. WUSSING, Die Genesis des abstrakten Gruppenbegriffs, VEB Deutscher Verlag der Wissenschaften, Berlin, 1969.

§ 5. Matrix-Algebren

1. Mat(n; K) und $GL(n; K)$. Vergleicht man die Rechenregeln (2)–(5) von 2.2 mit den definierenden Eigenschaften einer Algebra in 3.2, so *wird der Vektorraum* Mat(n; K) *zusammen mit dem Matrizen-Produkt* $(A, B) \mapsto AB$ *zu einer assoziativen* K*-Algebra.* Im folgenden soll unter Mat(n; K) stets diese Algebra verstanden werden.

Die $n \times n$ Einheitsmatrix

$$E = E^{(n)} = (\delta_{ij}) = \begin{pmatrix} 1 & 0 & \cdots & 0 \\ 0 & 1 & \ddots & \vdots \\ \vdots & \ddots & \ddots & 0 \\ 0 & \cdots & 0 & 1 \end{pmatrix}$$

ist das Einselement von Mat(n; K). Im Falle $n > 1$ ist Mat(n; K) nicht kommutativ und besitzt Nullteiler: $\begin{pmatrix} 0 & 1 \\ 0 & 0 \end{pmatrix}\begin{pmatrix} 1 & 0 \\ 0 & 0 \end{pmatrix} = 0$, $\begin{pmatrix} 1 & 0 \\ 0 & 0 \end{pmatrix}\begin{pmatrix} 0 & 1 \\ 0 & 0 \end{pmatrix} = \begin{pmatrix} 0 & 1 \\ 0 & 0 \end{pmatrix}$.

Eine Matrix $U \in$ Mat(n; K) nennt man *invertierbar* (oder *umkehrbar* oder *nichtsingulär*), wenn es ein $V \in$ Mat(n; K) gibt mit

$$UV = VU = E. \tag{1}$$

Ein Vergleich mit 3.3 zeigt, daß eine $n \times n$ Matrix U genau dann invertierbar ist, wenn U ein invertierbares Element der K-Algebra $\mathrm{Mat}(n; K)$ ist. In der Bezeichnung von 3.3 setzt man

$$GL(n; K) := \mathrm{Inv}\,\mathrm{Mat}(n; K) = \{U \in \mathrm{Mat}(n; K)\colon\ U \text{ invertierbar}\}.$$

Für $U \in GL(n; K)$ ist V durch (1) eindeutig bestimmt, man schreibt $U^{-1} := V$ und hat also

(2) $$UU^{-1} = U^{-1}U = E \qquad \text{für} \qquad U \in GL(n; K).$$

Man nennt U^{-1} das *Inverse* von U oder die zu U *inverse Matrix*.

Lemma. a) *Für* $U, V \in GL(n; K)$ *gilt* $UV \in GL(n; K)$ *und* $(UV)^{-1} = V^{-1}U^{-1}$.
b) *Für* $U \in GL(n; K)$ *gilt* $U^{-1} \in GL(n; K)$ *und* $(U^{-1})^{-1} = U$.
c) *Für* $U \in GL(n; K)$ *und* $0 \neq \alpha \in K$ *gilt* $\alpha U \in GL(n; K)$ *und* $(\alpha U)^{-1} = (1/\alpha)U^{-1}$.
d) *Für* $U \in GL(n; K)$ *gilt* $U^t \in GL(n; K)$ *und* $(U^t)^{-1} = (U^{-1})^t$.

Beweis. Die Teile a)–c) folgen aus Lemma 3.3; sie können aber wie dort auch direkt verifiziert werden. Teil d) folgt aus (2) durch Übergang zum Transponierten. □

Nach dem Lemma gehört mit U und V auch UV zu $GL(n; K)$. Da sich das Assoziativ-Gesetz von der Algebra $\mathrm{Mat}(n; K)$ auf der Teilmenge $GL(n; K)$ überträgt, ist $GL(n; K)$ eine Halbgruppe (vgl. 4.1) mit Einselement E. Da mit U auch U^{-1} zu $GL(n; K)$ gehört, ist $GL(n; K)$ nach 4.2 eine *Gruppe*.

Man nennt $GL(n; K)$ die *allgemeine lineare Gruppe* (vom Grad n über K), die Abkürzung kommt aus dem Englischen: GL = General Linear Group.

Die beiden Abbildungen $U \mapsto U^t$ und $U \mapsto U^{-1}$ vertauschen die Reihenfolge der Faktoren eines Produktes. Die Abbildung

(3) $$U \mapsto U^{t-1} := (U^t)^{-1} = (U^{-1})^t$$

erhält daher diese Reihenfolge, das heißt $(UV)^{t-1} = U^{t-1}V^{t-1}$ für $U, V \in GL(n; K)$. In der Sprache der Gruppentheorie *ist* (3) *ein Automorphismus von* $GL(n; K)$ *der Periode* 2.

Für $a \in K^n$ bezeichne G_a die Menge der U aus $GL(n; K)$, die a fest lassen, das heißt, für die $Ua = a$ gilt. Da mit U, V aus G_a auch UV und U^{-1} zu G_a gehören, ist G_a eine *Untergruppe* von $GL(n; K)$.

Aufgaben. 1) Es sei $Q \in \mathrm{Mat}(n, m; K)$ gegeben. Man zeige, daß $\mathrm{Mat}(m, n; K)$ zusammen mit dem Produkt $(X, Y) \mapsto XQY$ eine assoziative K-Algebra ist. Man gebe notwendige und hinreichende Bedingungen dafür, daß diese Algebra ein Einselement besitzt.

2) Sei $A \in GL(n; K)$. Man zeige, daß die Menge der $W \in \mathrm{Mat}(n; K)$ mit $W^t A W = A$ eine Untergruppe von $GL(n; K)$ ist.

3) Sei $U \in \mathrm{Mat}(n; \mathbb{Q})$. Ist U als Element von $\mathrm{Mat}(n; \mathbb{R})$ invertierbar, so ist U in $\mathrm{Mat}(n; \mathbb{Q})$ invertierbar.

4) Setzt man $E = \begin{pmatrix} 1 & 0 \\ 0 & 1 \end{pmatrix}$ und $J = \begin{pmatrix} 0 & -1 \\ 1 & 0 \end{pmatrix}$, so bilden die Matrizen $\pm\begin{pmatrix} E & 0 \\ 0 & E \end{pmatrix}$, $\pm\begin{pmatrix} J & 0 \\ 0 & -J \end{pmatrix}$, $\pm\begin{pmatrix} 0 & J \\ J & 0 \end{pmatrix}$, $\pm\begin{pmatrix} 0 & -E \\ E & 0 \end{pmatrix}$ eine Untergruppe Γ von $GL(4; K)$, die zur sogenannten „Quaternionengruppe" isomorph ist (vgl. Band Zahlen, 6.1.2).

2. Der Äquivalenz-Satz für invertierbare Matrizen. Der Begriff der Invertierbarkeit einer Matrix ist mathematisch wohldefiniert, und Lemma 1 zeigt, wie man mit invertierbaren Matrizen rechnen kann. Wie sieht man aber einer konkret gegebenen Matrix an, ob sie invertierbar ist? Mit anderen Worten: Gibt es handliche Entscheidungsverfahren, mit denen man Invertierbarkeit überprüfen kann? Der folgende Satz stellt die wichtigsten Kriterien zusammen:

Äquivalenz-Satz für Invertierbarkeit. *Für eine Matrix* $U \in \mathrm{Mat}(n; K)$ *sind äquivalent:*

(i) $U \in GL(n; K)$, *das heißt, U ist invertierbar.*
(ii) *Die Abbildung* $x \mapsto Ux$ *von* K^n *in sich ist bijektiv.*
(iii) *Die Abbildung* $x \mapsto Ux$ *von* K^n *in sich ist surjektiv.*
(iv) *Die Abbildung* $x \mapsto Ux$ *von* K^n *in sich ist injektiv.*
(v) *Die Spalten von U bilden eine Basis des* K^n.
(vi) *Die Zeilen von U bilden eine Basis des* K_n.
(vii) $\mathrm{Rang}\, U = n$.
(viii) *Es gibt* $V \in \mathrm{Mat}(n; K)$ *mit* $UV = E$.
(ix) *Es gibt* $V \in \mathrm{Mat}(n; K)$ *mit* $VU = E$.

In den Fällen (viii) *und* (ix) *gilt* $V = U^{-1}$.

Man beachte hier, daß (viii) und (ix) wesentliche Abschwächungen der definierenden Eigenschaft 1(1) darstellen. Sowohl (v) und (vi) als auch (vii) sind zur Entscheidung der Invertierbarkeit oft nützlich.

Weitere Äquivalenzen folgen in 5.3 und vor allem in 3.1.5.

Beweis. Zunächst hat man das Implikationsschema

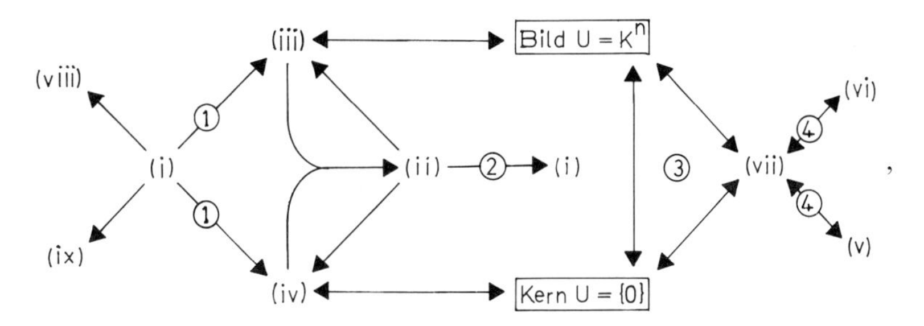

bei dem die entscheidenden Äquivalenzen ③ wegen 2.5(7) richtig sind. Die Implikationen ① entnimmt man 1(1), bei ② beachte man, daß die Umkehrabbildung einer bijektiven linearen Abbildung wieder linear ist (vgl. 1.6.2(3)), und ④ ist die Aussage der Ranggleichung in 1.7.

Es fehlen lediglich noch zwei Implikationen:

(ix) → (iv). Sei $Ux = Uy$ für $x, y \in K^n$, dann folgt mit (ix): $VU(x - y) = x - y = 0$, also $x = y$.

(viii) → (iii). Ist $a \in K^n$ gegeben, dann setzt man $x := Va$ und erhält $Ux = UVa = Ea = a$. □

3. Die Invarianz des Ranges. In 2.5(3) hatte man die Rangabschätzung

(1) $\operatorname{Rang} AB \leqslant \operatorname{Min}(\operatorname{Rang} A, \operatorname{Rang} B)$ für $A \in \operatorname{Mat}(m,n;K)$, $B \in \operatorname{Mat}(n,p;K)$,

hergeleitet. Für Rangbestimmungen ist es nun sehr nützlich, daß sich der Rang einer Matrix bei Multiplikation mit invertierbaren Matrizen nicht ändert:

Satz. *Ist* $A \in \operatorname{Mat}(m,n;K)$ *und sind* $U \in GL(m;K)$, $V \in GL(n;K)$, *dann gilt* $\operatorname{Rang}(UAV) = \operatorname{Rang} A$.

Beweis. Nach (1) hat man $\operatorname{Rang}(UA) \leqslant \operatorname{Rang} A = \operatorname{Rang}(U^{-1} \cdot UA) \leqslant \operatorname{Rang} UA$, also $\operatorname{Rang}(UA) = \operatorname{Rang} A$. Analog folgt $\operatorname{Rang}(AV) = \operatorname{Rang} A$. Dann ist $\operatorname{Rang}(UA)V = \operatorname{Rang} UA = \operatorname{Rang} A$. □

Damit kann man eine Reduktion von Rangbestimmungen wie folgt erreichen:

Lemma. *Ist die* $m \times n$ *Matrix* A *in Kästchenform* $A = \begin{pmatrix} \alpha & b^t \\ c & D \end{pmatrix}$ *mit* $\alpha \in K$, $b \in K^{n-1}$, $c \in K^{m-1}$, $D \in K^{(m-1,n-1)}$, *gegeben und gilt* $\alpha \neq 0$, *dann ist*

$$\operatorname{Rang} A = 1 + \operatorname{Rang}(\alpha D - cb^t).$$

Damit ist der Rang einer $m \times n$ Matrix auf den Rang einer $(m-1) \times (n-1)$ Matrix zurückgeführt!

Beweis. Man hat

$$\begin{pmatrix} \alpha & b^t \\ c & D \end{pmatrix} \begin{pmatrix} 1 & -\frac{1}{\alpha} b^t \\ 0 & E \end{pmatrix} = \begin{pmatrix} \alpha & 0 \\ c & G \end{pmatrix}$$

mit $G := D - (1/\alpha)cb^t$. Nach 1.8(2) hat A den Rang $1 + \operatorname{Rang} G$, und das ist die Behauptung, denn wegen $\alpha \neq 0$ ist $\operatorname{Rang} G = \operatorname{Rang} \alpha G$. □

4. Spezielle invertierbare Matrizen. Ist A eine Diagonalmatrix, so zeigt ein Ausschreiben des Produktes $AB = E$, daß A genau dann invertierbar ist, wenn alle Diagonalelemente ungleich Null sind, und daß dann

(1) $$\begin{pmatrix} \alpha_1 & 0 & \cdots & 0 \\ 0 & \ddots & & \vdots \\ \vdots & & \ddots & 0 \\ 0 & \cdots & 0 & \alpha_n \end{pmatrix}^{-1} = \begin{pmatrix} \frac{1}{\alpha_1} & 0 & \cdots & 0 \\ 0 & \ddots & & \vdots \\ \vdots & & \ddots & 0 \\ 0 & \cdots & 0 & \frac{1}{\alpha_n} \end{pmatrix}, \qquad \alpha_1, \ldots, \alpha_n \neq 0,$$

gilt. Entsprechend verifiziert man

(2) $$\begin{pmatrix} \alpha & 0 \\ c & D \end{pmatrix}^{-1} = \begin{pmatrix} \frac{1}{\alpha} & 0 \\ -\frac{1}{\alpha} D^{-1} c & D^{-1} \end{pmatrix}, \qquad \alpha \neq 0, \qquad D \in GL(n-1;K).$$

Schließlich entnimmt man aus

$$A = \begin{pmatrix} \alpha & b^t \\ c & D \end{pmatrix} = \begin{pmatrix} \alpha & 0 \\ c & D - \frac{1}{\alpha} cb^t \end{pmatrix} \begin{pmatrix} 1 & \frac{1}{\alpha} b^t \\ 0 & E \end{pmatrix}$$

für $\alpha \neq 0$ noch die Äquivalenz

$$\text{(3)} \qquad \begin{pmatrix} \alpha & b^t \\ c & D \end{pmatrix} \in GL(n; K) \Leftrightarrow \alpha D - cb^t \in GL(n-1; K)$$

und kann A^{-1} mit Hilfe von (2) und Teil a) von Lemma 1 berechnen.

Nach (1) bilden die invertierbaren Diagonalmatrizen und nach (2) die invertierbaren unteren Dreiecksmatrizen je eine Untergruppe von $GL(n; K)$. Eine analoge Aussage gilt natürlich für die oberen Dreiecksmatrizen.

Man nennt eine Matrix U *unipotent*, wenn U eine obere Dreiecksmatrix ist, bei der alle Diagonalelemente gleich 1 sind. Man sieht, daß die Menge aller $n \times n$ unipotenten Matrizen eine Untergruppe von $GL(n; K)$ ist.

5*. Zentralisator und Zentrum. Jeder nicht-leeren Teilmenge $\mathscr{T}$ von $\mathrm{Mat}(n; K)$ ordnet man ihren *Zentralisator*

$$\mathrm{Zent}\,\mathscr{T} := \{A \in \mathrm{Mat}(n; K)\colon AT = TA \text{ für alle } T \in \mathscr{T}\}$$

zu. Offenbar ist $\mathrm{Zent}\,\mathscr{T}$ stets eine Unteralgebra von $\mathrm{Mat}(n; K)$, die in jedem Falle die Vielfachen der Einheitsmatrix enthält. Man definiert das *Zentrum* von $\mathrm{Mat}(n; K)$ als den Zentralisator von $\mathrm{Mat}(n; K)$, also als die Menge der $A \in \mathrm{Mat}(n; K)$ mit $AT = TA$ für alle $T \in \mathrm{Mat}(n; K)$.

Satz A. *Das Zentrum von* $\mathrm{Mat}(n; K)$ *besteht aus den Vielfachen der Einheitsmatrix.*

Beweis. Mit Hilfe der kanonischen Basis E_{kl} (vgl. 1.3) schreibt man ein A aus dem Zentrum in der Form $A = \sum_{k,l} \alpha_{kl} E_{kl}$. Mit $E_{kl} E_{rs} = \delta_{lr} E_{ks}$ (vgl. 2. Aufgabe 2.1) folgt dann $E_{rs} A = \sum_l \alpha_{sl} E_{rl}$, $AE_{rs} = \sum_k \alpha_{kr} E_{ks}$ für $1 \leqslant r \leqslant n$, $1 \leqslant s \leqslant n$. Im Falle der Gleichheit folgt $\alpha_{sl} = 0$ für $l \neq s$, also $\alpha_{ij} = \delta_{ij} \beta_i$, und hieraus $\alpha_{ij} = \delta_{ij} \beta$ mit β aus K. □

Analog hierzu hat man

Satz B. *Das Zentrum* $\{U \in GL(n, K)\colon UW = WU$ *für alle* $W \in GL(n; K)\}$ *von* $GL(n; K)$ *ist* $\{\alpha E\colon 0 \neq \alpha \in K\}$.

Beweis. Ist $U \in GL(n; K)$ mit $UW = WU$ für alle $W \in GL(n; K)$ gegeben, dann gilt dies auch für alle $W \in \mathrm{Mat}(n; K)$, denn jedes Element der kanonischen Basis von $\mathrm{Mat}(n; K)$ ist Linearkombination von Matrizen aus $GL(n; K)$: $E_{kl} = (E + E_{kl}) - E$ und $E_{kk} = E_{kl} E_{lk}$ für $l \neq k$. Damit folgt $U = \alpha E$ nach Satz A. Andererseits ist jedes αE mit $\alpha \neq 0$ invertierbar. □

Man kann den Beweis aber auch analog zum Beweis von Satz A führen.

6. Die Spur einer Matrix. Ist A eine $n \times n$ Matrix, so definiert man die *Spur* von A als die Summe der Diagonalelemente, also

$$\operatorname{Spur} A := \alpha_{11} + \cdots + \alpha_{nn}, \qquad \text{falls} \qquad A = (\alpha_{ij}).$$

Der Definition entnimmt man direkt die folgenden Eigenschaften:

(1) $$\operatorname{Spur}(\alpha A + \beta B) = \alpha \cdot \operatorname{Spur} A + \beta \cdot \operatorname{Spur} B,$$

(2) $$\operatorname{Spur} A^t = \operatorname{Spur} A,$$

(3) $$\operatorname{Spur} AB = \operatorname{Spur} BA, \qquad \operatorname{Spur} U^{-1}AU = \operatorname{Spur} A \text{ für } U \in GL(n;K).$$

Wegen (1) ist Spur: $\operatorname{Mat}(n;K) \to K$ eine Linearform des Vektorraums $\operatorname{Mat}(n;K)$. Aus

$$\operatorname{Spur} A^t B = \sum_{i,j} \alpha_{ji}\beta_{ji} = \operatorname{Spur} B^t A$$

entnimmt man, daß $(A, B) \mapsto \operatorname{Spur} A^t B$ das Skalarprodukt von $\operatorname{Mat}(n;K)$ im Sinne von 2.6 ist, wenn man $\operatorname{Mat}(n;K)$ kanonisch mit K^{n^2} identifiziert.

Man hat daher

(4) $$\operatorname{Spur} AB = 0 \qquad \text{für alle} \qquad B \in \operatorname{Mat}(n;K) \;\Rightarrow\; A = 0.$$

Aus Lemma 2.6 folgt außerdem

Satz. *Für eine Abbildung* λ: $\operatorname{Mat}(n;K) \to K$ *sind äquivalent*:

(i) λ *ist eine Linearform.*
(ii) *Es gibt* $B \in \operatorname{Mat}(n;K)$ *mit* $\lambda(A) = \operatorname{Spur} BA$ *für alle* $A \in \operatorname{Mat}(n;K)$.

Korollar. *Ist* λ: $\operatorname{Mat}(n;K) \to K$ *eine Linearform mit*

$$\lambda(AB) = \lambda(BA) \qquad \textit{für alle} \qquad A, B \in \operatorname{Mat}(n;K),$$

dann gibt es $\alpha \in K$ *mit* $\lambda(A) = \alpha \cdot \operatorname{Spur} A$ *für* $A \in \operatorname{Mat}(n;K)$.

Beweis. Nach dem Satz gibt es ein $B \in \operatorname{Mat}(n;K)$ mit $\lambda(A) = \operatorname{Spur} BA$. Es folgt $\operatorname{Spur}([BC - CB]A) = \lambda(CA) - \lambda(AC) = 0$ für beliebige A, $C \in \operatorname{Mat}(n;K)$ wegen (3). Nach (4) erhält man $BC = CB$ für alle C, das heißt, B liegt im Zentrum von $\operatorname{Mat}(n;K)$. Nach Satz 5.A folgt die Behauptung. □

7. Die Algebra Mat(2; *K*). Neben dem trivialen Fall der kommutativen K-Algebra $\operatorname{Mat}(1;K) = K$ ist $\operatorname{Mat}(2;K)$ der erste interessante Fall einer Matrix-Algebra. Da für 2×2 Matrizen einige besondere Phänomene auftreten, soll dieser Fall hier gesondert abgehandelt werden.

Zunächst vereinfacht man die Bezeichnung und schreibt unter Weglassung der Indizes $M = \begin{pmatrix} \alpha & \beta \\ \gamma & \delta \end{pmatrix}$ für die Elemente von $\operatorname{Mat}(2;K)$. Man definiert nun eine Abbildung det: $\operatorname{Mat}(2;K) \to K$ durch $\det M := \alpha\delta - \beta\gamma$ und nennt $\det M$ die *Determinante* von M. Man vergleiche hierzu Kapitel 3. Eine leichte Aufgabe ist dann der Nachweis der Rang-Formel:

(1) $$\operatorname{Rang} M = \begin{cases} 0, & \text{falls } M = 0 \\ 1, & \text{falls } \det M = 0,\ M \neq 0 \\ 2, & \text{falls } \det M \neq 0 \end{cases}.$$

Mit dem Äquivalenz-Satz für Invertierbarkeit und der Rang-Formel hat man für $M \in \operatorname{Mat}(2; K)$

(2) $$M \in GL(2; K) \Leftrightarrow \det M \neq 0.$$

Nun erhält man

(3) $$M^{-1} = \frac{1}{\det M}\begin{pmatrix} \delta & -\beta \\ -\gamma & \alpha \end{pmatrix} \quad \text{für} \quad M \in GL(2; K),$$

indem man hier die rechte Seite mit M multipliziert. Schließlich ergibt eine Verifikation sowohl den *Multiplikations-Satz*

(4) $$\det(M_1 M_2) = \det M_1 \cdot \det M_2 \quad \text{für} \quad M_1, M_2 \in \operatorname{Mat}(2; K)$$

als auch die als der Satz von Cayley bekannte Formel

(5) $$A^2 - (\operatorname{Spur} A) \cdot A + (\det A) \cdot E = 0 \quad \text{für} \quad A \in \operatorname{Mat}(2; K).$$

Es folgt $A[A - (\operatorname{Spur} A) \cdot E] = -(\det A) \cdot E$, und man erhält eine neue Formel für das Inverse

$$A^{-1} = \frac{1}{\det A}((\operatorname{Spur} A) \cdot E - A) \quad \text{für} \quad \det A \neq 0.$$

Nach 6(3) gilt $\operatorname{Spur}(AB - BA) = 0$, es folgt daher

$$(AB - BA)^2 = -\omega E \quad \text{mit} \quad \omega := \det(AB - BA)$$

und weiter $(AB - BA)^2 C = C(AB - BA)^2$. Schreibt man dies ausführlich, so erhält man die verblüffende Identität

$$ABABC - AB^2AC - BA^2BC + BABAC = CABAB - CAB^2A - CBA^2B + CBABA,$$

die für alle A, B, C aus $\operatorname{Mat}(2; K)$ gültig ist.

Aufgaben. 1) Für A, $B \in \operatorname{Mat}(2; K)$ mit $\det A = \det B = 1$ zeige man $\operatorname{Spur} AB^{-1} = \operatorname{Spur} A \cdot \operatorname{Spur} B - \operatorname{Spur} AB$, $\operatorname{Spur} ABA^{-1}B^{-1} = (\operatorname{Spur} A)^2 + (\operatorname{Spur} B)^2 + (\operatorname{Spur} AB)^2 - \operatorname{Spur} A \cdot \operatorname{Spur} B \cdot \operatorname{Spur} AB - 2$.

2) Für A, B aus $\operatorname{Mat}(2; K)$ zeige man $\det(AB - BA) = 4 \det A \cdot \det B + \operatorname{Spur} A \cdot \operatorname{Spur} B \cdot \operatorname{Spur} AB - \det A \cdot (\operatorname{Spur} B)^2 - \det B \cdot (\operatorname{Spur} A)^2 - (\operatorname{Spur} AB)^2$.

3) Für $J := \begin{pmatrix} 0 & -1 \\ 1 & 0 \end{pmatrix}$ und $M \in \operatorname{Mat}(2; K)$ zeige man $M^t J M = (\det M) \cdot J$ und beweise damit erneut (3) und (4).

4) Ist $A \in GL(2; K)$ keine obere Dreiecksmatrix, dann gibt es unipotente Matrizen U und V mit $UAV = \begin{pmatrix} 0 & * \\ * & 0 \end{pmatrix}$.

§ 6. Der Normalformen-Satz

1. Elementar-Matrizen. Die $n \times n$ Matrizen der Form

$$\text{(EM.1)} \qquad F_{kl} := E + E_{kl} = \begin{pmatrix} 1 & 0 & 0 & 0 \\ & \ddots & & \\ 0 & 1 & 1 & 0 \\ & & \ddots & \\ 0 & 0 & 1 & 0 \\ & & & \ddots \\ 0 & 0 & 0 & 1 \end{pmatrix} \begin{matrix} \\ \\ \leftarrow k \\ \\ \leftarrow l \\ \\ \\ \end{matrix}, \qquad k \neq l,$$

(Pfeile unter den Spalten k und l)

und

$$\text{(EM.2)} \quad F_k(\alpha) := E + (\alpha - 1)E_{kk} = \begin{pmatrix} 1 & 0 & & \cdots & & 0 \\ 0 & \ddots & & & & \\ & & 1 & & & \vdots \\ \vdots & & & \alpha & & \vdots \\ \vdots & & & & 1 & \\ & & & & \ddots & 0 \\ 0 & & \cdots & & 0 & 1 \end{pmatrix}, \quad \alpha \in K, \quad \alpha \neq 0$$

bezeichnet man als *Elementar-Matrizen*. Wegen

$$F_{kl}(E - E_{kl}) = E, \qquad F_k(\alpha) F_k\left(\frac{1}{\alpha}\right) = E,$$

sind alle Elementar-Matrizen invertierbar, gehören also zur $GL(n; K)$.

Während also das Inverse von $F_k(\alpha)$, $\alpha \neq 0$, wieder eine Elementar-Matrix ist, prüft man $F_{kl}^{-1} = E - E_{kl} = F_l(-1)F_{kl}F_l(-1)$ leicht nach. Damit hat man das

Lemma. *Das Inverse einer Elementar-Matrix ist Produkt von Elementar-Matrizen.*

2. Zusammenhang mit elementaren Umformungen. Ist A eine $m \times n$ Matrix, so entsteht

(1) $\qquad AF_{kl}$ aus A durch Addition der k-ten Spalte zur l-ten Spalte,

(2) $\qquad AF_k(\alpha)$ aus A durch Multiplikation der k-ten Spalte mit α.

Vergleicht man dies mit den elementaren Spaltenumformungen (ES.1) und (ES.2) in 1.6, so stellt man Übereinstimmung fest. Da man durch $F_{kl}A$ bzw. $F_k(\alpha)A$ entsprechende Zeilenumformungen erhält, folgt das

Lemma. *Die elementaren Spaltenumformungen (bzw. Zeilenumformungen) einer Matrix $A \in K^{(m,n)}$ entsprechen genau den Multiplikationen von A von rechts (bzw. von links) mit Elementar-Matrizen aus $GL(n; K)$ (bzw. $GL(m; K)$).*

Aufgabe. Die K-Algebra $\mathrm{Mat}(n; K)$ ist einfach.

Satz 1.8 ergibt nun den

Normalformen-Satz. *Zu jeder Matrix $A \neq 0$ aus $K^{(m,n)}$ gibt es Produkte U bzw. V von Elementar-Matrizen mit*

$$UAV = \begin{pmatrix} E & 0 \\ 0 & 0 \end{pmatrix}, \qquad E = E^{(r)}, \qquad r = \text{Rang}\, A.$$

Hier ist U natürlich aus Elementar-Matrizen vom Typ $m \times m$ und V vom Typ $n \times n$ gebildet.

3. Anwendungen. Der Normalformen-Satz hat eine Reihe von wichtigen Anwendungen:

Satz A. *Für $A \in \text{Mat}(n; K)$ sind äquivalent:*

(i) *A ist invertierbar.*
(ii) *A ist ein Produkt von Elementar-Matrizen.*

Der Invarianz-Satz 1.7 entspricht daher genau Satz 5.3 über die Invarianz des Ranges bei Multiplikation mit invertierbaren Matrizen.

Beweis. (i) ⇒ (ii): Im Normalformen-Satz ist $r = n$ nach dem Äquivalenz-Satz für Invertierbarkeit. Folglich ist A ein Produkt von Elementar-Matrizen.

(ii) ⇒ (i): Nach Lemma 5.1 ist das Produkt von invertierbaren Matrizen wieder invertierbar. □

Satz B. *Jede invertierbare Matrix kann allein durch elementare Spaltenumformungen in die Einheitsmatrix überführt werden.*

Beweis. Mit A ist auch A^{-1} invertierbar, also nach Satz A ein Produkt von Elementarmatrizen. Aus $AA^{-1} = E$ und dem Lemma 2 folgt die Behauptung. □

Satz C. *Es sei A invertierbar. Wenn man die elementaren Spaltenumformungen, die A in E überführen, in derselben Reihenfolge an der Einheitsmatrix ausführt, so erhält man A^{-1}.*

Beweis. Die Spaltenumformungen von A bedeuten Multiplikation mit Elementar-Matrizen $V_1, V_2, \ldots, V_k$ von rechts, also $E = AV_1V_2 \cdot \cdots \cdot V_k$. Man multipliziert von links mit A^{-1} und erhält $A^{-1} = EV_1V_2 \cdot \cdots \cdot V_k$. □

Bemerkung. Die Sätze B und C sind auch für elementare Zeilenumformungen richtig.

Eine Äquivalenz-Relation. Für $A, B \in K^{(m,n)}$ kann man eine Relation $A \sim B$ definieren durch

$$A \sim B : \Leftrightarrow \text{Es gibt } U \in GL(m; K),\ V \in GL(n; K) \text{ mit } A = UBV.$$

Man verifiziert mühelos, daß hierdurch eine Äquivalenz-Relation auf $K^{(m,n)}$ definiert ist. Nach dem Normalformen-Satz gibt es in jeder Äquivalenz-Klasse einen Vertreter der Form

$$C = \begin{pmatrix} E & 0 \\ 0 & 0 \end{pmatrix}, \qquad E = E^{(r)}, \qquad 0 < r \leqslant \operatorname{Min}(m, n), \qquad \text{oder} \qquad C = 0.$$

Die Menge $K^{(m,n)}$ zerfällt also in $1 + \operatorname{Min}(m, n)$ Äquivalenz-Klassen.

4*. Die WEYR-FROBENIUS-Ungleichungen. *Ist die Matrix* $M \in \operatorname{Mat}(m, n; K)$ *in Kästchenform* $M = \begin{pmatrix} A & B \\ C & D \end{pmatrix}$ *geschrieben, so gelten die Ungleichungen*

$$\text{(1)} \qquad \operatorname{Rang}(AB) + \operatorname{Rang}\begin{pmatrix} A \\ C \end{pmatrix} \leqslant \operatorname{Rang} M + \operatorname{Rang} A,$$

$$\text{(2)} \qquad \operatorname{Rang}\begin{pmatrix} B \\ D \end{pmatrix} + \operatorname{Rang}(CD) \leqslant \operatorname{Rang} M + \operatorname{Rang} D.$$

Beweis. Die Ungleichung (2) kann durch Zeilen- und Spaltenvertauschung auf (1) zurückgeführt werden. Der Beweis von (1) zerfällt in die folgenden 3 Schritte:

a) $A = 0$: Man betrachtet die Spalten von M und erhält $\operatorname{Rang} M \geqslant \operatorname{Rang} C + \operatorname{Rang} B$.

b) $A = \begin{pmatrix} E & 0 \\ 0 & 0 \end{pmatrix}$, $E = E^{(r)}$: Durch Addition geeigneter Vielfacher von Spalten bzw. Zeilen von A darf man ohne Einschränkung $B = \begin{pmatrix} 0 \\ P \end{pmatrix}$ und $C = (0Q)$ annehmen. Jetzt erhält man für die linke bzw. rechte Seite von (1) offenbar $2r + \operatorname{Rang} P + \operatorname{Rang} Q$ bzw. $2r + \operatorname{Rang}\begin{pmatrix} 0 & P \\ Q & D \end{pmatrix}$. Nach a) folgt die Behauptung.

c) A beliebig: Nach dem Normalformen-Satz gibt es invertierbare Matrizen U, V mit $UAV = \begin{pmatrix} E & 0 \\ 0 & 0 \end{pmatrix}$. Man bildet $\begin{pmatrix} U & 0 \\ 0 & E \end{pmatrix}\begin{pmatrix} A & B \\ C & D \end{pmatrix}\begin{pmatrix} V & 0 \\ 0 & E \end{pmatrix}$ und sieht, daß man das Problem auf den Fall b) zurückgeführt hat. □

Korollar. *Sind* X, Y, Z *Matrizen über* K, *so daß das Produkt* XYZ *definiert ist, dann gilt*

$$\text{(3)} \qquad \operatorname{Rang} XY + \operatorname{Rang} YZ \leqslant \operatorname{Rang} XYZ + \operatorname{Rang} Y.$$

Beweis. Man darf $X \neq 0$ und $Z \neq 0$ annehmen. Nach dem Normalformen-Satz findet man invertierbare Matrizen A, B, C, D mit $X = A\begin{pmatrix} E^{(r)} & 0 \\ 0 & 0 \end{pmatrix}B$ und $Z = C\begin{pmatrix} E^{(s)} & 0 \\ 0 & 0 \end{pmatrix}D$. Für $M := BYC$ folgt $\operatorname{Rang} XY = \operatorname{Rang}\begin{pmatrix} E & 0 \\ 0 & 0 \end{pmatrix}M$, $\operatorname{Rang} YZ = \operatorname{Rang} M\begin{pmatrix} E & 0 \\ 0 & 0 \end{pmatrix}$, $\operatorname{Rang} XYZ = \operatorname{Rang}\begin{pmatrix} E & 0 \\ 0 & 0 \end{pmatrix}M\begin{pmatrix} E & 0 \\ 0 & 0 \end{pmatrix}$ und $\operatorname{Rang} Y = \operatorname{Rang} M$ nach Satz 5.3. Die Behauptung folgt damit aus (1). □

Bemerkung. Die Formel (3) wurde 1911 von F. G. FROBENIUS (Ges. Abhandlungen III, S. 479) aus einem Ergebnis von E. WEYR gefolgert und von ihm in verschärfter Form erneut bewiesen. Außer der folgenden kleinen Bemerkung sind dem Autor jedoch keine Anwendungen bekannt. Wählt man nämlich im Korollar $Y = E$, so erhält man die Formeln von SYLVESTER (1.9) zurück.

5. Aufgaben zum Normalformen-Satz. Man zeige:

a) Zu jedem $a \neq 0$ aus K^n gibt es $U \in GL(n;K)$ mit $Ua = e_1$, $e_1^t = (1,0,\dots,0)$ („*Die Gruppe* $GL(n;K)$ *operiert transitiv auf* $K^n \setminus \{0\}$“).

b) Hat die $m \times n$ Matrix A, $n < m$, den Rang n, dann gibt es eine $m \times (m-n)$ Matrix B, so daß die $m \times m$ Matrix (A, B) invertierbar ist („*Matrizen von maximalem Rang lassen sich zu invertierbaren Matrizen ergänzen*“).

c) Hat die $m \times n$ Matrix A, $n < m$, den Rang r, dann gibt es eine $m \times r$ Matrix X mit $\text{Rang}\, X = r$, $r \times n$ Matrix Y mit $\text{Rang}\, Y = r$, so daß $A = XY$ gilt („*Maximalrang-Faktorisierung*“).

d) Eine $m \times n$ Matrix A, $n \leqslant m$, hat genau dann den Rang n, wenn es eine $n \times m$ Matrix B gibt mit $BA = E^{(n)}$ („*Faktorisierung der Eins*“).

e) Ist A eine $m \times n$ Matrix, $n < m$, vom Rang n, dann gibt es eine $(m-n) \times m$ Matrix B vom Rang $m - n$ mit $BA = 0$ („*Faktorisierung der Null*“).

f) Ist X ein Unterraum des K^n und ist Y ein Unterraum des K^m mit $\dim X + \dim Y = n$, dann gibt es eine $m \times n$ Matrix A mit $\text{Kern}\, A = X$ und $\text{Bild}\, A = Y$ („*Realisierung der Dimensionsformel*“).

6. Zur Geschichte des Normalformen-Satzes. Die Frage nach Normalformen von Matrizen taucht historisch erstmals bei der Transformation von quadratischen oder bilinearen Formen auf, das heißt bei Substitutionen der Variablen durch Linearkombinationen neuer Variablen. In Arbeiten von Henry John Stanley Smith (1826–1883, Coll. Math. Pap., S. 367–409, vor allem S. 389ff.) aus dem Jahre 1861–62, von Karl Theodor Wilhelm Weierstrass (1815–1897, Math. Werke II, S. 19–44) von 1868 und G. Frobenius (Ges. Abh. I, S. 343–405) von 1877 werden die wesentlich tiefer liegenden Normalformenfragen für Substitutionen mit ganzzahligen Koeffizienten („Elementarteiler-Theorie“) behandelt. Frobenius weist ausdrücklich darauf hin, daß man die Lösung dieser Probleme kennt für Substitutionen, „die weiter keiner Beschränkung unterliegen, als dass ihre Determinanten nicht verschwinden“ (Ges. Abh. I, S. 369). Über den Ursprung des Normalformen-Satzes scheint darüber hinaus nichts bekannt zu sein.

§ 7. Gleichungssysteme

1. Erinnerung an lineare Gleichungen. In 1.5.4 und 1.6.7 hatte man bereits Gleichungssysteme studiert: Es handelt sich dabei um Systeme von m linearen Gleichungen

$$(1) \qquad \begin{cases} \alpha_{11}\xi_1 + \cdots + \alpha_{1n}\xi_n = \beta_1 \\ \vdots \qquad\qquad\qquad \vdots \quad\;\; \vdots \\ \alpha_{m1}\xi_1 + \cdots + \alpha_{mn}\xi_n = \beta_m \end{cases}$$

in den Unbekannten $\xi_1, \dots, \xi_n$ mit den Koeffizienten $\alpha_{11}, \dots, \alpha_{mn}$ und den rechten Seiten $\beta_1, \dots, \beta_m$ aus K. Faßt man die Koeffizienten zu einer Matrix, die Unbekannten und die rechten Seiten zu je einem Spaltenvektor zusammen,

$$A := (\alpha_{ij}) \in \text{Mat}(m, n; K), \qquad x := \begin{pmatrix} \xi_1 \\ \vdots \\ \xi_n \end{pmatrix} \in K^n, \qquad b := \begin{pmatrix} \beta_1 \\ \vdots \\ \beta_m \end{pmatrix} \in K^m,$$

so schreibt sich das gegebene Gleichungssystem (1) in der einfachen Form

(2) $$Ax = b.$$

Man beachte, daß hier Ax das Matrizenprodukt im Sinne von 2.2 bezeichnet.

Schreibt man A in Spaltenvektoren, $A = (a_1, \ldots, a_n)$, dann erhält (2) die Form

(3) $$\xi_1 a_1 + \cdots + \xi_n a_n = b,$$

die bereits aus 1.5.4 bekannt ist.

Ein lineares Gleichungssystem $Ax = b$ wird bei Physikern oft als verallgemeinerte Proportionalität physikalischer Größen aufgefaßt:

	A	x	b
Mechanik	Matrix des Trägheitsmoments	vektorielle Winkel-geschwindigkeit	Drehimpuls
Elektrodynamik	symmetrische Matrix der Dielektrizitätszahlen	elektrische Feldstärke	dielektrische Verschiebung
Elastizitätslehre (verallg. HOOKEsches Gesetz)	symmetrische Matrix der Moduln	elastische Dehnungen	elastische Spannungen
Elektrizitätslehre (verallg. OHMsches Gesetz)	symmetrische Matrix der Leitfähigkeit	elektrische Feldstärke	Stromdichte

Literatur. L. D. LANDAU und E. M. LIFSCHITZ, Lehrbuch der theoretischen Physik, Bd. 1–8, Akademie-Verlag, Berlin, 1964–67.

2. Wiederholung von Problemen und Ergebnissen. Wie in 1.5.4 stellen sich die Fragen nach der

(A) *Lösbarkeit*, das heißt, unter welchen Bedingungen an A und b gibt es x mit $Ax = b$.

(B) *Universellen Lösbarkeit*, das heißt, unter welchen Bedingungen an A ist $Ax = b$ für *alle* $b \in K^m$ lösbar.

(C) *Beschreibung aller Lösungen* von $Ax = b$.

(D) *Eindeutigen Lösbarkeit*.

Zur Bequemlichkeit des Lesers sollen zunächst die Ergebnisse von 1.5.4 in der Matrizensprache erneut formuliert werden. Dabei bezeichne A stets eine $m \times n$ Matrix über K und b einen Spaltenvektor aus K^m.

Satz A. *Es sind äquivalent*:

(i) *Das Gleichungssystem* $Ax = b$ *ist lösbar.*

(ii) $b \in \operatorname{Bild} A$.

(iii) $\operatorname{Rang} A = \operatorname{Rang}(A, b)$.

Satz B. *Es sind äquivalent:*

(i) *Das Gleichungssystem* $Ax = b$ *ist universell lösbar.*
(ii) $\operatorname{Rang} A = m$.

Beachtet man jetzt zusätzlich Gleichung 2.5(6), so kann man fortfahren mit

Satz C. a) *Die Menge* $\operatorname{Kern} A$ *der Lösungen* x *des homogenen Gleichungssystems* $Ax = 0$ *ist ein Untervektorraum von* K^n *der Dimension* $n - \operatorname{Rang} A$.
b) *Ist* u *eine Lösung von* $Ax = b$, *so erhält man alle Lösungen von* $Ax = b$ *in der Form* $x = u + y$ *mit* $y \in \operatorname{Kern} A$.

Satz D. *Ist* $Ax = b$ *lösbar, dann sind äquivalent:*

(i) *Das Gleichungssystem* $Ax = b$ *ist eindeutig lösbar.*
(ii) $\operatorname{Kern} A = \{0\}$.
(iii) $\operatorname{Rang} A = n$.

3. Der Fall $m = n$. Ein Vergleich der Sätze 2B und 2D mit Teil (vii) des Äquivalenz-Satzes für Invertierbarkeit 5.2 ergibt die Äquivalenz der beiden folgenden Aussagen für eine $m \times n$ Matrix A:

(1) Die Gleichung $Ax = b$ ist für jedes $b \in K^m$ eindeutig lösbar.

(2) Es gilt $m = n$, und A ist invertierbar.

Im Spezialfall $m = n$ können Teil-Ergebnisse von 2 zusammengefaßt werden in dem

Satz. *Für eine* $n \times n$ *Matrix* A *über* K *sind äquivalent:*

(i) $Ax = b$ *ist für* **jedes** $b \in K^n$ *lösbar.*
(ii) $Ax = b$ *ist für* **ein** $b \in K^n$ *eindeutig lösbar.*
(iii) $Ax = 0$ *besitzt nur die Lösung* $x = 0$.
(iv) $Ax = b$ *ist für* **jedes** $b \in K^n$ *eindeutig lösbar.*
(v) A *ist invertierbar.*

Ist dies der Fall, dann ist die Lösung von $Ax = b$ *durch* $x = A^{-1}b$ *gegeben.*

Beweis. (i) $\Leftrightarrow$ (ii) $\Leftrightarrow$ (iv) $\Leftrightarrow$ (v): Die Sätze 2B, 2C, 2D und der Äquivalenzsatz für Invertierbarkeit in 5.2.

(iii) $\Leftrightarrow$ (v): Formel 2.5(6).

Ist nun A invertierbar, dann ist mit dem Assoziativgesetz der Matrizenmultiplikation $Ax = b$ gleichwertig mit $A^{-1}(Ax) = A^{-1}b$, also mit $x = (A^{-1}A)x = A^{-1}b$. □

4. Anwendung des Normalformen-Satzes. Nach dem Normalformen-Satz in 6.2 gibt es zu einer $m \times n$ Matrix $A \neq 0$ Matrizen $U \in GL(m; K)$ und $V \in GL(n; K)$ mit

(1) $$UAV = D, \qquad D = \begin{pmatrix} E & 0 \\ 0 & 0 \end{pmatrix}, \qquad E = E^{(r)}, \qquad r = \operatorname{Rang} A.$$

Wenn man eine solche Darstellung gefunden hat, dann lassen sich die Lösungen des Gleichungssystems $Ax = b$ einfach übersehen:

Satz. a) *Das Gleichungssystem* $Ax = b$ *ist genau dann lösbar, wenn aus* $A^t y = 0$ *stets* $b^t y = 0$ *folgt.*

b) *Ist* $Ax = b$ *lösbar, so gilt* $Ub = \begin{pmatrix} u \\ 0 \end{pmatrix}$ *mit* $u \in K^r$, *und die allgemeine Lösung hat die Form* $x = V\begin{pmatrix} u \\ v \end{pmatrix}$ *mit* $v \in K^{m-r}$.

Beweis. Setzt man $\tilde{b} := Ub$, $\tilde{x} := V^{-1}x$, dann ist $Ax = b$ gleichwertig mit $D\tilde{x} = \tilde{b}$. Aus der speziellen Gestalt von D folgt aber trivial, daß $D\tilde{x} = \tilde{b}$ genau dann lösbar ist, wenn die letzten $m - r$ Elemente von $\tilde{b}$ gleich Null sind, wenn also aus $D^t\tilde{y} = 0$ stets $\tilde{b}^t\tilde{y} = 0$ folgt. Mit $y := U^t\tilde{y}$ folgt dann Teil a).

Für Teil b) gilt also $\tilde{b} = \begin{pmatrix} u \\ 0 \end{pmatrix}$ mit $u \in K^r$, und $D\tilde{x} = \tilde{b}$ bedeutet $\tilde{x} = \begin{pmatrix} u \\ v \end{pmatrix}$ mit $v \in K^{m-r}$. □

Bemerkung. Hier liegt natürlich nur theoretisch eine explizite Lösung des Gleichungssystems $Ax = b$ vor, denn für b) braucht man die Matrizen U, V aus (1) explizit. Eine weitere „explizite" Lösung findet man in 8.3.

Aufgabe. Mit Hilfe von Aussage (iii) in Satz 2A gebe man einen weiteren Beweis von Teil a) des Satzes.

5. Lösungsverfahren. Will man ein konkret gegebenes Gleichungssystem $Ax = b$ explizit lösen, so geht man in der Praxis nach der *Eliminationsmethode* vor. Diese ist dem Leser bereits aus dem Beweis des Fundamental-Lemmas aus 1.4.2 bekannt und verläuft wie folgt:

Man schreibt das Gleichungssystem $Ax = b$, $A \neq 0$, in seiner Urform

$$(1) \qquad \left\{ \begin{array}{ccc} \alpha_{11}\xi_1 + \cdots + \alpha_{1n}\xi_n & = & \beta_1 \\ \vdots \qquad\qquad \vdots & & \vdots \\ \alpha_{m1}\xi_1 + \cdots + \alpha_{mn}\xi_n & = & \beta_m \end{array} \right.$$

und kann jetzt nach evtl. Umnumerierung von Gleichungen und Unbekannten annehmen, daß $\alpha_{11} \neq 0$ gilt. Durch Subtraktion jeweils geeigneter Vielfacher der ersten Zeile von allen anderen Zeilen wird man ein Gleichungssystem der folgenden Form erhalten:

$$(2) \qquad \alpha_{11}\xi_1 + \alpha_{12}\xi_2 + \cdots + \alpha_{1n}\xi_n = \beta_1$$

$$(3) \qquad \left\{ \begin{array}{ccc} \alpha'_{22}\xi_2 + \cdots + \alpha'_{2n}\xi_n & = & \beta'_2 \\ \vdots \qquad\qquad \vdots & & \vdots \\ \alpha'_{m2}\xi_2 + \cdots + \alpha'_{mn}\xi & = & \beta'_m \end{array} \right.$$

wobei die gestrichenen Größen nach dem oben beschriebenen Prozeß aus den ungestrichenen Größen entstehen. Da man (2) nach ξ_1 auflösen kann, *ist* (1) *genau dann lösbar, wenn das kleinere System* (3) *lösbar ist.* Im Falle der Lösbarkeit erhält man die Lösungen von (1) aus den Lösungen von (3).

Bemerkungen. 1) Ist A im Fall $m = n$ invertierbar, dann ist $x = A^{-1}b$ nach Satz 3.3 die eindeutig bestimmte Lösung von $Ax = b$. Hiermit ist die Lösung nur dann explizit bekannt, wenn man das Inverse A^{-1} explizit kennt. Auch in diesem Falle wird man das Gleichungssystem nach dem oben beschriebenen Verfahren lösen.

2) Aus der Periode der Han-Dynastie in China (202–200 v. Chr.) stammen die „Neun Bücher über die Kunst der Mathematik", in denen bereits Gleichungssysteme, wie

$$3x + 2y + z = 39, \qquad 2x + 3y + z = 34, \qquad x + 2y + 3z = 26,$$

durch Umformung der „Koeffizienten-Matrix" behandelt werden (D. J. Struik, Abriß der Geschichte der Mathematik, VEB Deutscher Verlag, Berlin 1976).

3) Das hier beschriebene Lösungsverfahren für lineare Gleichungssysteme wurde in voller Allgemeinheit erstmals wohl 1810 von C. F. Gauss in einer Arbeit über die Störungen der Pallas (einer der hellsten und größten Planetoiden) veröffentlicht (Werke VI, S. 3–24, und VII, S. 307–308). Man nennt es daher das Gauss*sche Eliminationsverfahren.*

6. Basiswechsel in Vektorräumen. Sei V zunächst ein beliebiger Vektorraum über K. Es gilt dann das folgende Kriterium für lineare Unabhängigkeit:

Lemma. *Sind die Vektoren* $a_1, \ldots, a_n \in V$ *linear unabhängig und ist* $A = (\alpha_{ij})$ *aus* $\mathrm{Mat}(n; K)$, *dann sind äquivalent:*

(i) *Die Vektoren*

$$b_i := \sum_{j=1}^{n} \alpha_{ji} a_j, \qquad i = 1, 2, \ldots, n,$$

sind linear unabhängig.
(ii) A *ist invertierbar.*

Beweis. Für $\beta_1, \ldots, \beta_n \in K$ gilt

$$\text{(1)} \qquad \sum_{i=1}^{n} \beta_i b_i = \sum_{j=1}^{n} \left(\sum_{i=1}^{n} \alpha_{ji} \beta_i \right) a_j.$$

(i) $\Rightarrow$ (ii): Aus

$$\text{(2)} \qquad \sum_{i=1}^{n} \alpha_{ji} \beta_i = 0 \qquad \text{für} \qquad j = 1, 2, \ldots, n$$

folgt dann $\beta_1 = \cdots = \beta_n = 0$. Das Gleichungssystem $Ax = 0$ ist also nur trivial lösbar, die Behauptung folgt aus der Äquivalenz der Teile (iii) und (v) von Satz 3.

(ii) $\Rightarrow$ (i): Ist die linke Seite von (1) gleich Null, dann folgt (2), und Satz 3 liefert $\beta_1 = \cdots = \beta_n = 0$. □

Damit erhält man eine Übersicht über alle Basen in endlich-dimensionalen Vektorräumen:

Satz. *Sei V ein endlich-dimensionaler Vektorraum über K und sei $a_1, \ldots, a_n$ eine Basis von K. Für $b_1, \ldots, b_n$ sind dann äquivalent:*

(i) *$b_1, \ldots, b_n$ ist eine Basis von V.*
(ii) *Es gibt $A = (\alpha_{ij}) \in GL(n; K)$ mit*

$$b_i = \sum_{j=1}^{n} \alpha_{ji} a_j \qquad \text{für} \qquad i = 1, 2, \ldots, n.$$

Die Matrix A nennt man die *Übergangsmatrix* von der Basis $a_1, \ldots, a_n$ zur Basis $b_1, \ldots, b_n$.

§ 8*. Pseudo-Inverse

1. Motivation. Nach Satz 7.3 hat man für Gleichungssysteme der Form $Ax = b$ mit quadratischer invertierbarer Matrix A ein Verfahren, die Lösung formelmäßig anzugeben: Es ist $x = A^{-1}b$ die Lösung. Gibt es eine analoge Methode für nicht-invertierbare oder gar für nicht-quadratische Matrizen? Die Tatsache, daß man eine solche Methode in den üblichen Lehrbüchern der „Linearen Algebra" nicht findet, sollte nicht zu dem Schluß verleiten, daß eine solche Methode nicht existiert! Sie beruht auf dem Begriff des „Pseudo-Inversen" oder „verallgemeinerten Inversen" und geht für Integraloperatoren auf I. Fredholm (Acta Math. *27*, 1903) und für reelle Matrizen auf E. H. Moore (Bull. Amer. Math. Soc. *26*, 1920) zurück. Die Pseudo-Inversen spielen in vielen Bereichen der numerischen Mathematik eine wesentliche Rolle.

In neuester Zeit hat D. W. Robinson (Hist. Mathematica, *7* (1980), S. 118–125) bemerkt, daß C. F. Gauss im Jahre 1821 in seiner *Theoria combinatoris* den Begriff des Pseudo-Inversen zwar nicht präzisiert, aber die wesentlichen Bestandteile davon besessen hat.

Literatur. A. Ben-Israel und Th. N. E. Greville, Generalized Inverses. J. Wiley, New York 1974.

2. Der Begriff des Pseudo-Inversen. Es sei A eine $m \times n$ Matrix über K. Eine $n \times m$ Matrix B über K heißt *ein Pseudo-Inverses von A*, wenn gilt

(PSI. 1) $$ABA = A,$$

(PSI. 2) $$BAB = B.$$

Man überzeuge sich zunächst davon, daß die angegebenen Produkte und Gleichungen einen Sinn haben! Danach liest man ab:

(1) Ist B ein Pseudo-Inverses von A, so ist A ein Pseudo-Inverses von B.

(2) Sind $U \in GL(m; K)$, $V \in GL(n; K)$ und ist B ein Pseudo-Inverses von A, dann ist $V^{-1}BU^{-1}$ ein Pseudo-Inverses von UAV.

(3) Die $n \times m$ Nullmatrix ist das eindeutig bestimmte Pseudo-Inverse der $m \times n$ Nullmatrix.

(4) Ist A quadratisch und invertierbar, dann ist A^{-1} das eindeutig bestimmte Pseudo-Inverse.

Mit der Ranggleichung 2.5(3) erhält man $\operatorname{Rang} A \leqslant \operatorname{Rang} B$ aus (PSI. 1). Aus Symmetriegründen folgt daher:

(5) Ist B ein Pseudo-Inverses von A, dann gilt $\operatorname{Rang} B = \operatorname{Rang} A$.

Die Frage, ob jede $m \times n$ Matrix ein Pseudo-Inverses besitzt, beantwortet der

Satz A. *Jede $m \times n$ Matrix A über K besitzt wenigstens ein Pseudo-Inverses. Ist B ein Pseudo-Inverses von A, dann gilt* $\operatorname{Spur} AB = \operatorname{Spur} BA = \operatorname{Rang} A$.

Man beachte hier, daß AB und BA quadratische Matrizen sind.

Die im Satz angegebene Formel ist einprägsam, aber nicht korrekt: Die Spur einer Matrix ist ein Element von K, der Rang aber eine natürliche Zahl! Rechts muß korrekt „$(\operatorname{Rang} A) \cdot 1_K$“ stehen.

Beweis. Nach dem Normalformen-Satz 6.2 existieren zu $A \neq 0$ invertierbare Matrizen U, V mit $UAV = \begin{pmatrix} E & 0 \\ 0 & 0 \end{pmatrix}$, $E = E^{(r)}$; zu UAV kann man mit $(UAV)^t$ ein Pseudo-Inverses leicht angeben, also hat man wegen (2) mit $V(UAV)^t U$ ein Pseudo-Inverses von A gefunden.

Sei nun B ein Pseudo-Inverses von A. Dann ist, wiederum nach (2), $V^{-1}BU^{-1}$ ein Pseudo-Inverses von UAV, hat folglich die Gestalt $V^{-1}BU^{-1} = \begin{pmatrix} E^{(r)} & * \\ * & * \end{pmatrix}$ und man erhält $\operatorname{Spur} AB = \operatorname{Spur} UAVV^{-1}BU^{-1} = \operatorname{Spur} \begin{pmatrix} E^{(r)} & 0 \\ 0 & 0 \end{pmatrix}\begin{pmatrix} E^{(r)} & * \\ * & * \end{pmatrix} = \operatorname{Rang} A$.

$\operatorname{Spur} BA = \operatorname{Rang} A$ folgt entsprechend. □

Besitzt A maximalen Rang, so lassen sich die Pseudo-Inversen auf eine einfachere Art beschreiben:

Satz B. *Hat die $m \times n$ Matrix A, $n \leqslant m$, den Rang n, so sind äquivalent:*

(i) *B ist Pseudo-Inverses von A,*
(ii) $BA = E^{(n)}$.

Beweis. (i) ⇒ (ii): Nach Aufgabe d in 6.5 gibt es eine $n \times m$ Matrix C mit $CA = E^{(n)}$. Es folgt $E^{(n)} = CA = C(ABA) = (CA)BA = BA$.

(ii) ⇒ (i): Trivial. □

Bemerkungen. 1) Ist B ein Pseudo-Inverses von A mit $BA = E$, dann erhält man alle Pseudo-Inversen von A in der Form $B + X - XAB$ mit beliebiger $n \times m$ Matrix X: Jede solche Matrix erfüllt (ii), und ist C mit $CA = E$ gegeben, so gilt $(C - B)AB = 0$, also $C - B = (C - B)(E - AB)$.

2) Ist A eine $m \times n$ Matrix, $n \leqslant m$, für welche die $n \times n$ Matrix $A^t A$ invertierbar ist, dann ist $B := (A^t A)^{-1} A^t$ ein Pseudo-Inverses von A.

Man wird später (Korollar 6.1.1) sehen, daß über $\mathbb{R}$ die Matrix A^tA genau dann invertierbar ist, wenn $\operatorname{Rang} A = n$ gilt.

3) Für 2×2 Matrizen ist das Pseudo-Inverse für die Nullmatrix und für alle invertierbaren Matrizen eindeutig bestimmt. Es bleiben also nur die Matrizen vom Rang 1. Nach Lemma 2.7 hat eine solche Matrix die Gestalt $A = ab^t$ mit von Null verschiedenen Spaltenvektoren a, b. Dann hat auch jedes Pseudo-Inverse B den Rang 1, also $B = cd^t$, und die Bedingungen (PSI. 1) und (PSI. 2) bedeuten beide $b^tc \cdot d^ta = 1$. Über dem Körper $\mathbb{R}$ der reellen Zahlen kann man also z. B. $d = a$ und $c = [a^ta \cdot b^tb]^{-1}b$ wählen.

4) In 6.3.7 wird man sehen, daß man über den reellen Zahlen durch zusätzliche Bedingungen ein Pseudo-Inverses eindeutig fixieren kann.

Aufgaben. 1) Man bestimme alle Pseudo-Inversen von $\begin{pmatrix} E & 0 \\ 0 & 0 \end{pmatrix}$.

2) Für jedes Pseudo-Inverses B von A gilt $\operatorname{Rang} AB = \operatorname{Rang} BA = \operatorname{Rang} A$.

3. Ein Kriterium für Gleichungssysteme. So wie man für eine invertierbare Matrix A die Lösung des Gleichungssystems $Ax = b$ in der Form $x = A^{-1}b$ angeben kann, gilt analog das allgemeine

Kriterium. *Ist A eine $m \times n$ Matrix über K und ist B ein Pseudo-Inverses von A, dann sind äquivalent:*

(i) *$Ax = b$ ist lösbar.*
(ii) *$ABb = b$.*

Ist dies der Fall, dann ist $x = y - BAy + Bb$, $y \in K^n$, die allgemeinste Lösung.

Beweis. Ist u eine Lösung des Gleichungssystems, also $Au = b$, dann folgt $ABb = AB(Au) = (ABA)u = Au = b$ nach (PSI. 1). Gilt umgekehrt $ABb = b$, so ist Bb eine Lösung.

Für $z \in K^n$ ist $y = z - BAz$ sicher eine Lösung des homogenen Systems $Ay = 0$. Gilt umgekehrt $Ay = 0$, so hat $y = y - BAy$ die angegebene Form. □

4. Zerlegung in eine direkte Summe. Das Pseudo-Inverse einer $m \times n$ Matrix A läßt eine interessante Interpretation der Dimensionsformel 2.5(6)

(1) $$\dim \operatorname{Kern} A + \dim \operatorname{Bild} A = n$$

zu, wenn man den Begriff der direkten Summe von Vektorräumen verwendet (vgl. 1.8.1):

Satz. *Ist A eine $m \times n$ Matrix und B ein Pseudo-Inverses von A, dann gelten die folgenden Darstellungen als direkte Summen*

(2) $$K^n = \operatorname{Kern} A \oplus \operatorname{Bild} B, \qquad K^m = \operatorname{Kern} B \oplus \operatorname{Bild} A.$$

Beweis. Für $x \in K^n$ hat man $x = u + v$ mit $u = x - BAx \in \text{Kern}\, A$, $v = BAx \in$ Bild B. Da A und B den gleichen Rang haben, zeigt die Dimensionsformel (1), daß die Summe direkt ist. □

Bemerkung. Hat man zwei Matrizen mit der Eigenschaft (2) gegeben, dann kann man im allgemeinen nicht schließen, daß B ein Pseudo-Inverses von A ist. Dagegen gilt stets Kern ABA = Kern A, Bild ABA = Bild A und Rang A = Rang B.

Aufgaben

1) Gilt $A = PQ$ mit $m \times r$ Matrix P und $r \times n$ Matrix Q und ist $U := P^t A Q^t$ invertierbar, dann ist $B := Q^t U^{-1} P^t$ ein Pseudo-Inverses von A.

2) Gilt $m \geqslant n$ und haben die $m \times n$ Matrizen P und Q maximalen Rang, dann ist $B = RS^t$ genau dann ein Pseudo-Inverses von $A = PQ^t$, wenn $A^t R \cdot S^t P = E$ gilt.

3) Für $A, B \in \text{Mat}(2; K)$, $A \notin K \cdot E$, zeige man, daß $AX - XA = B$ genau dann mit $X \in \text{Mat}(2; K)$ lösbar ist, wenn Spur B = Spur $AB = 0$ gilt.

4) Die Matrix

$$A = \begin{pmatrix} 2 & 2 & 2 \\ 2 & 4 & 6 \\ 2 & 6 & 10 \end{pmatrix}$$

hat über $\mathbb{R}$ den Rang 2. Man bestimme eine Maximalrang-Faktorisierung (vgl. 6.5) von A, ein Pseudo-Inverses von A und gebe eine explizite Bedingung dafür an, daß $Ax = b$ lösbar ist.

5) Mit Hilfe des Pseudo-Inversen gebe man einen direkten Beweis von Satz 7.4.

6) Ist A eine $m \times r$ Matrix und B eine $r \times n$ Matrix über K und haben A, B und AB den Rang r, so zeige man:

a) Es gibt $U \in GL(m; K)$, $V \in GL(n; K)$ und $P, Q \in GL(r; K)$ mit $A = U \begin{pmatrix} P \\ 0 \end{pmatrix}$ und $B = (Q, 0)V$.

b) Ist X ein Pseudo-Inverses von A und Y ein Pseudo-Inverses von B, so ist YX ein Pseudo-Inverses von AB.

Kapitel 3. Determinanten

Einleitung. Seit Carl Gustav Jacob JACOBI (1804–1851) sind die Determinanten den Mathematikern durch die 1826 erschienene Arbeit „De formatione et proprietatibus determinantium" (Werke, Bd. III, S. 393–438) vertraut oder, wie sich Leopold KRONECKER (1823–1891) ausdrückte, haben die Determinanten das Bürgerrecht in der Mathematik erworben (weitere historische Anmerkungen findet man im § 7). Bis heute bilden die Determinanten eine kraftvolle Methode zur Behandlung vieler mathematischer Probleme. Der Trend der BOURBAKI-Zeit, möglichst die Teilgebiete der Mathematik „determinantenfrei" zu behandeln, scheint überwunden zu sein: Determinanten sind und bleiben legitime mathematische Objekte, die jeder mathematisch Gebildete beherrschen sollte.

Nach Herleitung der Theorie in § 1 bis § 3 werden in § 4 bis § 6 Beispiele und Anwendungen gegeben. Gegenüber den Darstellungen der Determinantentheorie in den üblichen Lehrbüchern der Linearen Algebra werden hier zur Stützung der obigen Behauptung umfangreichere Anwendungen dargestellt.

Mit K wird wieder ein beliebiger Körper bezeichnet.

§ 1. Erste Ergebnisse über Determinanten

1. Eine Motivation. Will man die elementar-geometrische Fläche eines Parallelogramms in der Ebene, also im $\mathbb{R}^2$ (vgl. 1.1.7) axiomatisch beschreiben, so beachte

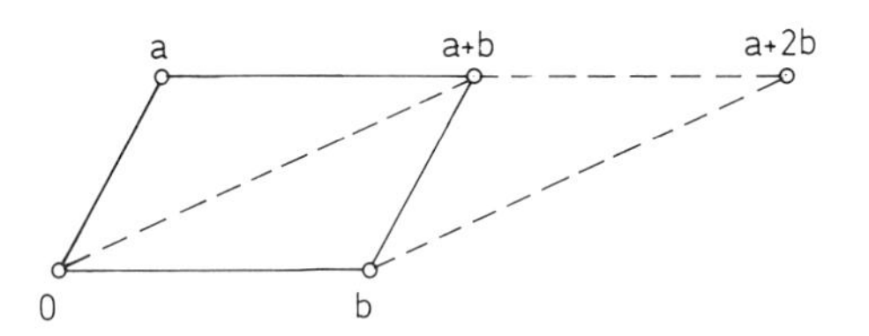

man zunächst, daß ein Parallelogramm bis auf eine Verschiebung durch ein Paar (a, b) von Vektoren des $\mathbb{R}^2$ festgelegt ist. Eine Funktion F, die jedem Paar (a, b) von Vektoren eine reelle Zahl $F(a, b)$ zuordnet, wird man dann eine „Flächenfunktion" nennen, wenn sie die Eigenschaften der elementar-geometrischen Fläche besitzt: Man wird z. B. fordern, daß die Flächen der Parallelogramme mit den Ecken $0, a, b, a+b$ und $0, a+b, b, a+2b$ gleich sind, also

$$(1) \qquad F(a+b, b) = F(a, b) \qquad \text{und} \qquad F(a, b+a) = F(a, b).$$

Ferner ist die Fläche proportional der Länge einer Seite, das heißt

(2) $\quad F(\lambda a, b) = \lambda \cdot F(a, b), \qquad F(a, \lambda b) = \lambda \cdot F(a, b) \qquad$ für $\quad \lambda \geqslant 0.$

Schließlich hat ein entartetes Parallelogramm die Fläche Null,

(3) $\quad F(a, b) = 0, \qquad$ falls a, b linear abhängig sind.

Wie man sieht, kann man die Paare (a, b) durch 2×2 Matrizen $M = (a, b)$ ersetzen und F als eine Abbildung von $\mathrm{Mat}(2; \mathbb{R})$ nach $\mathbb{R}$ auffassen. Man überzeuge sich nun davon, daß $F(a, b) := |\det(a, b)|$ die angegebenen Eigenschaften hat (vgl. 2.5.7). Die Forderungen (1), (2) und (3) können nun nicht nur für 2×2 Matrizen, sondern allgemein für $n \times n$ Matrizen ausgesprochen werden.

2. Determinanten-Funktionen. Eine Abbildung $\Delta: \mathrm{Mat}(n; K) \to K$ heißt eine *Determinanten-Funktion*, wenn gilt:

(DF.1) $\Delta(B) = \Delta(A)$, falls B aus A durch Addition einer Spalte zu einer anderen Spalte entsteht.

(DF.2) $\Delta(B) = \alpha \cdot \Delta(A)$, falls B aus A dadurch entsteht, daß eine Spalte von A mit einem $\alpha \in K$ multipliziert wird.

Da sich elementare Spaltenumformungen durch Multiplikation mit Elementar-Matrizen beschreiben lassen (2.6.2), erhält man die äquivalenten Bedingungen

(DF.1*) $\qquad \Delta(AF_{kl}) = \Delta(A) \qquad$ für $\quad k \neq l,$

(DF.2*) $\qquad \Delta(AF_k(\alpha)) = \alpha \cdot \Delta(A) \qquad$ für $\quad \alpha \in K.$

Man beachte hier, daß sowohl in (DF.2) als auch in (DF.2*) $\alpha = 0$ zugelassen ist, $F_k(0)$ wird dabei analog zu 2.6.1 (EM.2) definiert. Speziell gilt also $\Delta(A) = 0$, falls A eine Nullspalte besitzt.

Bevor man sich der Frage nach der Existenz von nicht-trivialen, das heißt nicht identisch verschwindenden Determinanten-Funktionen zuwendet, frage man nach Konsequenzen der definierenden Eigenschaften. Die Eigenschaften (DF.1) und (DF.2) sind sehr einschneidend:

Satz. *Für jede Determinanten-Funktion* Δ: $\mathrm{Mat}(n; K) \to K$ *gilt:*

a) $\Delta(A) = 0$ *für alle* $A \in \mathrm{Mat}(n; K)$ *mit* $\mathrm{Rang}\, A < n$.
b) Δ *ist identisch Null, wenn* $\Delta(E) = 0$ *(E Einheitsmatrix).*

Beweis. Nach dem Normalformen-Satz 2.6.2 gibt es im Falle $A \neq 0$ Produkte U, V von Elementar-Matrizen mit

$$A = U\begin{pmatrix} E & 0 \\ 0 & 0 \end{pmatrix} V, \qquad E = E^{(r)}, \qquad r = \mathrm{Rang}\, A.$$

Nach (DF.1*) und (DF.2*) kann man das Produkt von Elementar-Matrizen V von rechts abbauen und erhält $\Delta(A) = \gamma \cdot \Delta\left(U\begin{pmatrix} E & 0 \\ 0 & 0 \end{pmatrix}\right)$ mit einem $0 \neq \gamma \in K$. Im Falle $r < n$ hat $U\begin{pmatrix} E & 0 \\ 0 & 0 \end{pmatrix}$ eine Nullspalte, $\Delta(A)$ ist also Null. Damit ist Teil a) bewiesen.

Zum Nachweis von Teil b) darf $r = n$, also $\Delta(A) = \gamma \cdot \Delta(U)$ angenommen werden. Man wiederholt das Verfahren mit U und erhält $\Delta(A) = \gamma' \cdot \Delta(E)$ mit einem $\gamma' \in K$, also $\Delta(A) = 0$. □

Korollar 1. *Sind* $\Delta_1, \Delta_2 : \mathrm{Mat}(n; K) \to K$ *Determinanten-Funktionen, dann gilt* $\Delta_1(E) \cdot \Delta_2(A) = \Delta_2(E) \cdot \Delta_1(A)$ *für alle* $A \in \mathrm{Mat}(n; K)$.

Denn $\Delta(A) := \Delta_1(E)\,\Delta_2(A) - \Delta_2(E)\,\Delta_1(A)$ ist eine Determinanten-Funktion mit $\Delta(E) = 0$.

Korollar 2. *Ist* $\Delta : \mathrm{Mat}(n; K) \to K$ *eine Determinanten-Funktion mit* $\Delta(E) = 1$, *dann gilt* $\Delta(AB) = \Delta(A) \cdot \Delta(B)$ *für alle* $A, B \in \mathrm{Mat}(n; K)$.

Denn $\Delta_1(B) := \Delta(AB)$ ist eine Determinanten-Funktion, so daß man das Korollar 1 auf Δ_1 und Δ anwenden kann.

3. Existenz. Eine Funktion Δ: $\mathrm{Mat}(n; K) \to K$ nennt man (Spalten-)*multilinear* (oder K-multilinear), wenn Δ linear in jedem Spaltenvektor ist, wenn also für jedes $i = 1, 2, \ldots, n$ und jede Wahl $a_1, \ldots, a_{i-1}, a_{i+1}, \ldots, a_n$ aus K^n die Abbildung

$$x \mapsto \Delta((a_1, \ldots, a_{i-1}, x, a_{i+1}, \ldots, a_n))$$

von K^n nach K linear ist, das heißt, wenn in offensichtlicher Abkürzung

$$\Delta((\ldots, \alpha x + \beta y, \ldots)) = \alpha \cdot \Delta((\ldots, x, \ldots)) + \beta \cdot \Delta((\ldots, y, \ldots))$$

gilt.

Existenz-Satz für Determinanten. *Zu jedem* n *gibt es eine eindeutig bestimmte Determinanten-Funktion* $\det : \mathrm{Mat}(n; K) \to K$ *mit* $\det E = 1$. *Sie ist multilinear, und ist* $\Delta : \mathrm{Mat}(n; K) \to K$ *eine Determinanten-Funktion, so gilt* $\Delta(A) = \Delta(E) \cdot \det A$ *für* $A \in \mathrm{Mat}(n; K)$.

Man nennt $\det A$ die *Determinante* der Matrix A. Hier ist im Falle $n = 1$ natürlich $\det(\alpha) = \alpha$ für $\alpha \in K$. Im Falle $n = 2$ stimmt $\det A$ mit der bereits in 2.5.7 definierten Determinante

$$\det \begin{pmatrix} \alpha_1 & \beta_1 \\ \alpha_2 & \beta_2 \end{pmatrix} = \alpha_1 \beta_2 - \alpha_2 \beta_1 \tag{1}$$

überein. Man hat dazu lediglich die Eigenschaften (DF.1) und (DF.2) nachzuweisen, was unschwer zu verifizieren ist.

Im Falle $n = 3$ definiere man

$$\det \begin{pmatrix} \alpha_1 & \beta_1 & \gamma_1 \\ \alpha_2 & \beta_2 & \gamma_2 \\ \alpha_3 & \beta_3 & \gamma_3 \end{pmatrix} := \alpha_1 \beta_2 \gamma_3 + \beta_1 \gamma_2 \alpha_3 + \gamma_1 \alpha_2 \beta_3 - \alpha_1 \beta_3 \gamma_2 - \beta_1 \gamma_3 \alpha_2 - \gamma_1 \alpha_3 \beta_2, \tag{2}$$

eine Formel, die man sich mit der folgenden Jägerzaun-Regel merken kann: Man schreibe die erste und zweite Spalte rechts neben die Matrix

$$\begin{pmatrix} \alpha_1 & \beta_1 & \gamma_1 \\ \alpha_2 & \beta_2 & \gamma_2 \\ \alpha_3 & \beta_3 & \gamma_3 \end{pmatrix} \begin{matrix} \alpha_1 & \beta_1 \\ \alpha_2 & \beta_2 \\ \alpha_3 & \beta_3 \end{matrix}$$

und *addiere* die Produkte parallel zur Hauptdiagonalen und *subtrahiere* die Produkte parallel zur Nebendiagonalen. Dieses Verfahren wird manchmal *Regel von* SARRUS genannt.

Der ungeübte Leser mache sich jetzt die Mühe des Nachweises von (DF.1) sowie (DF.2) für (2) und überzeuge sich, daß (1) und (2) multilineare Funktionen sind. Damit hat er zusammen mit Korollar 1 und 2 den Existenz-Satz für $n = 2$ und $n = 3$ bewiesen und kann den Beweis für beliebiges n in 3.1 überschlagen. Der Beweis dieses zentralen Satzes wird bewußt bis zum § 3 zurückgestellt: Unter der Annahme einer nicht-trivialen Determinanten-Funktion ergibt sich nämlich die Eindeutigkeit aus Teil b) des Satzes in 2. Wie man sehen wird, erzwingt die Eindeutigkeit eine Reihe von Eigenschaften (vgl. 4 und 2.3), und diese motivieren wiederum den Beweis für die Existenz. Der Leser sollte schon jetzt einen Blick auf den ersten Existenzbeweis in 3.1 werfen.

Bemerkungen. 1) In der Literatur findet man an Stelle von (DF.1) und (DF.2) oft die Forderungen

(i) Δ: $\mathrm{Mat}(n; K) \to K$ ist (Spalten-)multilinear.
(ii) $\Delta(A) = 0$, falls $\mathrm{Rang}\, A < n$.

Nach dem hier formulierten Satz und dem Satz in 2 sind (i) und (ii) für Determinanten-Funktionen erfüllt. Umgekehrt folgt (DF.2) aus (i). Wegen (i) ist weiter $\Delta((\ldots, x + y, \ldots, y, \ldots)) = \Delta((\ldots, x, \ldots, y, \ldots)) + \Delta((\ldots, y, \ldots, y, \ldots))$, und nach (ii) ist der zweite Summand gleich Null. Damit kann man Determinaten-Funktionen auch durch (i) und (ii) definieren.

2) Die im Satz behauptete Multilinearität einer Determinanten-Funktion impliziert in der Sprache von 1 insbesondere die „Additivität der Fläche“: $F(a, b + c) = F(a, b) + F(a, c)$.

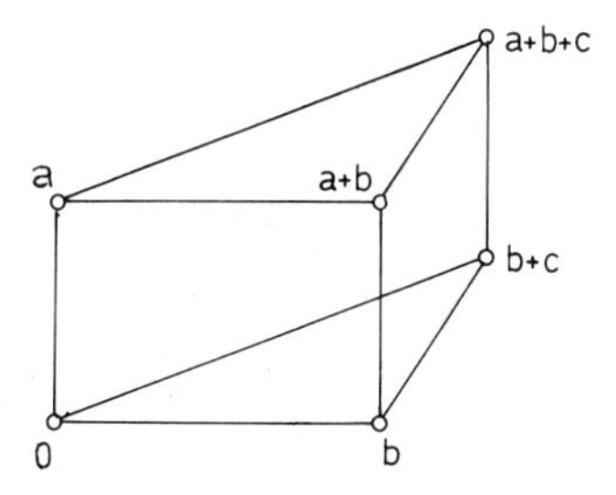

Diese Figur ist als ebene, nicht als räumliche Figur anzusehen!

3) Auf den Zusammenhang des Determinantenbegriffes mit der allgemeinen Volumenmessung wird in 5.4.7 eingegangen werden.

4. Eigenschaften. Nach Teil a) des Satzes 2 gilt zunächst:

(D.0) | Die Determinante einer Matrix ist Null, wenn die Zeilen (oder Spalten) der Matrix linear abhängig sind.

Der Existenz-Satz 3 impliziert:

(D.1) | Die Determinante einer Matrix ist linear in jeder Spalte.

In Verallgemeinerung von (DF.1) hat man dann:

(D.2) | Die Determinante einer Matrix ändert sich nicht, wenn man zu einer Spalte eine Linearkombination der anderen Spalten addiert.

Es genügt hierfür der Nachweis, daß sich eine Determinante nicht ändert, wenn man ein Vielfaches einer Spalte zu einer anderen Spalte addiert. Dies erhält man, wenn man für $i \neq j$ die j-te Spalte mit $0 \neq \alpha \in K$ multipliziert, dann die j-te Spalte zur i-ten Spalte addiert und schließlich die j-te Spalte mit α^{-1} multipliziert.

(D.3) | Die Determinante einer Matrix ändert das Vorzeichen, wenn man zwei Spalten vertauscht.

Hierfür kann man wie zum Beweis von (ES.4) in 2.1.6 vorgehen: Bezeichnet man wiederum mit a, b zwei verschiedene Spalten von A, so folgt mit der abkürzenden Schreibweise $\det A = \det(\ldots, a, \ldots, b, \ldots) =: |a, b|$ die Gleichungskette

$$|a, b| = |a, a + b| = |a - (a + b), a + b| = |-b, a + b| = |-b, a| = -|b, a|.$$

Man mache sich klar, daß wirklich nur (D.1) und (D.2) benutzt wurden.

Eine andere Möglichkeit ist es, den Beweis mit (DF.1*) und (DF.2*) zu führen. Die Matrix

$$C = \begin{pmatrix} 1 & & & & & & & & \\ & \ddots & & & & & & 0 & \\ & & 1 & & & & & & \\ & & & 0 & \cdots & 1 & & & \\ & & & \vdots & 1 & \vdots & & & \\ & & & \vdots & \ddots & \vdots & & & \\ & & & \vdots & 1 & \vdots & & & \\ & & & 1 & \cdots & 0 & & & \\ & & & & & & 1 & & \\ & 0 & & & & & & \ddots & \\ & & & & & & & & 1 \end{pmatrix},$$
$$\qquad\qquad\uparrow k \qquad \uparrow l$$

die die k-te Spalte mit der l-ten vertauscht, kann dabei als das Produkt von

Elementar-Matrizen

$$C = F_{kl}F_l(-1)F_{lk}F_l(-1)F_{kl}F_k(-1)$$

geschrieben werden.

Nach dem Korollar 2 in 2 gilt

(D.4) $\boxed{\det AB = \det A \cdot \det B}$ „*Multiplikations-Satz*".

Nach (DF.1) (oder wegen der Multilinearität) gilt $\det \alpha E = \alpha^n$. Mit (D.4) folgt daher

(D.5) $\boxed{\det(\alpha A) = \alpha^n \cdot \det A.}$

Zum Nachweis der Tatsache, daß sich die Determinante beim Übergang zum Transponierten nicht ändert,

(D.6) $\boxed{\det(A^t) = \det A}$

kann man nach Teil a) des Satzes in 2 annehmen, daß $\operatorname{Rang} A = n$ gilt, daß A also invertierbar ist. Nach dem Satz 2.6.3A ist A dann ein Produkt von Elementar-Matrizen. Da (D.6) nach (DF.1*) und (DF.2*) für Elementar-Matrizen richtig ist, folgt die Behauptung durch wiederholte Anwendung von (D.4).

Nach (D.6) kann man (D.1, 2, 3) auf A^t anwenden und erhält

(D.1′) Die Determinante einer Matrix ist linear in jeder Zeile.

(D.2′) Die Determinante einer Matrix ändert sich nicht, wenn man zu einer Zeile eine Linearkombination der anderen Zeilen addiert.

(D.3′) Die Determinante einer Matrix ändert ihr Vorzeichen, wenn man zwei Zeilen vertauscht.

Diese Regeln erlauben bereits die Berechnung von Determinanten für (obere oder untere) Dreiecksmatrizen:

(D.7)
$$\boxed{\det\begin{pmatrix} \alpha_1 & * & \cdots & * \\ 0 & \ddots & & \vdots \\ \vdots & \ddots & \ddots & * \\ 0 & \cdots & 0 & \alpha_n \end{pmatrix} = \alpha_1 \cdots \alpha_n = \det\begin{pmatrix} \alpha_1 & 0 & \cdots & 0 \\ * & \ddots & & \vdots \\ \vdots & \ddots & \ddots & 0 \\ * & \cdots & * & \alpha_n \end{pmatrix}.}$$

Zum Beweis kann man nach (D.1) ohne Einschränkung $\alpha_1 = \cdots = \alpha_n = 1$ annehmen und erhält die Behauptung aus (D.2) bzw. (D.2′) und $\det E = 1$.

Schließlich kann man die Determinanten von Kästchen-Matrizen (vgl. 2.1.8) berechnen, die Dreiecksgestalt haben:

(D.8) $$\boxed{\det\begin{pmatrix} A & B \\ 0 & D \end{pmatrix} = \det A \cdot \det D = \det\begin{pmatrix} A & 0 \\ C & D \end{pmatrix}.}$$

Zum Beweis behandelt man zunächst den Fall $B = 0$ (bzw. $C = 0$). Ist A eine $r \times r$ Matrix, dann ist bei festem D

$$\Delta(A) := \det\begin{pmatrix} A & 0 \\ 0 & D \end{pmatrix}, \qquad \Delta\colon \mathrm{Mat}(r; K) \to K,$$

eine Determinanten-Funktion, und der Satz in 3 liefert

(*) $$\det\begin{pmatrix} A & 0 \\ 0 & D \end{pmatrix} = \Delta(A) = \Delta(E) \cdot \det A = \det\begin{pmatrix} E & 0 \\ 0 & D \end{pmatrix} \cdot \det A.$$

Analog folgt

$$\det\begin{pmatrix} A & 0 \\ 0 & D \end{pmatrix} = \det\begin{pmatrix} A & 0 \\ 0 & E \end{pmatrix} \cdot \det D, \qquad \text{also speziell} \qquad \det\begin{pmatrix} E & 0 \\ 0 & D \end{pmatrix} = \det D.$$

Mit (*) ist daher (D.8) für $B = 0$ richtig.

Ist B nun beliebig und sind die Spaltenvektoren der $r \times r$ Matrix A linear abhängig, dann sind auch die ersten r Spaltenvektoren der Matrix $M := \begin{pmatrix} A & B \\ 0 & D \end{pmatrix}$ linear abhängig, und Teil a) des Satzes in 2 zeigt $0 = \det M = \det A \cdot \det D = 0$, also die Behauptung. Sind die Spaltenvektoren von A linear unabhängig, dann ist A nach dem Äquivalenz-Satz für Invertierbarkeit 2.5.2 invertierbar, und man bekommt

$$M = \begin{pmatrix} A & B \\ 0 & D \end{pmatrix} = \begin{pmatrix} A & 0 \\ 0 & D \end{pmatrix} \begin{pmatrix} E & A^{-1}B \\ 0 & E \end{pmatrix}.$$

Jetzt folgt die erste Behauptung aus (D.4), (D.7) und dem bereits bewiesenen Teil. Die zweite Behauptung ergibt sich mit (D.6).

5. Anwendungen auf die Gruppe *GL(n; K)*. Bisher hatte man im Äquivalenz-Satz für Invertierbarkeit 2.5.2 und im Satz 2.6.3A Bedingungen kennengelernt, welche die Elemente von $GL(n; K)$, also die invertierbaren $n \times n$ Matrizen beschreiben. Eine weitere wesentliche Bedingung gibt der folgende

Satz. *Für* $A \in \mathrm{Mat}(n; K)$ *sind äquivalent:*

(i) *A ist invertierbar.*
(ii) $\det A \neq 0$.

Ist dies der Fall, so gilt $\det(A^{-1}) = (\det A)^{-1}$.

Durch die Determinatenbedingung (ii) hat man ein Verfahren gefunden, mit dem man immer dann die Invertierbarkeit testen kann, wenn man ein Verfahren zur

Berechnung der Determinante besitzt (man vergleiche die Rekursionsformeln in 2.3). Die expliziten Formeln (1) und (2) in 3 für die 2×2 und 3×3 Matrizen erlauben, die Invertierbarkeit solcher Matrizen durch eine triviale und mechanische Rechnung zu prüfen.

Beweis. (i) $\Rightarrow$ (ii): Nach dem Äquivalenz-Satz für Invertierbarkeit 2.5.2 gibt es $B \in \mathrm{Mat}(n; K)$ mit $AB = E$. Nach (D.4) folgt $\det A \cdot \det B = 1$, also $\det A \neq 0$.

(ii) $\Rightarrow$ (i): Es folgt $\mathrm{Rang}\, A = n$, denn sonst wäre $\det A = 0$ nach Teil a) des Satzes 2. Der Äquivalenz-Satz für Invertierbarkeit zeigt nun, daß A invertierbar ist. □

Da A genau dann nicht invertierbar ist, wenn die Spalten von A linear abhängig sind, erhält man das

Korollar. *Für n Vektoren $a_1, \ldots, a_n \in K^n$ sind äquivalent:*

(i) *$a_1, \ldots, a_n$ sind linear abhängig.*
(ii) *Das Gleichungssystem $\xi_1 a_1 + \cdots + \xi_n a_n = 0$ ist nicht-trivial lösbar.*
(iii) $\det(a_1, \ldots, a_n) = 0$.

Bemerkung. Die Regel (D.4) in 4 besagt, daß die Abbildung $\det: GL(n; K) \to K^\times$ der Gruppe $GL(n; K)$ in die multiplikative Gruppe $K^\times$ der von Null verschiedenen Elemente von K ein *Homomorphismus* ist. Der *Kern* dieses Homomorphismus, das heißt die Menge $SL(n; K) := \{A \in GL(n; K): \det A = 1\}$ ist ein Normalteiler von $GL(n; K)$ und wird die *spezielle lineare Gruppe* genannt.

6. Die CRAMERsche Regel. Das in Satz 2.7.3 angegebene Verfahren, ein Gleichungssystem $Ax = b$ mit invertierbarer Matrix A durch $x = A^{-1}b$ zu lösen, kann ohne explizite Kenntnis des Inversen A^{-1} von A durchgeführt werden! Da Gleichungssysteme dieser Art bereits von G. W. Leibniz (1646–1716) und Gabriel Cramer (1704–1752) aufgelöst wurden, das Rechnen mit Matrizen aber erst ab Mitte des letzten Jahrhunderts in der Mathematik Eingang fand (vgl. 2.2.1), müssen vorher matrizenfreie Lösungen vorhanden gewesen sein.

Die von Leibniz gefundene und von Cramer wiederentdeckte Methode zur Lösung eines Systems der Form $Ax = b$, das heißt der Gestalt $\xi_1 a_1 + \cdots + \xi_n a_n = b$, nennt man meist die

Cramer*sche Regel*: $\xi_i = \dfrac{1}{\det A} \cdot \det(a_1, \ldots, a_{i-1}, b, a_{i+1}, \ldots, a_n), \quad 1 \leqslant i \leqslant n.$

Eine einfache direkte Herleitung der Cramerschen Regel geht wie folgt: Ist das Gleichungssystem $Ax = b$, $A = (a_1, \ldots, a_n) \in \mathrm{Mat}(n; K)$, das heißt

$$(1) \qquad \xi_1 a_1 + \xi_2 a_2 + \cdots + \xi_n a_n = b,$$

lösbar, dann ist das homogene System

$$(2) \qquad \eta_1(\xi_1 a_1 - b) + \eta_2 a_2 + \cdots + \eta_n a_n = 0$$

nicht-trivial, nämlich durch $\eta_1 = 1$, $\eta_2 = \xi_2, \ldots, \eta_n = \xi_n$ lösbar. Damit ist die

Koeffizienten-Matrix von (2) nicht umkehrbar, das heißt, es gilt $\det(\xi_1 a_1 - b, a_2, \ldots, a_n) = 0$. Wegen der Linearität in der ersten Spalte folgt

(3) $$\xi_1 \cdot \det(a_1, a_2, \ldots, a_n) = \det(b, a_2, \ldots, a_n).$$

Analog kann man für $\xi_2, \ldots, \xi_n$ schließen.

Eine Beweis-Variante geht ebenfalls von (1) aus und verwendet wieder die Linearität der Determinante in der ersten Spalte:

(4) $$\det(b, a_2, \ldots, a_n) = \sum_{i=1}^{n} \xi_i \det(a_i, a_2, \ldots, a_n).$$

Da in den Matrizen $(a_i, a_2, \ldots, a_n)$ für $i > 1$ die Spalten linear abhängig sind, haben diese Matrizen nach (D.0) die Determinante Null, und man erhält wieder (3).

§ 2. Das Inverse einer Matrix

1. Vorbemerkung. Bisher hat man zwar viele Kriterien für die Invertierbarkeit einer Matrix hergeleitet, außer dem in Satz 2.6.3C beschriebenen Verfahren aber keine allgemein gültige Möglichkeit der Berechnung des Inversen kennengelernt. Von kleinen Zeilenzahlen abgesehen, ist dies auch nur mit Hilfe der Determinanten-Theorie möglich. Das theoretische Verfahren, ein lineares Gleichungssystem $Ax = b$ mit invertierbarer Matrix A dadurch zu lösen, daß man $x = A^{-1}b$ als Lösung erkennt (vgl. Satz 2.7.3), wird erst durch ein Verfahren zur Berechnung von A^{-1} aus A praktisch verwertbar.

In 1.6 hatte man an der CRAMERschen Regel gesehen, daß man ein solches Gleichungssystem ohne explizite Kenntnis des Inversen der Koeffizientenmatrix lösen kann.

2. Die Entwicklungs-Sätze. Sei $A = (\alpha_{ij}) = (a_1, \ldots, a_n)$ eine $n \times n$ Matrix über K mit den Spaltenvektoren $a_1, \ldots, a_n$ und sei $n \geqslant 2$. Man bezeichnet wie bisher mit $e_1, \ldots, e_n$ die kanonische Basis des K^n und definiert

(1) $$\alpha_{ij}^{\#} := \det(a_1, \ldots, a_{i-1}, e_j, a_{i+1}, \ldots, a_n) \qquad \text{für} \qquad i, j = 1, \ldots, n.$$

Man nennt die $\alpha_{ij}^{\#}$ manchmal *Cofaktoren* oder auch *algebraische Komplemente*. Diese Elemente $\alpha_{ij}^{\#}$ von K sind zwar als Determinanten von $n \times n$ Matrizen definiert, sie lassen sich aber als Determinanten von $(n-1) \times (n-1)$ Matrizen berechnen:

Es bezeichne A_{ij} diejenige $(n-1) \times (n-1)$ Matrix, die aus A durch Streichen der i-ten Zeile und der j-ten Spalte entsteht. In naheliegender Weise nennt man die Determinanten der Matrizen A_{ij} auch $(n-1)$-*reihige Unterdeterminanten.*

Lemma. *Für $i, j = 1, \ldots, n$ gilt $\alpha_{ij}^{\#} = (-1)^{i+j} \det A_{ji}$.*

Man beachte hier, daß i und j bei A_{ji} gegenüber $\alpha_{ij}^{\#}$ vertauscht sind!

Beweis. Durch Subtraktion geeigneter Vielfacher von e_j von den anderen Spalten in der Formel (1) kann man bei Beachtung von Regel (D.2) in 1.4

$$\alpha_{ij}^{\#} = \det \begin{pmatrix} \alpha_{11} & \cdots & \alpha_{1,i-1} & 0 & \alpha_{1,i+1} & \cdots & \alpha_{1n} \\ \vdots & & \vdots & \vdots & \vdots & & \vdots \\ \alpha_{j-1,1} & \cdots & \alpha_{j-1,i-1} & 0 & \alpha_{j-1,i+1} & \cdots & \alpha_{j-1,n} \\ 0 & \cdots & 0 & 1 & 0 & \cdots & 0 \\ \alpha_{j+1,1} & \cdots & \alpha_{j+1,i-1} & 0 & \alpha_{j+1,i+1} & \cdots & \alpha_{j+1,n} \\ \vdots & & \vdots & \vdots & \vdots & & \vdots \\ \alpha_{n,1} & \cdots & \alpha_{n,i-1} & 0 & \alpha_{n,i+1} & \cdots & \alpha_{nn} \end{pmatrix} \begin{matrix} \\ \\ \\ \leftarrow j\text{-te Zeile} \\ \\ \\ \\ \end{matrix}$$

$\uparrow$ i-te Spalte

erreichen. Nun vertauscht man die i-te Spalte nacheinander mit den vor ihr stehenden Spalten. Nach Regel (D.3) in 1.4 nimmt dabei die Determinante das Vorzeichen $(-1)^{i-1}$ auf. Jetzt vertauscht man die j-te Zeile nacheinander mit den über ihr stehenden Zeilen. Nach Regel (D.3′) in 1.4 nimmt die Determinante das Vorzeichen $(-1)^{j-1}$ auf. Es folgt

$$\alpha_{ij}^{\#} = (-1)^{i+j} \det \begin{pmatrix} 1 & 0 \\ 0 & A_{ji} \end{pmatrix},$$

und Regel (D.8) aus 1.4 ergibt die Behauptung. □

Die Bedeutung der Cofaktoren liegt nun in den sogenannten Entwicklungs-Sätzen. Zunächst gilt der

Entwicklungs-Satz nach Spalten. *Für* $A \in \mathrm{Mat}(n; K)$ *und* $i, j = 1, \ldots, n$ *gilt*

$$\sum_{k=1}^{n} \alpha_{ik}^{\#} \alpha_{kj} = \delta_{ij} \cdot \det A, \qquad \delta_{ij} \text{ KRONECKER-}\textit{Symbol}. \tag{2}$$

Für $j = i$ wird hier die Determinante von A durch eine Entwicklung nach der j-ten Spalte mit Hilfe von Determinanten von $(n-1) \times (n-1)$ Matrizen ausgedrückt.

Beweis. Wegen der Linearität der Determinante in jeder Spalte hat man für die linke Seite mit (1)

$$\begin{aligned} &\sum_{k=1}^{n} \alpha_{kj} \det(a_1, \ldots, a_{i-1}, e_k, a_{i+1}, \ldots, a_n) \\ &\qquad = \sum_{k=1}^{n} \det(a_1, \ldots, a_{i-1}, \alpha_{kj} e_k, a_{i+1}, \ldots, a_n) \\ &\qquad = \det\left(a_1, \ldots, a_{i-1}, \sum_{k=1}^{n} \alpha_{kj} e_k, a_{i+1}, \ldots, a_n\right). \end{aligned}$$

Hier ist der i-te Spaltenvektor gleich a_j, und es folgt

$$\sum_{k=1}^{n} \alpha_{ik}^{\#} \alpha_{kj} = \det(a_1, \ldots, a_{i-1}, a_j, a_{i+1}, \ldots, a_n).$$

Für $i \neq j$ ist diese Determinante Null, denn der Spaltenvektor a_j kommt doppelt vor, für $i = j$ steht rechts $\det A$. □

Bemerkung. Einen allgemeinen Entwicklungs-Satz, bei dem eine Determinante statt nach einer Spalte nach Unterdeterminanten aus k, $1 \leqslant k < n$, Spalten entwickelt wird, nennt man meist LAPLACEschen Entwicklungs-Satz (vgl. etwa [4], [11]) nach dem französischen Mathematiker Pierre Simon LAPLACE (1779–1827).

3. Die komplementäre Matrix. Zur $n \times n$ Matrix $A = (\alpha_{ij})$, $n \geqslant 2$, definiert man mit 2(1) die Matrix

$$A^{\#} := (\alpha_{ij}^{\#}) \tag{1}$$

und nennt $A^{\#}$ die *komplementäre* oder *adjungierte* Matrix zu A (oder auch *Adjunkte* von A). Sie ist mit dem Transponieren von A verträglich:

Lemma. *Für* $A \in \mathrm{Mat}(n; K)$ *gilt* $(A^t)^{\#} = (A^{\#})^t$.

Beweis. Sei $B = (\beta_{ij}) := A^t$, also $\beta_{ij} = \alpha_{ji}$. Es folgt $B_{ij} = (A_{ji})^t$, und Regel (D.6) aus 1.4 ergibt $\det B_{ij} = \det A_{ji}$. Nun liefert das Lemma 2 schon

$$\beta_{ij}^{\#} = (-1)^{i+j} \det B_{ji} = (-1)^{i+j} \det A_{ij} = a_{ji}^{\#},$$

also die Behauptung. □

Damit kann man den Entwicklungs-Satz in 2 für A^t an Stelle von A auswerten und erhält nach Vertauschung von i und j den

Entwicklungs-Satz nach Zeilen. *Für* $A \in \mathrm{Mat}(n; K)$ *und* $i, j = 1, \ldots, n$ *gilt*

$$\sum_{k=1}^{n} \alpha_{ik}\alpha_{kj}^{\#} = \delta_{ij} \cdot \det A. \tag{2}$$

Wählt man hier $i = j = 1$ und trägt für $\alpha_{k1}^{\#}$ die Formel nach Lemma 2 ein, so erhält man die

Rekursions-Formel: $$\det A = \sum_{k=1}^{n} (-1)^{k+1} \alpha_{1k} \det A_{1k}.$$

Diese Formel erlaubt in der Tat, Determinanten rekursiv zu berechnen. Die Determinante einer Matrix $A = (\alpha_{ij})$ berechnet sich damit als ein (kompliziertes) Polynom in den Koeffizienten α_{ij}. Eine explizite Formel gibt der Darstellungs-Satz 3.3.

Der Fall $n = 1$ war bei der Definition der komplementären Matrix ausgeschlossen. Sollen die beiden Entwicklungs-Sätze auch für $n = 1$ gültig bleiben, so hat man $A^{\#} = 1$ für alle $A \in \mathrm{Mat}(1; K)$ zu definieren.

Im Falle $n = 2$ ist

$$A^{\#} = \begin{pmatrix} \delta & -\beta \\ -\gamma & \alpha \end{pmatrix} \quad \text{für} \quad A = \begin{pmatrix} \alpha & \beta \\ \gamma & \delta \end{pmatrix} \in \mathrm{Mat}(2; K). \tag{3}$$

Man überzeugt sich, daß die Selbstabbildung $A \to A^\#$ des Vektorraums Mat$(2; K)$ ein Endomorphismus ist und daß $(AB)^\# = B^\# A^\#$ sowie $(A^\#)^\# = A$ gelten. Damit ist $A \to A^\#$ ein „involutorischer Anti-Automorphismus" der Algebra Mat$(2; K)$.

In den Fällen $n \geqslant 3$ ist die Abbildung $A \to A^\#$ nicht mehr linear, die Eigenschaft $(AB)^\# = B^\# A^\#$ bleibt gültig, und man hat $(A^\#)^\# = (\det A)^{n-2} \cdot A$. Für invertierbares A findet man einen Beweis in Bemerkung 2 von 4.

Aufgabe. 1) Für eine $n \times n$ Matrix A mit $n \geqslant 3$ und vom Rang 1 zeige man $A^\# = 0$.
2) Man bestimme $A^\#$ explizit für eine beliebige 3×3 Matrix.

4. Beschreibung des Inversen. Die beiden Entwicklungs-Sätze in 2 und 3 fassen sich bei Verwendung der komplementären Matrix zusammen zum

Satz A. *Für jede Matrix* $A \in \mathrm{Mat}(n; K)$ *gilt* $AA^\# = A^\# A = (\det A) \cdot E$.

Nach Satz 1.5 ist A genau dann invertierbar, wenn $\det A \neq 0$ gilt. Teil (viii) des Äquivalenz-Satzes für Invertierbarkeit liefert daher den

Satz B. *Ist* $A \in \mathrm{Mat}(n; K)$ *invertierbar, so ist die inverse Matrix* A^{-1} *gegeben durch* $A^{-1} = (1/\det A) \cdot A^\#$.

Bemerkungen. 1) Mit Satz A bekommt man einen direkten Beweis dafür, daß für eine Matrix $A \in \mathrm{Mat}(n; K)$ schon $\det A = 0$ gilt, wenn es ein $x \neq 0$ aus K^n gibt mit $Ax = 0$ (vgl. Korollar 1.5).

2) Aus Satz A erhält man $\det A^\# = (\det A)^{n-1}$ für invertierbares A. Ferner folgt $(AB)^\# = B^\# A^\#$ und $(A^\#)^\# = (\det A)^{n-2} \cdot A$ wenigstens für invertierbare Matrizen A und B aus Satz B (vgl. 8.7.5).

§ 3. Existenzbeweise

1. Durch Induktion. Wenn es eine Determinanten-Funktion det mit $\det E = 1$ gibt, die multilinear ist, dann gilt für sie die Rekursionsformel in 2.3. Es ist daher naheliegend, diese Formel zum Ausgangspunkt eines Existenz-Beweises zu nehmen.

Nach dem Korollar 1 in 1.2 genügt zum Nachweis des Existenz-Satzes 1.3 der Beweis der folgenden

Behauptung. *Zu jedem* n *gibt es eine multilineare Determinanten-Funktion* $\det\colon \mathrm{Mat}(n; K) \to K$ *mit* $\det E = 1$.

Der *Beweis* wird durch Induktion nach n geführt. Für $n = 1$ wählt man $\det(\alpha) := \alpha$.

Nun sei die Behauptung für alle Zeilenzahlen kleiner als n bewiesen und

$$A = (\alpha_{ij}) = (a_1, \ldots, a_n) = \begin{pmatrix} \alpha_{11} & \alpha_{12} & \cdots & \alpha_{1n} \\ b_1 & b_2 & \cdots & b_n \end{pmatrix}, \qquad a_i = \begin{pmatrix} \alpha_{1i} \\ b_i \end{pmatrix} \in K^n,$$

eine $n \times n$ Matrix. Sei $B_k := (b_1, \ldots, \hat{b}_k, \ldots, b_n)$ die $(n-1) \times (n-1)$ Matrix, die aus $(b_1, \ldots, b_n)$ durch Weglassen der k-ten Spalte entsteht. Nach Induktionsvoraussetzung sind $\det B_k$ für $k = 1, \ldots, n$ definiert und multilinear. Man definiert nun

$$\det A := \sum_{k=1}^{n} (-1)^{k+1} \alpha_{1k} \det B_k.$$

Da die $\det B_k$ nach Induktionsvoraussetzung multilinear sind, ist auch $\det A$ multilinear. Es braucht also nur noch (DF.1) nachgewiesen zu werden. Zur Vereinfachung der Schreibweise betrachte man den Fall der Addition von a_2 zu a_1:

$$\begin{aligned}
\det(a_1 + a_2, a_2, \ldots, a_n) &= (\alpha_{11} + \alpha_{12}) \det(b_2, \ldots, b_n) \\
&\quad - \alpha_{12} \det(b_1 + b_2, b_3, \ldots, b_n) \\
&\quad + \alpha_{13} \det(b_1 + b_2, b_2, \ldots) - \cdots + \cdots \\
&= \det(a_1, \ldots, a_n),
\end{aligned}$$

denn die zweite Determinante ist linear in der 1. Spalte, und bei den folgenden kann b_2 in der 1. Spalte weggelassen werden. Offensichtlich ist auch $\det E = 1$ erfüllt. □

2. Permutationen. Für einen weiteren Existenzbeweis und für die Herleitung einer neuen Determinantenformel benötigt man den Begriff einer Permutation. Eine Abbildung $f: M \to M$ einer nicht-leeren Menge M nennt man eine *Permutation* von M, wenn f bijektiv ist. Die identische Abbildung ist immer eine Permutation von M.

Sind f und g zwei Permutationen von M, so ist auch die komponierte Abbildung $f \circ g$: $M \to M$, $(f \circ g)(m) := f(g(m))$ für $m \in M$, wieder eine Permutation. Da schließlich mit f auch die Umkehrabbildung $f^{-1}: M \to M$ wieder eine Permutation ist, erhält man als Wiederholung von 2.4.2 den

Satz. *Die Menge $S(M)$ aller Permutationen einer Menge M bildet bei Komposition eine Gruppe, die sogenannte symmetrische Gruppe von M.*

Nach Lemma 1.6.5 ist eine Abbildung $f: M \to M$ einer *endlichen* Menge M genau dann eine Permutation, wenn f injektiv (oder surjektiv) ist.

Die Gruppe der Permutationen der Menge $\{1, 2, \ldots, n\}$ bezeichnet man mit S_n, man schreibt ihre Elemente oft in der Form

$$\pi = \begin{pmatrix} 1 & 2 & \cdots & n \\ \pi(1) & \pi(2) & \cdots & \pi(n) \end{pmatrix},$$

wobei es auf die Reihenfolge der Spalten nicht ankommt. Die inverse Permutation ist dann

$$\pi^{-1} = \begin{pmatrix} \pi(1) & \pi(2) & \cdots & \pi(n) \\ 1 & 2 & \cdots & n \end{pmatrix}.$$

3. Die LEIBNIZsche Formel. Man geht wieder davon aus, daß es eine Determinanten-Funktion $\det : \mathrm{Mat}(n; K) \to K$ mit $\det E = 1$ gibt. Für $A = (\alpha_{ij}) = (a_1, \ldots, a_n) \in \mathrm{Mat}(n; K)$ schreibt man die Spaltenvektoren als Linearkombination der kanonischen Basis, $a_i = \sum_j \alpha_{ji} e_j$. Verwendet man jetzt nacheinander die Linearität von $\det A$ in allen Spalten, so erhält man eine Darstellung als n-fache Summe

$$\det A = \sum_{j_1, \ldots, j_n = 1}^{n} \alpha_{j_1,1} \alpha_{j_2,2} \cdots \alpha_{j_n,n} \cdot \det(e_{j_1}, e_{j_2}, \ldots, e_{j_n}).$$

Nach Korollar 1.5 sind hier alle Summanden gleich Null, bei denen zwei j_i's übereinstimmen, das heißt, die $j_1, \ldots, j_n$ geben nur einen Beitrag, wenn sie paarweise verschieden sind, wenn sie also eine Permutation $\pi(1), \ldots, \pi(n)$ der Zahlen $1, \ldots, n$ sind. Alle Permutationen $\pi \in S_n$ kommen vor.

Nach der Regel (D.3) stimmt $\det(e_{\pi(1)}, \ldots, e_{\pi(n)})$ bis auf ein Vorzeichen mit $\det(e_1, \ldots, e_n) = 1$ überein, das heißt

$$\varepsilon(\pi) := \det(e_{\pi(1)}, \ldots, e_{\pi(n)})$$

ist gleich ± 1. Man nennt $\varepsilon(\pi)$ das *Signum* der Permutation π. Zusammen erhält man den

1. Darstellungs-Satz. $\quad \det A = \sum_{\pi \in S_n} \varepsilon(\pi) \alpha_{\pi(1),1} \cdots \alpha_{\pi(n),n}.$

Analog gilt der

2. Darstellungs-Satz. $\quad \det A = \sum_{\pi \in S_n} \varepsilon(\pi) \alpha_{1,\pi(1)} \cdots \alpha_{n,\pi(n)}.$

4. Permutationsmatrizen. Eine $n \times n$ Matrix P nennt man eine *Permutationsmatrix*, wenn in jeder Zeile und jeder Spalte genau eine Eins steht. Man überzeugt sich davon, daß die Permutationsmatrizen genau die Matrizen

(1) $$P_\pi = (e_{\pi(1)}, e_{\pi(2)}, \ldots, e_{\pi(n)}) = (\delta_{i,\pi(j)})$$

für $\pi \in S_n$ sind. Nach 3 ist die Determinante von P_π per Definition das Signum von π. Man verifiziert weiter für $\pi, \rho \in S_n$

(2) $$P_\pi P_\rho = P_{\pi \circ \rho},$$

(3) $$P_\pi e_i = e_{\pi(i)}, \qquad i = 1, \ldots, n,$$

(4) $$P_\pi^t P_\pi = E.$$

Hier bezeichnet $e_1, \ldots, e_n$ wieder die kanonische Basis des K^n. Wegen (2) ist die Abbildung $\pi \mapsto P_\pi$ ein Gruppenhomomorphismus von S_n in $GL(n; K)$, und die Menge der Permutationsmatrizen bildet eine zur S_n isomorphe Untergruppe von $GL(n; K)$. Aus (2) folgt

(5) $$\varepsilon(\pi \circ \rho) = \varepsilon(\pi) \cdot \varepsilon(\rho) \qquad \text{für} \qquad \pi, \rho \in S_n,$$

und $\varepsilon : S_n \to \{\pm 1\}$ ist ein Homomorphismus der Gruppen, dessen Kern man die *alternierende* Gruppe nennt.

Aufgaben. 1) Die Gruppe S_n hat $n!$ Elemente.

2) Jede Permutation, die nur zwei Argumente vertauscht und den Rest fest läßt, heißt eine *Transposition*. Man zeige:

a) Jedes $\pi \in S_n$ kann man als Produkt (= Komposition) von höchstens n Transpositionen schreiben.

b) Ist π ein Produkt von s Transpositionen, dann gilt $\varepsilon(\pi) = (-1)^s$.

5. Ein weiterer Existenzbeweis. Da man das Signum $\varepsilon(\pi)$ einer Permutation ohne Determinantentheorie definieren kann, z. B. durch

$$\varepsilon(\pi) := \prod_{1 \leq i < j \leq n} \frac{\pi(i) - \pi(j)}{i - j},$$

legen die Darstellungs-Sätze in 3 einen weiteren Existenzbeweis nahe: Man definiert die Determinante durch die im 1. Darstellungs-Satz angegebene Formel und weist nach, daß man hierdurch eine nicht-triviale Determinanten-Funktion erhält. Diesen Weg findet man z. B. bei G. FISCHER [3] und H.-J. KOWALSKY [9].

Die hier entwickelte Determinantentheorie hängt nicht so sehr davon ab, daß man einen Körper K zugrunde gelegt hat: Man kann fast alle Aussagen auch über einem kommutativen Ring K gewinnen. Die Kommutativität von K geht jedoch wesentlich ein. Erst im Jahre 1943 (Bull. Soc. Math. France *71*, S. 27–45) entwickelte Jean DIEUDONNÉ eine Determinantentheorie über sogenannten Schiefkörpern, „Körpern“, bei denen das Kommutativitäts-Gesetz der Multiplikation verletzt ist.

§ 4. Erste Anwendungen

1. Lineare Gleichungssysteme. Ist ein Gleichungssystem von n Gleichungen in n Unbekannten $\xi_1, \ldots, \xi_n$,

$$Ax = b, \tag{1}$$

mit invertierbarer Matrix $A \in \operatorname{Mat}(n; K)$ gegeben, so erhält man die eindeutig bestimmte Lösung durch $x = A^{-1}b$. Nach Satz 2.4B folgt also

$$x = \frac{1}{\det A} A^{\#} b. \tag{2}$$

In der Bezeichnung von 2.3 folgt für die Komponenten $\xi_1, \ldots, \xi_n$ von x

$$\xi_i = \frac{1}{\det A} \sum_{j=1}^{n} \alpha_{ij}^{\#} \beta_j. \tag{3}$$

Trägt man hier die Definition für $\alpha_{ij}^{\#}$ aus 2.2 ein und beachtet $\beta_1 e_1 + \cdots + \beta_n e_n = b$, so erhält man erneut die CRAMERsche Regel 1.6.

2. Zweidimensionale Geometrie. In dem Vektorraum K^2 über K kann die Gerade durch zwei verschiedene Punkte a und b des K^2 nach 1.1.4 in der Form $G := \{\alpha a + \beta b \colon \alpha, \beta \in K,\ \alpha + \beta = 1\}$ geschrieben werden. Mit Hilfe von 3×3 Determinanten kann man eine andere Beschreibung geben:

Lemma. *Sind a, b verschiedene Punkte des K^2, dann liegt ein $x \in K^2$ genau dann auf der Geraden durch a und b, wenn gilt*

$$\det\begin{pmatrix} x & a & b \\ 1 & 1 & 1 \end{pmatrix} = 0. \tag{1}$$

Beweis. Gilt $x = \alpha a + \beta b$ mit $\alpha + \beta = 1$, dann sind die Vektoren

$$\begin{pmatrix} x \\ 1 \end{pmatrix}, \quad \begin{pmatrix} a \\ 1 \end{pmatrix}, \quad \begin{pmatrix} b \\ 1 \end{pmatrix} \tag{2}$$

des K^3 linear abhängig, es folgt daher (1).

Gilt umgekehrt (1), so sind die Vektoren (2) linear abhängig, das heißt, es gibt $\xi, \alpha, \beta \in K$, nicht alle Null, mit $\xi x = \alpha a + \beta b$ und $\xi = \alpha + \beta$. Im Falle $\xi = 0$ würde $b = a$ folgen. Man darf daher $\xi = 1$ annehmen. □

Nach Wahl von $\omega_1, \omega_2, \rho \in K$ nennt man wie im $\mathbb{R}^2$ auch in einem beliebigen K^2 die Menge der $x = \begin{pmatrix} \xi_1 \\ \xi_2 \end{pmatrix} \in K^2$ mit

$$\xi_1^2 + \xi_2^2 + \omega_1 \xi_1 + \omega_2 \xi_2 + \rho = 0 \tag{3}$$

einen *Kreis*, falls M wenigstens 2 Punkte enthält.

Satz. *Je drei nicht auf einer Geraden liegende Punkte a, b, c des K^2 liegen stets auf einem Kreis, nämlich auf dem durch*

$$\det\begin{pmatrix} \xi_1^2 + \xi_2^2 & \xi_1 & \xi_2 & 1 \\ \alpha_1^2 + \alpha_2^2 & \alpha_1 & \alpha_2 & 1 \\ \beta_1^2 + \beta_2^2 & \beta_1 & \beta_2 & 1 \\ \gamma_1^2 + \gamma_2^2 & \gamma_1 & \gamma_2 & 1 \end{pmatrix} = 0 \tag{4}$$

beschriebenen.

Beweis. Entwickelt man (4) nach der ersten Zeile, so erhält man eine Gleichung der Form

$$(\xi_1^2 + \xi_2^2) \cdot \det\begin{pmatrix} \alpha_1 & \alpha_2 & 1 \\ \beta_1 & \beta_2 & 1 \\ \gamma_1 & \gamma_2 & 1 \end{pmatrix} + \omega_1 \xi_1 + \omega_2 \xi_2 + \rho = 0$$

mit gewissen $\omega_1, \omega_2, \rho \in K$. Nach dem Lemma ist der Koeffizient von $\xi_1^2 + \xi_2^2$ ungleich Null, man kann also durch ihn dividieren und sieht, daß (4) zu einer Kreisgleichung (3) äquivalent ist. Damit definiert (4) einen Kreis im K^2. Für $x = a, b$ oder c stimmen in der Determinante (4) zwei Zeilen überein, sie ist also Null. Damit liegen a, b und c auf dem fraglichen Kreis. □

Aufgaben. 1) Für $a, b, c \in \mathbb{R}^2$ beweise man (vgl. 2.2.6)

$$\det\begin{pmatrix} \langle a, a\rangle & \langle a, b\rangle & \langle a, c\rangle \\ \langle a, b\rangle & \langle b, b\rangle & \langle b, c\rangle \\ \langle a, c\rangle & \langle b, c\rangle & \langle c, c\rangle \end{pmatrix} = 0$$

und leite hieraus eine Relation zwischen den Abständen von vier Punkten des $\mathbb{R}^2$ her. Wie lautet die Verallgemeinerung auf den $\mathbb{R}^n$?

3. Lineare Abhängigkeit. Im 2-dimensionalen Vektorraum K^2 sind je 3 Vektoren linear abhängig. Diese Tatsache wird durch die Identität

$$\det(a,b) \cdot c + \det(b,c) \cdot a + \det(c,a) \cdot b = 0 \qquad \text{für} \quad a,b,c \in K^2$$

ausgedrückt. Zum Beweis darf man ohne Einschränkung annehmen, daß a und b linear unabhängig sind. Man schreibt dann c als Linearkombination von a und b und erhält die Behauptung.

Analog gilt

$$\det(a,b,c)d = \det(a,b,d)c - \det(a,c,d)b + \det(b,c,d)a$$

für $a,b,c,d \in K^3$ und allgemein

$$\det(a_1,\ldots,a_n)a_{n+1} = \sum_{i=1}^{n} (-1)^{n+i} \det(a_1,\ldots,\hat{a}_i,\ldots,a_{n+1})a_i,$$

für $a_1,\ldots,a_{n+1} \in K^n$. Hier bedeutet $\hat{a}_i$ das Weglassen des Vektors a_i.

4. Rangberechnung. Die Bestimmung des Ranges einer Matrix ist in konkreten Fällen stets durch elementare Umformungen (2.1.7) möglich. Effektiver ist häufig ein Verfahren, das den Rang mit Hilfe von Unterdeterminanten bestimmt: Ist A eine beliebige $m \times n$ Matrix, so entsteht zu vorgegebener Zahl s, $1 \leqslant s \leqslant \operatorname{Min}(m,n)$, aus A durch Weglassen von $m-s$ Zeilen und $n-s$ Spalten eine $s \times s$ *Untermatrix*. Die Determinante einer jeden solchen Matrix heißt eine *s-reihige Unterdeterminante* (oder ein *Minor*) *von* A.

Satz. *Für eine Matrix* $0 \neq A \in \operatorname{Mat}(m,n;K)$ *sind äquivalent*:

(i) Rang $A = r$.
(ii) 1) *Es gibt eine r-reihige Unterdeterminante von* A, *die nicht Null ist.*
2) *Jede* $(r+1)$*-reihige Unterdeterminante von* A *ist Null.*

Beweis. Für $1 \leqslant s \leqslant \operatorname{Min}(m,n)$ sei $I_s(A)$ der K-Untervektorraum von K, der von allen s-reihigen Unterdeterminanten von A erzeugt wird. Als Untervektorraum von K ist $I_s(A)$ entweder K selbst oder besteht nur aus der Null.

Entsteht die Matrix B *aus* A *durch elementare Spalten- und Zeilenumformungen, so gilt* $I_s(A) = I_s(B)$. Zum Nachweis kann man sich auf eine der beiden Umformungen (ES.1) und (ES.2) aus 2.1.6 sowie auf die analogen Zeilenumformungen beschränken. In diesen Fällen ist aber jede s-reihige Unterdeterminante von B eine Linearkombination von höchstens zwei s-reihigen Unterdeterminanten von A und umgekehrt.

Nach Satz 2.1.8 darf man also $A = \begin{pmatrix} E & 0 \\ 0 & 0 \end{pmatrix}$, $E = E^{(r)}$, annehmen; $r = \operatorname{Rang} A$ ist hier äquivalent zu $I_r(A) = K$, $I_{r+1}(A) = \{0\}$; damit ist der Satz bewiesen. □

Aufgabe. Für $A \in \operatorname{Mat}(n;K)$ gilt:

a) Rang $A = n \Rightarrow$ Rang $A^\# = n$,
b) Rang $A = n-1 \Rightarrow$ Rang $A^\# = 1$,
c) Rang $A < n-1 \Rightarrow$ Rang $A^\# = 0$.

5. Die Determinanten-Rekursionsformel. Die beiden Entwicklungs-Sätze 2.2 und 2.3 sind Rekursionsformeln, welche die Berechnung einer n-reihigen Determinante auf die Berechnung von $(n-1)$-reihigen Unterdeterminanten zurückführen. Allerdings muß man dazu im allgemeinen n solcher Unterdeterminanten ausrechnen. Die folgende Formel gibt eine Ein-Schritt-Rekursion einer n-reihigen Determinante auf eine $(n-1)$-reihige Determinante:

Man schreibt die $n \times n$ Matrix in der Form

$$(1) \qquad A = \begin{pmatrix} \alpha & b^t \\ c & D \end{pmatrix} \quad \text{mit} \quad \alpha \in K, \quad b, c \in K^{n-1} \quad \text{und} \quad D \in \mathrm{Mat}(n-1; K).$$

Wie in 2.5.3 verifiziert man für $\alpha \neq 0$

$$\begin{pmatrix} \alpha & b^t \\ c & D \end{pmatrix} \begin{pmatrix} 1 & -\frac{1}{\alpha} b^t \\ 0 & E \end{pmatrix} = \begin{pmatrix} \alpha & 0 \\ c & G \end{pmatrix} \quad \text{mit} \quad G := D - \frac{1}{\alpha} c b^t.$$

$\begin{pmatrix} 1 & -\frac{1}{\alpha} b^t \\ 0 & E \end{pmatrix}$ ist eine Dreiecksmatrix mit der Determinante 1 (vgl. (D.7) in 1.4), so folgt die *Rekursionsformel*

$$(2) \qquad \det \begin{pmatrix} \alpha & b^t \\ c & D \end{pmatrix} = \alpha \cdot \det\left(D - \frac{1}{\alpha} c b^t\right), \qquad \alpha \neq 0,$$

die auch in der Form

$$(3) \qquad \det \begin{pmatrix} \alpha & b^t \\ c & D \end{pmatrix} = \alpha^{2-n} \cdot \det(\alpha D - c b^t), \qquad \alpha \neq 0,$$

geschrieben werden kann.

6. Das charakteristische Polynom. Eine Abbildung $\varphi\colon \mathrm{Mat}(n; K) \to K$ heißt ein *Polynom*, wenn $\varphi(A)$ eine Linearkombination von Produkten der Elemente α_{ij} von A ist. Für $n = 1$ erhält man so speziell die Polynome $\varphi\colon K \to K$ in ξ,

$$(1) \qquad \varphi(\xi) = \sum_{i=0}^{m} \alpha_i \xi^i \qquad \text{mit} \qquad \alpha_i \in K.$$

Man nennt φ ein *homogenes Polynom* vom Grad κ, wenn überdies $\varphi(\alpha A) = \alpha^\kappa \varphi(A)$ gilt. So ist z. B. $A \mapsto \mathrm{Spur}\, A$ ein homogenes Polynom vom Grad 1. Mit Hilfe eines der beiden Entwicklungs-Sätze (vgl. 2.2, 2.3) sieht man sofort, daß $A \mapsto \det A$ ein homogenes Polynom vom Grad n ist.

Analog stellt man fest, daß

$$(2) \qquad \chi_A(\xi) := \det(\xi E - A), \qquad A \in \mathrm{Mat}(n; K), \qquad \xi \in K,$$

ein Polynom in ξ und in den Koeffizienten von A ist. Man nennt χ_A das *charakteristische Polynom* von A.

Lemma. *Schreibt man*

$$(3) \qquad A = \begin{pmatrix} \alpha & b^t \\ c & D \end{pmatrix},$$

so gilt im Fall $\alpha \neq 0$ die Rekursionsformel

(4) $$\chi_A(\xi) = \xi \cdot \chi_D(\xi) - \alpha \cdot \chi_{D-(1/\alpha)cb^t}(\xi) \qquad \textit{für} \qquad \xi \in K.$$

Beweis. Man hat wegen der Linearität in der ersten Spalte für $\alpha \neq 0$

$$\chi_A(\xi) = \det\begin{pmatrix} \xi - \alpha & -b^t \\ -c & \xi E - D \end{pmatrix} = \det\begin{pmatrix} \xi & -b^t \\ 0 & \xi E - D \end{pmatrix} + \det\begin{pmatrix} -\alpha & -b^t \\ -c & \xi E - D \end{pmatrix}.$$

Mit der Rekursionsformel (2) aus 5 folgt

$$\chi_A(\xi) = \xi \cdot \det(\xi E - D) - \alpha \cdot \det\left(\xi E - D + \frac{1}{\alpha} cb^t\right)$$

und damit (4). □

In (1) sind die Koeffizienten α_i keineswegs durch die Abbildung $\varphi: K \to K$ festgelegt: Nimmt man z. B. für K den Körper, der nur aus den zwei Elementen 0 und 1 besteht ($1 + 1 = 0$), so gilt $0 = \xi^2 + \xi$ für alle $\xi \in K$. Will man sich daher nicht auf die reellen oder komplexen Zahlen beschränken, so darf man im weiteren Verlauf dieses Abschnittes nur Körper mit der folgenden Eigenschaft betrachten:

(*) Ist $\varphi: K \to K$ ein Polynom, so sind die Koeffizienten α_i in der Darstellung (1) durch φ eindeutig bestimmt.

In diesem Fall kann man also

(5) $$\chi_A(\xi) = \sum_{j=0}^{n} (-1)^j \omega_j(A) \xi^{n-j}$$

mit eindeutig bestimmten Polynomen $\omega_j: \mathrm{Mat}(n; K) \to K$ schreiben. Mit (4) zeigt eine leichte Induktion, daß in $\chi_A(\xi)$ die höchste echt auftretende Potenz von ξ den Grad n hat und daß gilt

(6) $$\omega_0(A) = 1;$$

für $\xi = 0$ erhält man aus (2)

(7) $$\omega_n(A) = \det(A).$$

Die wichtige Formel

(8) $$\omega_1(A) = \mathrm{Spur}\, A = \text{Summe der Diagonalelemente von } A$$

erhält man aus (2) durch Entwicklung der Determinante nach der 1. Zeile: In der Darstellung (3) wird

$$\chi_A(\xi) = \det(\xi E - A) = \det\begin{pmatrix} \xi - \alpha & -b^t \\ -c & \xi E - D \end{pmatrix} = (\xi - \alpha)\det(\xi E - D) + \omega(\xi),$$

mit einem Polynom ω in ξ, welches nur die Potenzen $1, \xi, \ldots, \xi^{n-2}$ enthält. Damit folgt

$$\begin{aligned}\chi_A(\xi) &= (\xi - \alpha)\det(\xi E - D) + \omega(\xi) \\ &= (\xi - \alpha)(\xi^{n-1} - \omega_1(D)\cdot\xi^{n-2} + \cdots) + \cdots \\ &= \xi^n - [\alpha + \omega_1(D)]\xi^{n-1} + \cdots,\end{aligned}$$

und eine Induktion nach n ergibt (8).

Trägt man (5) in (4) ein und beachtet (*), so ergibt sich die Rekursionsformel

$$(9) \qquad \omega_j(A) = \omega_j(D) + \alpha\omega_{j-1}\left(D - \frac{1}{\alpha}cb^t\right), \qquad j = 1, 2, \ldots, n-1,$$

falls A in der Form (3) gegeben ist und $\alpha \neq 0$ gilt.

Bemerkung. Man wird in 8.1.1 sehen, daß die Bedingung (*) sicher für Körper mit unendlich vielen Elementen richtig ist.

Für die Koeffizienten $\omega_j(A)$ des charakteristischen Polynoms $\chi_A(\xi)$ gemäß (5) gelten Identitäten, die manchmal als Rekursionsformeln verwendet werden können. Man definiere dazu σ_k für $A \in \mathrm{Mat}(n;K)$ und $k \in \mathbb{N}$ durch $\sigma_k = \sigma_k(A) := \mathrm{Spur}\, A^k$.

Satz. *Für* $A \in \mathrm{Mat}(n;K)$ *gilt*:

$$\sum_{k=1}^{j} (-1)^{k+1}\sigma_k\omega_{j-k} = j\cdot\omega_j \qquad \textit{mit} \qquad \omega_j := \begin{cases}\omega_j(A), & \textit{falls} \quad j \leqslant n,\\ 0, & \textit{falls} \quad j > n.\end{cases}$$

Einen Beweis findet man in 8.3.9.

Korollar. *Hat K die „Charakteristik Null", dann gilt*

$$(10) \qquad \omega_j(A) = \frac{1}{j!}\det\begin{pmatrix}\sigma_1 & 1 & 0 & \cdots & 0\\ \sigma_2 & \sigma_1 & 2 & \ddots & \vdots\\ \cdot & \cdot & \cdot & \ddots & 0\\ \vdots & & \ddots & \cdot & j-1\\ \sigma_j & \sigma_{j-1} & \cdots & & \sigma_1\end{pmatrix}.$$

Zum *Beweis* nennt man die rechte Seite δ_j und entwickelt δ_j nach der letzten Zeile. Man erhält die Identität des Satzes für δ_j an Stelle von ω_j. Wegen $\delta_1 = \sigma_1 = \omega_1$ folgt (10) durch Induktion nach j.

Speziell hat man also

$$\omega_1 = \sigma_1, \qquad \omega_2 = \tfrac{1}{2}(\sigma_1^2 - \sigma_2),$$
$$\omega_3 = \tfrac{1}{6}(\sigma_1^3 - 3\sigma_1\sigma_2 + 2\sigma_3), \ldots .$$

Historische Bemerkung. In der Himmelsmechanik werden die Bewegungen der Planeten im Sonnensystem aufgrund des NEWTONschen Gravitationsgesetzes durch gewisse Systeme von Differentialgleichungen beschrieben. Berücksichtigt man in erster Näherung nur die (durch große Masse überwiegende) Anziehung durch die Sonne, so erhält man ein System von linearen Differentialgleichungen mit konstanten Koeffizienten. Berücksichtigt man die Anziehungen der Planeten untereinander, so treten Störungen der Planetenbewegung auf. Neben periodischen Störungen kennt man seit P. S. LAPLACE Störungen, die eine so langsame Veränderung bewirken, daß man diese erst in Jahrhunderten bemerkt. Nach LAPLACE (Mécanique céleste 1799–1825) nennt man sie *säkulare Störungen* (saeculum [lat.] = Jahrhundert). Bei der mathematischen Behandlung solcher Störungen spielt eine Gleichung der Form $\chi_A(\xi) = 0$ für eine reelle Matrix A eine zentrale Rolle. Man nennt daher das charakteristische Polynom $\chi_A(\xi)$ auch „Säkulardeterminante" und $\chi_A(\xi) = 0$ auch *Säkulargleichung*.

7*. Mehrfache Nullstellen von Polynomen. Sind

$$(1) \qquad \begin{cases} \varphi(\xi) := \alpha_0\xi^m + \alpha_1\xi^{m-1} + \cdots + \alpha_{m-1}\xi + \alpha_m, \\ \psi(\xi) := \beta_0\xi^n + \beta_1\xi^{n-1} + \cdots + \beta_{n-1}\xi + \beta_n \end{cases}$$

zwei reelle Polynome, so kann man fragen, ob und ggf. wie man den Koeffizienten ansehen kann, daß beide Polynome eine gemeinsame (reelle oder komplexe) Nullstelle haben. Man vergrößert dazu $\varphi(\xi) = 0$ und $\psi(\xi) = 0$ zu einem System von $m + n$ Polynomen vom Grad $m + n - 1$:

$$\begin{array}{llllll}
\alpha_0\xi^{m+n-1} + \alpha_1\xi^{m+n-2} + \cdots & & + \alpha_m\xi^{n-1} & & & = 0 \\
\qquad \alpha_0\xi^{m+n-2} + \cdots & & + \alpha_{m-1}\xi^{n-1} & + \alpha_m\xi^{n-2} & & = 0 \\
\qquad \vdots & & \vdots & \vdots & & \vdots \\
& \alpha_0\xi^m + \alpha_1\xi^{m-1} + \cdots & & & + \alpha_m & = 0 \\
\beta_0\xi^{m+n-1} + \beta_1\xi^{m+n-2} + \cdots & + \beta_n\xi^{m-1} & & & & = 0 \\
\vdots \qquad \vdots & \vdots & & & & \vdots \\
& \beta_0\xi^n + \beta_1\xi^{n-1} & + \cdots & & + \beta_n & = 0.
\end{array}$$

Haben beide Polynome eine gemeinsame Nullstelle, dann hat das Gleichungssystem eine nicht-triviale Lösung $\xi^{m+n-1}, \ldots, \xi, 1$; in diesem Fall ist die *Resultante*, nämlich die Determinante der Koeffizienten,

$$(2) \qquad \det \begin{pmatrix}
\alpha_0 & \alpha_1 & \alpha_2 & \cdots & & \alpha_m & 0 & \cdots & 0 \\
0 & \alpha_0 & \alpha_1 & \cdots & & \alpha_{m-1} & \alpha_m & \ddots & \vdots \\
\vdots & \ddots & \ddots & \ddots & & & & \ddots & 0 \\
0 & \cdots & 0 & \alpha_0 & \alpha_1 & \cdots & & \cdots & \alpha_m \\
\beta_0 & \beta_1 & \beta_2 & \cdots & \beta_n & 0 & \cdots & & 0 \\
0 & \beta_0 & \beta_1 & \cdots & \beta_{n-1} & \beta_n & \ddots & & \vdots \\
\vdots & \ddots & \ddots & & & & \ddots & & 0 \\
0 & \cdots & 0 & & \beta_0 & \beta_1 & \cdots & & \beta_n
\end{pmatrix}$$

gleich Null.

Da φ genau dann eine mehrfache Nullstelle besitzt, wenn φ und seine Ableitung φ' eine gemeinsame Wurzel haben, hat φ dann keine mehrfachen Nullstellen, wenn die *Diskriminante* $D(\varphi) := (-1)^{n(n-1)/2} R(\varphi, \varphi')$, $n = \operatorname{Grad} \varphi$, ungleich Null ist. Diese Aussage bleibt sinngemäß für beliebigen Grundkörper K richtig (vgl. 8.1.1).

Im Falle eines quadratischen Polynoms $\varphi(\xi) = \alpha\xi^2 + \beta\xi + \gamma$, $\alpha \neq 0$, erhält man

$$D(\varphi) = -\det\begin{pmatrix} \alpha & \beta & \gamma \\ 2\alpha & \beta & 0 \\ 0 & 2\alpha & \beta \end{pmatrix} = \alpha(\beta^2 - 4\alpha\gamma).$$

Ein kubisches Polynom $\psi(\xi) = \xi^3 + \gamma\xi^2 + \delta\xi + \zeta$ schließlich bringt man zunächst durch die Translation $\xi \mapsto \xi - (\gamma/3)$ auf die reduzierte Form $\varphi(\xi) = \xi^3 + \alpha\xi + \beta$ und berechnet dann die Diskriminante zu

$$-\det\begin{pmatrix} 1 & 0 & \alpha & \beta & 0 \\ 0 & 1 & 0 & \alpha & \beta \\ 3 & 0 & \alpha & 0 & 0 \\ 0 & 3 & 0 & \alpha & 0 \\ 0 & 0 & 3 & 0 & \alpha \end{pmatrix} = -4\alpha^3 - 27\beta^2.$$

Ist die Diskriminante positiv, so hat φ drei reelle Nullstellen, ist sie negativ, so hat φ eine reelle und zwei nicht-reelle Nullstellen. Im Falle $D(\varphi) = 0$ hat φ eine einfache und eine doppelte reelle Nullstelle.

Bemerkung. Es läßt sich zeigen, daß zwei reelle Polynome φ, ψ *genau* dann eine gemeinsame (komplexe) Nullstelle haben, wenn die Resultante verschwindet (siehe B. L. VAN DER WAERDEN [19].

8*. Eine Funktionalgleichung. Man hatte gesehen, daß der Multiplikations-Satz für Determinanten, das heißt die Beziehung $\det(AB) = \det A \cdot \det B$ für $n \times n$ Matrizen A und B, eine zentrale Bedeutung hat: Beim Äquivalenz-Satz 1.5 wurde z. B. nur diese Aussage über Determinanten benötigt. Die Frage nach den möglichen Lösungen der Funktionalgleichung

$$\varphi(AB) = \varphi(A)\varphi(B) \qquad \text{für} \qquad A, B \in \mathrm{Mat}(n; K)$$

durch Abbildungen $\varphi: \mathrm{Mat}(n; K) \to K$ ist daher von Interesse. Ist hier $\varphi(A) = 0$ für eine invertierbare Matrix A, so ist φ die Nullabbildung und nicht weiter interessant. Man kann sich daher auf Abbildungen der Gruppe $GL(n; K)$ in $K^\times := K \setminus \{0\}$, also auf Homomorphismen der Gruppe $GL(n; K)$ in die multiplikative Gruppe $K^\times$, beschränken.

Satz. *Ist $\Phi: GL(n; K) \to K^\times$ eine Abbildung mit $\Phi(AB) = \Phi(A)\Phi(B)$ für alle $A, B \in GL(n; K)$, dann gibt es $\varphi: K^\times \to K^\times$ mit $\varphi(\alpha\beta) = \varphi(\alpha)\varphi(\beta)$ für alle $\alpha, \beta \in K^\times$ und $\Phi(A) = \varphi(\det A)$ für $A \in GL(n; K)$.*

Beweis. Man darf $n > 1$ annehmen. Die Abbildung $\varphi: K^\times \to K^\times$, $\varphi(\alpha) := \Phi\left(\begin{pmatrix} \alpha & 0 \\ 0 & E \end{pmatrix}\right)$, $\alpha \in K^\times$, genügt der Bedingung $\varphi(\alpha\beta) = \varphi(\alpha)\varphi(\beta)$. Zum Beweis von

(1) $$\Phi(E) = 1$$

beachte man nur, daß $\varepsilon^2 = \varepsilon$ und $\varepsilon \neq 0$ für $\varepsilon := \Phi(E)$ gilt. In der Bezeichnung von 2.6.1 soll nun gezeigt werden:

(2) $$\Phi(E + (\alpha - 1)E_{kk}) = \varphi(\alpha), \qquad \alpha \in K^\times,$$

(3) $$\Phi(E + \beta E_{kl}) = 1, \qquad \beta \in K, \qquad k \neq l.$$

Man bezeichnet dazu die linke Seite von (3) mit $\psi(\beta)$ und erhält

(4) $$\psi(\beta + \gamma) = \psi(\beta)\psi(\gamma) \qquad \text{für} \qquad \beta, \gamma \in K.$$

Andererseits ist $[E + (\beta - 1)E_{kk}][E + E_{kl}][E + ((1/\beta) - 1)E_{kk}] = E + \beta E_{kl}$ für $\beta \neq 0$, $k \neq l$, also $\psi(\beta) = \psi(1)$ für $\beta \neq 0$, da $\Phi(E + (\beta - 1)E_{kk})\Phi(E + ((1/\beta) - 1)E_{kk}) = \Phi(E) = 1$. Nach (4) ist nun $[\psi(1)]^2 = \psi(2) = \psi(1)$. Damit ist (3) in beiden Fällen gezeigt.

Da $\Phi(E + (\alpha - 1)E_{kk})$ aus $\Phi(E + (\alpha - 1)E_{11}) = \varphi(\alpha)$ durch Vertauschen von Zeilen und Spalten, also durch beidseitige Multiplikation mit Matrizen der Form $(E + E_{kl})(E - E_{lk})(E + E_{kl})$, $k \neq l$, entsteht (vgl. 1.4), folgt (2) aus (3).

Wegen $\det(E + (\alpha - 1)E_{kk}) = \alpha$ ergeben (2) und (3) sofort $\Phi(U) = \varphi(\det U)$, falls U eine Elementar-Matrix ist. Die Behauptung folgt nun aus Satz 2.6.3A. □

Bemerkung. Dieser so theoretisch anmutende Satz kann oft nutzbringend angewendet werden: Bei der Transformations-Formel für Gebietsintegrale spielt der Betrag der *Funktionaldeterminante* einer Abbildung f eines Gebietes G des $\mathbb{R}^n$ in den $\mathbb{R}^n$,

$$\omega_f(x) := \left| \det\left(\frac{\partial f_i}{\partial x_j}\right) \right|, \qquad x \in G,$$

eine zentrale Rolle. Mit Hilfe des Satzes kann man z. B. ω_f für die folgenden Abbildungen bestimmen:

(1) $$f\colon \mathrm{Mat}(m,n;\mathbb{R}) \to \mathrm{Mat}(m,n;\mathbb{R}), \qquad f(X) := UXV$$

mit $U \in GL(m;\mathbb{R})$ und $V \in GL(n;\mathbb{R})$,

$$f\colon \mathrm{Mat}(n;\mathbb{R}) \to \mathrm{Mat}(n;\mathbb{R}), \qquad f(X) := U^{-1}XU, \qquad U \in GL(n;\mathbb{R}),$$

$$f\colon \mathrm{Sym}(n;\mathbb{R}) \to \mathrm{Sym}(n;\mathbb{R}), \qquad f(X) := U^tXU, \qquad U \in GL(n;\mathbb{R}),$$

$$f\colon GL(n;\mathbb{R}) \to GL(n;\mathbb{R}), \qquad f(X) := X^{-1}.$$

Man erhält der Reihe nach

$$|\det U|^n \cdot |\det V|^m, \quad 1, \quad |\det U|^{n+1}, \quad |\det X|^{-2n}.$$

Im Falle (1) soll dies ausgeführt werden: Da $X \to f(X) = UXV$ eine lineare Abbildung ist, hängt $\omega_f = \varphi(U, V)$ nicht von X, sondern nur von U und V ab, und man bestätigt

(2) $$\varphi(\alpha E, \beta E) = (\alpha\beta)^{mn}.$$

Die Kettenregel zeigt nun

(3) $$\varphi(U_1U_2, V_1V_2) = \varphi(U_1, V_1)\varphi(U_2, V_2) \quad \text{für} \quad U_i \in GL(m;\mathbb{R}), \quad V_i \in GL(n;\mathbb{R}).$$

Für $U_2 = E$, $V = E$, folgt $\varphi(U, V) = \varphi(U, E)\varphi(E, V)$, und (3) zeigt, daß sowohl

$U \to \varphi(U, E)$ als auch $V \mapsto \varphi(E, V)$ der obigen Funktionalgleichung genügen. Nach dem Satz folgt $\varphi(U, E) = |\det U|^\kappa$, $\varphi(E, V) = |\det V|^\lambda$, und (2) liefert $\kappa = n$, $\lambda = m$.

Die anderen Fälle können analog behandelt werden.

9. Orientierung von Vektorräumen. Sei V ein $\mathbb{R}$-Vektorraum der endlichen Dimension $n > 0$. Sind $b_1, \ldots, b_n$ und $c_1, \ldots, c_n$ zwei geordnete Basen von V (also n-Tupel, die als Mengen zugleich Basen sind), so gibt es nach 2.7.6 eine Übergangsmatrix $A = (\alpha_{ij}) \in GL(n; \mathbb{R})$ mit

$$(1) \qquad c_i = \sum_{j=1}^{n} \alpha_{ji} b_j, \qquad i = 1, 2, \ldots, n.$$

Man nennt nun die beiden Basen *gleich orientiert*, wenn $\det A$ positiv ist. Andernfalls heißen die Basen *verschieden orientiert*. Zwei geordnete Basen von V, die sich nur durch Vertauschung zweier Vektoren unterscheiden, sind daher stets verschieden orientiert. Eine Verifikation ergibt das

Lemma. *Die Eigenschaft, gleich orientiert zu sein, ist eine Äquivalenz-Relation auf der Menge aller geordneten Basen von V.*

Da $\det A$ in (1) positiv oder negativ ist, gibt es genau 2 Äquivalenz-Klassen.

Die Fixierung einer der beiden Äquivalenz-Klassen, das heißt die Fixierung einer geordneten Basis B von V, nennt man eine *Orientierung* von V und schreibt manchmal $(V; B)$ anstelle von V. Jeder $\mathbb{R}$-Vektorraum besitzt daher zwei Orientierungen.

In dem Vektorraum $\mathbb{R}^n$ kann eine Orientierung in kanonischer Weise ausgezeichnet werden: Man nennt eine geordnete Basis $b_1, \ldots, b_n$ *positiv orientiert*, wenn sie die gleiche Orientierung wie die kanonische Basis $e_1, \ldots, e_n$ hat. Andernfalls heißt $b_1, \ldots, b_n$ *negativ orientiert*. Wegen

$$b_i = \sum_{j=1}^{n} \beta_{ji} e_j \qquad \text{für} \qquad b_i = \begin{pmatrix} \beta_{1i} \\ \vdots \\ \beta_{ni} \end{pmatrix} \in \mathbb{R}^n$$

ist dann $b_1, \ldots, b_n$ genau dann positiv orientiert, wenn $\det(b_1, \ldots, b_n)$ positiv ist. Man vergleiche mit 4.2.7.

Ist $x \mapsto Ax$, $A \in GL(n; K)$, eine bijektive lineare Selbstabbildung des $\mathbb{R}^n$, dann nennt man A *orientierungstreu*, wenn $\det A$ positiv ist. Für jede positiv orientierte Basis $b_1, \ldots, b_n$ ist auch $Ab_1, \ldots, Ab_n$ positiv orientiert.

Eine geometrische Deutung der Orientierung im $\mathbb{R}^3$ findet man in 7.1.3.

§ 5. Symmetrische Matrizen

1. Einleitung. Neben Linearformen, also Abbildungen $x \mapsto \lambda(x)$ des K^n nach K, welche in den Komponenten von x linear sind, treten in der Mathematik und in der Physik („Spannungstensor", „Trägheitstensor" u. ä.) häufig sogenannte *quadratische Formen* auf. Das sind Abbildungen $x \mapsto \varphi(x)$ des K^n nach K, welche homogene quadratische Polynome in den Komponenten von x sind:

(1) $$\varphi(x) = \sum_{i,j=1}^{n} \sigma_{ij}\xi_i\xi_j \qquad \text{mit} \qquad \sigma_{ij} \in K.$$

Da hier in der Summe für $i \neq j$ sowohl $\sigma_{ij}\xi_i\xi_j$ als auch $\sigma_{ji}\xi_j\xi_i$ auftritt, sind die Koeffizienten σ_{ij} durch die Werte $\varphi(x)$, $x \in K^n$, nicht eindeutig bestimmt: Man kann z. B. σ_{ij} durch $\sigma_{ij} + \alpha_{ij}$ und σ_{ji} durch $\sigma_{ji} - \alpha_{ij}$ ersetzen, ohne daß sich die Werte $\varphi(x)$, $x \in K^n$, ändern. Kann man im Körper K durch 2 teilen (das heißt, ist $2 \neq 0$ in K), dann kann man $\alpha_{ij} := \frac{1}{2}(\sigma_{ji} - \sigma_{ij})$ wählen und erhält Koeffizienten, die in i und j symmetrisch sind. Im vorliegenden Paragraphen wird daher stets angenommen, daß *in einer quadratischen Form* (1) *die Koeffizienten* σ_{ij} *symmetrisch sind*, das heißt, daß

(2) $$\sigma_{ij} = \sigma_{ji} \qquad \text{für} \qquad i, j = 1, \ldots, n$$

gilt. Ordnet man daher nach verschiedenen Termen $\xi_i\xi_j$, so erhält man

(3) $$\varphi(x) = \sum_{i=1}^{n} \sigma_{ii}\xi_i^2 + 2\sum_{i<j} \sigma_{ij}\xi_i\xi_j,$$

und die gemischten Terme haben den Koeffizienten 2.

2. Der Vektorraum der symmetrischen Matrizen. Eine Matrix $S = (\sigma_{ij})$ aus $\mathrm{Mat}(n; K)$ heißt *symmetrisch*, wenn $S^t = S$ gilt, wenn also $\sigma_{ij} = \sigma_{ji}$ für alle $i, j = 1, \ldots, n$ gilt. Faßt man in 1(3) die Koeffizienten σ_{ij} zu einer Matrix $S = (\sigma_{ij})$ zusammen, so ist S symmetrisch, und an Stelle von 1(1) kann man

(1) $$\varphi(x) = x^t S x, \qquad x \in K^n,$$

schreiben. Umgekehrt ordnet (1) jeder symmetrischen Matrix S eine quadratische Form zu.

Die Rechenregeln für das Transponieren von Matrizen zeigen, daß mit S und T aus $\mathrm{Mat}(n; K)$ auch $\alpha S + \beta T$ für $\alpha, \beta \in K$ wieder symmetrisch ist. Die Menge $\mathrm{Sym}(n; K)$ aller symmetrischen $n \times n$ Matrizen über K ist daher ein Untervektorraum von $\mathrm{Mat}(n; K)$.

Lemma A. *Der K-Vektorraum* $\mathrm{Sym}(n; K)$ *hat die Dimension* $\frac{1}{2}n(n+1)$.

Beweis. Mit Hilfe der kanonischen Basis E_{ij} von $\mathrm{Mat}(n; K)$ sieht man, daß die Menge $E_{11}, \ldots, E_{nn}$, $E_{ij} + E_{ji}$ für $i < j$, eine Basis von $\mathrm{Sym}(n; K)$ ist. Die Anzahl dieser Matrizen ist aber $n + \frac{1}{2}n(n-1) = \frac{1}{2}n(n+1)$. □

Lemma B. *Für* $W \in \mathrm{Mat}(n; K)$ *ist die Abbildung* $S \mapsto W^t S W$

a) *ein Endomorphismus des K-Vektorraums* $\mathrm{Sym}(n; K)$ *und*
b) *genau dann bijektiv, wenn W invertierbar ist.*

Beweis. a) Zunächst ist $W^t S W$ wieder symmetrisch, $(W^t S W)^t = W^t S^t (W^t)^t = W^t S W$, und die Distributiv-Gesetze der Matrizenmultiplikation zeigen, daß die Abbildung linear ist.

b) Ist die Abbildung bijektiv, dann gibt es $S \in \mathrm{Sym}(n; K)$ mit $W^t S W = E$, und es folgt $\det W \neq 0$. Ist umgekehrt W invertierbar mit Inversem V, dann ist $T \mapsto V^t T V$ die Umkehrabbildung von $S \mapsto W^t S W$. □

Bemerkungen. 1) Nach Lemma B ist jede Abbildung $S \mapsto W^t S W$ ein Endomorphismus des K-Vektorraums $\mathrm{Sym}(n; K)$. Nicht jeder Endomorphismus von $\mathrm{Sym}(n; K)$ hat aber diese Gestalt: So kann man im allgemeinen den Endomorphismus $S \mapsto A^t S A + B^t S B$ nicht als $W^t S W$ schreiben.

2) Will man in der quadratischen Form (1) für x „neue Variablen" einführen, also x durch Wy mit $W \in GL(n; K)$ ersetzen, so erhält man eine quadratische Form in y,

$$\psi(y) := \varphi(Wy) = y^t T y \qquad \text{mit} \qquad T := W^t S W. \tag{2}$$

Da man diesen Prozeß früher eine „Transformation der Variablen" nannte, sagt man, daß $T = W^t S W$ *aus S durch Transformation mit W hervorgeht.* Man mache sich klar, daß durch

$$S \sim T \;:\Leftrightarrow\; \text{Es gibt } W \in GL(n; K) \text{ mit } T = W^t S W \tag{3}$$

eine Äquivalenz-Relation auf $\mathrm{Sym}(n; K)$ definiert wird.

3. Quadratische Ergänzung. Seit den Babyloniern löst man quadratische Gleichungen durch die sogenannte „quadratische Ergänzung":

$$\alpha\xi^2 + 2\beta\xi\eta + \gamma\eta^2 = \alpha\left(\xi + \frac{\beta}{\alpha}\eta\right)^2 + \left(\gamma - \frac{\beta^2}{\alpha}\right)\eta^2 \qquad \text{falls} \qquad \alpha \neq 0.$$

Formuliert man dies in der Koeffizientenmatrix, so erhält man eine Identität für symmetrische 2×2 Matrizen,

$$\begin{pmatrix} \alpha & \beta \\ \beta & \gamma \end{pmatrix} = \begin{pmatrix} 1 & 0 \\ \frac{\beta}{\alpha} & 1 \end{pmatrix} \begin{pmatrix} \alpha & 0 \\ 0 & \omega \end{pmatrix} \begin{pmatrix} 1 & \frac{\beta}{\alpha} \\ 0 & 1 \end{pmatrix}, \qquad \omega = \gamma - \frac{\beta^2}{\alpha}, \tag{1}$$

die ein Analogon für $n \times n$ Matrizen hat:

Man schreibt $S \in \mathrm{Sym}(n; K)$ zunächst in „Kästchenform"

$$S = \begin{pmatrix} T & w \\ w^t & \alpha \end{pmatrix} \qquad \text{mit} \quad \alpha \in K, \quad w \in K^{n-1}, \quad T \in \mathrm{Sym}(n-1; K). \tag{2}$$

Ist T invertierbar, so verifiziert man

$$S = A^t \begin{pmatrix} T & 0 \\ 0 & \omega \end{pmatrix} A \qquad \text{mit} \quad A := \begin{pmatrix} E & T^{-1}w \\ 0 & 1 \end{pmatrix}, \quad \omega := \alpha - w^t T^{-1} w. \tag{3}$$

Im Falle $\alpha \neq 0$ folgt analog

$$S = B \begin{pmatrix} R & 0 \\ 0 & \alpha \end{pmatrix} B^t \qquad \text{mit} \quad B := \begin{pmatrix} E & \frac{1}{\alpha} w \\ 0 & 1 \end{pmatrix}, \quad R := T - \frac{1}{\alpha} w w^t. \tag{4}$$

Da (3) im Falle $n = 2$ in (1) übergeht, nennt man die Identitäten (3) und (4) *quadratische Ergänzungen von S.*

In Analogie zur Rekursionsformel 4.5 erhält man aus (3) und (4) durch Bildung der Determinante und Beachtung von $\det A = \det B = 1$:

(5) $$\det S = (\alpha - w^t T^{-1} w) \cdot \det T,$$

(6) $$\det S = \alpha \cdot \det\left(T - \frac{1}{\alpha} ww^t\right).$$

Diese beiden Formeln implizieren die für alle invertierbaren symmetrischen T gültige Determinantenformel

(7) $$\det(T + ww^t) = (1 + w^t T^{-1} w) \cdot \det T = \det T + w^t T^{\#} w,$$

die häufig mit Nutzen angewendet werden kann.

4. Die JACOBIsche Normalform. Nach 4.4 waren Unterdeterminanten (oder Minoren) einer Matrix S die Determinanten der quadratischen Untermatrizen von S. Unter dem r-ten *Hauptminor* $\delta_r(S)$, $r = 1, \ldots, n$, einer Matrix $S \in \mathrm{Sym}(n; K)$ versteht man die Determinante der Matrix, die durch Streichung der letzten $n - r$ Zeilen und Spalten entsteht. Speziell gilt $\delta_n(S) = \det S$ und in der Bezeichung 3(2)

$$\delta_{n-1}(S) := \det T.$$

Wie in 2.5.4 nennt man eine Matrix $W \in \mathrm{Mat}(n; K)$ unipotent, wenn W eine obere Dreiecksmatrix ist, deren Diagonalelemente alle gleich 1 sind. Man hatte gesehen, daß die Menge der $n \times n$ unipotenten Matrizen eine Untergruppe von $GL(n; K)$ ist.

Satz von JACOBI. *Ist $S \in \mathrm{Sym}(n; K)$ und sind alle Hauptminoren $\delta_r := \delta_r(S)$ von S ungleich Null, dann gibt es eine unipotente $n \times n$ Matrix W mit $S = W^t D W$, und D ist eine Diagonalmatrix mit den Diagonalelementen $\delta_1, \delta_2/\delta_1, \delta_3/\delta_2, \ldots, \delta_n/\delta_{n-1}$.*

Beweis. Nach 3(3) gibt es eine unipotente Matrix A mit $S = A^t \begin{pmatrix} T & 0 \\ 0 & \omega \end{pmatrix} A$. Hier ist ω nach 3(5) gleich $\det S / \det T = \delta_n/\delta_{n-1}$. Eine Induktion vollendet den Beweis. □

Bemerkung. Wenn man über die Hauptminoren von S nichts weiß, so kann man für S zwar noch eine analoge Normalform herleiten, muß dann aber beliebige invertierbare Matrizen W zulassen:

5. Normalformen-Satz. *Ist $2 \neq 0$ in K, so gibt es zu jedem $S \in \mathrm{Sym}(n; K)$ ein $W \in GL(n; K)$ und eine Diagonalmatrix D mit $S = W^t D W$.*

Der *Beweis* wird durch Induktion nach n geführt. Man kann daher annehmen, daß die Aussage für $n - 1$ an Stelle von n schon bewiesen ist.

Sei nun $S \in \mathrm{Sym}(n; K)$ gegeben. Im Falle $S = 0$ ist nichts zu beweisen, man kann $S \neq 0$ annehmen.

Behauptung 1. *Es gibt $v \in K^n$ mit $v^t S v \neq 0$.* Denn anderenfalls wäre $2 \cdot x^t S y = (x + y)^t S(x + y) - x^t S x - y^t S y = 0$ für alle $x, y \in K^n$. Nach Voraussetzung folgt $x^t S y = 0$ für $x, y \in K^n$, also $S = 0$ im Widerspruch zur Annahme.

Behauptung 2. *Es gibt* $W \in GL(n; K)$, $T \in \mathrm{Sym}(n-1; K)$ *und* $0 \neq \omega \in K$ *mit* $W^t S W = \begin{pmatrix} T & 0 \\ 0 & \omega \end{pmatrix}$. Man wählt $v \neq 0$ nach Behauptung 1, ergänzt $v = v_n$ zu einer Basis $v_1, \ldots, v_n$ von K^n und setzt $V := (v_1, \ldots, v_n)$. Nach dem Äquivalenz-Satz für invertierbare Matrizen ist V in $GL(n; K)$, und es folgt $S_1 := V^t S V = \begin{pmatrix} * & * \\ * & \alpha \end{pmatrix}$ mit $\alpha := v^t S v \neq 0$. Nach 3(4) gibt es $U \in GL(n; K)$ und $T \in \mathrm{Sym}(n-1; K)$ mit $U^t S_1 U = \begin{pmatrix} T & 0 \\ 0 & \alpha \end{pmatrix}$. Nach Induktionsvoraussetzung gibt es $W_1 \in GL(n-1; K)$, so daß $D = W_1^t T W_1$ eine Diagonalmatrix ist. Es folgt $W^t S W = \begin{pmatrix} D & 0 \\ 0 & \alpha \end{pmatrix}$ für $W = VU \begin{pmatrix} W_1 & 0 \\ 0 & 1 \end{pmatrix}$. □

6*. Trägheits-Satz. *Zu jeder reellen symmetrischen* $n \times n$ *Matrix* S *gibt es eindeutig bestimmte Zahlen* p *und* q *und* $W \in GL(n; \mathbb{R})$ *mit*

$$(1) \qquad S = W^t \begin{pmatrix} E^{(p)} & 0 & 0 \\ 0 & -E^{(q)} & 0 \\ 0 & 0 & 0 \end{pmatrix} W, \qquad \mathrm{Rang}\, S = p + q.$$

Beweis. Nach dem Normalformen-Satz 5 gibt es zunächst $W_1 \in GL(n; \mathbb{R})$ und Diagonalmatrix D_1 mit $S = W_1^t D_1 W_1$. Ist W_2 eine Permutationsmatrix, so kann man D_2 durch $D_1 = W_2^t D_2 W_2$ definieren. Hier ist D_2 wieder eine Diagonalmatrix, deren Diagonalelemente durch eine Permutation der Diagonalelemente von D_1 entstehen. Bei geeigneter Wahl von W_2 darf man also annehmen, daß die ersten p Diagonalelemente von D_2 positiv, die nächsten q Diagonalelemente negativ und die restlichen Null sind. Ersetzt man jetzt noch W_2 durch $W_2 D$ mit einer geeigneten Diagonalmatrix D, so gilt mit $W = D W_2 W_1$ die Gleichung (1).

Hier ist $p + q$ der Rang von S, also durch S eindeutig bestimmt. Hat man S auf zwei Weisen gemäß (1) dargestellt,

$$(2) \quad S = W_1^t \begin{pmatrix} D_1 & 0 \\ 0 & 0 \end{pmatrix} W_1 = W_2^t \begin{pmatrix} D_2 & 0 \\ 0 & 0 \end{pmatrix} W_2 \qquad \text{mit} \quad D_i = \begin{pmatrix} E^{(p_i)} & 0 \\ 0 & -E^{(q_i)} \end{pmatrix},$$

so gilt daher $p_1 + q_1 = p_2 + q_2 =: r$. Aus (2) folgt speziell

$$(3) \quad D_1 = U^t D_2 U \qquad \text{mit} \qquad W_2 W_1^{-1} = \begin{pmatrix} U & * \\ * & * \end{pmatrix} \qquad \text{und} \qquad U = U^{(r)}.$$

Man definiert die quadratischen Formen $\varphi_1(y) := y^t D_1 y$ und $\varphi_2(x) := x^t D_2 x$. Nach (3) und (2) folgt mit $x = Uy$ und den Abkürzungen $i = p_1, j = p_2$,

$$(4) \quad \eta_1^2 + \cdots + \eta_i^2 - \eta_{i+1}^2 - \cdots - \eta_r^2$$
$$= \varphi_1(y) = \varphi_2(Uy) = \varphi_2(x) = \xi_1^2 + \cdots + \xi_j^2 - \xi_{j+1}^2 - \cdots - \xi_r^2.$$

Nimmt man jetzt z. B. $j < i$ an, dann besteht das homogene Gleichungssystem

$$(5) \qquad \eta_{i+1} = 0, \ldots, \eta_r = 0, \qquad \xi_1 = 0, \ldots, \xi_j = 0$$

in den Unbekannten $\eta_1, \ldots, \eta_r$ aus $(r - i) + j < r$ Gleichungen, besitzt daher eine Lösung $y \neq 0$. Nach (4) gilt daher $\eta_1^2 + \cdots + \eta_i^2 = -(\xi_{j+1}^2 + \cdots + \xi_r^2)$, so daß $\eta_1 = \cdots = \eta_i = 0$, mit (5) also $y = 0$ folgen würde.

Aus Symmetriegründen folgt $p_1 = i = j = p_2$. □

Bemerkung. Der Trägheitssatz wurde erstmals von SYLVESTER im Jahre 1852 publiziert. Aus den nachgelassenen Schriften geht hervor, daß JACOBI diesen Satz 1847 gekannt hat (vgl. Crelles Journal *53*, S. 275).

Hat S die Form (1), so nennt man (p, q) die *Signatur* von S und $p - q$ manchmal den *Trägheitsindex* von S.

Sind alle Hauptminoren von S ungleich Null, so kann man die Signatur von S aus dem Satz von JACOBI, nämlich aus den Vorzeichen der Hauptminoren, entnehmen.

§ 6. Spezielle Matrizen

1. Schiefsymmetrische Matrizen. Wie in 2.1.4 nennt man eine quadratische Matrix A schiefsymmetrisch, wenn $A^t = -A$ gilt. Schiefsymmetrische Matrizen betrachtet man nur über Körpern „einer Charakteristik ungleich 2“, also über Körpern, in denen $\alpha = 0$ aus $2\alpha = 0$ folgt.

Lemma. *Jede schiefsymmetrische Matrix ungerader Zeilenzahl hat Determinante Null.*

Beweis. Wegen (D.6) und (D.5) gilt $\det A = \det A^t = \det(-A) = (-1)^n \det A$ für jede schiefsymmetrische $n \times n$ Matrix A. Ist nun n ungerade, so folgt $2 \cdot \det A = 0$, also $\det A = 0$. □

Satz. *Ist A eine schiefsymmetrische Matrix gerader Zeilenzahl, dann ist* $\det A$ *ein Quadrat.*

Beweis. Zunächst überlegt man sich, daß man (nach evtl. Übergang von A zu P^tAP mit einer Permutationsmatrix P) ohne Einschränkung annehmen kann, daß A die Form $A = \begin{pmatrix} S & B \\ -B^t & C \end{pmatrix}$, $S = \begin{pmatrix} 0 & \alpha \\ -\alpha & 0 \end{pmatrix}$, $\alpha \neq 0$ hat. Wegen

$$\begin{pmatrix} E & 0 \\ B^tS^{-1} & E \end{pmatrix} A \begin{pmatrix} E & -S^{-1}B \\ 0 & E \end{pmatrix} = \begin{pmatrix} S & 0 \\ 0 & \tilde{A} \end{pmatrix} \quad \text{mit} \quad \tilde{A} := C + B^tS^{-1}B$$

folgt $\det A = \det S \cdot \det \tilde{A}$ nach (D.4) und (D.8). Die Behauptung folgt nun mit einer Induktion über die Zeilenzahl.

Aufgabe. Jede schiefsymmetrische Matrix hat geraden Rang.

2. Die VANDERMONDEsche Determinante:

$$\det \begin{pmatrix} 1 & \alpha_1 & \alpha_1^2 & \cdots & \alpha_1^{n-1} \\ 1 & \alpha_2 & \alpha_2^2 & \cdots & \alpha_2^{n-1} \\ \vdots & & & & \\ 1 & \alpha_n & \alpha_n^2 & \cdots & \alpha_n^{n-1} \end{pmatrix} = \prod_{1 \leq i < j \leq n} (\alpha_j - \alpha_i).$$

Zum Beweis bezeichne man die linke Seite mit $\Delta(\alpha_1, \ldots, \alpha_n)$. Für $k = n$, $n-1, \ldots, 3, 2$ subtrahiert man das α_1-fache der $(k-1)$-ten Spalte von der k-ten Spalte und erhält eine $n \times n$ Matrix mit $(1, 0, \ldots, 0)$ als 1. Zeile und

$$(1, \alpha_i - \alpha_1, \alpha_i^2 - \alpha_1\alpha_i, \ldots, \alpha_i^{n-1} - \alpha_1\alpha_i^{n-2})$$

als i-ter Zeile $(i > 1)$. Nach (D.8) folgt

$$\begin{aligned}\Delta(\alpha_1, \ldots, \alpha_n) &= \det\begin{pmatrix} \alpha_2 - \alpha_1 & \alpha_2(\alpha_2 - \alpha_1) & \cdots & \alpha_2^{n-2}(\alpha_2 - \alpha_1) \\ \vdots & & & \\ \alpha_n - \alpha_1 & \alpha_n(\alpha_n - \alpha_1) & \cdots & \alpha_n^{n-2}(\alpha_n - \alpha_1) \end{pmatrix} \\ &= (\alpha_2 - \alpha_1)(\alpha_3 - \alpha_1) \cdots (\alpha_n - \alpha_1) \cdot \Delta(\alpha_2, \alpha_3, \ldots, \alpha_n),\end{aligned}$$

und eine Induktion ergibt die Behauptung.

Bemerkung. A. T. VANDERMONDE (1749–1827, Paris) veröffentlichte 1771 den Spezialfall $n = 3$, während CAUCHY im Jahre 1815 den allgemeinen Fall behandelte (Œuvres, II. Serie, *1*, S. 91–169).

3. Bandmatrizen sind quadratische Matrizen, bei denen höchstens auf der Diagonale und auf „wenigen" Parallelen zur Diagonale von Null verschiedene Elemente stehen. Es soll jetzt eine Methode zur Berechnung der Determinante von Bandmatrizen an einem illustrierenden Beispiel erläutert werden: Für $\alpha_1, \ldots, \alpha_n$, $\beta \in K$ sei

$$\Delta_n(\alpha_1, \ldots, \alpha_n; \beta) := \det\begin{bmatrix} \alpha_1 & \beta & 0 & \cdots & 0 \\ \beta & \alpha_2 & \beta & \ddots & \vdots \\ 0 & \beta & \ddots & \ddots & 0 \\ \vdots & \ddots & \ddots & \ddots & \beta \\ 0 & & 0 & \beta & \alpha_n \end{bmatrix}.$$

Im Falle $\alpha_1 \neq 0$ kann man die Rekursionsformel 4.5 anwenden und erhält

$$\Delta_n(\alpha_1, \ldots, \alpha_n; \beta) = \alpha_1^{2-n}\Delta_{n-1}(\alpha_1\alpha_2 - \beta^2, \alpha_1\alpha_3, \ldots, \alpha_1\alpha_n; \alpha_1\beta),$$

also eine echte Rekursionsformel für Δ_n.

4. Aufgaben. Man zeige:

(1) $$\det\begin{pmatrix} \alpha & \beta & \cdots & \beta \\ \beta & \ddots & \ddots & \vdots \\ \vdots & \ddots & \ddots & \beta \\ \beta & \cdots & \beta & \alpha \end{pmatrix} = [\alpha + (n-1)\beta](\alpha - \beta)^{n-1},$$

(2) $$\det\begin{pmatrix} \alpha & \beta & \gamma & \delta \\ -\beta & \alpha & -\delta & \gamma \\ -\gamma & \delta & \alpha & -\beta \\ -\delta & -\gamma & \beta & \alpha \end{pmatrix} = (\alpha^2 + \beta^2 + \gamma^2 + \delta^2)^2,$$

(3) $$\det\begin{pmatrix} A & B \\ C & D \end{pmatrix} = \det(AD - CB), \quad \text{falls} \quad AC = CA \quad \text{und} \quad \det A \neq 0,$$

(4)
$$\det\begin{pmatrix} \cos\alpha & \sin\alpha\cos\beta & \sin\alpha\sin\beta \\ -\sin\alpha & \cos\alpha\cos\beta & \cos\alpha\sin\beta \\ 0 & -\sin\beta & \cos\beta \end{pmatrix} = 1,$$

(5)
$$\det\begin{pmatrix} 2 & 1 & 0 & & & \cdots & & & 0 \\ 1 & 2 & 1 & & & & & & \\ 0 & 1 & 2 & 1 & \ddots & & & & \vdots \\ & & 1 & 2 & 1 & \ddots & & & \vdots \\ \vdots & & \ddots & 1 & 2 & 1 & & & \\ \vdots & & & \ddots & 1 & 2 & 2 & 0 & \\ & & & & & 2 & 4 & 1 & \\ 0 & & \cdots & & & 0 & 1 & 2 & \end{pmatrix} = 1,$$

für $a_1, \ldots, a_{n+1} \in K^n$:

(6)
$$\det\begin{pmatrix} a_1 & a_2 & \cdots & a_{n+1} \\ 1 & 1 & \cdots & 1 \end{pmatrix} = \det(a_1 - a_{n+1}, a_2 - a_{n+1}, \ldots, a_n - a_{n+1}).$$

§ 7. Zur Geschichte der Determinanten

1. Gottfried Wilhelm LEIBNIZ. Freiherr von LEIBNIZ (1646 in Leipzig geboren, nach einem Aufenthalt in Paris von 1672 bis 1676 Bibliothekar und Rat des Herzogs von Hannover, später Hofgeschichtsschreiber, bedeutender Mathematiker, Philosoph, Rechtsgelehrter, Politiker, Theologe, Physiker, Geschichts- und Sprachforscher, also ein „Universalgenie", starb 1716 in Hannover) gilt als Erfinder der Determinanten: Seit 1678 (datierte Handschrift, Niedersächsische Landesbibliothek, Hannover, LH XXXV 4,8 f.1–2) behandelt er schrittweise lineare Gleichungssysteme von einer Gleichung mit einer Unbekannten bis zu fünf Gleichungen mit vier Unbekannten. Eine Determinante wird danach durch die Formel eines Darstellungs-Satzes 3.3 definiert und mit $\overline{1 \cdot 2 \cdot \cdots \cdot n}$ bezeichnet. LEIBNIZ kennt die Vorzeichenregel, also das Signum der Permutationen und die beiden Entwicklungs-Sätze (2.2, 2.3), er besitzt bereits eine voll ausgebildete Symbolik.

An Mitteilungen und Veröffentlichungen kennt man nur Briefe an den Marquis de l'HOSPITAL (1693, vgl. 2.1.2) und an Jacob BERNOULLI (1705), sowie je eine Arbeit in den Acta Eruditorum (1700) und den Miscellanea Berolinensia (1710).

Nach Y. MIKAMI (Isis *2*, S. 9–36, 1914) hat der japanische Mathematiker SEKI KŌWA (oder SEKI TAKAKUSU oder Takakazu SEKI, 1642?–1708) bereits vor 1683, also vor der ersten Veröffentlichung von LEIBNIZ, die Idee einer Determinante besessen. Eine Kurz-Biographie findet man im Math. Intelligencer *3*, S. 121–2 (1981).

Die LEIBNIZsche Symbolik setzte sich nicht allgemein durch, Determinanten wurden von G. CRAMER im Jahre 1750 wiederentdeckt.

2. BALTZER's Lehrbuch. Das erste deutschsprachige Lehrbuch zur Determinanten-Theorie erschien nach Vorgängern von SPOTTISWOODE (1851) und BRIOSCHI (1854) im Jahre 1857 bei S. HIRZEL in Leipzig: „*Theorie und Anwendung der Determinanten* mit Beziehung auf die Originalquellen, dargestellt von Dr. Richard BALTZER, Oberlehrer am Städtischen Gymnasium zu Dresden" (2. Auflage 1864,

5. Auflage 1881). In der Vorrede spürt man den Zeitgeist, wenn die Bedeutung und die Geschichte mit folgenden Zeilen gewürdigt werden:

Das mächtige Instrument der Algebra und Analysis, welches unter dem Namen der Determinanten in Gebrauch gekommen ist, war aus den bis vor wenig Jahren vorhandenen Quellen nicht leicht kennen zu lernen. Die grossen Meister hatten jenes Hülfsmittel für die höheren Zwecke, denen ihr Genius diente, sich geschaffen und waren wenig gesonnen, ihren Bau durch Betrachtungen über Material und Werkzeug, von deren Tüchtigkeit sie tiefe Ueberzeugung hatten, aufzuhalten. Daher ist es mit den Determinanten wie wohl mit allen wichtigen Instrumenten der Mathematik ergangen, dass sie längere Zeit im Besitz von wenig Auserwählten blieben, bevor eine geordnete Theorie derselben den Nichtkennern das Verständniss und den Gebrauch zugänglicher machte. Die erste Idee, der Algebra durch Bildung combinatorischer Aggregate, die heute Determinanten genannt werden, zu Hülfe zu kommen, rührt, wie Herr Professor Dirichlet bemerkt hat, von Leibniz her. Ausser dem Briefe an L'Hospital 1693 April 28, worin Leibniz die Ueberzeugung von der Fruchtbarkeit seines Gedankens ausspricht, scheint aber nichts übrig zu sein, woraus sich schliessen liesse, dass Leibniz sich um weitere Früchte dieser Idee bemüht habe. Die zweite Erfindung der Determinanten durch Cramer 1750 blieb unverloren wegen der Dienste, die der Algebra daraus erwuchsen theils durch Cramer selbst, theils nach einer Reihe von Jahren durch Bézout, Laplace, Vandermonde, Lagrange. Namentlich war es Vandermonde (sur l'élimination 1772), der einen Algorithmus der Determinanten zu begründen suchte, während Lagrange in der classischen Abhandlung sur les pyramides 1773 von den Determinanten dritten Grades bei Problemen der analytischen Geometrie bereits in grosser Ausdehnung Gebrauch machte. Den wichtigsten Anstoss jedoch zur weiteren Ausbildung der Rechnung mit Determinanten haben Gauss' Disquisitiones arithmeticae 1801 gegeben. Ausgehend von der Betrachtung der Algorithmen, welche in diesem Werke sich auf die »Determinanten der quadratischen Formen« beziehen, stellten Binet und Cauchy 1812 die allgemeinen Regeln für die Multiplication der Determinanten auf, wodurch Rechnungen mit schwer zu bewältigenden Aggregaten eine unerwartete Leichtigkeit gewannen. Des neuen Calcüls, welchen besonders Cauchy weiter ausgebildet hatte, bemächtigte sich mit schöpferischer Kraft vorzüglich Jacobi 1826, dessen in Crelle's Journal niedergelegte Arbeiten reichlich Zeugniss geben, was das neue Instrument in des Meisters Hand zu leisten vermochte. Erst durch Jacobi's Abhandlungen »de formatione et proprietatibus determinantium und de determinantibus functionalibus 1841« wurden die Determinanten Gemeingut der Mathematiker, welches seitdem von verschiedenen Seiten her wesentliche Vermehrungen erhalten hat.

Der Name *Determinante* stammt von Cauchy, der allerdings später die Bezeichnung „fonction alternée" oder wie Laplace das Wort „Resultante" gebrauchte.

3. Die weitere Entwicklung. Nach den Vorarbeiten von Cauchy, Laplace und Jacobi entwickelte sich die Lehre von den Determinanten zu einem umfassenden Arbeitsgebiet. In den beiden Büchern „*The theory of determinants in the historical order of development*", Vol. I (1906), Vol. II (1911), Macmillan, London, von Th. Muir werden allein bis 1860 etwa 400 Originalarbeiten aufgeführt. Zum Vergleich: In dem mathematischen Referatenorgan „Mathematical Reviews" werden im Jahre 1980 etwa 5 Originalarbeiten über Determinanten genannt.

Kapitel 4. Elementar-Geometrie in der Ebene

Einleitung. Die Vektorräume stellen eine der grundlegenden Strukturen der heutigen Mathematik dar. Trotzdem muß sich die Theorie der Vektorräume u. a. daran messen lassen, inwieweit sie eine Hilfe ist beim Beweis geometrischer Sachverhalte. Hier ist bereits die *ebene Geometrie*, also die Geometrie in der euklidischen Ebene $\mathbb{R}^2$, ein Prüfstein für die Anwendbarkeit der Theorie.

Erste einfache Beispiele hatte man bereits in 1.1.7 kennengelernt:

Diagonalen-Satz. *In einem Parallelogramm halbieren sich die Diagonalen gegenseitig.*

Schwerpunkts-Satz. *In einem Dreieck mit den Ecken a, b, c schneiden sich die Seitenhalbierenden im Schwerpunkt $s_{a,b,c} = \frac{1}{3}(a + b + c)$.*

Weitere Sätze der Elementar-Geometrie, die als Prüfsteine genommen werden können, sind der Satz über den Höhenschnittpunkt im Dreieck (vgl. 1.7), der Satz über die EULER-Gerade (vgl. 3.5) und der Satz vom FEUERBACH-Kreis (vgl. 3.6).

Dieses Kapitel über ebene Geometrie kann ohne Kenntnis des Kapitels 3 gelesen werden. Die benötigten elementaren Kenntnisse über Determinanten von reellen 2×2 Matrizen sind ad hoc dargestellt.

Der pythagoreische Lehrsatz. Am Anfang der Elementar-Geometrie und vor jeder Anwendung der Linearen Algebra auf die Geometrie steht der pythagoreische Lehrsatz; er besagt bekanntlich, daß in einem rechtwinkligen Dreieck die Summe

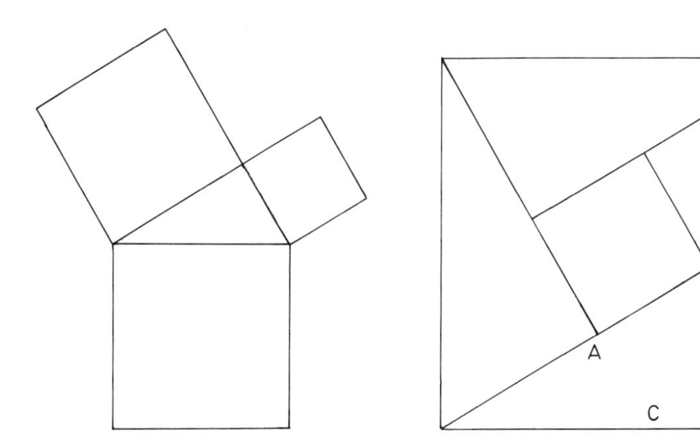

der Quadrate der Katheten gleich dem Quadrat der Hypotenuse ist (linke Figur). Von den vielen – teils auf die Griechen und Inder zurückgehenden – Beweisen sollte ein Mathematiker wenigstens einen stets nachvollziehen können. Am einprägsamsten ist wohl ein auf indische Quellen zurückgehender anschaulicher Beweis: Wenn man weiß, daß die Fläche eines Rechtecks mit den Kanten A und B gleich AB ist, dann zeigt die rechte Figur, daß die Fläche C^2 des größten Quadrats gleich der Summe von zweimal der Fläche AB des aus zwei Dreiecken zusammengesetzten Rechtecks und der Fläche $(A - B)^2$ des verbleibenden kleinen Quadrats ist: $C^2 = 2AB + (A - B)^2 = A^2 + B^2$.

In der Tat, ein eleganter Beweis. Die zugehörige Figur wurde in einer indischen Quelle (BHÂSKARA II, 12. Jahrhundert) ohne Erläuterung nur mit dem Sanskritwort für „siehe" versehen (nach A. P. JUSCHKEWITSCH, *Geschichte der Mathematik im Mittelalter*, B. G. Teubner Leipzig, 1964). Sie dient als Vorlage für das Emblem dieser Lehrbuchreihe.

Der Autor dieses Lehrbuches hat zum pythagoreischen Lehrsatz ein besonderes Verhältnis: Als er 1944 in Frankreich in Kriegsgefangenschaft geriet und in das Lager PWE 404 der 7. US-Army in Marseille eingeliefert wurde, war auch für ihn als 20jährigen Obergefreiten abzusehen, daß er einige Zeit in einem solchen Lager verbringen würde. Zur Übung der „grauen Zellen" (und nicht aus Neigung zur Mathematik) versuchte er, wissenschaftlichen Schulstoff zu wiederholen, und wollte mit einem Beweis des pythagoreischen Lehrsatzes beginnen. Es wurde eine einzige Enttäuschung, denn er brauchte Wochen, bis sich eine erste Beweisidee einstellte. Als er dann nach und nach mehrere Beweisvarianten (wieder-)entdeckte, fand er Gefallen an der Mathematik: Auf dem Schwarzmarkt besorgte er sich gegen ein Stück Kernseife (aus US-Beständen) ein Mathematikbuch und begann, Mathematik zu lernen.

§ 1. Grundlagen

1. Skalarprodukt, Abstand und Winkel. Wie in 2.2.6 ist das kanonische Skalarprodukt für Vektoren x und y des $\mathbb{R}^2$ durch

$$(1) \qquad \langle x, y\rangle := x^t y = \xi_1\eta_1 + \xi_2\eta_2 \qquad \text{für} \qquad x = \begin{pmatrix}\xi_1\\ \xi_2\end{pmatrix}, \qquad y = \begin{pmatrix}\eta_1\\ \eta_2\end{pmatrix}$$

definiert. Die Abbildung $(x, y) \mapsto \langle x, y\rangle$ ist symmetrisch, bilinear, und es gilt $\langle x, x\rangle > 0$ für $x \neq 0$. In 1.1.7 war bereits die *Länge* oder der *Betrag* eines Vektors $x \in \mathbb{R}^2$ durch

$$|x| = \sqrt{\langle x, x\rangle} = \sqrt{\xi_1^2 + \xi_2^2}$$

und der *Abstand* zweier Punkte x, y des $\mathbb{R}^2$ durch $d(x, y) := |x - y|$ erklärt.

In der Form

$$(2) \qquad e(\varphi) := \begin{pmatrix}\cos\varphi\\ \sin\varphi\end{pmatrix}, \qquad \varphi \in \mathbb{R},$$

erhält man wegen $\cos^2\varphi + \sin^2\varphi = 1$ stets Vektoren der Länge 1, andererseits hat jeder Vektor der Länge 1 diese Form. Für $0 \neq x \in \mathbb{R}^2$ ist $(1/|x|)x$ ein Vektor der

Länge 1, das heißt, man kann jedes $0 \neq x \in \mathbb{R}^2$ in der Gestalt $x = |x| \cdot e(\varphi)$, also in sogenannten *Polarkoordinaten* schreiben. Der Winkel φ ist dabei nur bis auf Vielfache von 2π bestimmt. Das Additionstheorem für den Cosinus zeigt $\langle e(\varphi), e(\psi)\rangle = \cos(\varphi - \psi)$. Ist daher Θ der Winkel zwischen zwei von Null verschiedenen Vektoren x und y, so hat man

(3) $$\cos\Theta = \frac{\langle x, y\rangle}{|x| \cdot |y|}.$$

Die Bilinearität des Skalarproduktes ergibt daher den

Cosinus-Satz $$|x - y|^2 = |x|^2 + |y|^2 - 2|x|\,|y|\cos\Theta$$

für das Dreieck mit den Ecken $0, x, y$.

Im Spezialfall eines rechtwinkligen Dreiecks, also für $\Theta = \pi/2$ erhält man den Satz des PYTHAGORAS zurück (vgl. 1.1.7).

Ähnlich einfach kann man weitere Sätze der Elementar-Geometrie gewinnen: Aus $\langle a + b, a - b\rangle = |a|^2 - |b|^2$ erhält man den

Rhomben-Satz. *Ein Parallelogramm hat genau dann gleich lange Seiten, wenn die beiden Diagonalen orthogonal sind.*

Weiter liefert $|a + b|^2 - |a - b|^2 = 4\langle a, b\rangle$ den

Rechteck-Satz. *Ein Parallelogramm ist genau dann ein Rechteck, wenn beide Diagonalen gleich lang sind.*

Tischler prüfen mit diesem Satz, ob ein Rahmen rechteckig ist oder nicht.

2. Die Abbildung $x \mapsto x^\perp$. Eine Spezialität, die sehr nützlich ist, *die man aber nur im* $\mathbb{R}^2$ *zur Verfügung hat*, ist die lineare Abbildung

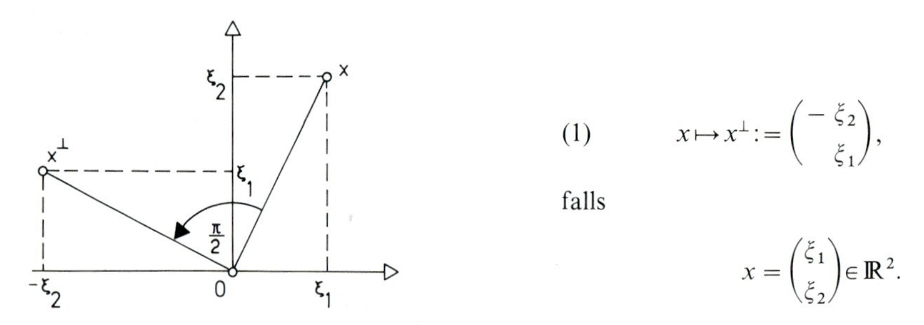

(1) $$x \mapsto x^\perp := \begin{pmatrix} -\xi_2 \\ \xi_1 \end{pmatrix},$$

falls

$$x = \begin{pmatrix} \xi_1 \\ \xi_2 \end{pmatrix} \in \mathbb{R}^2.$$

Die Figur zeigt, daß $x^\perp$ aus x durch Drehung um $\pi/2$ hervorgeht. Für $x, y, z \in \mathbb{R}^2$ verifiziert man mühelos

(2) $\langle x, x^\perp\rangle = 0, \quad \langle x, y^\perp\rangle = -\langle x^\perp, y\rangle, \quad |x^\perp| = |x|, \quad (x^\perp)^\perp = -x.$

(3) Für $0 \neq a \in \mathbb{R}^2$ ist $\{a, a^\perp\}$ eine Basis des $\mathbb{R}^2$.

(4) Für $0 \neq a \in \mathbb{R}^2$ ist $\langle a, x\rangle = 0$ gleichwertig mit $x \in \mathbb{R}a^\perp$.

Man sieht, daß $\langle x^\perp, y\rangle$ und $\det(x,y)$ (vgl. 2.5.7) übereinstimmen. Da in der ebenen Geometrie dieser Ausdruck häufig vorkommt, ist eine Abkürzung nützlich:

(5) $$[x,y] := \langle x^\perp, y\rangle = \det(x,y).$$

Man notiere die sich aus der Definition ergebenden Rechenregeln:

(6) Die Abbildung $(x,y)\mapsto[x,y]$ von $\mathbb{R}^2\times\mathbb{R}^2$ nach $\mathbb{R}$ ist bilinear und schiefsymmetrisch, das heißt, es ist $[x,y] = -[y,x]$; ferner gilt $[x^\perp, y^\perp] = [x,y]$.

(7) x, y sind linear unabhängig $\Leftrightarrow$ $[x,y]\neq 0$.

Eine weitere einfache Rechnung ergibt die Gleichungen

(8) $$\langle x,y\rangle^2 + [x,y]^2 = |x|^2\cdot|y|^2,$$

(9) $$[x,y]z + [y,z]x + [z,x]y = 0.$$

In (9) ist formelmäßig festgehalten, daß im $\mathbb{R}^2$ je 3 Vektoren linear abhängig sind. Aus (8) entnimmt man sofort die

CAUCHY-SCHWARZsche Ungleichung $|\langle x,y\rangle| \leqslant |x|\,|y|$,

die ihrerseits wegen $|x+y|^2 = |x|^2 + 2\langle x,y\rangle + |y|^2 \leqslant |x|^2 + 2|x|\,|y| + |y|^2 = (|x|+|y|)^2$ die

Dreiecksungleichung $|x+y| \leqslant |x| + |y|$

impliziert. Bezeichnet Θ den Winkel zwischen x und y, so ergibt (8) zusammen mit 1(3) und (7)

(10) $$|[x,y]| = |x|\,|y|\cdot|\sin\Theta|.$$

Bemerkung. Die Tatsache, daß im $\mathbb{R}^2$ je drei Vektoren linear abhängig sind, zeigt neben (9) auch, daß z. B. stets $x, y, z^\perp$ oder $x^\perp, y^\perp, z$ linear abhängig sind. Formelmäßig erhält man diese Abhängigkeiten aus (9), wenn man dort z durch $z^\perp$ bzw. x, y durch $x^\perp, y^\perp$ ersetzt:

(11) $$[x,y]z^\perp = \langle x,z\rangle y - \langle y,z\rangle x, \qquad [x,y]z = \langle y,z\rangle x^\perp - \langle x,z\rangle y^\perp.$$

Diese Formeln können zum Umrechnen von Vektoren $x, y, \ldots,$ auf Vektoren $x^\perp, y^\perp, \ldots,$ dienen.

3. Geraden. Wie in jedem 2-dimensionalen Vektorraum hat man auch im $\mathbb{R}^2$ zwei Darstellungsmöglichkeiten für Geraden: Die *Parameterdarstellung*

(1) $$G_{p,a} := p + \mathbb{R}a \quad \text{mit} \quad a\neq 0 \quad \text{(vgl. 1.1.4)}$$

und die *Gleichungsdarstellung*

(2) $$H_{c,\alpha} := \{x\in\mathbb{R}^2 : \langle c,x\rangle = \alpha\} \quad \text{mit} \quad c\neq 0.$$

Es handelt sich hier wirklich um die gleichen Objekte: Es gelten die Formeln

(3) $$G_{p,a} = H_{a^\perp,\langle a^\perp,p\rangle} \quad \text{und} \quad H_{c,\alpha} = G_{(\alpha/|c|^2)c,c^\perp}.$$

Man sagt, daß die Gerade $G_{p,a}$ die *Richtung* $\mathbb{R}a$ hat. In dieser Sprechweise haben $G_{p,a}$ und $G_{p,\alpha a}$, $\alpha \neq 0$, die gleiche Richtung. Weiter nennt man jeden von Null verschiedenen Vektor aus $\mathbb{R}a^{\perp}$ eine *Normale* an die Gerade $G_{p,a}$. Wegen (3) sind die Normalen an eine Gerade der Form $H_{c,\alpha}$ genau die von Null verschiedenen Vielfachen von c. Normalen sind also orthogonal zur Richtung der Geraden.

Zwei Geraden $G_{p,a}$ und $G_{q,b}$ sind *parallel*, wenn a und b linear abhängig sind. Wegen 2(7) sind also $G_{p,a}$ und $G_{q,b}$ genau dann parallel, wenn $[a,b] = 0$ gilt.

In 1.1.4 hatte man bereits gesehen, daß es zu zwei verschiedenen Punkten a, b genau eine Gerade durch a und b gibt, nämlich $G_{a,b-a}$. Man kann diese Gerade auch in der symmetrischen Form $\{\alpha a + \beta b : \alpha + \beta = 1\}$ schreiben. Damit liegen drei Punkte a, b, c genau dann auf einer Geraden, wenn es $\alpha, \beta, \gamma \in \mathbb{R}$ gibt mit $\alpha a + \beta b + \gamma c = 0, \alpha + \beta + \gamma = 0, \alpha\beta\gamma \neq 0$. Eine weitere Beschreibung der Geraden durch a und b findet man in 6.

4. Schnittpunkt zwischen zwei Geraden. Will man den Schnittpunkt zweier Geraden bestimmen, die in der Form $G_{p,a}$ und $G_{q,b}$ gegeben sind, so hat man zu diskutieren, ob es $\alpha, \beta \in \mathbb{R}$ gibt mit $s := p + \alpha a = q + \beta b$. Durch Bildung des Skalarproduktes mit $a^{\perp}$ bzw. $b^{\perp}$ sieht man, daß man einen eindeutig bestimmten Schnittpunkt genau dann erhält, wenn $[a,b] = \langle a^{\perp}, b\rangle \neq 0$ gilt, wenn also die Geraden nicht parallel sind. Um eine symmetrische Formel zu erhalten, setzt man dann den Schnittpunkt als $s = \alpha' a + \beta' b$ an und erhält

$$G_{p,a} \cap G_{q,b} = \frac{1}{[a,b]}([q,b]a - [p,a]b). \tag{1}$$

Sind die Geraden in der Form $G_{p,a}$ und $H_{c,\alpha}$ gegeben, so setzt man $x = p + \beta a$ in die Gleichung für $H_{c,\alpha}$ ein und erhält

$$G_{p,a} \cap H_{c,\alpha} = p + \frac{\alpha - \langle p,c\rangle}{\langle a,c\rangle} a, \tag{2}$$

wenn die Geraden nicht parallel sind, wenn also $\langle a,c\rangle \neq 0$ gilt. Schließlich überzeugt man sich von der letzten Schnittpunkts-Formel

$$H_{a,\alpha} \cap H_{b,\beta} = \frac{1}{[a,b]}(\beta a^{\perp} - \alpha b^{\perp}). \tag{3}$$

Aufgabe. Die Geraden $H_{a,\alpha}$, $H_{b,\beta}$ und $H_{c,\gamma}$ gehen genau dann durch einen Punkt, wenn die Vektoren $\begin{pmatrix}\alpha\\a\end{pmatrix}, \begin{pmatrix}\beta\\b\end{pmatrix}, \begin{pmatrix}\gamma\\c\end{pmatrix}$ des $\mathbb{R}^3$ linear abhängig sind.

5. Abstand zwischen Punkt und Gerade. Das *Lot* von einem Punkt p auf eine Gerade $H_{c,\alpha}$ ist die Gerade durch p, die auf $H_{c,\alpha}$ senkrecht steht (linke Figur). Da $H_{c,\alpha}$ die

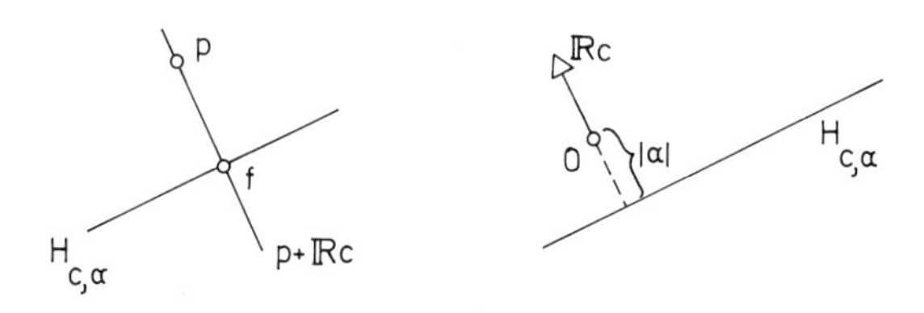

Richtung $\mathbb{R}c^{\perp}$ hat, erhält man das Lot durch p in der Form $p + \mathbb{R}c$. Der Fußpunkt f des Lotes, also der Schnittpunkt des Lotes mit der Geraden $H_{c,\alpha}$ berechnet sich nach 4(2) zu $f = p + (\alpha - \langle c,p\rangle)/\langle c,c\rangle \cdot c$. Der Abstand des Punktes p von der Geraden $H_{c,\alpha}$ ist $|p - f| = |\alpha - \langle c,p\rangle|/|c|$. Man erhält damit den

Satz über die HESSEsche Normalform. *Schreibt man eine Gerade G in der Form $\langle c,x\rangle - \alpha = 0$ mit $|c| = 1$ (HESSEsche Normalform), so ist der Abstand eines Punktes p von G gleich $|\langle c,p\rangle - \alpha|$.*

Damit erhält man eine geometrische Deutung der Konstante α in der HESSEschen Normalform einer Geraden: Der Ursprung 0 hat von der Geraden den Abstand $|\alpha|$ (rechte Figur).

Ludwig Otto HESSE (geb. 1811 in Königsberg [jetzt Kaliningrad, UdSSR], studierte dort Mathematik [bei C. G. J. JACOBI] und Naturwissenschaften, wurde 1845 Extraordinarius in Königsberg, 1855 Professor in Heidelberg, 1868 Professor in München und starb 1874 in München) arbeitete über algebraische Funktionen und Invarianten, er benutzte unter dem Einfluß von JACOBI die neu entwickelte Determinantentheorie zur Herleitung geometrischer Sätze. In seinem ersten, viel gelesenen Lehrbuch „Vorlesung über die analytische Geometrie des Raumes" von 1861 (siehe Kap. 7, Einleitung) verwendet er wohl zum ersten Mal die in allen modernen Lehrbüchern nach ihm benannte Normalform einer Ebene (oder Geraden), an der man den Abstand eines Punktes von dieser Ebene (oder Geraden) direkt ablesen kann.

6. Fläche eines Dreiecks. Die Fläche eines Dreiecks mit den Eckpunkten $a, b, c \in \mathbb{R}^2$ ist nach elementar-geometrischen Sätzen gleich dem halben Produkt von Grundlinie und Höhe. Die Länge der Höhe durch c ist gleich dem Abstand des Punktes c von der Geraden $a + \mathbb{R}(b - a)$. Da man diese Gerade auch in der Form $\langle w, x\rangle = \alpha$ mit $w = (b - a)^{\perp}$, $\alpha = \langle w, a\rangle$, schreiben kann, ist die Länge der Höhe durch c nach 5 gleich

$$\frac{1}{|w|}|\langle w, c\rangle - \alpha| = \frac{1}{|b - a|}|\langle b^{\perp} - a^{\perp}, c - a\rangle|.$$

Hier ist $\langle b^{\perp} - a^{\perp}, c - a\rangle = \langle b^{\perp}, c\rangle - \langle b^{\perp}, a\rangle - \langle a^{\perp}, c\rangle = [a,b] + [b,c] + [c,a]$. Führt man also die Abkürzung

$$[a,b,c] := [a,b] + [b,c] + [c,a] = [a - c, b - c] = \det(a - c, b - c)$$

ein, so erhält man in einem Dreieck mit den Ecken a, b, c die

Länge der Höhe durch c: $\quad \dfrac{|[a,b,c]|}{|a - b|}$,

und die

Fläche des Dreiecks: $\quad \frac{1}{2}|[a,b,c]|$.

Gleichzeitig folgt

Drei-Punkte-Kriterium: *Drei Punkte a, b, c liegen genau dann auf einer Geraden, wenn $[a,b,c] = 0$ gilt.*

Geraden-Gleichung: Die Gerade durch zwei verschiedene Punkte a, b ist durch $[a, b, x] = 0$ gegeben.

Die Fläche des von den Vektoren a, b aufgespannten Parallelogramms $0, a, b, a+b$, also die doppelte Fläche des Dreiecks $0, a, b$, ist gleich $|[a, b]|$. Bezeichnet man den Winkel zwischen a und b mit Θ, so folgt mit 2(10):

Fläche des Parallelogramms $0, a, b, a+b$: $|a| \cdot |b| \cdot \sin\Theta$.

Nach Definition ändert sich $[a, b, c]$ nicht, wenn man a, b, c zyklisch vertauscht, bei Vertauschung zweier Argumente ändert $[a, b, c]$ das Vorzeichen.

Aufgaben. 1) In einem Parallelogramm drittelt die Verbindungsgerade einer Ecke mit der Mitte einer gegenüberliegenden Seite eine Diagonale.

2) (Satz des MENELAOS). Ein Dreieck a, b, c wird von einer Geraden in den drei Punkten a', b', c' geschnitten, von denen keiner ein Eckpunkt des Dreiecks ist. Man zeige:

$$|a - b'| \cdot |b - c'| \cdot |c - a'| = |a' - b| \cdot |b' - c| \cdot |c' - a|.$$

3) (HERONsche Formel). Bezeichnet man den Umfang des Dreiecks a, b, c mit 2σ, so gilt

$$\sigma(\sigma - |a - b|)(\sigma - |b - c|)(\sigma - |c - a|) = \tfrac{1}{4}[a, b, c]^2.$$

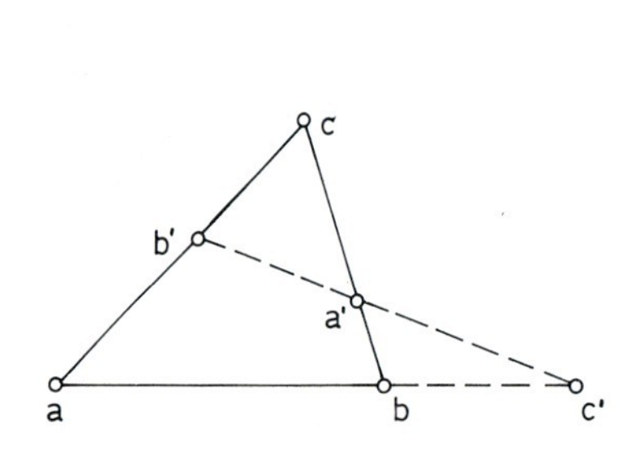

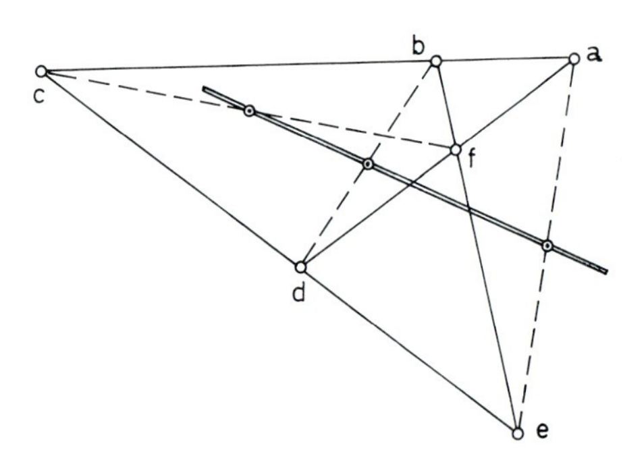

4) Man verifiziere die Identität $[a+e, b+d, c+f] = [a, b, c] + [a, d, f] + [e, b, f] + [e, d, c]$ für $a, \ldots, f \in \mathbb{R}^2$ und beweise damit einen im Jahre 1810 von Carl Friedrich GAUSS (1777–1855) bemerkten Satz (Werke IV, S. 391–2), wonach in einem „vollständigen Vierseit" die Mitten der Diagonalen auf einer Geraden liegen.

5) Für $a, b, c, x \in \mathbb{R}^2$ zeige man $[x, b, c] + [x, c, a] + [x, a, b] = [a, b, c]$ und $[a, b, c]x = [x, b, c]a + [x, c, a]b + [x, a, b]c$. (Man wähle $x = a - c$, $y = b - c$, in 2(9).)

6) Sind $a, b, c \in \mathbb{R}^2$ mit $[a, b, c] \neq 0$ gegeben, dann gibt es zu jedem $p \in \mathbb{R}^2$ Zahlen $\alpha, \beta, \gamma \in \mathbb{R}$ mit $p = \alpha a + \beta b + \gamma c$ und $\alpha + \beta + \gamma = 1$. Für die Punkte p im Dreieck a, b, c (also im Innern und auf dem Rand) gilt $\alpha \geqslant 0, \beta \geqslant 0, \gamma \geqslant 0$. Die Summe der Abstände von einem Punkt p des Dreiecks zu den drei Seiten ist gleich $[a, b, c] \cdot ((\alpha/|b - c|) + (\beta/|a - c|) + (\gamma/|a - b|))$, sie ist also minimal, wenn p die der größten Seite gegenüberliegende Ecke ist.

7. Der Höhenschnittpunkt. Neben den bereits erwähnten elementaren Schnittpunktsätzen ist der Satz über den Höhenschnittpunkt von besonderem Interesse. Sind $a, b, c \in \mathbb{R}^2$ die Ecken eines Dreiecks, so ist dieses Dreieck nicht-entartet, wenn

$$[a, b, c] \neq 0 \tag{1}$$

gilt. Man vergleiche hierzu das Drei-Punkte-Kriterium in 6.

Höhenschnittpunkt-Satz. *In einem nicht-entarteten Dreieck schneiden sich die Höhen in einem Punkt.*

1. Beweis (linke Figur). Die Höhe durch a steht auf der Geraden durch b und c, also auf $b - c$ senkrecht. Damit ist ihre Gleichung durch

$$(2) \qquad \langle x, b - c\rangle = \langle a, b - c\rangle$$

gegeben. Die Gleichungen der anderen beiden Höhen entstehen hieraus durch zyklische Vertauschung der Vektoren a, b, c. Da sowohl die Vektoren $b - c$, $c - a$, $a - b$ als auch die Zahlen $\langle a, b - c\rangle$, $\langle b, c - a\rangle$, $\langle c, a - b\rangle$ die Summe Null haben, folgt die Behauptung aus Aufgabe 4.

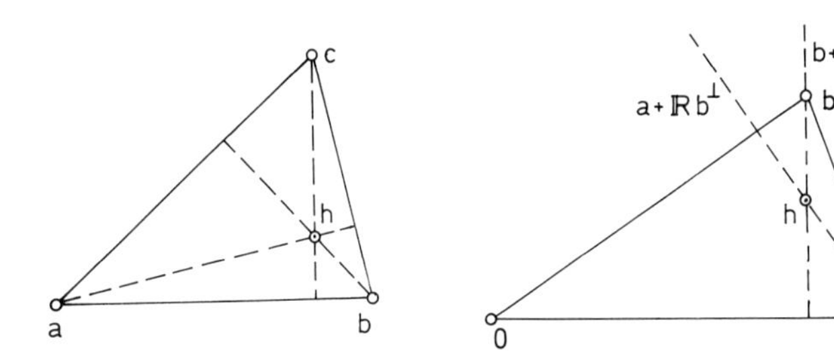

2. Beweis (rechte Figur). Hier macht man davon Gebrauch, daß die Aussage des Satzes gegenüber Translationen invariant ist, man also das Dreieck geeignet legen kann: Man betrachtet ein Dreieck mit den Ecken $0, a, b$. Die Höhe durch a ist $a + \mathbb{R}b^\perp$, die Höhe durch b ist $b + \mathbb{R}a^\perp$, und der Schnittpunkt h hat die Form

$$(3) \qquad h = a + \beta b^\perp = b + \alpha a^\perp .$$

Es folgt $\langle h, b\rangle = \langle a, b\rangle = \langle h, a\rangle$, also $\langle h, a - b\rangle = 0$. Damit gilt $h \in \mathbb{R}(a - b)^\perp$, und h liegt auch auf der Höhe durch 0.

Einen *3. Beweis* findet man in 3.5 beim Beweis der sogenannten EULER-Gleichung, einen *4. Beweis* in 3.7.

Bemerkung. Berechnet man den Schnittpunkt der Höhe durch a, $\langle x, b - c\rangle = \langle a, b - c\rangle$, und durch b, $\langle x, c - a\rangle = \langle b, c - a\rangle$, nach 4(3), so erhält man die explizite Formel

$$h = \frac{1}{[a, b, c]}(\langle a, b - c\rangle a^\perp + \langle b, c - a\rangle b^\perp + \langle c, a - b\rangle c^\perp)$$

für diesen Schnittpunkt. Da h sich bei zyklischer Vertauschung nicht ändert, ist h der Höhenschnittpunkt.

§ 2. Die Gruppe $O(2)$

1. Drehungen und Spiegelungen. Für $\alpha \in \mathbb{R}$ setze man

$$(1) \quad T(\alpha) := \begin{pmatrix} \cos\alpha & -\sin\alpha \\ \sin\alpha & \cos\alpha \end{pmatrix}, \quad S(\alpha) := \begin{pmatrix} \cos\alpha & \sin\alpha \\ \sin\alpha & -\cos\alpha \end{pmatrix} = T(\alpha)\begin{pmatrix} 1 & 0 \\ 0 & -1 \end{pmatrix}.$$

Mit Hilfe der Additionstheoreme für Sinus und Cosinus verifiziert man

(2)
$$\begin{aligned} T(\alpha)T(\beta) &= T(\alpha+\beta), & S(\alpha)S(\beta) &= T(\alpha-\beta),\\ T(\alpha)S(\beta) &= S(\alpha+\beta), & S(\beta)T(\alpha) &= S(\beta-\alpha). \end{aligned}$$

Weiter gilt

(3)
$$\det T(\alpha) = 1, \qquad \det S(\alpha) = -1$$

und

(4)
$$[T(\alpha)]^{-1} = T(-\alpha) = [T(\alpha)]^t, \qquad [S(\alpha)]^{-1} = S(\alpha) = [S(\alpha)]^t.$$

In der Bezeichnung von 1.1 ergibt (2) sofort

(5)
$$T(\beta)e(\alpha) = e(\alpha+\beta), \qquad S(\beta)e(\alpha) = e(\beta-\alpha),$$

das heißt, die Abbildung $x \mapsto T(\beta)x$ beschreibt eine *Drehung* um den Winkel β. Nach (1) setzt sich $S(\alpha)$ aus der Drehung $T(\alpha)$ und der Spiegelung an der x_1-Achse zusammen, damit beschreibt $x \mapsto S(\alpha)x$ eine *Spiegelung*. Insbesondere ist $x^\perp = T(\pi/2)x$.

Setzt man

$$O^+(2) := \{T(\alpha) : \alpha \in \mathbb{R}\} =: SO(2), \quad O^-(2) := \{S(\alpha) : \alpha \in \mathbb{R}\}, \quad O(2) := O^+(2) \cup O^-(2),$$

so folgt aus (2) und (4) das

Lemma. *$O(2)$ ist eine Untergruppe von $GL(2;\mathbb{R})$ und $O^+(2) = SO(2)$ kommutative Untergruppe von $O(2)$.*

2. Orthogonale Matrizen. Eine Matrix $T \in \mathrm{Mat}(2;\mathbb{R})$ heißt *orthogonal*, wenn $T^tT = E$ gilt. Offenbar ist T genau dann orthogonal, wenn

(1)
$$\langle Tx, Ty\rangle = \langle x, y\rangle \qquad \text{für} \qquad x, y \in \mathbb{R}^2$$

gilt.

Satz. *Eine Matrix $T \in \mathrm{Mat}(2;\mathbb{R})$ ist genau dann orthogonal, wenn T zu $O(2)$ gehört.*

Beweis. Ein $T \in O(2)$ ist nach 1(4) sicher orthogonal. Ist T orthogonal und schreibt man $T = (a, b)$ in Spaltenvektoren, dann folgt $|a| = |b| = 1$ und $\langle a, b\rangle = 0$. Nach 1.1 hat a die Form $e(\alpha)$, man kann $T = \begin{pmatrix} \cos\alpha & \pm\sin\alpha \\ \sin\alpha & \mp\cos\alpha \end{pmatrix}$ ansetzen und erhält $T = T(\alpha)$ oder $T = S(\alpha)$. □

Bemerkung. Mit Hilfe des Determinantenbegriffes erhält man

(2)
$$\begin{aligned} O^+(2) &= \{T \in O(2) : \det T = 1\} = SO(2),\\ O^-(2) &= \{T \in O(2) : \det T = -1\}. \end{aligned}$$

In der Sprache der Gruppentheorie ist daher $\det : O(2) \to \{\pm 1\}$ ein Epimorphismus der Gruppen, und der Kern $O^+(2) = SO(2)$ ist ein *Normalteiler* von $O(2)$ vom Index 2.

Die Matrizen aus $O^+(2)$ bzw. $O^-(2)$ kann man auch an der Spur unterscheiden: Wegen (1) hat man für $\begin{pmatrix} 0 & -1 \\ 1 & 0 \end{pmatrix} \neq T \in O(2)$:

$$T \in O^+(2) \Leftrightarrow \text{Spur}\, T \neq 0, \qquad T \in O^-(2) \Leftrightarrow \text{Spur}\, T = 0,$$

und der Cosinus des Winkels einer Drehung T aus $O^+(2)$ ist $\frac{1}{2}$Spur T.

Aufgaben. 1) Man zeige $(Tx)^\perp = (\det T)Tx^\perp$ für $T \in O(2)$.

2) Die Menge $\{\alpha T: \alpha \in \mathbb{R}, T \in O^+(2)\}$ ist eine kommutative Unteralgebra von Mat$(2; \mathbb{R})$ der Dimension 2, die zugleich Körper ist.

3. Bewegungen. Jede Abbildung

(1) $$x \mapsto f(x) = Tx + a, \qquad T \in O(2), \qquad a \in \mathbb{R}^2,$$

des $\mathbb{R}^2$ nennt man eine *Bewegung* des $\mathbb{R}^2$. Nach 2(1) lassen Bewegungen den Abstand $d(x, y) = |x - y|$ zwischen zwei Punkten und den Winkel zwischen zwei Richtungen invariant.

Bei der Diskussion geometrischer Fragen kann man daher durch eine Bewegung das Koordinatensystem geeignet legen, ohne daß sich Abstände und Winkel, die man untersuchen möchte, ändern. Eine Bewegung (1) nennt man *orientierungstreu* (oder *eigentlich*), wenn T aus $O^+(2)$ ist.

Satz. *Ist* $f: \mathbb{R}^2 \to \mathbb{R}^2$, $f \neq \text{Id}$, *eine orientierungstreue Bewegung, welche keine Translation ist, dann hat f einen Fixpunkt.*

Beweis. Die Abbildung f hat die Form (1) mit $T \in O^+(2)$, $T \neq E$. Mit Hilfe der Darstellung aus 2.1 berechnet man $\det(E - T) \neq 0$, also ist $E - T$ invertierbar. Damit ist $p := (E - T)^{-1}a$ ein Fixpunkt von f. □

Ist p ein Fixpunkt von f und definiert man Translation g durch $g(x) := x + p$, so erhält man für $h := g^{-1} \circ f \circ g$ sofort $h(x) = (T(x + p) + a) - p = Tx$. Es folgt die auf den ersten Blick überraschende Konsequenz, daß eine orientierungstreue Bewegung des $\mathbb{R}^2$, welche keine Translation ist, stets eine Drehung des $\mathbb{R}^2$ um einen geeigneten Punkt des $\mathbb{R}^2$ beschreibt.

In der linken Figur sind die Pfeile mit den Endpunkten a und p parallel.

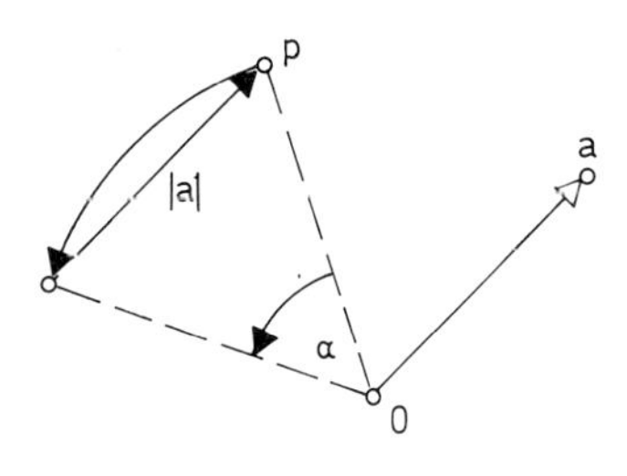

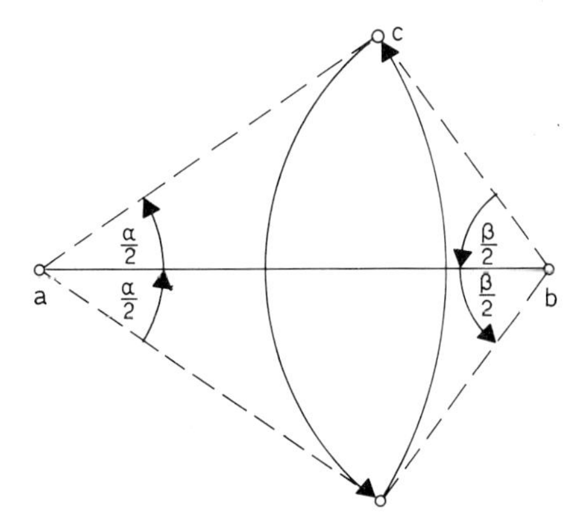

Ist die Bewegung durch die Drehung um den Winkel α und die Translation um $a \neq 0$ gegeben, so kann man den Fixpunkt p geometrisch durch das gleichseitige Dreieck mit Basis $|a|$ und Gegenwinkel α konstruieren (linke Figur).

Hat man zwei solche Drehungen gegeben, so wird die Hintereinanderausführung der beiden Bewegungen wieder eine Drehung sein, sofern sie nicht zu einer Translation entartet. Den Fixpunkt hiervon kann man geometrisch leicht bestimmen: Handelt es sich um die Drehungen f (bzw. g) um den Winkel α (bzw. β) mit Fixpunkt a (bzw. b), so erhält man den Fixpunkt von $f \circ g$ als Eckpunkt c des Dreiecks über der Strecke von a nach b mit den Basiswinkeln $\alpha/2$ und $\beta/2$ (rechte Figur).

4. Ein Beispiel. Durch die Gleichung $41x_1^2 - 24x_1x_2 + 34x_2^2 = 25$ wird eine Kurve K im $\mathbb{R}^2$ definiert. Welche geometrische Gestalt hat K? Man schreibt dazu die definierende Gleichung zunächst in der Form $\langle x, Ax\rangle = 25$ mit $A := \begin{pmatrix} 41 & -12 \\ -12 & 34 \end{pmatrix}$ und versucht nun, die Gleichung durch eine Drehung der Kurve zu vereinfachen. Eine Drehung hat nach 1 die Form $x = T(\alpha)y$ mit $T := T(\alpha) := \begin{pmatrix} \cos\alpha & -\sin\alpha \\ \sin\alpha & \cos\alpha \end{pmatrix}$, $\alpha \in \mathbb{R}$. In den Koordinaten y wird die Kurve dann durch $\langle y, By\rangle = 25$ mit $B = T^tAT$ beschrieben. Man soll α so bestimmen, daß die Matrix B möglichst „einfach“, also z. B. eine Diagonalmatrix $B = \begin{pmatrix} a & 0 \\ 0 & b \end{pmatrix}$ wird. Dies läuft auf die Lösung der Gleichungen

$$(1) \qquad \begin{cases} 41u^2 - 24uv + 34v^2 = a, & u := \cos\alpha, \quad v := \sin\alpha, \\ 12v^2 - 7uv - 12u^2 = 0, & \\ 41v^2 + 24uv + 34u^2 = b, & \end{cases}$$

hinaus. Nach den Rechenregeln für Determinanten von 2×2 Matrizen weiß man $ab = \det B = \det T^tAT = \det A = 1250$.

Eine elementare, aber längliche Elimination führt zu $25u^2 = 9$, $25v^2 = 16$, $uv = \frac{12}{25}$. Nun verifiziert man, daß $u = \cos\alpha = \frac{3}{5}$, $v = \sin\alpha = \frac{4}{5}$ eine Lösung des Systems (1) ist. Mit $T(\alpha) = \frac{1}{5}\begin{pmatrix} 3 & -4 \\ 4 & 3 \end{pmatrix} \in O(2)$ folgt dann $B = 25\begin{pmatrix} 1 & 0 \\ 0 & 2 \end{pmatrix}$, und die Kurve K ist die um den Winkel α ($\sim 53°$) gedrehte Ellipse $y_1^2 + 2y_2^2 = 1$. Man hat K so gedreht, daß die Hauptachsen der Ellipse in den Koordinatenachsen liegen, daher nennt man diese Operation „Hauptachsentransformation“.

5. Die Hauptachsentransformation für 2×2 Matrizen. Völlig analog zu diesem Beispiel kann man jede beliebige reelle symmetrische 2×2 Matrix behandeln:

Hauptachsentransformation. *Zu jeder reellen symmetrischen 2×2 Matrix S gibt es eine Drehung T aus $O^+(2)$, so daß T^tST Diagonalgestalt hat.*

Beweis. Man berechnet das nicht in der Diagonale stehende Element der symmetrischen Matrix $[T(\psi)]^t S T(\psi)$, $S = \begin{pmatrix} \alpha & \beta \\ \beta & \gamma \end{pmatrix}$, zu $(\gamma - \alpha)\sin\psi \cdot \cos\psi + \beta(\cos^2\psi - \sin^2\psi) = ((\gamma - \alpha)/2)\sin 2\psi + \beta\cos 2\psi$. Für geeignetes ψ ist dies aber Null. □

Bemerkung. Beim Problem der Hauptachsentransformation möchte man eigentlich nicht die Matrix T explizit bestimmen, sondern die Diagonalmatrix $T^t S T = \begin{pmatrix} \lambda & 0 \\ 0 & \mu \end{pmatrix}$ direkt aus S berechnen. Wegen $\det(\xi E - S) = \det T^t(\xi E - S)T = \det(\xi E - T^t S T) = (\xi - \lambda)(\xi - \mu)$ sind λ und μ genau die Nullstellen des in ξ quadratischen Polynoms $\det(\xi E - S)$.

6. Fix-Geraden. Eine Gerade $\mathbb{R}u$, $u \neq 0$, durch Null nennt man *Fix-Gerade* von $T \in O(2)$ oder *bei T invariant*, wenn sie durch T auf sich abgebildet wird, wenn es also ein $\lambda \in \mathbb{R}$ gibt mit $Tu = \lambda u$. Nach Lemma 1 kann man sich auf die Fälle $T = T(\alpha)$ oder $T = S(\alpha)$ beschränken. Da $T(\alpha)$ nach 1(5) eine Drehung um den Winkel α beschreibt, folgt für $u \neq 0$

$$T(\alpha)u = \lambda u \Leftrightarrow T(\alpha) = \pm E, \qquad \lambda = \pm 1,$$

also $\alpha = \nu\pi$ mit $\nu \in \mathbb{Z}$. Im Falle einer Spiegelung $S(\alpha)$ zeigt 1(5), daß $S(\alpha)e(\alpha/2) = e(\alpha/2)$ und $S(\alpha)e((\alpha + \pi)/2) = -e((\alpha + \pi)/2)$ gilt. Damit hat jede Spiegelung zwei orthogonale Fix-Geraden, von denen eine punktweise fest bleibt.

7. Die beiden Orientierungen der Ebene. In der Anschauungsebene, also im $\mathbb{R}^2$, kann eine Orientierung dadurch gegeben werden, daß man eine der beiden möglichen Drehrichtungen um den Nullpunkt als „positiv" auszeichnet. Die in Mathematik und Physik übliche *positive* Drehrichtung ist diejenige, welche dem Uhrzeiger entgegen dreht. Der aufkommende Verdacht, daß man bei dieser Festlegung „aus dem $\mathbb{R}^3$ auf den $\mathbb{R}^2$ blicken" muß, bestätigt sich nicht: Man sagt, daß ein (geordnetes) Paar (a, b) von zwei Vektoren des $\mathbb{R}^2$ *positiv orientiert* ist, wenn die Determinante $\det(a, b)$ positiv ist. Am Beispiel der kanonischen Basis sieht man, daß dann $b = e_2$ aus $a = e_1$ durch Drehung um $\pi/2$ in positiver Drehrichtung entsteht.

Entsprechend nennt man a, b *negativ orientiert*, wenn $\det(a, b) < 0$ gilt. Damit ist für je zwei linear unabhängige Vektoren eine Orientierung festgelegt.

Ist das Paar (a, b) positiv orientiert, dann ist für eine orthogonale Matrix T das Paar (Ta, Tb) positiv orientiert, wenn T eine Drehung, negativ orientiert, wenn T eine Spiegelung ist. Wegen $\det(a, a^\perp) = |a|^2$ sind a und $a^\perp$ im Fall $a \neq 0$ immer positiv orientiert.

§ 3. Geometrische Sätze

1. Der Kreis. Ein *Kreis* ist der geometrische Ort aller Punkte x des $\mathbb{R}^2$, die von einem gegebenen Punkt m einen konstanten Abstand $\rho > 0$ haben. Die Punkte eines

Kreises mit *Mittelpunkt* m und *Radius* ρ sind also genau die $x \in \mathbb{R}^2$ mit

(1) $$|x - m| = \rho \qquad \text{„\textit{Mittelpunktsgleichung}"}.$$

Nach Quadrieren und distributivem Ausrechnen ist dies gleichwertig mit

(2) $$|x|^2 - 2\langle x, m\rangle = \rho^2 - |m|^2.$$

Vergleicht man (1) mit der Darstellung eines Punktes in Polarkoordinaten nach 1.1, so erhält man die Punkte des Kreises (1) in der Form einer *Parameterdarstellung*:

(3) $$x = m + \rho \cdot e(\varphi), \qquad e(\varphi) = \begin{pmatrix} \cos\varphi \\ \sin\varphi \end{pmatrix}, \qquad 0 \leqslant \varphi < 2\pi.$$

Bei Bewegungen der Ebene gehen Kreise in Kreise mit gleichem Radius über.

2. Tangente. Als *Tangente* an einen Kreis wird man jede Gerade verstehen, die mit dem Kreis genau einen Punkt gemeinsam hat. Ist ein Kreis $K := \{x : |x - m|^2 = \rho^2\}$ gegeben und p ein Punkt von K, so gibt es anschaulich genau eine Tangente durch p.

Lemma. *Die Gleichung der Tangente an den Kreis K im Punkte p ist* $T: \langle x - m, p - m\rangle = \rho^2$.

Beweis. Ohne Einschränkung darf $m = 0$ angenommen werden. Zunächst ist $\langle x, p\rangle = \rho^2$ die Gleichung einer Geraden, und wegen $p \in K$ liegt p auf T.

1. Variante. Ist q ein weiterer Punkt aus $K \cap T$, dann folgt $|q - p|^2 = |q|^2 - 2\langle q, p\rangle + |p|^2 = \rho^2 - 2\rho^2 + \rho^2 = 0$, also $q = p$.

2. Variante. Nach dem Satz über die HESSE-Normalform hat der Nullpunkt von T den Abstand $(1/|p|)\rho^2 = \rho$, und jeder andere Punkt von T hat einen größeren Abstand, denn dieser Abstand wird angenommen.

3. Die beiden Sehnensätze. Ein schönes Beispiel für die „Kraft der Formeln" oder – wie man früher sagte – die Kraft der geometrischen Analyse ist die analytische Herleitung der beiden folgenden Sätze (EUKLID III, Proposition 35 und 36):

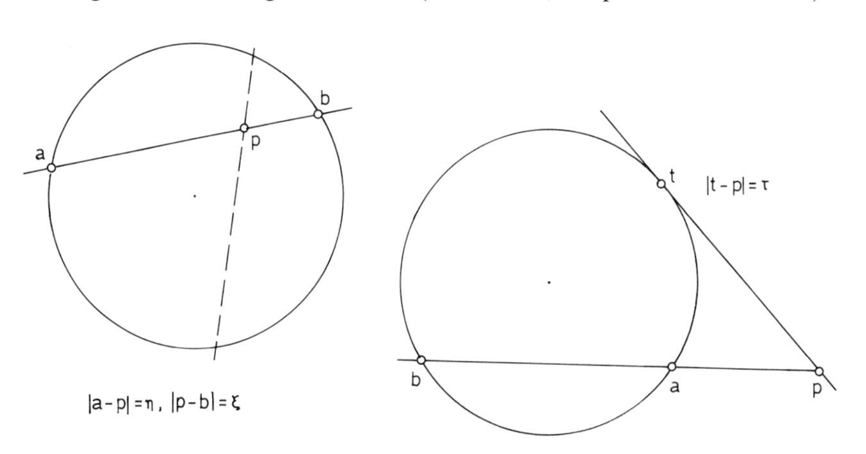

Zwei-Sehnen-Satz. *Sei K ein Kreis und p ein Punkt im Innern von K. Für jede Sehne durch p hat das Produkt $\eta\zeta$ der Sehnenabschnitte den gleichen Wert.*

Sehnen-Tangenten-Satz. *Sei K ein Kreis und p ein Punkt im Äußeren von K. Für jede den Kreis schneidende Gerade durch p ist das Produkt der Sehnenabschnitte $\eta\zeta$ gleich dem Quadrat des Tangentenabschnittes τ.*

Beweis. In beiden Fällen betrachtet man Geraden $p + \mathbb{R}q$, $|q| = 1$, durch p und bringt sie mit $K = \{x : |x| = \rho\}$ zum Schnitt. Die eventuellen Schnittpunkte haben die Form $p + \xi q$, und ξ ist durch $\rho^2 = |p + \xi q|^2 = |p|^2 + 2\xi\langle p, q\rangle + \xi^2|q|^2$ bestimmt. Nach dem VIETAschen Wurzelsatz ist das Produkt $\eta\zeta$ der beiden Wurzeln gleich dem konstanten Glied: $\eta\zeta = |p|^2 - \rho^2$ und ist damit von der Richtung der Geraden unabhängig. Andererseits sind die Längen der Sehnenabschnitte $|p - a| = |\eta q| = |\eta|$ bzw. $|p - b| = |\zeta q| = |\zeta|$. □

Bemerkung. Man entnimmt dem Beweis, daß die fraglichen Produkte nur von $|p|$ abhängen.

4. Der Umkreis eines Dreiecks. Es seien $a, b, c \in \mathbb{R}^2$ die Ecken eines nicht-entarteten Dreiecks, das heißt drei nicht auf einer Geraden liegende Punkte. Nach dem Drei-Punkte-Kriterium in 1.6 gilt dann $[a, b, c] \neq 0$. Per Definition sind Mittelpunkt m und Radius ρ des Kreises durch die drei Punkte a, b, c durch die Bedingungen $|m - a| = |m - b| = |m - c| = \rho$ festgelegt. Quadrieren der Gleichungen $|m - a| = |m - b|$ und $|m - b| = |m - c|$ führt zu

$$(1) \qquad \langle 2m - (a + b), a - b\rangle = 0 \qquad \text{und} \qquad \langle 2m - (b + c), b - c\rangle = 0.$$

Danach liegt m – wie es der Anschauung entspricht – auf den Mittelsenkrechten der Verbindungsstrecken von a, b und von b, c (linke Figur). Man setzt die sich aus (1) ergebenden Werte in die Schnittpunktformel 1.4(3) ein und erhält

$$(2) \qquad m = \frac{1}{2[a, b, c]}((|b|^2 - |c|^2)a^\perp + (|c|^2 - |a|^2)b^\perp + (|a|^2 - |b|^2)c^\perp).$$

Die rechte Seite von (2) ändert sich nicht, wenn man a, b, c zyklisch vertauscht.

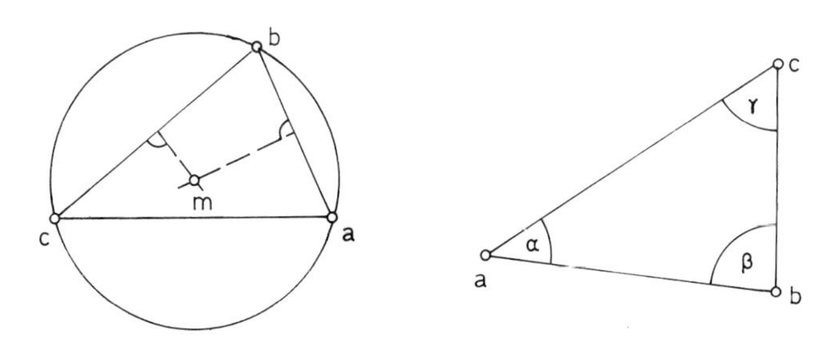

Satz. *Der Mittelpunkt m des Umkreises durch die drei Ecken a, b, c eines nicht-entarteten Dreiecks ist durch (2), sein Radius ρ durch*

$$(3) \qquad \rho = \frac{|a - b||b - c||c - a|}{2[a, b, c]}$$

gegeben.

Beweis. Nach Herleitung ist m der Mittelpunkt des Umkreises. Man definiert ρ durch (3) und bemerkt, daß ρ sich weder bei zyklischer Vertauschung von a, b, c noch bei Translation ändert. Zum Nachweis von $|m - c|^2 = \rho^2$ darf man also ohne Einschränkung $c = 0$ annehmen. Mit (2) gilt nun wegen $|x^\perp| = |x|$

$$|m|^2 = \frac{1}{4[a,b]^2}\,\big||b|^2 a - |a|^2 b\big|^2 = \left(\frac{|a|\,|b|\,|a-b|}{2[a,b]}\right)^2 = \rho^2. \qquad \square$$

Man bezeichne mit α, β bzw. γ die Dreieckswinkel bei a, b bzw. c (rechte Figur).

Korollar 1. $|a - b| = 2\rho \cdot \sin\gamma$.

Beweis. Nach 1.2(10) gilt $|[a,b,c]| = |[a-c, b-c]| = |a-c|\,|b-c| \cdot \sin\gamma$, die Behauptung folgt nun aus (3). Eine zyklische Vertauschung ergibt

Korollar 2. (*Sinus-Satz*) $$\frac{\sin\alpha}{|b-c|} = \frac{\sin\beta}{|c-a|} = \frac{\sin\gamma}{|a-b|}.$$

Aufgabe. Man zeige direkt, daß der Kreis durch die drei nicht auf einer Geraden liegenden Punkte a, b, c durch

$$[a,b,c] \cdot |x|^2 - [b,c,x] \cdot |a|^2 + [c,x,a] \cdot |b|^2 - [x,a,b] \cdot |c|^2 = 0$$

gegeben ist.

5. Die EULER-Gerade. Ist ein nicht-entartetes Dreieck mit den Ecken a, b, c gegeben, so bezeichne wie bisher s den Schwerpunkt (vgl. die Einleitung zu diesem Kapitel), h den Höhenschnittpunkt (vgl. 1.7) und m den Mittelpunkt des Umkreises (vgl. 4). Zum Nachweis der

EULER-*Gleichung* $$3s = h + 2m$$

bemerkt man zunächst, daß sich s, h und m bei einer Translation $x \mapsto x + q$ jeweils ebenfalls um q vermehren. Zum Nachweis der EULER-Gleichung darf man also ohne Einschränkung $m = 0$, das heißt $|a| = |b| = |c|$, annehmen. Die Höhe durch c hat die Geradengleichung $\langle x - c, a - b\rangle = 0$. Für $p := a + b + c = 3s$ gilt dann offenbar $\langle p - c, a - b\rangle = \langle a + b, a - b\rangle = |a|^2 - |b|^2 = 0$, das heißt, p liegt auf der Höhe durch c. Aus Symmetriegründen folgt $p = h$, also die Behauptung.

Die Punkte s, h und m liegen also im Falle $s \neq h$ auf einer Geraden, der EULER-*Geraden* $s + \mathbb{R}(s - h)$, und man erhält den aus dem Jahre 1763 stammenden

Satz von EULER. *In einem Dreieck liegen Schwerpunkt, Höhenschnittpunkt und Mittelpunkt des Umkreises auf einer Geraden, der sogenannten* EULER-*Geraden.*

Fallen zwei der drei Punkte s, h, m zusammen, dann stimmen alle drei Punkte überein. Ist dies nicht der Fall, dann liegen s, h und m auf der Geraden $s + \mathbb{R}(s - h)$, und wegen $m = s + \frac{1}{2}(s - h)$ wird die Verbindungsstrecke von m und h vom Schwerpunkt gedrittelt.

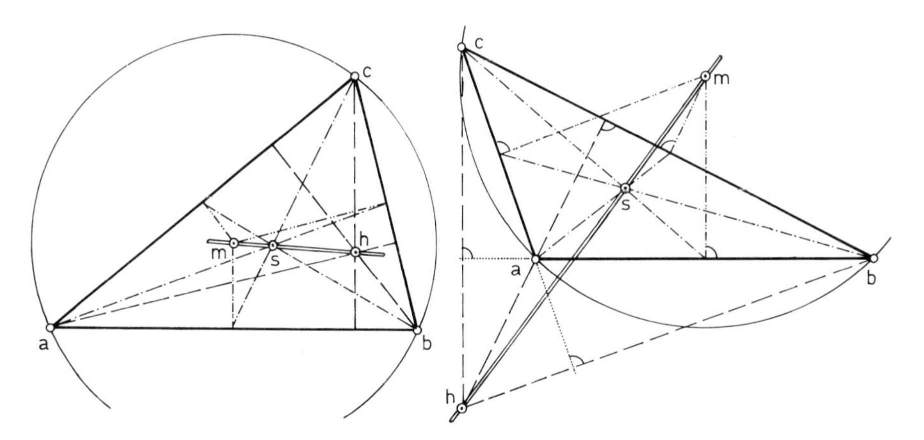

Aufgabe. Man zeige, daß genau dann zwei der drei Punkte s, h, m übereinstimmen, wenn das Dreieck gleichseitig ist.

Bemerkung. Dieser Satz wurde 1763 von Leonhard EULER (1707–1783) in einer Arbeit mit dem Titel „Solutio facilis problematum quorundam geometricorum difficillimorum" (Opera Omnia, Series prima, Bd. *26*, S. 139–157) publiziert. Er bringt wohl die erste nicht-triviale Aussage über Dreiecke, die den Griechen nicht bekannt war.

6. Der FEUERBACH-Kreis. Im Jahre 1822 entdeckte K. W. FEUERBACH (1800–1834), daß es mit dem Kreis durch die Mitten der Seiten eines Dreiecks eine besondere Bewandtnis hat: In einem nicht-entarteten Dreieck a, b, c sind die Seitenmitten durch $\frac{1}{2}(a+b)$, $\frac{1}{2}(b+c)$ und $\frac{1}{2}(c+a)$ gegeben. Bezeichnet f den Mittelpunkt des Kreises durch diese Seitenmitten, so gilt die

FEUERBACH-*Gleichung* $$3s = m + 2f.$$

Zum Beweis bemerkt man wieder, daß sich bei einer Translation $x \mapsto x + q$ beide Seiten um $3q$ vermehren. Man darf daher $s = 0$ annehmen, so daß die Seitenmitten

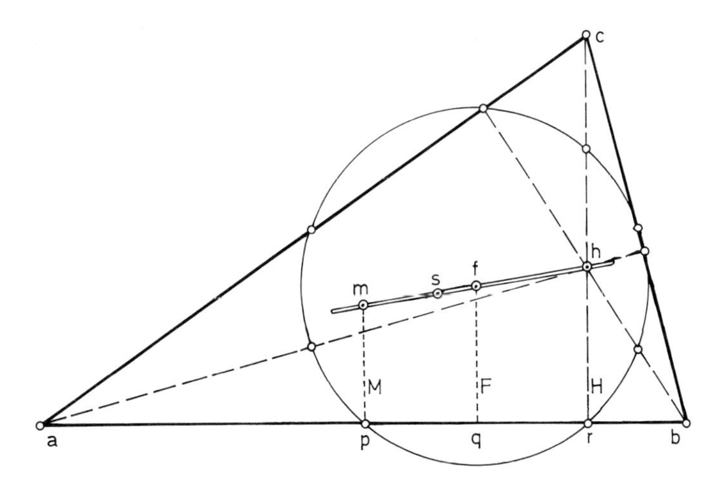

durch $-\frac{1}{2}c$, $-\frac{1}{2}a$ und $-\frac{1}{2}b$ gegeben sind. Da der Mittelpunkt eines Kreises durch drei Punkte homogen vom Grad 1 von diesen Punkten abhängt, folgt $f = -\frac{1}{2}m$. □

Eliminiert man s aus FEUERBACH- und EULER-Gleichung, so folgt $f = \frac{1}{2}(m + h)$, und man erhält

Lemma A. *Der Mittelpunkt f des Kreises durch die Mitten der Seiten des Dreiecks a, b, c liegt auf der* EULER-*Geraden in der Mitte zwischen Umkreismittelpunkt m und Höhenschnittpunkt h.*

Man nennt diesen Kreis den FEUERBACH-Kreis des gegebenen Dreiecks. Mit dem Satz von EULER erhält man das

Korollar. *Die Abstände der Punkte h, f, s, m verhalten sich wie* $3:1:2$.

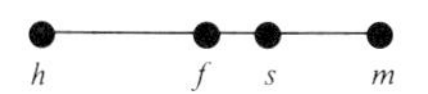

Schreibt man die FEUERBACH-Gleichung in der Form $m - a = 2(\frac{1}{2}(b + c) - f)$, so folgt aus Symmetriegründen

Lemma B. *Der Radius des* FEUERBACH-*Kreises ist die Hälfte des Umkreisradius.*

Eliminiert man m aus EULER- und FEUERBACH-Gleichung, so erhält man $4f = 3s + h$. Da man dies als $f - \frac{1}{2}(a + b) = \frac{1}{2}(h + c) - f$ schreiben kann, erhält man mit Lemma B das

Lemma C. *Die Mitten der Höhen-Abschnitte zwischen Höhenschnittpunkt und zugehörigem Eckpunkt liegen auf dem* FEUERBACH-*Kreis.*

Mit elementar-geometrischen Methoden erhält man noch

Lemma D. *Die Fußpunkte der Höhen liegen auf dem* FEUERBACH-*Kreis.*

Beweis. Man ziehe durch f und m je eine Parallele F und M zur Höhe H. Der Schnittpunkt p ist die Mitte der Seite. Nach Lemma A und dem Strahlensatz sind die Abstände von p nach q und q nach r gleich. □

Zusammengefaßt gilt der

Satz über den FEUERBACH-Kreis. *In einem Dreieck liegen die*

Seitenmitten,
Mitten der Höhenabschnitte und
Fußpunkte der Höhen

auf einem Kreis.

Korollar. *Das Dreieck a, b, c und das Dreieck h, a, b haben den gleichen* FEUERBACH-*Kreis.*

Denn beide Kreise haben den Punkt $\frac{1}{2}(a+b)$ und die Mitten der beiden Verbindungsgeraden von h nach a und nach b gemeinsam.

Unabhängig von FEUERBACH haben bereits 1821 die französischen Mathematiker C. J. BRIANCHON (1783–1864) und J. V. PONCELET (1788–1867) diesen Satz bewiesen. Allerdings entdeckte FEUERBACH außerdem, daß der nach ihm benannte Kreis den Inkreis und die drei Ankreise des Dreiecks berührt.

Karl Wilhelm FEUERBACH wurde 1800 in Jena als Sohn des Kriminalisten Anselm von FEUERBACH geboren, er studierte in Erlangen, war 1823 Gymnasialprofessor in Erlangen, verkehrte in burschenschaftlichen Kreisen, wurde [deshalb?] 1824 verhaftet und blieb 14 Monate gefangen, war anschließend wieder Gymnasialprofessor und starb 1834 in Erlangen. Sein ältester Bruder Joseph war der Vater des Malers Anselm FEUERBACH.

Literatur. J. LANGE, *Geschichte des Feuerbachschen Kreises*, Wiss. Beilagen, Werdersche Ober-Realschule, Berlin, 1894, M. CANTOR, *Karl Wilhelm Feuerbach*, Sitz. Ber. Heidelberger Akad. d. Wiss., Heidelberg 1910.

7. Das Mittendreieck. Man ordnet einem Dreieck Δ mit den Ecken a, b, c das *Mittendreieck*, also das Dreieck Δ' mit den Ecken $a' := \frac{1}{2}(b+c)$, $b' := \frac{1}{2}(c+a)$, $c' := \frac{1}{2}(a+b)$ zu und bezeichnet die dem Dreieck Δ entsprechenden Größen in Δ' mit einem Strich. Offenbar ist der Schwerpunkt $s' = \frac{1}{3}(a'+b'+c')$ von Δ' gleich dem Schwerpunkt s von Δ. Nach der Definition des FEUERBACH-Kreises in 6 gilt $m' = f$. Damit stimmen die EULER-Geraden von Δ und Δ' überein.

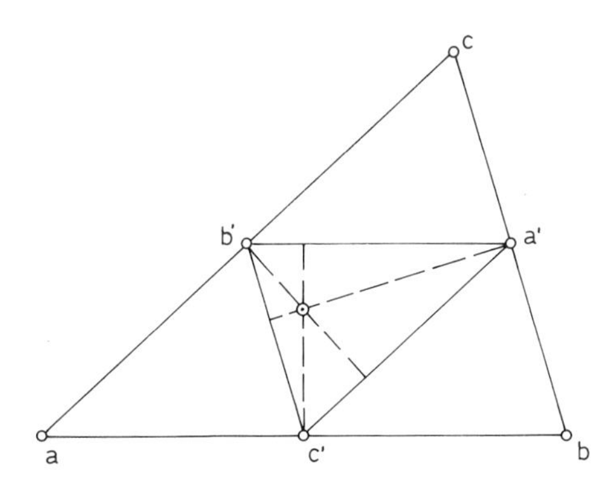

Ein Blick auf die Figur zeigt $h' = m$, denn die Mittelsenkrechten von Δ sind die Höhen von Δ'. Die Gleichung $h' = m$ liefert einen neuen Beweis dafür, daß sich die Höhen eines Dreiecks in einem Punkt schneiden: Man geht von Δ' aus und bildet Δ durch das Ziehen von Parallelen durch die Ecken von Δ'. Als Mittelsenkrechten von Δ schneiden sich die Höhen von Δ' im Umkreismittelpunkt von Δ. Dieser Beweis wurde 1810 erstmals von C. F. GAUSS (Werke IV, S. 396) angegeben.

EULER- und FEUERBACH-Gleichung sind Spezialfälle eines allgemeinen geometrischen Sachverhaltes: Ist $p = p_{a,b,c}$ eine Abbildung, die jedem Dreieck mit den Ecken a, b, c einen Punkt p der Ebene zuordnet, und gilt $p_{\alpha a, \alpha b, \alpha c} = \alpha \cdot p_{a,b,c}$, $p_{a+x, b+x, c+x} = p_{a,b,c}$ für $\alpha \in \mathbb{R}$ und $x \in \mathbb{R}^2$, $p_{a,b,c} = p_{b,c,a}$, dann folgt analog zum Beweis der FEUERBACH-Gleichung die Beziehung $2p' = 3s - p$; speziell liegen s, p, p' stets auf einer Geraden.

Kapitel 5. Euklidische Vektorräume

Mit Ausnahme von einigen wenigen Stellen (1.4, 3.4, 4.7) wird im vorliegenden Kapitel *nicht* von der Determinanten-Theorie Gebrauch gemacht. Kapitel 5 kann daher weitgehend unabhängig von Kapitel 3 gelesen werden.

Einleitung. In den ersten Kapiteln war es – wenn man von einigen Beispielen absieht – völlig gleichgültig, welchen Körper K man zugrunde legte. Die von DESCARTES (vgl. 1.1.6) begründete „Analytische Geometrie" nimmt dagegen sehr stark darauf Bezug, daß der Grundkörper K gleich dem Körper $\mathbb{R}$ der reellen Zahlen ist. Nur in diesem Falle kann man nämlich sowohl von einem Abstand zweier Punkte und vom Winkel zwischen zwei Geraden sprechen als auch Stetigkeits- und Zusammenhangsargumente einsetzen. Dies wurde bereits am Beispiel elementar-geometrischer Sätze im Kapitel 4 erläutert.

Reelle Vektorräume, bei denen es durch Vorgabe eines „Skalarproduktes" (vgl. 2.1) möglich ist, sowohl Längen als auch Winkel zu definieren und zu messen, nennt man „euklidische Vektorräume". Damit wird angedeutet, daß man in ihnen „euklidische Geometrie" betreiben kann. Während wir bisher meist Methoden der „linearen Algebra" kennengelernt haben, handeln das vorliegende und die beiden nächsten Kapitel von Geometrie, und zwar von „analytischer Geometrie" im Sinne von DESCARTES. Dabei werden zunächst die allgemeinen Gesichtspunkte dargestellt, die in den nächsten beiden Kapiteln u. a. auf konkrete Probleme angewendet werden.

Der Ursprung der euklidischen Vektorräume kann in einer grundlegenden Arbeit über sogenannte Integralgleichungen gesehen werden:

David HILBERT (1862–1943) veröffentlichte in den Nachrichten der Göttinger Akademie während der Jahre 1904–1910 sechs Arbeiten über die „Grundzüge einer allgemeinen Theorie der linearen Integralgleichungen" (erneuter Abdruck 1912 bei B. G. TEUBNER, Leipzig und Berlin), in denen er mit „Wertsystemen" $x_1, x_2, \ldots$ von reellen Zahlen, für welche $x_1^2 + x_2^2 + \cdots \leqslant 1$ gilt, das Beschränktsein von Funktionen $F = F(x_1, x_2, \ldots)$ testet. Danach ist speziell eine Linearform $a_1x_1 + a_2x_2 + \cdots$ beschränkt, wenn $a_1^2 + a_2^2 + \cdots$ konvergiert. Diese Wertsysteme bilden keinen Vektorraum; von der Tatsache, daß die beschränkten Linearformen einen Vektorraum bilden, wird nicht explizit Gebrauch gemacht. Untersucht werden u. a. sogenannte „vollstetige" quadratische Formen unter Zuhilfenahme der speziellen Test-Form $(x, x) := x_1^2 + x_2^2 + \cdots$. Läßt man nach E. SCHMIDT hier Wertsysteme zu, für welche $x_1^2 + x_2^2 + \cdots$ konvergiert, dann spricht man von dem HILBERT-Raum der reellen konvergenten Folgen und kann diesen als Vorläufer der euklidischen Vektorräume ansehen.

Dies wurde wohl erstmalig von E. SCHMIDT in der grundlegenden Arbeit „Über die Auflösung linearer Gleichungen mit unendlich vielen Unbekannten" (Rendiconti di Palermo, *25*, S. 1–25 (1908)) durchgeführt.

Ebenso wie der Vektorraum-Begriff in seiner vollen Allgemeinheit zunächst für unendlich-dimensionale Vektorräume eingeführt wurde (von BANACH; vgl. 1.2.5), erscheint also auch der für geometrische Überlegungen so wichtige euklidische Vektorraum historisch zuerst im unendlich-dimensionalen Fall.

§ 1. Positiv definite Bilinearformen

1. Symmetrische Bilinearformen. Ist V ein Vektorraum über dem Körper K, dann heißt eine Abbildung $\sigma: V \times V \to K$ *bilinear* oder eine *Bilinearform von* V, wenn σ in jedem Argument linear ist, das heißt, wenn gilt

$$\sigma(\alpha x + \beta y, z) = \alpha \cdot \sigma(x, z) + \beta \cdot \sigma(y, z),$$

$$\sigma(x, \alpha y + \beta z) = \alpha \cdot \sigma(x, y) + \beta \cdot \sigma(x, z),$$

für alle $\alpha, \beta \in K$ und $x, y, z \in V$. Speziell gilt also $\sigma(x, 0) = \sigma(0, y) = 0$. Die Bilinearform σ heißt *symmetrisch* (bzw. *schiefsymmetrisch* oder *alternierend*), wenn $\sigma(x, y) = \sigma(y, x)$ bzw. $\sigma(x, y) = -\sigma(y, x)$ für alle $x, y \in V$ gilt.

Eine symmetrische oder schiefsymmetrische Bilinearform nennt man *nicht-ausgeartet* (oder *nicht-entartet*), wenn gilt:

$$\sigma(x, y) = 0 \qquad \text{für alle} \qquad y \in V \;\Rightarrow\; x = 0.$$

Ist σ eine symmetrische Bilinearform von V, dann nennt man $q(x) := \sigma(x, x)$ auch eine *quadratische Form*. Wegen $2\sigma(x, y) = q(x + y) - q(x) - q(y)$ erhält man die symmetrische Bilinearform σ aus der quadratischen Form zurück, sofern die Charakteristik von K nicht 2 ist.

2. Beispiele. Der Begriff der Bilinearform soll sogleich an den bereits früher (1.3. 2–8, 1.5.2 und 1.6.8) behandelten Beispielen von Vektorräumen erläutert werden. Die Numerierung entspricht dabei der damals verwendeten Numerierung.

1) *Standard-Räume und Matrizen.* Ist K^n der Vektorraum der Spaltenvektoren von $n \geqslant 1$ Komponenten, dann ist das *kanonische Skalarprodukt* $\langle x, y \rangle$ für x, y aus K^n nach 2.2.6 definiert durch

$$\langle x, y \rangle := x^t y = \xi_1 \eta_1 + \cdots + \xi_n \eta_n. \tag{1}$$

Man hatte damals bereits gesehen, daß die Abbildung $(x, y) \mapsto \langle x, y \rangle$ bilinear, symmetrisch und nicht-ausgeartet ist und daß

$$\langle Ax, y \rangle = \langle x, A^t y \rangle \qquad \text{für} \qquad A \in \mathrm{Mat}(n; K) \tag{2}$$

gilt.

Für $A \in \mathrm{Mat}(n; K)$ definiere man eine Abbildung $\sigma_A: K^n \times K^n \to K$ durch

$$\sigma_A(x, y) := \langle x, Ay \rangle = x^t A y. \tag{3}$$

Eine Verifikation liefert mit (2) das

Lemma. *Für eine $n \times n$ Matrix A über K gilt:*

a) σ_A *ist eine Bilinearform von* K^n.
b) σ_A *ist genau dann symmetrisch bzw. schiefsymmetrisch, wenn A symmetrisch (das heißt, $A^t = A$) bzw. schiefsymmetrisch (das heißt, $A^t = -A$) ist.*
c) *Die symmetrische Bilinearform σ_A ist genau dann nicht-ausgeartet, wenn A invertierbar ist.*

Wertet man eine beliebige Bilinearform von K^n auf der kanonischen Basis $e_1, \ldots, e_n$ von K^n aus und setzt man $A := (\alpha_{ij})$ mit $\alpha_{ij} := \sigma(e_i, e_j)$, so erhält man den

Satz. *Ist σ eine Bilinearform von K^n, dann gibt es eine $n \times n$ Matrix A mit $\sigma = \sigma_A$.*

Das Skalarprodukt auf dem Raum $\mathrm{Mat}(m, n; K)$, aufgefaßt als Standard-Raum, kann offenbar in der Form $\mathrm{Spur}\, A^t B$ mit $A, B \in \mathrm{Mat}(m, n; K)$ geschrieben werden:

Proposition. *Die Abbildung $(A, B) \mapsto \mathrm{Spur}\, A^t B$ ist eine symmetrische nicht-ausgeartete Bilinearform von* $\mathrm{Mat}(m, n; K)$.

2) *Reelle Folgen.* Ordnet man zwei konvergenten Folgen $a = (a_n \mid n \in \mathbb{N})$ und $b = (b_n \mid n \in \mathbb{N})$ den Wert $\sigma(a, b) := \lim_{n \to \infty} a_n b_n$ zu, so erhält man eine symmetrische Bilinearform von $\mathscr{F}_{\text{konvergent}}$. Es gilt $\sigma(a, b) = 0$, falls b eine Nullfolge ist.

3) *Die Räume* $\mathrm{Abb}(M, K)$ *und* $\mathrm{Abb}[M, K]$. Nach Wahl von endlich vielen Elementen $m_1, \ldots, m_k \in M$ definiert $\sigma(\varphi, \psi) := \varphi(m_1)\psi(m_1) + \cdots + \varphi(m_k)\psi(m_k)$ eine symmetrische Bilinearform von $\mathrm{Abb}(M, K)$. Wann ist σ nicht-ausgeartet?

4) *Reelle Polynome und stetige Abbildungen.* Auf dem Vektorraum $\mathrm{Pol}\,\mathbb{R}$ der reellen Polynome definiert

$$\sigma(\varphi, \psi) := \sum_{m=0}^{\infty} \varphi^{(m)}(0) \cdot \psi^{(m)}(0), \qquad \varphi^{(m)} = m\text{-te Ableitung},$$

eine symmetrische und nicht-ausgeartete Bilinearform. Man beachte, daß die Reihe nur formal unendlich ist.

Für ein beschränktes abgeschlossenes Intervall I von $\mathbb{R}$ bezeichne wieder $C(I)$ den Vektorraum der auf I stetigen Funktionen. Durch

$$\sigma(\varphi, \psi) := \int_{\xi \in I} \varphi(\xi)\psi(\xi)\, d\xi$$

wird auf dem $\mathbb{R}$-Vektorraum $C(I)$ eine symmetrische nicht-ausgeartete Bilinearform definiert.

Analog sieht man, daß z. B. durch

$$\sigma(\varphi, \psi) := \int_{-1}^{1} \varphi(\xi)\psi(\xi)\, d\xi$$

eine symmetrische und nicht-ausgeartete Bilinearform auf Pol $\mathbb{R}$ definiert wird.

3. Positiv definite Bilinearformen. Im weiteren Verlauf dieses Paragraphen sei *V ein Vektorraum über dem Körper $\mathbb{R}$ der reellen Zahlen.* Eine symmetrische Bilinearform $\sigma: V \times V \to \mathbb{R}$ nennt man *positiv definit* (oder ein *Skalarprodukt*), wenn

(1) $$\sigma(x, x) > 0 \qquad \text{für alle } x \neq 0 \text{ aus } V$$

gilt.

Lemma. *Jede positiv definite Bilinearform σ von V ist nicht-ausgeartet.*

Beweis. Gilt $\sigma(x, y) = 0$ für alle $y \in V$, so setzt man $y = x$ und erhält $\sigma(x, x) = 0$, also $x = 0$. □

Unter den in 2 angegebenen Beispielen sind u. a. positiv definit

das Skalarprodukt $\langle x, y \rangle$ des $\mathbb{R}^n$,
die Spurform $(A, B) \mapsto \operatorname{Spur} A^t B$ des Raumes $\operatorname{Mat}(m, n; \mathbb{R})$,
das Integral $(\varphi, \psi) \mapsto \int_I \varphi(\xi)\psi(\xi)\, d\xi$ des Raumes $C(I)$,
das Integral $(\varphi, \psi) \mapsto \int_{-1}^{1} \varphi(\xi)\psi(\xi)\, d\xi$ von Pol $\mathbb{R}$.

Nicht positiv definit ist etwa

$$(x, y) \mapsto \xi_1\eta_1 - \xi_2\eta_2, \qquad x = (\xi_1, \xi_2), \qquad y = (\eta_1, \eta_2) \in \mathbb{R}_2,$$

oder

$$(a, b) \mapsto \lim_{n \to \infty} a_n b_n, \qquad a, b \in \mathscr{F}_{\text{konvergent}}.$$

4. Positiv definite Matrizen. Ist S eine symmetrische $n \times n$ Matrix über $\mathbb{R}$, in der Bezeichnung von 3.5.2 also ein Element von $\operatorname{Sym}(n; \mathbb{R})$, so kann man fragen, ob die symmetrische Bilinearform σ_S, die durch $\sigma_S(x, y) := \langle x, Sy \rangle = x^t S y$ definiert ist, positiv definit ist. Man nennt die symmetrische Matrix S *positiv definit*, wenn σ_S positiv definit ist, wenn also gilt

(1) $$\langle x, Sx \rangle = x^t S x > 0 \qquad \text{für alle} \qquad x \neq 0.$$

Nach Teil c) von Lemma 2 ist eine positiv definite Matrix stets invertierbar.

Im einfachsten Fall $n = 2$ hat man das *Kriterium*:

(2) $$S \text{ positiv definit} \Leftrightarrow S = \begin{pmatrix} \alpha & \beta \\ \beta & \gamma \end{pmatrix}, \qquad \alpha\gamma - \beta^2 > 0, \qquad \alpha > 0.$$

Zum Beweis betrachte man die Gleichung $\alpha \cdot x^t S x = \alpha^2 \xi_1^2 + 2\alpha\beta\xi_1\xi_2 + \alpha\gamma\xi_2^2 = (\alpha\xi_1 + \beta\xi_2)^2 + (\alpha\gamma - \beta^2)\xi_2^2$, aus der man das Kriterium abliest.

Trivialerweise ist jede Diagonalmatrix mit positiven Diagonalelementen positiv definit. Ferner ist die Summe zweier positiv definiter Matrizen wieder positiv definit.

Im allgemeinen Fall $n \geqslant 3$ ist die Entscheidung, ob die symmetrische Matrix S positiv definit ist, nicht mehr so elementar. Einige notwendige Bedingungen kann man noch leicht erhalten: Ist $S = (\sigma_{ij})$ positiv definit, so gilt z. B.

(3) $$\sigma_{ii} > 0 \quad \text{für} \quad 1 \leqslant i \leqslant n,$$

(4) $$\sigma_{ii}\sigma_{jj} - \sigma_{ij}^2 > 0 \quad \text{für} \quad 1 \leqslant i < j \leqslant n.$$

Man erhält (3) bzw. (4) aus (1), indem man $x = e_i$ bzw. $x = \xi_1 e_i + \xi_2 e_j$ setzt und im zweiten Falle wie beim Beweis von (2) schließt.

(5) Ist T ein Diagonalkästchen von S, $S = \begin{pmatrix} T & * \\ * & * \end{pmatrix}$, so ist T positiv definit, speziell ist T invertierbar.

Ist nämlich T eine $r \times r$ Matrix, so wählt man in (1) für x Vektoren, deren letzten $n - r$ Komponenten Null sind.

Ein einfaches, aber oft nützliches allgemeines Kriterium gibt das

Lemma. *Für* $S \in \mathrm{Sym}(n; \mathbb{R})$ *und* $W \in GL(n; \mathbb{R})$ *sind äquivalent:*

(i) *S ist positiv definit.*
(ii) *$W^t S W$ ist positiv definit.*

Beweis. (i) ⇒ (ii): Nach Lemma 3.5.2B ist mit S auch $W^t S W$ symmetrisch. Sei nun S positiv definit und $T := W^t S W$. Für $x \in \mathbb{R}^n$ folgt $x^t T x = x^t W^t S W x = y^t S y$ mit $y := Wx$. Aus $x^t T x = 0$ folgt daher $Wx = y = 0$. Da W aber invertierbar ist, erhält man $x = 0$, das heißt, T ist positiv definit.

(ii) ⇒ (i): Man wendet die bereits bewiesene Implikation auf $S := U^t T U$, $U \in GL(n; \mathbb{R})$, und $W := U^{-1}$ an. □

Weniger elementar ist die folgende Aussage. Dabei versteht man wie in 3.5.4 unter dem r-ten Hauptminor $\delta_r(S)$, $r = 1, \ldots, n$ einer Matrix $S \in \mathrm{Sym}(n; \mathbb{R})$ die Determinante derjenigen Matrix, die aus S durch Streichung der letzten $n - r$ Zeilen und Spalten entsteht.

Kriterium für positiv definite Matrizen. *Für* $S \in \mathrm{Sym}(n; \mathbb{R})$ *sind äquivalent:*

(i) *S ist positiv definit.*
(ii) *Es gibt* $W \in GL(n; \mathbb{R})$ *mit* $S = W^t W$.
(iii) *Alle Hauptminoren* $\delta_r = \delta_r(S)$, $r = 1, \ldots, n$, *von S sind positiv.*

Ist dies der Fall, so gilt $\det S > 0$.

Beweis. (ii) ⇒ (i): Folgt aus dem Lemma.

(i) ⇒ (iii) ⇒ (ii): Im Fall (i) sind nach (5) alle Hauptminoren ungleich Null. Sowohl im Fall (i) wie auch im Fall (iii) gibt es dann nach dem Satz von Jacobi 3.5.4 eine unipotente (also speziell invertierbare) Matrix U mit $S = U^t D U$, und D ist eine Diagonalmatrix mit den Diagonalelementen

(6) $$\delta_1, \delta_2/\delta_1, \ldots, \delta_n/\delta_{n-1}.$$

Im Fall (i) ist D nach dem Lemma positiv definit, das heißt, die Zahlen (6) sind positiv. Dann sind aber auch die Zahlen $\delta_1, \ldots, \delta_n$, also die Hauptminoren positiv, das heißt, aus (i) folgt (iii). Gilt dagegen (iii), so sind die Zahlen (6) positiv, also Quadrate $\alpha_1^2, \ldots, \alpha_n^2$ reeller Zahlen $\alpha_1, \ldots, \alpha_n$. Ist A die Diagonalmatrix mit den Diagonalelementen $\alpha_1, \ldots, \alpha_n$, so ist A invertierbar, und es gilt $D = A^2$, also $S = U^t D U = W^t W$ mit $W := AU$. Aus (iii) folgt also (ii).

Bemerkung. Dieses Kriterium hat eine wichtige Interpretation für positiv definite quadratische Formen, das heißt Formen der Gestalt $\sigma_S(x, x) = \langle x, Sx \rangle$ mit positiv definiter Matrix S (vgl. Satz 2). Ist nämlich $S = W^t W$ mit invertierbarer Matrix W, so wird die quadratische Form in den Variablen $y := Wx$ eine Summe von Quadraten: $\langle x, Sx \rangle = y_1^2 + \cdots + y_n^2$.

5. Die CAUCHY-SCHWARZsche Ungleichung. *Ist σ eine positiv definite Bilinearform von V, dann gilt*

(1) $$[\sigma(x, y)]^2 \leqslant \sigma(x, x) \cdot \sigma(y, y) \qquad \textit{für} \qquad x, y \in V.$$

Hier steht dann und nur dann das Gleichheitszeichen, wenn x, y linear abhängig sind.

Zum *Beweis* darf man annehmen, daß x und y linear unabhängig sind. Für beliebige $\xi, \eta \in \mathbb{R}$ ist dann $\xi x + \eta y$ für $(\xi, \eta) \neq 0$ nie Null, es folgt $0 < \sigma(\xi x + \eta y, \xi x + \eta y) = \alpha \xi^2 + 2\beta \xi \eta + \gamma \eta^2$ mit $\alpha = \sigma(x, x)$, $\beta = \sigma(x, y)$, $\gamma = \sigma(y, y)$. Mit dem Kriterium 4(2) folgt die Behauptung. □

Spezialfälle. Für reelle Zahlen $\xi_1, \ldots, \xi_n, \eta_1, \ldots, \eta_n$ gilt

(2) $$\left(\sum_{i=1}^{n} \xi_i \eta_i \right)^2 \leqslant \left(\sum_{i=1}^{n} \xi_i^2 \right) \left(\sum_{i=1}^{n} \eta_i^2 \right).$$

Für auf einem beschränkten, abgeschlossenen Intervall I stetige Funktionen φ, ψ gilt

(3) $$\left(\int \varphi(\xi) \psi(\xi) \, d\xi \right)^2 \leqslant \left(\int \varphi^2(\xi) \, d\xi \right) \left(\int \psi^2(\xi) \, d\xi \right),$$

wenn die Integrale jeweils über I erstreckt werden.

Folgerungen: Sind die reellen unendlichen Reihen $\sum_i \xi_i^2$ und $\sum_i \eta_i^2$ konvergent, dann ist die Reihe $\sum_i \xi_i \eta_i$ absolut konvergent (folgt leicht aus (2)).

Die Menge V der auf $I := [0, \infty)$ stetigen Funktionen φ, für welche $\int_0^\infty [\varphi(\xi)]^2 \, d\xi$ existiert, ist ein Untervektorraum von $C(I)$ (folgt aus (3)).

Historische Bemerkung. A. L. Cauchy hat die Ungleichung (2) für endliche Folgen in seinem *Cours d'analyse* (Œuvres, 2. Serie, Bd. III, S. 374) wohl als erster formuliert und bewiesen.

Hermann Amandus SCHWARZ (1843–1921) hat dann die „CAUCHY-SCHWARZsche Ungleichung" 1885 in einer Festschrift zum 70. Geburtstag von Karl WEIERSTRASS analog zu (3) für Doppelintegrale (!) formuliert und wie hier mittels positiv definiter quadratischer Formen in zwei Variablen bewiesen (Ges. Math. Abhandlungen I, 1890, S. 251). Er benötigte diese Ungleichung bei der Untersuchung von sogenannten Minimalflächen. H. A. SCHWARZ hat seine Ges. Abhandlungen im Jahre 1890, also im Alter von 47 Jahren, *selbst* herausgegeben in der Absicht – so geht das Gerücht –, danach keine Mathematik mehr zu betreiben.

6. Normierte Vektorräume. Eine Abbildung $x \mapsto |x|$ des $\mathbb{R}$-Vektorraumes V nach $\mathbb{R}$ nennt man eine *Norm* von V, wenn gilt

(N.1) $\quad |x| > 0 \quad$ für alle $\quad x \neq 0, \quad |0| = 0,$

(N.2) $\quad |\alpha x| = |\alpha|\,|x| \quad$ für alle $\quad \alpha \in \mathbb{R} \quad$ und $\quad x \in V,$

(N.3) $\quad |x + y| \leqslant |x| + |y| \quad$ für alle $\quad x, y \in V.$

Man nennt (N.3) auch die *Dreiecksungleichung* und $|x|$ manchmal die *Länge* von x (linke Figur). Wegen (N.2) haben x und $-x$ gleiche Länge. Ein Vektorraum V zusammen mit einer Norm heißt *normierter Raum*.

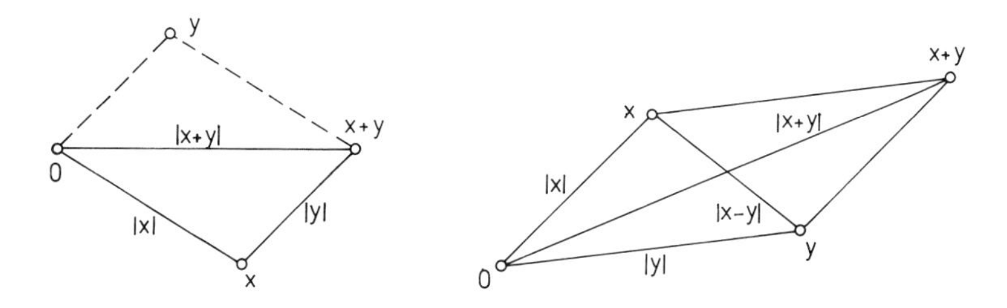

Eine Abbildung $d: V \times V \to \mathbb{R}$ heißt *Metrik*, wenn gilt

(M.1) $\quad d(x, y) = 0 \Leftrightarrow x = y,$

(M.2) $\quad d(x, y) = d(y, x),$

(M.3) $\quad d(x, z) \leqslant d(x, y) + d(y, z)$

für beliebige $x, y, z \in V$. Ist $x \mapsto |x|$ eine Norm von V, dann verifiziert man, daß $(x, y) \mapsto |x - y|$ eine Metrik von V ist.

Satz. *Ist V ein reeller Vektorraum und σ eine positiv definite Bilinearform von V, dann definiert $|x| := \sqrt{\sigma(x, x)}$ eine Norm von V, und es gilt $|\sigma(x, y)| \leqslant |x|\,|y|$ für alle $x, y \in V$. Es gilt $|x + y| < |x| + |y|$, wenn x und y linear unabhängig sind.*

Beweis. Mit der Bezeichnung $|x| = \sqrt{\sigma(x, x)}$ sind (N.1) und (N.2) offensichtlich, und die CAUCHY-SCHWARZsche Ungleichung schreibt sich als $[\sigma(x, y)]^2 \leqslant |x|^2 |y|^2$. Damit folgt

$$\begin{aligned} |x + y|^2 &= \sigma(x + y, x + y) = \sigma(x, x) + 2\sigma(x, y) + \sigma(y, y) \\ &\leqslant |x|^2 + 2|x|\,|y| + |y|^2 = (|x| + |y|)^2, \end{aligned}$$

also die Behauptung. $\square$

Bemerkung. Man darf nicht glauben, daß Normen stets von positiv definiten Bilinearformen herkommen: Definiert man für einen Vektor $x \in \mathbb{R}^n$ mit Komponenten $\xi_1, \ldots, \xi_n$ ein $|x| \in \mathbb{R}$ durch

$$|x| := \operatorname{Max}\{|\xi_i| : 1 \leqslant i \leqslant n\},$$

so ist evident und wird in der reellen Analysis oft benutzt, daß $x \mapsto |x|$ eine Norm ist. Würde es hier eine Bilinearform σ geben mit $|x| = \sqrt{\sigma(x,x)}$, dann wäre $|x+y|^2 - |x|^2 - |y|^2$ bilinear, nämlich $= 2\sigma(x,y)$, was sicher nicht der Fall ist.

Normen, die von einem Skalarprodukt herkommen, haben eine weitere – über (N.1) bis (N.3) hinausgehende – Eigenschaft: Eine Verifikation zeigt, daß für $|x| := \sqrt{\sigma(x,x)}$ das *Parallelogramm-Gesetz* gilt (rechte Figur):

(PG) $$|x+y|^2 + |x-y|^2 = 2(|x|^2 + |y|^2).$$

Im Jahre 1935 haben J. v. NEUMANN und P. JORDAN (Ann. of Math. *36*, S. 719–723, 1935) entdeckt, daß umgekehrt eine Norm $x \mapsto |x|$ schon von einem Skalarprodukt induziert wird, wenn das Parallelogramm-Gesetz erfüllt ist. Der *Beweis* ist elementar: Man geht von einer Norm $x \mapsto |x|$ von V aus, für welche (PG) gilt, und setzt $\sigma(x,y) := \frac{1}{4}(|x+y|^2 - |x-y|^2)$ für $x, y \in V$. Ersichtlich ist σ symmetrisch. In (PG) ersetzt man y durch $x - z$, x erst durch $x + z + 2y$, dann durch $x + z - 2y$ und subtrahiert. Man erhält

(*) $$2\sigma(x,y) + 2\sigma(z,y) = \sigma(x+z, 2y).$$

Für $z = 0$ folgt $\sigma(x, 2y) = 2\sigma(x,y)$ und daraus $\sigma(x+z, y) = \sigma(x,y) + \sigma(z,y)$ mit (*). Nun erhält man $\sigma(\alpha x, y) = \alpha\sigma(x,y)$ zunächst für $\alpha \in \mathbb{Z}$, dann für $\alpha \in \mathbb{Q}$ und mit einem Stetigkeitsargument schließlich für $\alpha \in \mathbb{R}$.

§ 2. Das Skalarprodukt

1. Der Begriff eines euklidischen Vektorraumes. Ein Paar (V, σ), bestehend aus einem endlich-dimensionalen $\mathbb{R}$-Vektorraum V und einer positiv definiten Bilinearform σ von V, nennt man einen *euklidischen Vektorraum.*

Sei nun (V, σ) ein euklidischer Vektorraum; nach Satz 1.6 definiert $|x| := \sqrt{\sigma(x,x)}$, $x \in V$, eine Norm von V. Man nennt

$\sigma(x,y)$ das *Skalarprodukt* von x, y in (V, σ),
$|x|$ die *Länge* von x,
$d(x,y) := |x - y|$ den *Abstand* von x und y und
x, y *orthogonal*, wenn $\sigma(x,y) = 0$ gilt.

$d(x,y)$ ist eine Metrik auf V (vgl. 1.6), also gilt insbesondere die *Dreiecksungleichung für den Abstand*

$$d(x,y) \leqslant d(x,z) + d(z,y) \qquad \text{für} \qquad x, y, z \in V.$$

Bemerkungen. 1) Im Beispiel $V = \mathbb{R}^2$ mit Skalarprodukt $\sigma(x,y) := \langle x, y \rangle$ entspricht $|x - y| = \sqrt{(\xi_1 - \eta_1)^2 + (\xi_2 - \eta_2)^2}$ nach dem Satz des PYTHAGORAS dem geometrischen Abstand der Punkte x und y (Figur 2 in 1.1.7).

2) Jeden endlich-dimensionalen Vektorraum V über $\mathbb{R}$ kann man zu einem euklidischen Vektorraum machen: Nach Wahl einer Basis $b_1, \ldots, b_n$ von V definiere man $\sigma(b_i, b_j) := \delta_{ij}$ und erkläre $\sigma(x, y)$ durch bilineare Fortsetzung. In Satz 6.1.1 wird man sehen, daß jeder euklidische Vektorraum auf diese Weise erhalten werden kann. Die Abbildung

$$h: V \to \mathbb{R}^n, \qquad h(x) = \begin{pmatrix} \xi_1 \\ \vdots \\ \xi_n \end{pmatrix} \qquad \text{für} \qquad x = \xi_1 b_1 + \cdots + \xi_n b_n$$

ist ein Isomorphismus der Vektorräume, bei dem σ auf das kanonische Skalarprodukt des $\mathbb{R}^n$ abgebildet wird: $\sigma(x, y) = \langle h(x), h(y) \rangle$ für $x, y \in V$.

2. Winkelmessung. Neben der Abstandsmessung durch die Norm

$$|x| := \sqrt{\sigma(x, x)}$$

kann man in einem euklidischen Vektorraum (V, σ) auch Winkel zwischen von Null verschiedenen Vektoren a, b aus V messen: Nach Satz 1.6 liegt die Zahl $\sigma(a, b)/|a|\,|b|$ zwischen -1 und $+1$. In der Analysis wird gezeigt, daß es dann eine eindeutig bestimmte Zahl $\Theta_{a,b} \in \mathbb{R}$ gibt mit

$$\cos \Theta_{a,b} = \frac{\sigma(a, b)}{|a|\,|b|} \qquad \text{und} \qquad 0 \leqslant \Theta_{a,b} \leqslant \pi.$$

In Analogie zur Geometrie in der euklidischen Ebene (4.1.1) nennt man $\Theta_{a,b}$ den *Winkel* zwischen den Vektoren a und b.

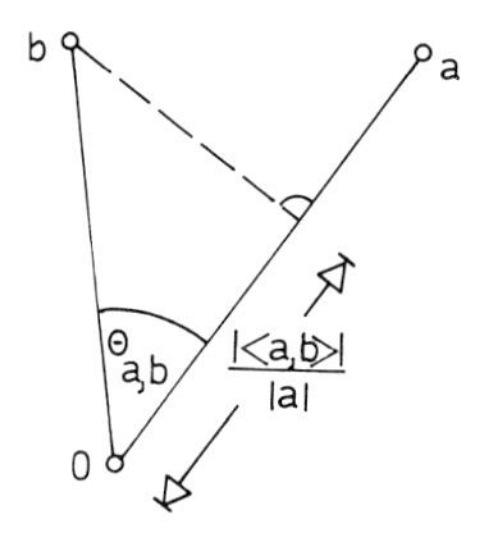

In dieser Bezeichnung hat man also

$$\sigma(a, b) = |a|\,|b| \cos \Theta_{a,b}$$

und liest die folgenden Regeln ab:

$$\Theta_{a,b} = \Theta_{b,a},$$

$$\Theta_{a,-b} = \pi - \Theta_{a,b},$$

$$\Theta_{\alpha a, \beta b} = \Theta_{a,b} \quad \text{für positive } \alpha, \beta,$$

$$a, b \text{ linear abhängig} \Leftrightarrow \Theta_{a,b} = 0 \quad \text{oder } \pi,$$

$$a, b \text{ orthogonal} \qquad \Leftrightarrow \Theta_{a,b} = \frac{\pi}{2}.$$

Schließlich erhält man durch distributives Ausrechnen den

Cosinus-Satz. *Sind $a, b \in V$ ungleich Null, dann gilt*

$$|a - b|^2 = |a|^2 + |b|^2 - 2|a|\,|b| \cos \Theta_{a,b}.$$

Bemerkung: Es muß betont werden, daß ebenso wie der Abstand $|a - b|$ auch der Winkel $\Theta_{a,b}$ wesentlich von der Wahl der positiv definiten Bilinearform σ abhängt.

Neben dem Winkel $\Theta_{a,b}$ zwischen zwei Vektoren a und b benötigt man manchmal auch den *Winkel* $\Theta^*_{a,b}$ zwischen zwei Geraden $\mathbb{R}a$ und $\mathbb{R}b$ durch 0, das heißt den Winkel zwischen zwei Richtungen. Er ist definiert durch

$$\cos \Theta^*_{a,b} = \frac{|\sigma(a,b)|}{|a|\,|b|} \qquad \text{mit} \qquad 0 \leqslant \Theta^*_{a,b} \leqslant \frac{\pi}{2}$$

und ändert sich nicht, wenn man a und b mit reellen Zahlen ungleich Null multipliziert.

3. Orthonormalbasen. Ist (V, σ) ein euklidischer Vektorraum, dann nennt man $b_1, \ldots, b_n$ *orthonormal*, wenn

$$(1) \qquad \sigma(b_i, b_j) = \delta_{ij} \qquad \text{für} \qquad i, j = 1, \ldots, n$$

erfüllt ist.

Lemma. *Sind $b_1, \ldots, b_n$ orthonormal, dann sind $b_1, \ldots, b_n$ linear unabhängig.*

Beweis. In einer Linearkombination $\alpha_1 b_1 + \cdots + \alpha_n b_n = 0$ bildet man auf beiden Seiten das Skalarprodukt mit b_i und erhält wegen (1) sofort $\alpha_i = 0$. □

Hat V die Dimension n und sind $b_1, \ldots, b_n$ orthonormal, dann nennt man $b_1, \ldots, b_n$ eine *Orthonormalbasis* von (V, σ).

Es gibt ein klassisches, auf Erhard SCHMIDT (1876–1959) zurückgehendes Verfahren, wie man aus einer beliebigen Basis $b_1, \ldots, b_n$ von V eine Orthonormalbasis von (V, σ) konstruieren kann:

Im 1. Schritt normiert man b_1 und setzt

$$c_1 := \frac{1}{|b_1|} b_1.$$

Im 2. Schritt sucht man in dem Spann von c_1 und b_2 einen Vektor d_2 mit $\sigma(c_1, d_2) = 0$. Mit dem Ansatz $d_2 = b_2 + \alpha c_1$ erhält man $\sigma(c_1, d_2) = \sigma(c_1, b_2) + \alpha$ und wählt daher $\alpha := -\sigma(c_1, b_2)$. Da b_2 und c_1 linear unabhängig sind, ist d_2 ungleich Null, und für

$$c_2 := \frac{1}{|d_2|} d_2$$

folgt $\sigma(c_i, c_j) = \delta_{ij}$ für $i, j = 1, 2$. Es liegt auf der Hand, wie das Verfahren fortzusetzen ist.

Satz. *Jeder euklidische Vektorraum besitzt eine Orthonormalbasis.*

Beweis. In Formeln sagt obiges Verfahren, daß man $d_1 = b_1, d_2, \ldots, d_n$ nacheinander durch

$$(2) \qquad d_{r+1} := b_{r+1} - \sum_{i=1}^{r} \frac{\sigma(b_{r+1}, d_i)}{\sigma(d_i, d_i)} d_i$$

zu definieren hat, dann $\sigma(d_i, d_j) = 0$ für $i \neq j$ verifiziert und wegen $d_r \in \mathrm{Span}(b_1, \ldots, b_r)$ feststellt, daß d_{r+1} nicht Null ist. Nun kann man die $d_1, \ldots, d_n$ zu Vektoren der Länge 1 normieren und so den Beweis vollenden. □

Korollar 1. *Sind $b_1, \ldots, b_r$ aus V mit $\sigma(b_i, b_j) = \delta_{ij}$ für $i, j = 1, 2, \ldots, r$ gegeben, dann kann man $b_1, \ldots, b_r$ zu einer Orthonormalbasis von (V, σ) ergänzen.*

Beweis. Man ergänze $b_1, \ldots, b_r$ zu einer Basis. Nach (2) gilt $d_i = b_i$ für $i = 1, \ldots, r$. □

Korollar 2. *Ist $U_1 \subset U_2 \subset \cdots \subset V$ eine aufsteigende Kette von Unterräumen von V, dann gibt es eine Orthonormalbasis B von V derart, daß*

die ersten $r_1 := \dim U_1$ Elemente von B in U_1 liegen,
die nächsten $r_2 - r_1$, $r_2 = \dim U_2$, Elemente von B in U_2 liegen,
usw.

Beweis. Man wählt eine Orthonormalbasis von U_1, ergänzt sie nach dem Korollar 1 zu einer Orthonormalbasis von U_2 und fährt fort, bis man eine Orthonormalbasis von V erhält. □

Beispiel 1. Es sei V der von den Zeilenvektoren $b_1 := (1, 1, 0, 0)$, $b_2 := (0, 1, 1, 0)$, $b_3 := (0, 0, 1, 1)$, erzeugte Unterraum von $\mathbb{R}_4$. Bezeichnet $\langle x, y \rangle$ das Skalarprodukt des $\mathbb{R}_4$, dann definiert $\sigma(x, y) := \langle x, y \rangle$, x, y aus V, eine positiv definite Bilinearform von V, und (V, σ) ist ein euklidischer Raum. Zur Konstruktion einer Orthonormalbasis von V hat man also zunächst zu setzen $c_1 := (1/|b_1|)b_1 = (1/\sqrt{2})(1, 1, 0, 0)$. Der Ansatz $d_2 = b_2 + \alpha c_1$, $\langle c_1, d_2 \rangle = 0$, führt auf $\alpha = -\langle c_1, b_2 \rangle = -(1/\sqrt{2})$, also auf $d_2 = \frac{1}{2}(-1, 1, 2, 0)$ und daher zu $c_2 = (1/|d_2|)d_2 = (1/\sqrt{6})(-1, 1, 2, 0)$. Schließlich ergibt der Ansatz $d_3 = b_3 + \alpha_1 c_1 + \alpha_2 c_2$, $\langle c_1, d_3 \rangle = 0$, $\langle c_2, d_3 \rangle = 0$, sofort $\alpha_1 = 0$ und $\alpha_2 = -\sqrt{\frac{2}{3}}$, also $d_3 = \frac{1}{3}(1, -1, 1, 3)$ und $c_3 = (1/|d_3|)d_3 = (1/\sqrt{12})(1, -1, 1, 3)$. Damit ist c_1, c_2, c_3 eine Orthonormalbasis von V.

Beispiel 2. Es sei $V = \mathbb{R}^2$ mit $\sigma(x, y) = \langle x, y \rangle = \xi_1 \eta_1 + \xi_2 \eta_2$ als Skalarprodukt. Definiert man zu jedem $a \in \mathbb{R}^2$ ein $a^\perp \in \mathbb{R}^2$ durch $a^\perp := \begin{pmatrix} -\alpha_2 \\ \alpha_1 \end{pmatrix}$, falls $a = \begin{pmatrix} \alpha_1 \\ \alpha_2 \end{pmatrix}$, dann entsteht $a^\perp$ geometrisch aus a durch Drehung um $\pi/2 = 90°$. Speziell gilt $\langle a, a^\perp \rangle = 0$. Eine beliebige Orthonormalbasis des $\mathbb{R}^2$ hat also die Form $\{a, \pm a^\perp\}$ mit $|a| = 1$.

Beispiel 3. Ein weiteres Beispiel aus der Analysis findet man in 3.5.

4. Basisdarstellung. Sei (V, σ) ein euklidischer Vektorraum mit der Orthonormalbasis $b_1, \ldots, b_n$. Dann besitzt jedes $x \in V$ eine Darstellung $x = \xi_1 b_1 + \cdots + \xi_n b_n$, und die Koeffizienten $\xi_1, \ldots, \xi_n$ sind durch x eindeutig bestimmt. In euklidischen Vektorräumen lassen sie sich durch Skalarprodukte ausdrücken:

$$x = \sum_{i=1}^{n} \sigma(b_i, x) b_i,$$

denn es ist

$$\sigma(b_j, x) = \sigma\left(b_j, \sum_{i=1}^{n} \xi_i b_i\right) = \sum_{i=1}^{n} \xi_i \sigma(b_j, b_i) = \xi_j.$$

Für eine Bilinearform σ ist $\lambda(x) := \sigma(a, x)$ für jedes a aus V eine Linearform, denn σ ist im zweiten Argument linear. Mit Hilfe der Basisdarstellung bezüglich einer Orthonormalbasis läßt sich nun die quadratische Form als eine Summe von Quadraten von Linearformen schreiben. Ist $b_1, \ldots, b_n$ wiederum eine Orthonormalbasis von V und definiert man $\lambda_i(x) := \sigma(b_i, x)$, $i = 1, \ldots, n$, so folgt $\sigma(x, x) = \sum_i [\lambda_i(x)]^2$ (vgl. Bemerkung 1.4).

5. Orthogonales Komplement und orthogonale Summe. Es sei (V, σ) ein euklidischer Raum und U ein Unterraum von V. Die Einschränkung τ von σ auf U ist dann eine positiv definite Bilinearform von U, und daher ist (U, τ) ein euklidischer Raum.

Für einen Unterraum U von V definiert man das *orthogonale Komplement* $U^\perp$ von U durch

$$U^\perp := \{x \in V : \sigma(x, u) = 0 \text{ für alle } u \in U\}.$$

Beispiele. a) Im Fall $(\mathbb{R}^2, <, >)$ ist das orthogonale Komplement $U^\perp$ von $U = \mathbb{R}a$, $a \neq 0$, die zu a senkrechte *Gerade* durch Null (linke Figur).

b) Im Fall $(\mathbb{R}^3, <, >)$ ist das orthogonale Komplement $U^\perp$ von $U = \mathbb{R}a$, $a \neq 0$, die zu a senkrechte *Ebene* durch Null (rechte Figur).

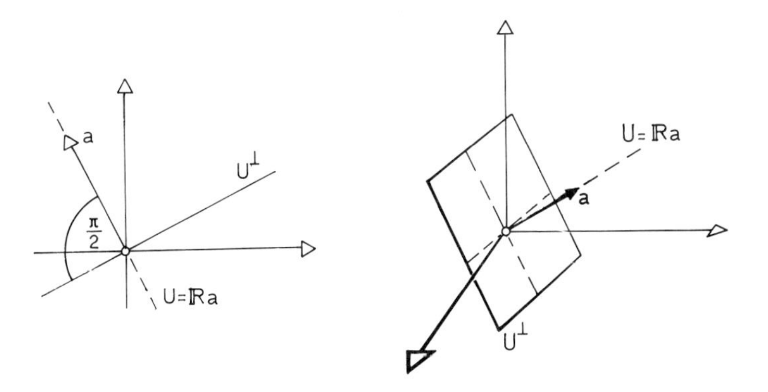

Wegen der Linearität von σ im ersten Argument ist $U^\perp$ wieder ein Unterraum von V. Speziell gilt $V^\perp = \{0\}$, $\{0\}^\perp = V$.

In enger Beziehung zum orthogonalen Komplement eines Unterraumes steht der Begriff der „orthogonalen Summe" von Unterräumen. Sind U und W zwei

Unterräume von V, so sagt man, daß V die *orthogonale Summe* von U und W ist, in Zeichen $V = U \perp W$, wenn gilt

(OS.1) Jedes $x \in V$ läßt sich als $x = u + w$ mit $u \in U$ und $w \in W$ schreiben.

(OS.2) $\sigma(u, w) = 0$ für alle $u \in U$ und $w \in W$.

Diese Definition ist offenbar symmetrisch in U und W. Ferner ist die Darstellung in (OS.1) wegen (OS.2) eindeutig.

Ein wesentliches Ergebnis wird nun formuliert als

Satz über orthogonale Komplemente. *Für Unterräume U, W des euklidischen Vektorraums (V, σ) sind äquivalent:*

(i) *W ist das orthogonale Komplement von U, also $W = U^\perp$.*
(ii) *V ist die orthogonale Summe von U und W, also $V = U \perp W$.*

Ist dies der Fall, dann gilt $\dim V = \dim U + \dim U^\perp$.

Beweis. (i) $\Rightarrow$ (ii): Man hat $V = U \perp U^\perp$ zu zeigen. Nach Satz 3 wähle man eine Orthonormalbasis $b_1, \ldots, b_r$ von U und ergänze sie nach Korollar 1 in 3 zu einer Orthonormalbasis $b_1, \ldots, b_n$ von V. Aus der Definition von $U^\perp$ folgt $U^\perp = \operatorname{Span}(b_{r+1}, \ldots, b_n)$. Da $b_1, \ldots, b_n$ eine Basis von V ist, folgt (OS.1), da die $b_1, \ldots, b_n$ paarweise orthogonal sind, folgen (OS.2) und die angegebene Dimensionsformel.

(ii) $\Rightarrow$ (i): Nach (OS.1) für $V = U \perp W$ schreibt man $x \in V$ als $x = u + w$ mit $u \in U$ und $w \in W$. Dann ist $x \in U^\perp$ gleichwertig mit $\sigma(x, v) = 0$ für alle $v \in U$, also mit $\sigma(u, v) = 0$ für alle $v \in U$, also mit $u = 0$. □

Da Teil (ii) in U und W symmetrisch ist, folgt das

Korollar. *Für jeden Unterraum U gilt $(U^\perp)^\perp = U$.*

Bemerkung. Vergleicht man die eindeutige Darstellung der Elemente von $V = U \perp W$ gemäß (OS.1) mit der Definition der direkten Summe $U \oplus W$ in 1.8.1, so sieht man, daß *jede orthogonale Summe von Unterräumen von V auch eine direkte Summe ist.*

6. Linearformen. In 2.2.6 hatte man die Linearformen eines Standard-Raumes mit Hilfe des Skalarproduktes beschreiben können. Für euklidische Vektorräume gilt eine analoge Aussage:

Lemma. a) *Für jedes $a \in V$ definiert $x \mapsto \sigma(a, x)$ eine Linearform von V.*

b) *Ist λ eine Linearform von V, dann gibt es genau ein $a \in V$ mit $\lambda(x) = \sigma(a, x)$ für alle $x \in V$.*

Beweis. a) Klar, da σ im zweiten Argument linear ist.

b) Mit Hilfe einer Orthonormalbasis $b_1, \ldots, b_n$ von V definiere man $a := \sum_i \lambda(b_i) b_i$, dann gilt

$$\sigma(a,x) = \sigma\left(\sum_i \lambda(b_i)b_i, x\right) = \sum_i \lambda(b_i)\sigma(b_i,x) = \lambda(x),$$

denn x hat nach 4 die eindeutige Darstellung $x = \sum_i \sigma(b_i, x)b_i$. a ist eindeutig bestimmt.

Ein etwas *anderer Beweis* verläuft folgendermaßen: Sei $b_1, \ldots, b_n$ eine Basis von V und $a = \sum_i \alpha_i b_i$. Nun betrachte man das Gleichungssystem in dem unbekannten Vektor a

$$(1) \qquad \sigma(a, b_j) = \lambda(b_j), \qquad j = 1, \ldots, n,$$

also das System

$$(2) \qquad \sum_{i=1}^{n} \alpha_i \sigma(b_i, b_j) = \lambda(b_j), \qquad j = 1, \ldots, n.$$

Nach Satz 2.7.3 ist (1) eindeutig lösbar, wenn das zugeordnete homogene System nur trivial lösbar ist, und dies ist der Fall, da σ nicht-ausgeartet ist.

Ist $b_1, \ldots, b_n$ insbesondere eine Orthonormalbasis, liest man die Koeffizienten α_i direkt ab und erkennt die erste Beweisvariante wieder.

Schließlich sei noch ein dritter, *eleganter Beweis* angegeben, der den Begriff des Dual-Raums (vgl. 1.7.4) verwendet. Man erkläre eine Linearform λ_a durch $\lambda_a(x) := \sigma(a, x)$ für $x \in V$. Da σ im ersten Argument linear ist, definiert

$$(3) \qquad V \to V^*, \qquad a \mapsto \lambda_a$$

einen Homomorphismus von V in den Dual-Raum V^*. Die Abbildung (3) ist injektiv, und V, V^* haben nach Satz 1.7.4 gleiche Dimension. Daher ist die Abbildung auch surjektiv (vgl. 1.6.5). □

Bemerkung. In der Bezeichnung von 5 hat man Kern $\lambda = (\mathbb{R}a)^\perp$, falls $\lambda(x) = \sigma(a, x)$. Im Falle $a \neq 0$ ist hier $\lambda \neq 0$ und umgekehrt, es folgt dim Kern $\lambda = \dim V - 1$, falls $\lambda \neq 0$. Wichtig ist nun, daß man jeden Unterraum der Dimension $\dim V - 1$ auf diese Weise erhält:

Satz. *Ist U ein Unterraum von V der Dimension* $\dim V - 1$, *dann gibt es eine Linearform λ mit $U =$* Kern λ.

Beweis. Nach dem Satz in 5 ist $U^\perp$ eindimensional, hat also die Form $U^\perp = \mathbb{R}a$ mit $0 \neq a \in V$. Wegen $V = U \perp U^\perp$ kann man $x \in V$ eindeutig schreiben als $x = u + \alpha a$ mit $u \in U$, $\alpha \in \mathbb{R}$. Man erhält durch $\lambda(x) := \alpha$ eine Linearform, welche das Gewünschte leistet. □

Bemerkungen. 1) Im Beweis des Lemmas definiert man unter b) zu einer Linearform λ ein $a = a_\lambda$ durch

$$a_\lambda := \sum_{i=1}^{n} \lambda(b_i) b_i \in V,$$

diese Definition ist unabhängig von der Wahl der Orthonormalbasis $b_1, \ldots, b_n$. Damit erhält man eine wohldefinierte Abbildung $V^* \to V$, $\lambda \mapsto a_\lambda$, die ersichtlich zugleich ein Homomorphismus der Vektorräume ist. Definiert man umgekehrt eine Abbildung $V \to V^*$, $a \mapsto \lambda_a$, wie oben durch $\lambda_a(x) := \sigma(a, x)$, so verifiziert man, daß beide Abbildungen zueinander invers, also Isomorphismen der Vektorräume sind.

2) Das Lemma und der Satz sind nicht nur für euklidische, sondern für beliebige endlich-dimensionale Vektorräume über einem Körper gültig: Beim Lemma hat man vorauszusetzen, daß die Bilinearform σ nicht-ausgeartet ist, so daß die Schlußweise gültig bleibt. Zum Beweis des Satzes ergänzt man eine Basis $b_1, \ldots, b_{n-1}$ von U zu einer Basis $b_1, \ldots, b_{n-1}$, a von V und definiert λ durch $\lambda(b_1) = \cdots = \lambda(b_{n-1}) = 0$, $\lambda(a) = 1$.

3) Teil b) des Lemmas gilt für unendlich-dimensionale reelle Vektorräume mit positiv definiter Bilinearform im allgemeinen nicht mehr. Ein Darstellungssatz von Friedrich RIESZ (1880–1956) aus dem Jahre 1934 besagt aber, daß im Falle von HILBERT-Räumen eine entsprechende Aussage wieder richtig ist, wenn man sich auf *stetige* Linearformen beschränkt (Ges. Arbeiten II, Verlag Ung. Akad. d. Wiss. 1960, S. 1150).

§ 3. Erste Anwendungen

1. Positiv definite Matrizen. In dem Kriterium in 1.4 hatte man gesehen, daß sich jede positiv definite Matrix S in der Form $W^t W$ mit $W \in GL(n; \mathbb{R})$ schreiben läßt. Mit Hilfe des Satzes über die Existenz einer Orthonormalbasis kann man hierfür einen direkten Beweis geben:

Satz. *Ist S positiv definit, dann gibt es $W \in GL(n; \mathbb{R})$ mit $S = W^t W$.*

Beweis. Nach 1.4 ist $(\mathbb{R}^n, \sigma_S)$ mit $\sigma_S(x, y) := \langle x, Sy \rangle = x^t S y$ ein euklidischer Raum, er besitzt also nach Satz 2.3 eine Orthonormalbasis $v_1, \ldots, v_n$. Es gilt daher $\langle v_i, Sv_j \rangle = v_i^t S v_j = \delta_{ij}$. Für $V := (v_1, \ldots, v_n)$ folgt daraus $V^t S V = (v_i^t S v_j) = (\delta_{ij}) = E$. Da die $v_1, \ldots, v_n$ eine Basis des $\mathbb{R}^n$ bilden, ist V nach dem Äquivalenz-Satz über Invertierbarkeit 2.5.2 invertierbar, und für $W := V^{-1}$ folgt die Behauptung. □

2. Die adjungierte Abbildung. Es sei (V, σ) ein euklidischer Vektorraum. Wie in 1.6.2 nennt man eine Abbildung $f: V \to V$ einen Endomorphismus von V, wenn f ein Homomorphismus der Vektorräume ist. Man hatte dort gesehen, daß mit f und g auch $f \circ g$ ein Endomorphismus ist.

Satz. *Ist f ein Endomorphismus des euklidischen Vektorraums (V, σ), dann gibt es einen eindeutig bestimmten Endomorphismus f^* von V mit $\sigma(f(x), y) = \sigma(x, f^*(y))$ für $x, y \in V$.*

Man nennt f^* den (bezüglich σ) *adjungierten Endomorphismus* von f oder die *Adjungierte* von f.

Beweis. Für festes $y \in V$ definiere man eine Abbildung $\lambda: V \to \mathbb{R}$ durch $\lambda(x) := \sigma(f(x), y)$, $x \in V$. Es ist f ein Homomorphismus und σ im ersten Argument linear, die Abbildung $\lambda: V \to \mathbb{R}$ ist daher eine Linearform von V. Nach Lemma 2.6 gibt es genau ein $g(y) \in V$ mit $\sigma(f(x), y) = \lambda(x) = \sigma(g(y), x)$ für alle $x \in V$. Für $y, z \in V$ und $\alpha, \beta \in \mathbb{R}$ folgt $\sigma(g(\alpha y + \beta z), x) = \sigma(f(x), \alpha y + \beta z) = \alpha\sigma(f(x), y) + \beta\sigma(f(x), z) = \alpha\sigma(g(y), x) + \beta\sigma(g(z), x) = \sigma(\alpha g(y) + \beta g(z), x)$ für alle $x \in V$. Da σ nicht ausgeartet ist, erhält man $g(\alpha y + \beta z) = \alpha g(y) + \beta g(z)$ und $g: V \to V, y \mapsto g(y)$, ist ein Homomorphismus, den man mit f^* bezeichnet. □

Wegen $\sigma(x, f^{**}(y)) = \sigma(f^*(x), y) = \sigma(y, f^*(x)) = \sigma(f(y), x) = \sigma(x, f(y))$ folgt

Korollar 1. $(f^*)^* = f$.

Korollar 2. *Sind f, g Endomorphismen von V, so gilt* $(f \circ g)^* = g^* \circ f^*$.

Denn man hat $\sigma(x, (f \circ g)^*(y)) = \sigma((f \circ g)(x), y) = \sigma(f(g(x)), y) = \sigma(g(x), f^*(y)) = \sigma(x, g^*(f^*(y)))$.

Korollar 3. $V = \text{Bild}\, f \perp \text{Kern}\, f^*$.

Denn es liegt y genau dann im orthogonalen Komplement $(\text{Bild}\, f)^\perp$ von Bild f, wenn $\sigma(y, f(x)) = 0$ gilt für alle $x \in V$, das heißt, wenn $\sigma(f^*(y), x) = 0$ für alle $x \in V$. Da σ nicht-ausgeartet ist, folgt $f^*(y) = 0$, das heißt, $y \in \text{Kern}\, f^*$. Man hat also $(\text{Bild}\, f)^\perp = \text{Kern}\, f^*$, und die Behauptung folgt aus dem Satz 2.5 über orthogonale Komplemente.

Korollar 4. $\text{Rang}\, f^* = \text{Rang}\, f$.

Denn nach Korollar 3 bzw. der Dimensionsformel (1.6.4) hat man $\dim \text{Bild}\, f + \dim \text{Kern}\, f^* = \dim V = \dim \text{Bild}\, f^* + \dim \text{Kern}\, f^*$, also $\text{Rang}\, f = \dim \text{Bild}\, f = \dim \text{Bild}\, f^* = \text{Rang}\, f^*$.

Bemerkungen. 1) Im Standardbeispiel $V = \mathbb{R}^n$, $\sigma(x, y) = \langle x, y \rangle = x^t y$, wird jeder Endomorphismus $f: \mathbb{R}^n \to \mathbb{R}^n$ durch eine reelle $n \times n$ Matrix A beschrieben, $f(x) = Ax$ (vgl. Satz 2.2.4). Wegen $\langle Ax, y \rangle = \langle x, A^t y \rangle$ gilt hier $f^*(y) = A^t y$, das heißt, Adjungierte und Transponierte von A stimmen überein. Das Korollar 4 gibt daher einen neuen Beweis der Ranggleichung (2.1.7).

2) Einen Endomorphismus f eines euklidischen Vektorraumes (V, σ) nennt man *selbstadjungiert*, wenn $f^* = f$ gilt. Nach Korollar 3 besitzt V eine Bild-Kern-Zerlegung im Sinne von 1.8.4. Einen selbstadjungierten Endomorphismus f von (V, σ) nennt man *positiv definit*, wenn $\sigma(f(x), x) > 0$ für alle $x \neq 0$ aus V gilt. Im Standardbeispiel 1) ist f genau dann positiv definit, wenn die Matrix A positiv definit ist.

3) Dem Beweis des Satzes entnimmt man, daß die Behauptung für nicht-ausgeartete symmetrische Bilinearformen σ und beliebigen Grundkörper K richtig bleibt.

3. Systeme linearer Gleichungen. Seien (V, σ) ein euklidischer Vektorraum und $a_1, \ldots, a_n \in V$ sowie $\beta_1, \ldots, \beta_n \in \mathbb{R}$. Durch

$$(1) \qquad \sigma(a_i, x) = \beta_i \qquad \text{für} \qquad i = 1, \ldots, n$$

ist ein System von n linearen Gleichungen für ein gesuchtes Element $x \in V$ gegeben. Man nimmt jetzt an, daß $a_1, \ldots, a_n$ eine Basis von V bildet, und verifiziert, daß $x = \xi_1 a_1 + \cdots + \xi_n a_n$ genau dann eine Lösung von (1) ist, wenn gilt

$$(2) \qquad \sum_{j=1}^{n} \sigma(a_i, a_j)\xi_j = \beta_i \qquad \text{für} \qquad i = 1, \ldots, n.$$

Die Koeffizientenmatrix von (2),

$$(3) \qquad G_\sigma(a_1, \ldots, a_n) := (\sigma(a_i, a_j)),$$

nennt man eine GRAM-Matrix (J. P. GRAM, 1850–1916), sie ist offenbar symmetrisch.

Lemma. *Sind die Elemente $a_1, \ldots, a_n$ des euklidischen Raumes (V, σ) linear unabhängig, dann ist die* GRAM-*Matrix $G_\sigma(a_1, \ldots, a_n)$ positiv definit.*

Beweis. Für $\alpha_1, \ldots, \alpha_n \in \mathbb{R}$ folgt wegen der Bilinearität von σ

$$\sum_{i,j=1}^{n} \alpha_i \alpha_j \sigma(a_i, a_j) = \sigma(x, x) \qquad \text{mit} \qquad x = \sum_{i=1}^{n} \alpha_i a_i.$$

Sind nicht alle α_i Null, dann ist $x \neq 0$ und folglich $\sigma(x, x) > 0$. □

Bemerkung. In einem euklidischen Vektorraum kann jedes eindeutig lösbare Gleichungssystem der Form (1) ersetzt werden durch ein Gleichungssystem (2) mit positiv definiter Koeffizienten-Matrix.

4. Ein Kriterium für gleiche Orientierung. In 3.4.9 ist die Orientierung von Vektorräumen definiert worden. Nun gilt folgendes Kriterium:

Satz. *Ist (V, σ) ein euklidischer Vektorraum und sind $b_1, \ldots, b_n$ und $c_1, \ldots, c_n$ geordnete Basen von V, dann sind diese Basen gleich (bzw. verschieden) orientiert, wenn die Determinante* $\det(\sigma(c_i, b_j))$ *positiv (bzw. negativ) ist.*

Beweis. Man schreibt die c_i als Linearkombination der b_k mit der Übergangsmatrix A gemäß 2.7.6 und erhält

$$\sigma(c_i, b_j) = \sum_{k=1}^{n} \alpha_{ki} \sigma(b_k, b_j).$$

Damit ist die Matrix $(\sigma(c_i, b_j))$ das Produkt der Übergangsmatrix A^t mit der symmetrischen GRAM-Matrix $(\sigma(b_i, b_j))$, und diese hat nach 1.4 und 3 positive Determinante. □

5*. LEGENDRE-Polynome. Das SCHMIDTsche Orthonormalisierungsverfahren (vgl. 2.3) hat wichtige Anwendungen in der Theorie der sogenannten „speziellen Funktionen" bei der Konstruktion von „orthogonalen Polynomen". Als Beispiel betrachte man den $\mathbb{R}$-Vektorraum Pol $\mathbb{R}$ der reellen Polynome mit seiner aufsteigenden Kette $\mathbb{R} = U_0 \subset U_1 \subset \cdots \subset U_n \subset \cdots \subset \operatorname{Pol} \mathbb{R}$ von Unterräumen

$U_n := \text{Pol}_n \mathbb{R}$ der Polynome vom Grad $\leqslant n$. Man setzt

$$\sigma(p, q) := \int_{-1}^{1} p(\xi) q(\xi) \, d\xi, \qquad p, q \in \text{Pol}\,\mathbb{R},$$

und erhält eine positiv definite Bilinearform σ von $\text{Pol}\,\mathbb{R}$. Damit ist jeder Raum U_n ein euklidischer Raum.

Die Polynome $q_0(\xi) := 1, q_1(\xi) := \xi, \ldots, q_n(\xi) := \xi^n$ bilden nach 1.5.2, Beispiel 4, eine Basis von U_n. Nach dem Korollar 2 in 2.3 gibt es eine Orthonormalbasis $p_0, \ldots, p_n$ von U_n mit $p_k \in U_k$ für $k = 0, 1, \ldots, n$. Nach dem SCHMIDTschen Orthonormalisierungsverfahren erhält man

$$p_0 = \frac{1}{\sqrt{2}}, \quad p_1(\xi) = \sqrt{\frac{3}{2}}\,\xi, \quad p_2(\xi) = \frac{1}{2}\sqrt{\frac{5}{2}}(3\xi^2 - 1), \ldots.$$

Lemma. *Für* $n \geqslant 1$ *gilt* $p_n(\xi) = \sqrt{n + \frac{1}{2}}/(2^n \cdot n!) \cdot (d^n/d\xi^n)(\xi^2 - 1)^n$.

Beweis-Skizze. Für $f(\xi) := (\xi^2 - 1)^n$ ist klar, daß f und alle Ableitungen $f^{(k)}$ bis zur Ordnung $n - 1$ für $\xi = \pm 1$ verschwinden. Mit partieller Integration erhält man daher

$$\sigma(f^{(n)}, q_k) = 0 \qquad \text{für} \qquad k = 0, 1, \ldots, n - 1.$$

Da die p_k Polynome vom Grad $\leqslant k$ sind, folgt auch

$$\sigma(f^{(n)}, p_k) = 0 \qquad \text{für} \qquad k = 0, 1, \ldots, n - 1.$$

Man drückt das Polynom n-ten Grades $f^{(n)}$ als Linearkombination der $p_0, p_1, \ldots, p_n$ aus und sieht, daß $f^{(n)} = \alpha_n p_n$ gilt. Aus $\sigma(p_n, p_n) = 1$ erhält man mit partieller Integration den angegebenen Wert für α_n. □

Die Polynome $P_n = (1/\sqrt{n + \frac{1}{2}})\,p_n$ nennt man LEGENDRE-Polynome, sie genügen der Rekursionsformel

$$nP_n(\xi) - (2n - 1) \cdot \xi \cdot P_{n-1}(\xi) + (n - 1)P_{n-2}(\xi) = 0.$$

Aufgabe. In dem von den Funktionen 1, $\sin n\varphi$, $\cos n\varphi$, wobei $n \in \mathbb{N}$ ist, erzeugten Unterraum von $C([0, 2\pi])$ berechne man eine Orthonormalbasis bzgl. $\sigma(f, g) := \int_0^{2\pi} f(\xi) g(\xi)\, d\xi$.

§ 4. Geometrie in euklidischen Vektorräumen

1. Geraden. Wie in 1.1.4 betrachte man für einen euklidischen Vektorraum (V, σ) die Gerade

$$(1) \qquad G_{p,a} := \{p + \alpha a : \alpha \in \mathbb{R}\} = p + \mathbb{R}a$$

durch p in Richtung $a \neq 0$. Für zwei sich schneidende Geraden $G_{p,a}$ und $G_{q,b}$ erklärt man den Winkel zwischen ihnen durch den Winkel zwischen den Richtungen $\mathbb{R}a$ und $\mathbb{R}b$ (vgl. 2.2).

Da $G_{p,a}$ und $G_{p,\alpha a}$ für $0 \neq \alpha \in \mathbb{R}$ als Menge übereinstimmen, kann man a normieren, das heißt, ohne Einschränkung $|a| = 1$ annehmen. Da man jetzt p noch durch $q := p + \lambda a$, $\lambda \in \mathbb{R}$, ersetzen kann, ohne die Geraden zu ändern, kann man λ so wählen, daß q und a orthogonal sind. Man erhält die *Normalform* der Geraden

$$(2) \qquad G_{p,a} \quad \text{mit} \quad |a| = 1, \quad \sigma(p, a) = 0.$$

Ist M eine beliebige nicht-leere Teilmenge von V und $q \in V$, dann wird der *Abstand von q und M* definiert durch

$$d(q, M) := \inf\{|q - m| : m \in M\}.$$

Lemma. *Der Abstand eines Punktes q von der Geraden $G_{p,a}$ ist gegeben durch*

$$d(q, G_{p,a}) = \frac{1}{|a|} \cdot (|a|^2 |p - q|^2 - \sigma^2(p - q, a))^{1/2},$$

er wird im Geradenpunkt

$$f := p - \frac{\sigma(p - q, a)}{|a|^2} a$$

angenommen, und die Verbindungsgerade von q und f ist orthogonal zu $G_{p,a}$.

Beweis. Für $\alpha \in \mathbb{R}$ hat man

$$\begin{aligned} |(p + \alpha a) - q|^2 &= |p - q|^2 + 2\alpha\sigma(p - q, a) + \alpha^2 |a|^2 \\ &= \left(\alpha|a| + \frac{\sigma(p - q, a)}{|a|}\right)^2 + |p - q|^2 - \frac{\sigma^2(p - q, a)}{|a|^2}. \end{aligned}$$

Da das Minimum für $\alpha|a|^2 = -\sigma(p - q, a)$ angenommen wird, folgen die Formeln für den Abstand und für f. Da die Richtung der Verbindungsgeraden von q mit f gleich $f - q$ ist, folgt $\sigma(f - q, a) = 0$. □

In der Bezeichnung von 2.2 erhält man das

Korollar. $d(q, G_{p,a}) = |p - q| \cdot \sin \Theta_{p-q,a}$.

2. Hyperebenen. Ist $p \in V$ und U ein Unterraum eines zunächst beliebigen Vektorraums V, so nennt man

$$(1) \qquad M = p + U := \{p + u : u \in U\}$$

einen *affinen Unterraum* von V der Dimension $\dim U$. Man beachte, daß die Menge $p + U$ den Punkt p nicht eindeutig festlegt, man kann vielmehr p durch $p + v$ mit $v \in U$ ersetzen. Hingegen ist der Unterraum U durch $p + U$ eindeutig bestimmt, er ist nämlich gleich der Menge ΔM der Differenzen von Elementen von M. Man nennt $U = \Delta M$ den *Differenzraum* von M.

Ist $u_1, \ldots, u_m$ eine Basis von U, so erhält man die Punkte von $M = p + U$ eindeutig in der Form

$$(2) \qquad x = p + \alpha_1 u_1 + \cdots + \alpha_m u_m \quad \text{mit} \quad \alpha_1, \ldots, \alpha_m \in \mathbb{R}.$$

Die affinen Unterräume der Dimension 1 sind offenbar genau die Geraden. Einen affinen Unterraum der Dimension $\dim V - 1$ nennt man eine *Hyperebene von* V.

Nun sei (V, σ) ein euklidischer Vektorraum. In (2) kann man p durch $p + u$ mit $u \in U$ ersetzen und sieht, daß man ohne Einschränkung $\sigma(p, u_k) = 0$ für $k = 1, \ldots, m$ annehmen darf.

Satz. *Für eine Teilmenge H von V sind äquivalent:*

(i) *H ist eine Hyperebene.*
(ii) *Es gibt ein $p \in V$ und eine Linearform $\lambda \neq 0$ mit $H = p + \operatorname{Kern} \lambda$.*
(iii) *Es gibt ein $0 \neq c \in V$ und ein $\alpha \in \mathbb{R}$ mit*

$$H = H_{c,\alpha} := \{x \in V : \sigma(c, x) = \alpha\}.$$

In diesem Fall gilt für jedes $p \in H$

$$H = p + \operatorname{Kern} \lambda = p + (\mathbb{R}c)^{\perp}$$

mit c wie in (iii), *und man hat insbesondere $\Delta H = (\mathbb{R}c)^{\perp}$.*

Beweis. (i) $\Rightarrow$ (ii): Man wendet Satz 2.6 an auf $U = \Delta H$ und erhält eine Linearform $\lambda \neq 0$ mit $\Delta H = \operatorname{Kern} \lambda$.

(ii) $\Rightarrow$ (iii): Nach Voraussetzung ist $x \in H$ äquivalent zu $x - p \in \operatorname{Kern} \lambda$, also zu $\lambda(x) = \lambda(p) =: \alpha$. Die Behauptung folgt mit Lemma 2.6.

(iii) $\Rightarrow$ (i): Wegen $c \neq 0$ ist die Linearform $x \mapsto \lambda(x) := \sigma(c, x)$ nicht Null, hat also $\mathbb{R}$ als Bild. Damit gibt es p mit $\sigma(c, p) = \alpha$, und $x \in H$ ist gleichwertig mit $\sigma(c, x - p) = 0$, also mit $\lambda(x - p) = 0$ und daher mit $x - p \in \operatorname{Kern} \lambda$. Wegen $\dim \operatorname{Kern} \lambda = \dim V - 1$ folgt die Behauptung. □

Bemerkungen. 1) Neben den Geraden (als den 1-dimensionalen affinen Unterräumen) und den Hyperebenen (als den $(\dim V - 1)$-dimensionalen affinen Unterräumen) spielen manchmal die 2-dimensionalen Ebenen $E := p + U$, $\dim U = 2$, von V eine besondere Rolle. Ist a, b eine Basis von U, dann schreibt man die Ebene auch als $E = p + \mathbb{R}a + \mathbb{R}b$.

2) Die Aussagen (i) bis (iii) bleiben richtig, wenn V ein endlich-dimensionaler Vektorraum über einem beliebigen Körper K und σ eine symmetrische nichtausgeartete Bilinearform von V ist.

3) Zur geometrischen Veranschaulichung vergleiche man 7.1.4.

3. Schnittpunkt von Gerade und Hyperebene. Zwei affine Unterräume M und N eines Vektorraums V heißen *parallel*, wenn $\Delta M \subset \Delta N$ oder $\Delta N \subset \Delta M$ gilt. So sind zwei Geraden $G_{p,a}$ und $G_{q,b}$ genau dann parallel, wenn a, b linear abhängig sind. Zwei Hyperebenen sind genau dann parallel, wenn die Differenzenräume gleich sind. In einem euklidischen Vektorraum (V, σ) ist eine Gerade $G_{p,a}$ zur Hyperebene $H_{c,\alpha}$ genau dann parallel, wenn a und c orthogonal sind.

Schnittpunkt-Satz. *Ist $G = G_{p,a}$ eine Gerade und $H = H_{c,\alpha}$ eine Hyperebene, so sind äquivalent:*

(i) *G und H schneiden sich in genau einem Punkt.*
(ii) *G und H sind nicht parallel.*

In diesem Fall ist der Schnittpunkt gegeben durch $p + ((\alpha - \sigma(p, c))/\sigma(a, c)) \cdot a$.

Beweis. Man hat zu diskutieren, ob es $\xi \in \mathbb{R}$ gibt mit $\sigma(c, p + \xi a) = \alpha$, also mit $\xi\sigma(c, a) = \alpha - \sigma(c, p)$. Im Falle $\sigma(c, a) \neq 0$ gibt es genau ein solches ξ, im Falle $\sigma(c, a) = 0$ ist ξ beliebig, oder es gibt kein ξ. □

Bemerkung. Man beachte, daß die „Parallelität" von affinen Unterräumen keine Äquivalenzrelation ist!

4. Abstand von einer Hyperebene. Ist M ein affiner Unterraum eines euklidischen Vektorraums (V, σ) und ist $G_{p,a}$ eine Gerade in V, dann nennt man M und $G_{p,a}$ *orthogonal*, wenn jedes Element von ΔM zu der Richtung $\mathbb{R}a$ von $G_{p,a}$ orthogonal ist, wenn also in unmißverständlicher Schreibweise $\sigma(a, \Delta M) = 0$ gilt.

So sind z. B. zwei Geraden $G_{p,a}$ und $G_{q,b}$ genau dann orthogonal, wenn a und b orthogonal sind. *Eine Gerade* $G = G_{p,a}$ *ist genau denn zu einer Hyperebene* $H = H_{c,\alpha}$ *orthogonal*, wenn $\mathbb{R}a$ zu $(\mathbb{R}c)^{\perp}$ orthogonal ist (vgl. Satz 4.3), *wenn also a ein Vielfaches von c ist*. Damit ist c die Richtung der *Normalen* an die Hyperebene $H_{c,\alpha}$. Zwei Hyperebenen $H_{c,\alpha}$ und $H_{d,\beta}$ nennt man *orthogonal*, wenn c und d orthogonal sind. Unter dem *Winkel* zwischen zwei Hyperebenen $H_{c,\alpha}$ und $H_{d,\beta}$ wird man den Winkel zwischen Normalen, also den Winkel zwischen $\mathbb{R}c$ und $\mathbb{R}d$ verstehen (vgl. 2.2).

Unter dem *Lot* von einem Punkt p auf eine Hyperebene H versteht man eine Gerade durch p, die orthogonal zu H ist. Diese Gerade ist durch p und H offenbar eindeutig bestimmt. *Damit ist* $G_{p,c}$ *das Lot von p auf* $H_{c,\alpha}$. Nach dem Schnittpunkt-Satz ist der *Fußpunkt* des Lotes, das heißt, der Schnittpunkt der Geraden mit der Hyperebene, gegeben durch

$$f = p + \frac{\alpha - \sigma(p, c)}{|c|^2} c \in H_{c,\alpha}, \tag{1}$$

und der Abstand von p zum Fußpunkt des Lotes ist

$$|f - p| = \frac{|\alpha - \sigma(p, c)|}{|c|}. \tag{2}$$

Satz. *Der Abstand eines Punktes p von der Hyperebene* $H_{c,\alpha}$ *ist gleich* $|\sigma(p, c) - \alpha|/|c|$.

Beweis. Sei $x \in H_{c,\alpha}$ beliebig. Dann liegt $x - f$ im Differenzenraum von $H_{c,\alpha}$, das heißt, $\sigma(x - f, c) = 0$. Nun folgt $|x - p|^2 = |x - f|^2 + |f - p|^2 \geqslant |f - p|^2$ wegen $f - p \in \mathbb{R}c$, also $|x - p| \geqslant |f - p|$ für alle $x \in H_{c,\alpha}$. □

HESSE*sche Normalform*. Schreibt man die Gleichung der Hyperebene $H_{c,\alpha}$ in der Form $(1/|c|)(\sigma(c, x) - \alpha) = 0$, dann erhält man den Abstand eines Punktes p von $H_{c,\alpha}$ bis auf das Vorzeichen durch Einsetzen von $x = p$, das heißt, in einer normierten Ebenengleichung $H_{c,\alpha}$, $|c| = 1$, erscheint der Abstand des Punktes p von der Hyperebene als $|\sigma(c, p) - \alpha|$.

5*. Orthogonale Projektion. Ist U ein Unterraum des euklidischen Vektorraums (V, σ), dann kann man nach dem Satz über orthogonale Komplemente (in 2.5) V als orthogonale Summe von U und

(1) $$U^\perp := \{x \in V : \sigma(u, x) = 0 \text{ für } u \in U\}$$

schreiben,

(2) $$V = U \perp U^\perp.$$

Jedes $x \in V$ läßt sich dann eindeutig in der Form

(3) $$x = u + v \quad \text{mit} \quad u \in U \quad \text{und} \quad v \in U^\perp$$

darstellen, und die Abbildung

(4) $$p_U : V \to U, \qquad p_U(x) := u,$$

ist wohldefiniert. Wegen der Eindeutigkeit der Darstellung (3) sieht man, daß $p_U : V \to U$ ein Homomorphismus der Vektorräume ist und daß

(5) $$p_U(u) = u \quad \text{für} \quad u \in U, \qquad p_U(v) = 0 \quad \text{für} \quad v \in U^\perp$$

und

(6) $$p_U(p_U(x)) = p_U(x) \qquad \text{für} \qquad x \in V$$

gelten. Man nennt p_U die *orthogonale Projektion von V auf U*. Ist x in der Form (3) gegeben, so folgt

(7) $$|x|^2 = |u|^2 + |v|^2$$

aus der Orthogonalität von u und v.

Das Bild $p_U(x)$ für ein $x \in V$ kann man ohne explizite Kenntnis der Darstellung (3) und ohne Kenntnis von $U^\perp$ erhalten:

Satz. *Ist $U \neq 0$ ein Unterraum von (V, σ) und $b_1, \ldots, b_m$ eine Orthonormalbasis von (U, σ_U), dann gilt für $x \in V$*

$$p_U(x) = \sum_{k=1}^{m} \sigma(b_k, x) b_k.$$

Beweis. Nach dem Korollar 1 in 2.3 ergänzt man $b_1, \ldots, b_m$ durch eine Orthonormalbasis $c_1, \ldots, c_q$ von $U^\perp$ zu einer Orthonormalbasis $b_1, \ldots, b_m, c_1, \ldots, c_q$ von V. Nach 2.4 folgt $x = u + v$ mit

$$u = \sum_{k=1}^{m} \sigma(b_k, x) b_k \in U, \qquad v = \sum_{k=1}^{q} \sigma(c_k, x) c_k \in U^\perp.$$

Wegen $u = p_U(x)$ folgt die Behauptung. □

6*. Abstand zweier Unterräume. Sind $X_1 = p_1 + U_1$ und $X_2 = p_2 + U_2$ zwei affine Unterräume des euklidischen Raums (V, σ), dann ist ihr *Abstand*

$$d(X_1, X_2) := \inf\{|x_1 - x_2| : x_1 \in X_1, x_2 \in X_2\}$$

in Verallgemeinerung zum Abstand $d(q, M)$ in 1 erklärt. Definiert man die *Summe* $U_1 + U_2$ der Unterräume U_1 und U_2 von V wie in 1.1.3 durch

$$U_1 + U_2 := \{u_1 + u_2 : u_1 \in U_1, u_2 \in U_2\},$$

dann ist $U_1 + U_2$ wieder ein Unterraum von V, und man erhält

$$d(p_1 + U_1, p_2 + U_2) = d(p_1 - p_2, U_1 + U_2).$$

Man beherrscht also den Abstand zwischen affinen Unterräumen, wenn man den Abstand eines Punktes von einem beliebigen Unterraum bestimmen kann.

Satz. *Ist U ein Unterraum von (V, σ) und $x \in V$, dann gilt*

$$d(x, U) = (|x|^2 - |p_U(x)|^2)^{1/2}.$$

Beweis. Man schreibt $x = u + v$ nach 5(3) mit $u \in U$ und $v \in U^\perp$. Wegen 5(7) hat man $|x - w|^2 = |u - w + v|^2 = |u - w|^2 + |v|^2 \geqslant |v|^2$ für $w \in U$, das Gleichheitszeichen wird für $w = u$ angenommen. Damit folgt $[d(x, U)]^2 = |v|^2 = |x|^2 - |u|^2$, und $p_U(x) = u$ liefert die Behauptung. □

Mit Satz 5 erhält man das

Korollar 1. *Es ist $[d(x, U)]^2 = |x|^2 - \sum_{k=1}^m [\sigma(b_k, x)]^2$ für jede Orthonormalbasis $b_1, \ldots, b_m$ von U.*

Diese abschließende Formel erlaubt die Abstandsberechnung eines Punktes x von U allein aus einer Orthonormalbasis von U. Der Schönheitsfehler, daß man im allgemeinen Orthonormalbasen erst konstruieren muß, wird behoben durch

Korollar 2. *Ist $b_1, \ldots, b_m$ eine beliebige Basis von U und definiert man eine Matrix $B := (\sigma(b_i, b_j))$ aus* Mat$(m; \mathbb{R})$ *und eine Abbildung*

$$q: V \to \mathbb{R}^m, \qquad q(x) := \begin{pmatrix} \sigma(b_1, x) \\ \vdots \\ \sigma(b_m, x) \end{pmatrix},$$

dann ist B invertierbar, und es gilt $[d(x, U)]^2 = |x|^2 - \omega(x)$ mit $\omega(x) = [q(x)]^t B^{-1} [q(x)]$.

Zum *Beweis* ist B zunächst als Gram-Matrix nach Lemma 3.3 invertierbar. Nun zeigt eine Rechnung, daß $\omega(x)$ sich nicht ändert, wenn man von $b_1, \ldots, b_m$ durch

$$b_i = \sum_{k=1}^m \alpha_{ik} c_k, \qquad i = 1, \ldots, m$$

zu einer anderen Basis $c_1, \ldots, c_m$ mit invertierbarer Übergangsmatrix (α_{ij}) übergeht. Man kann daher $c_1, \ldots, c_m$ als Orthonormalbasis wählen und erhält die Behauptung aus dem Korollar 1.

Ein *zweiter direkter Beweis* verläuft wie folgt: Man hat

$$\left| x - \sum_{k=1}^{m} \xi_k b_k \right|^2 = |x|^2 - 2 \sum_{k=1}^{m} \xi_k \sigma(b_k, x) + \sum_{k,l=1}^{m} \xi_k \xi_l \sigma(b_k, b_l)$$

$$= |x|^2 - \omega(x) + [w - B^{-1}q(x)]^t B[w - B^{-1}q(x)],$$

wenn man den Spaltenvektor der $\xi_1, \ldots, \xi_m$ mit w bezeichnet. Da B nach Lemma 3.3 positiv definit ist, folgt die Behauptung. □

7*. Volumenberechnung. Es sei (V, σ) ein euklidischer Raum. Für $a_1, \ldots, a_m \in V$ nennt man

(1) $$P(a_1, \ldots, a_m) := \{\alpha_1 a_1 + \cdots + \alpha_m a_m : 0 \leqslant \alpha_1 \leqslant 1, \ldots, 0 \leqslant \alpha_m \leqslant 1\}$$

in Verallgemeinerung des Parallelogrammbegriffs der Ebene ein *m-dimensionales Parallelotop* (oder *Parallelepiped*), wenn die Punkte $a_1, \ldots, a_m$ linear unabhängig sind. Ein $(m+1)$-dimensionales Parallelotop kann man sich aus „Schichten" von m-dimensionalen Parallelotopen nach der Formel

(2) $$P(a_1, \ldots, a_{m+1}) = \bigcup_{0 \leqslant \xi \leqslant 1} \Big(\xi a_{m+1} + P(a_1, \ldots, a_m)\Big)$$

aufgebaut denken. Will man nun eine Methode zur Volumen- (oder Inhalts-) berechnung angeben, so wird man das von Bonaventura CAVALIERI (1591?–1647, Bologna) postulierte und nach ihm benannte anschauliche Prinzip zu berücksichtigen haben: *Raumgebilde der Ebene wie des Raumes sind inhaltsgleich, wenn in gleicher Höhe geführte Schnitte gleiche Strecken bzw. Flächen ergeben.* Eine Verallgemeinerung auf m Dimensionen besagt dann in der Bezeichnung (2), daß man das Volumen von $P(a_1, \ldots, a_{m+1})$ als Produkt des Volumens von $P(a_1, \ldots, a_m)$ mit dem Abstand des Punktes a_{m+1} von dem durch $a_1, \ldots, a_m$ erzeugten Unterraum $\mathrm{Span}(a_1, \ldots, a_m)$ erhält.

Zur Ausführung dieses Programms bildet man zunächst die $m \times m$ GRAM-Matrix $G_\sigma(a_1, \ldots, a_m) := (\sigma(a_i, a_j))$. Nach Lemma 3.3 hat sie positive Determinante, und

(3) $$\mathrm{vol}(a_1, \ldots, a_m) := [\det G_\sigma(a_1, \ldots, a_m)]^{1/2}$$

ist wohldefiniert und positiv. Man hat speziell $\mathrm{vol}(a_1) = |a_1|$ und

$$\mathrm{vol}(a_1, a_2) = [|a_1|^2 |a_2|^2 - \langle a_1, a_2 \rangle^2]^{1/2} = |a_1|\,|a_2| \sin\Theta,$$

wenn Θ den Winkel zwischen a_1 und a_2 bezeichnet (vgl. 2.2). Nach 4.1.6 ist dies die Fläche des Parallelogramms $P(a_1, a_2)$.

Das Verhalten von $\mathrm{vol}(a_1, \ldots, a_m)$ bei linearen Substitutionen kann explizit angegeben werden:

Lemma. *Sind* $b_1, \ldots, b_m \in \mathrm{Span}(a_1, \ldots, a_m)$ *gegeben mit* $a_j = \sum_{k=1}^m \alpha_{kj} b_k$, $j = 1, \ldots, m$, *so gilt* $\mathrm{vol}(a_1, \ldots, a_m) = |\det A| \cdot \mathrm{vol}(b_1, \ldots, b_m)$ *für* $A = (\alpha_{ij})$.

Beweis. Man hat $\sigma(a_i, a_j) = \sum_{k,l} \alpha_{ki} \alpha_{lj} \sigma(b_k, b_l)$, also $G_\sigma(a_1, \ldots, a_m) = A^t G_\sigma(b_1, \ldots, b_m) A$. □

Definiert man nun das *Volumen* des Parallelotops $P(a_1, \ldots, a_m)$ durch $\operatorname{vol}(a_1, \ldots, a_m)$, so gilt das CAVALIERIsche Prinzip:

Satz. *Setzt man* $U := \operatorname{Span}(a_1, \ldots, a_m)$ *und bezeichnet mit* $d(a_{m+1}, U)$ *den Abstand des Punktes* a_{m+1} *von* U, *so gilt*

$$\operatorname{vol}(a_1, \ldots, a_{m+1}) = d(a_{m+1}, U) \cdot \operatorname{vol}(a_1, \ldots, a_m).$$

Beweis. In Korollar 2 in 6 setzt man $b_i := a_i$ für $i = 1, \ldots, m$, ferner $x := a_{m+1}$ und $q := q(a_{m+1})$. Man hat

$$G_\sigma(a_1, \ldots, a_{m+1}) = \begin{pmatrix} B & q \\ q^t & |a_{m+1}|^2 \end{pmatrix}, \qquad B := G_\sigma(a_1, \ldots, a_m),$$

und $[d(a_{m+1}, U)]^2 = |a_{m+1}|^2 - q^t B^{-1} q$. Nach 3.5.3(5) folgt die Behauptung. □

8*. Duale Basen. Es sei $a_1, \ldots, a_n$ eine Basis des euklidischen Raumes (V, σ).

Lemma. *Sind* $\alpha_1, \ldots, \alpha_n$ *reelle Zahlen, so ist das Gleichungssystem* $\sigma(a_i, x) = \alpha_i$, $i = 1, \ldots, n$, *eindeutig durch ein* $x \in V$ *lösbar.*

Beweis. Man setzt x in der Form $x = \xi_1 a_1 + \cdots + \xi_n a_n$ mit $\xi_1, \ldots, \xi_n \in \mathbb{R}$ an und erhält ein Gleichungssystem für die $\xi_1, \ldots, \xi_n$, dessen Koeffizientenmatrix die GRAM-Matrix $G := G_\sigma(a_1, \ldots, a_n)$ ist. Nach Lemma 3.3 ist G aber invertierbar. □

Nach diesem Lemma gibt es dann zu jedem $j = 1, \ldots, n$ ein eindeutig bestimmtes $b_j \in V$ mit

$$(1) \qquad \sigma(a_i, b_j) = \delta_{ij}$$

für $i = 1, \ldots, n$. Wegen (1) sind die $b_1, \ldots, b_n$ linear unabhängig, bilden also eine Basis von V. Man nennt $b_1, \ldots, b_n$ die zu $a_1, \ldots, a_n$ (bezüglich σ) *duale Basis* und sagt auch, daß die Basen $a_1, \ldots, a_n$ und $b_1, \ldots, b_n$ dual sind.

Satz. *Sind* $a_1, \ldots, a_n$ *und* $b_1, \ldots, b_n$ *duale Basen von* (V, σ), *so gilt* $G_\sigma(a_1, \ldots, a_n) \cdot G_\sigma(b_1, \ldots, b_n) = E$.

Beweis. Da $b_1, \ldots, b_n$ eine Basis von (V, σ) ist, gibt es $\alpha_{ij} \in \mathbb{R}$ mit $a_i = \sum_k \alpha_{ik} b_k$. Man bildet das Skalarprodukt mit a_j und erhält $\alpha_{ij} = \sigma(a_i, a_j)$ aus (1).

Nun folgt $\sum_k \sigma(a_i, a_k)\sigma(b_k, b_j) = \sum_k \alpha_{ik}\sigma(b_k, b_j) = \sigma(a_i, b_j) = \delta_{ij}$, also die Behauptung. □

Korollar. *Bezeichnet* v *bzw.* v^* *das Volumen der Parallelotope* $P(a_1, \ldots, a_n)$ *bzw.* $P(b_1, \ldots, b_n)$, *so gilt* $vv^* = 1$.

Folgt aus 7(3).

§ 5. Die orthogonale Gruppe

1. Bewegungen. Bei geometrischen Untersuchungen in einem euklidischen Vektorraum (V, σ) wird man zwei geometrische Objekte nicht als wesentlich verschieden ansehen, wenn sie durch eine Abbildung $F: V \to V$ ineinander überführt werden können, welche die Abstände zweier beliebiger Punkte nicht ändert:

(1) $$|F(x) - F(y)| = |x - y| \quad \text{für alle} \quad x, y \in V.$$

Jede solche Abbildung $F: V \to V$ heißt eine *Bewegung von* (V, σ). Eine spezielle Klasse von Bewegungen bilden die *orthogonalen* Abbildungen $f: V \to V$, die durch

(O.1) $f: V \to V$ ist Vektorraumhomomorphismus,

(O.2) $\sigma(f(x), f(y)) = \sigma(x, y)$ für alle $x, y \in V$

definiert sind. Die Menge aller orthogonalen Abbildungen von V bezeichnet man mit $O(V, \sigma)$. Man erhält:

(2) Jedes $f \in O(V, \sigma)$ ist eine Bewegung von (V, σ),

denn mit $u = x - y$ folgt $|f(x) - f(y)|^2 = |f(u)|^2 = \sigma(f(u), f(u)) = \sigma(u, u) = |u|^2 = |x - y|^2$. Speziell gilt

(3) $|f(x)| = |x|$ für alle $x \in V$.

(4) f ist bijektiv und $f^{-1} \in O(V, \sigma)$,

denn aus $f(x) = 0$ folgt $x = 0$ nach (3). Die Bijektivität von f folgt nun aus Satz 1.6.5. In (O.2) setzt man schließlich $x = f^{-1}(u)$, $y = f^{-1}(v)$ und erhält $f^{-1} \in O(V, \sigma)$.

Da mit f und g auch $f \circ g$ zu $O(V, \sigma)$ gehört, erhält man das

Lemma. *$O(V, \sigma)$ ist eine Gruppe bei Komposition.*

Man nennt $O(V, \sigma)$ die *orthogonale Gruppe* von (V, σ). Eine Beschreibung aller Bewegungen liefert nun der

Satz. *Eine Abbildung $F: V \to V$ ist genau dann eine Bewegung, wenn es ein $a \in V$ und ein $f \in O(V, \sigma)$ gibt mit $F(x) = f(x) + a$ für $x \in V$.*

Beweis. Da die Translationen $x \mapsto x + a$ Bewegungen sind, kann man von F zu $f(x) := F(x) - F(0)$ übergehen. Wegen $f(0) = 0$ erhält man $|f(x)| = |x|$ aus (1) und dann

(5) $$\begin{aligned} -2\sigma(f(x), f(y)) &= |f(x) - f(y)|^2 - |f(x)|^2 - |f(y)|^2 \\ &= |x - y|^2 - |x|^2 - |y|^2 = -2\sigma(x, y) \end{aligned}$$

aus (1). Für $x, y \in V$ läßt sich nun $|f(\alpha x + \beta y) - \alpha f(x) - \beta f(y)|^2$ als eine Linearkombination von Gliedern der Form $\sigma(f(a), f(b))$ schreiben, wobei a und b aus der Menge $\{x, y, \alpha x + \beta y\}$ stammen. Wegen (5) ist dies gleich $|(\alpha x + \beta y) - \alpha x - \beta y|^2 = 0$. Damit ist $f: V \to V$ ein Homomorphismus und gehört daher zu $O(V, \sigma)$. □

Korollar. *Die Menge $B(V, \sigma)$ aller Bewegungen von (V, σ) ist eine Gruppe bei Komposition.*

Beweis. Für $F, G \in B(V, \sigma)$ gibt es $f, g \in O(V, \sigma)$ und $a, b \in V$ mit $F(x) = f(x) + a$, $G(x) = g(x) + b$. Es folgt $(F \circ G)(x) = F(G(x)) = f(g(x) + b) + a = (f \circ g)(x) + f(b) + a$, also $F \circ G \in B(V, \sigma)$ nach dem Lemma. Man verifiziert, daß $H(x) := f^{-1}(x) - f^{-1}(a)$ die Umkehrabbildung zu F ist. □

Bemerkungen. 1) Der Satz hat die überraschende Konsequenz, daß eine Bewegung, die den Nullpunkt festläßt, schon orthogonal, also speziell eine lineare Abbildung ist.

2) Eine Bewegung $F: V \to V$ läßt definitionsgemäß die Abstände zweier Punkte ungeändert. Nach dem Satz läßt sie aber auch Winkel invariant: In einem Dreieck mit den Ecken $a, b, c \in V$ ist der Cosinus des Winkels bei c nach 2.2 gegeben durch $(\sigma(a - c, b - c))/(|a - c|\,|b - c|)$. Der Cosinus des Winkels bei $F(c)$ im Bilddreieck $F(a)$, $F(b)$, $F(c)$ hat aber den gleichen Wert. Eine Beschreibung aller solchen „winkeltreuen" Abbildungen findet man in 5.

2. Spiegelungen. Für $0 \neq a \in V$ definiere man die Abbildung $s_a: V \to V$ durch

$$s_a(x) := x - 2\frac{\sigma(a, x)}{\sigma(a, a)}a, \qquad x \in V. \tag{1}$$

Lemma. *Für $0 \neq a \in V$ hat man:*

a) $s_a \in O(V, \sigma)$, b) $s_a \circ s_a = \mathrm{Id}$,

c) $\sigma(s_a(x), y) = \sigma(x, s_a(y))$ *für* $x, y \in V$, d) $s_a(a) = -a$.

Beweis. d) Klar.

c) Es ist $\sigma(s_a(x), y) = \sigma(x, y) - 2(\sigma(a, x)\sigma(a, y))/\sigma(a, a)$ symmetrisch in x und y.

b) Man hat $s_a(s_a(x)) = s_a(x) - 2\sigma(a, s_a(x))(1/\sigma(a, a))a = s_a(x) + 2(\sigma(a, x)/\sigma(a, a))a = x$ mit c) und d).

a) Mit c) und b) folgt $\sigma(s_a(x), s_a(y)) = \sigma(x, s_a(s_a(y))) = \sigma(x, y)$. □

Geometrische Deutung. Man setzt $H_a := (\mathbb{R}a)^\perp$ und erhält eine Hyperebene durch 0. In 2.5 hatte man gesehen, daß dann $V = \mathbb{R}a \perp H_a$ als orthogonale Summe gilt. Nach d) folgt

$$s_a(x) = -x \qquad \text{für} \qquad x \in \mathbb{R}a, \tag{2}$$

und nach (1) gilt

$$s_a(x) = x \qquad \text{für} \qquad x \in H_a. \tag{3}$$

Schreibt man daher ein $x \in V$ als $x = \alpha a + h$ mit $h \in H_a$, so folgt $s_a(x) = -\alpha a + h$. Danach ist s_a die *Spiegelung* von V an der Hyperebene H_a.

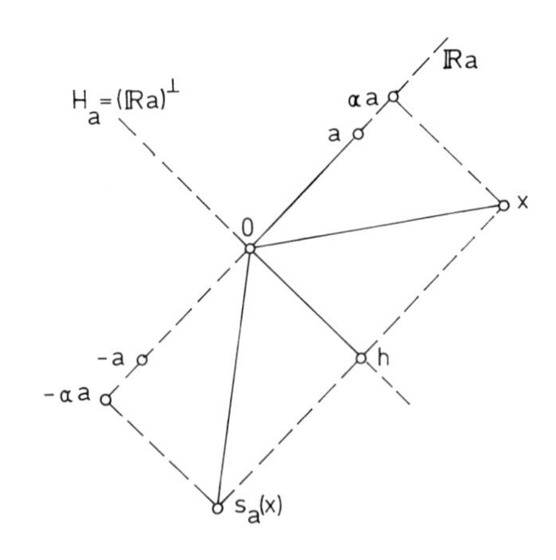

Bemerkung. Hat V die Dimension 1, also ohne Einschränkung $V = \mathbb{R}$, $\sigma(x, y) = xy$, dann folgt $s_a(x) = -x$ für alle x, und es gilt $H_a = \{0\}$. In diesem Falle gilt $O(V, \sigma) = \{\pm \mathrm{Id}\}$.

3. Die Transitivität von $O(V, \sigma)$ auf Sphären. Für $\rho > 0$ betrachte man die *Sphäre* $\Sigma_\rho := \{x \in V : |x| = \rho\}$ vom Radius ρ. Jede solche Sphäre wird durch jedes $f \in O(V, \sigma)$ in sich abgebildet, $f: \Sigma_\rho \to \Sigma_\rho$. Zu je zwei Punkten von Σ_ρ gibt es nun eine Spiegelung, die diese Punkte vertauscht:

Satz. *Sind $u, v \in V$ verschieden mit $|u| = |v|$ gegeben, dann gibt es ein $0 \neq a \in V$ mit $s_a(u) = v$, $s_a(v) = u$.*

Beweis. Man wähle $a := u - v$ und berechne $s_a(u)$. Dabei hat man $\sigma(u - v, u) = \frac{1}{2}|u - v|^2$ zu verwenden! Es folgt $s_a(u) = v$, und Lemma 2 b) vollendet den Beweis. □

Man sagt, daß eine Gruppe G von bijektiven Abbildungen einer Menge M *transitiv auf M operiert*, wenn es zu $u, v \in M$ ein $f \in G$ gibt mit $f(u) = v$. Damit erhält man das

Korollar. *Die Gruppe $O(V, \sigma)$ operiert transitiv auf jeder Sphäre Σ_ρ.*

4*. Die Erzeugung von $O(V, \sigma)$ durch Spiegelungen. Nach Lemma 2 gehören alle Spiegelungen s_a, $0 \neq a \in V$, zur orthogonalen Gruppe $O(V, \sigma)$. Am Beispiel $V = \mathbb{R}^2$, $\sigma(x, y) = \langle x, y \rangle$, mache man sich klar, daß das Produkt zweier Spiegelungen niemals eine Spiegelung sein kann.

Satz. *Jedes von der Identität verschiedene $f \in O(V, \sigma)$ ist Produkt von höchstens $n = \dim V$ Spiegelungen.*

Beweis durch Induktion nach n. Der Fall $n = 1$ ist nach Bemerkung 2 erledigt. Sei $n > 1$ und der Satz für alle euklidischen Vektorräume der Dimension kleiner als n bereits bewiesen.

Da f von der Identität verschieden ist, gibt es ein $q \in V$ mit $f(q) \neq q$, aber $|f(q)| = |q|$. Nach Satz 3 existiert ein $0 \neq a \in V$ mit $s_a(f(q)) = q$. Man setzt $U := (\mathbb{R}q)^\perp$ und $g := s_a \circ f|_U$. Man faßt U mit der Einschränkung σ_U von σ auf $U \times U$ als euklidischen Raum auf und erhält $g \in O(U, \sigma_U)$. Nach Induktionsvoraussetzung ist g Produkt von höchstens $n - 1$ in U gebildeten Spiegelungen, das heißt, von Einschränkungen auf U von Spiegelungen der Form s_b, $b \in U$. Es gibt also $b_1, \ldots, b_r \in U$, $r < n$, mit $g = s_{b_1} \circ \cdots \circ s_{b_r}|_U$. Es folgt

$$(*) \qquad (s_a \circ f)(x) = (s_{b_1} \circ \cdots \circ s_{b_r})(x)$$

für $x \in U$. Wegen $b_i \in U = (\mathbb{R}q)^\perp$ gilt $\sigma(b_i, q) = 0$, also $s_{b_i}(q) = q$, so daß $(*)$ auch für $x \in \mathbb{R}q$ gilt. Nach Satz 2.5 hat man aber $V = U \perp \mathbb{R}q$, und damit gilt $(*)$ für alle $x \in V$. Es folgt die Behauptung. □

Historische Bemerkung. Der Satz ist relativ neuen Datums: Er wurde von Elie Cartan (1869–1951, Leçons sur la theorie des spineurs I, Act. scient. et. ind. *643*,

S. 13–17, 1938) gefunden. Jean DIEUDONNÉ (Sur les groupes classiques, Paris 1958 [geschrieben 1944 zum 75. Geburtstag von CARTAN], S. 20) hat ihn dann auf sogenannte „quadratische Räume“, das sind K-Vektorräume mit einer nicht-ausgearteten Bilinearform, verallgemeinert. Der Begriff der Spiegelung im Sinne von 2 geht ebenfalls auf E. CARTAN zurück.

5*. Winkeltreue Abbildungen. In einem euklidischen Vektorraum (V, σ) war der Winkel $\Theta_{a,b}$ zwischen zwei von Null verschiedenen Vektoren a, b aus V durch $\cos\Theta_{a,b} = \sigma(a,b)/(|a|\,|b|)$, $0 \leqslant \Theta_{a,b} \leqslant \pi$, definiert (vgl. 2.2). Man nennt eine bijektive lineare Abbildung $f\colon V \to V$ daher *winkeltreu*, wenn

$$(1) \qquad \frac{\sigma(f(a), f(b))}{|f(a)|\,|f(b)|} = \frac{\sigma(a,b)}{|a|\,|b|}$$

für alle von Null verschiedenen a, b aus V gilt. Ferner nennt man die lineare Abbildung f ein *Ähnlichkeitsabbildung*, wenn es ein $\rho = \rho_f > 0$ gibt mit

$$(2) \qquad |f(a)| = \rho|a|$$

für alle $a \in V$. Offenbar ist f genau dann eine Ähnlichkeitsabbildung, wenn die Abbildung $x \mapsto (1/\rho)f(x)$ eine Bewegung, nach Satz 1 also eine orthogonale Abbildung ist. Damit ist jede Ähnlichkeitsabbildung winkeltreu. Es gilt nun der überraschende

Satz. *Jede winkeltreue Abbildung ist eine Ähnlichkeitsabbildung.*

Beweis. Sei $f\colon V \to V$ eine winkeltreue Abbildung. Nach (1) folgt

$$(3) \qquad |a|\,|b|\sigma(f(a), f(b)) = |f(a)|\,|f(b)|\sigma(a,b) \quad \text{für} \quad a, b \in V.$$

Hat V die Dimension 1, so gilt $f(x) = \alpha x$ mit $\alpha \neq 0$, und f ist eine Ähnlichkeitsabbildung.

Im Falle $\dim V \geqslant 2$ wähle man zu $a \neq 0$ ein $b \neq 0$ mit $\sigma(a,b) = 0$. Nach (3) folgt dann auch

$$(4) \qquad \sigma(f(a), f(b)) = 0.$$

Nun ersetzt man b durch $b + \xi a$, $\xi \in \mathbb{R} \setminus \{0\}$, und erhält $\xi \cdot |a|\,|b + \xi a|\sigma(f(a), f(a)) = \xi|f(a)|\,|f(b) + \xi f(a)|\sigma(a,a)$ aus (3) und (4).

Man dividiert durch ξ und läßt dann ξ gegen Null gehen. Da dann $|b + \xi a|$ gegen $|b|$ und $|f(b) + \xi f(a)|$ gegen $|f(b)|$ konvergieren, folgt $|a|\,|b|\,|f(a)|^2 = |f(a)|\,|f(b)|\,|a|^2$, also

$$(5) \qquad |b|\,|f(a)| = |f(b)|\,|a|$$

für alle $a, b \in V$ mit $\langle a, b\rangle = 0$.

Für $n = 2$ betrachte man eine Orthonormalbasis a, b. Nach (4) bzw. (5) ist dann $f(a), f(b)$ eine Orthogonalbasis mit $|f(a)| = |f(b)|$, und für ein beliebiges $x \in V \setminus \{0\}$, $x = \lambda a + \mu b$, $\lambda^2 + \mu^2 > 0$, rechnet man $|f(x)|/|x| = |f(a)|$ nach.

Im Falle $n \geqslant 3$ schließt man analog oder erkennt, daß zu jedem $x \in V$ ein $y \in \{a\}^\perp$ existiert mit $x \in \{y\}^\perp$; also gilt (5) sogar für alle $a, b \in V$, und es folgt die Behauptung. □

§ 6. Vermischte Aufgaben

Die folgenden Aufgaben sind nicht nach Schwierigkeit angeordnet, außerdem bietet die Reihenfolge keinen Lösungshinweis. Es sei (V, σ) stets ein euklidischer Vektorraum.

1) Man bestimme den Abstand zweier (im allgemeinen „windschiefer") Geraden $G_{p,a}$ und $G_{q,b}$.

2) Sind $a_1, \ldots, a_n$ Vektoren aus V, für welche die Differenzen $a_n - a_1, \ldots, a_2 - a_1$ linear unabhängig sind, so definiert man den *Schwerpunkt* s des durch die $a_1, \ldots, a_n$ aufgespannten *n-Simplex*

$$\langle a_1, \ldots, a_n \rangle := \{\alpha_1 a_1 + \cdots + \alpha_n a_n : \alpha_1 + \cdots + \alpha_n = 1, \alpha_1 \geqslant 0, \ldots, \alpha_n \geqslant 0\}$$

durch $s := (1/n)(a_1 + \cdots + a_n)$. Es bezeichne s_j den Schwerpunkt des $(n-1)$-Simplex $\langle a_1, \ldots, \hat{a}_j, \ldots, a_n \rangle$ (a_j ist wegzulassen!) und G_j, $j = 1, \ldots, n$, eine Gerade durch s_j und a_j. (Der Fall $s_j = a_j$ ist möglich!) Man zeige, daß sich alle G_j im Schwerpunkt des n-Simplex $\langle a_1, \ldots, a_n \rangle$ schneiden.

3) Sei $b_1, \ldots, b_n$ eine Orthonormalbasis von V. Man zeige:

(i) Ist $f \in O(V, \sigma)$, so ist $f(b_1), \ldots, f(b_n)$ eine Orthonormalbasis von V.

(ii) Ist $c_1, \ldots, c_n$ eine weitere Orthonormalbasis von V, dann gibt es ein $f \in O(V, \sigma)$ mit $c_1 = f(b_1), \ldots, c_n = f(b_n)$.

4) Für $a_1, \ldots, a_m \in V$ zeige man, daß

$$M := \{\alpha_1 a_1 + \cdots + \alpha_m a_m : \alpha_1 + \cdots + \alpha_m = 1, \ \alpha_1, \ldots, \alpha_m \in \mathbb{R}\}$$

ein affiner Unterraum von V ist. Was ist die Dimension von M?

5) Sind a, b, c aus V, so gilt die Hlawkasche Identität:

$$\begin{aligned}
(|a| + |b| + |c| - |b+c| - |c+a| - |a+b| + |a+b+c|)(|a| + |b| + |c| + |a+b+c|) \\
= (|a| + |b| - |a+b|)(|c| - |a+b| + |a+b+c|) \\
+ (|b| + |c| - |b+c|)(|a| - |b+c| + |a+b+c|) \\
+ (|c| + |a| - |c+a|)(|b| - |c+a| + |a+b+c|)
\end{aligned}$$

und die Hornich-Hlawkasche Ungleichung:

$$|a+b| + |b+c| + |c+a| \leqslant |a| + |b| + |c| + |a+b+c|$$

(H. Hornich, Math. Z. *48*, S. 268–274 (1942)).

6) Sind $a_1, a_2, a_3 \in V$ und setzt man $\alpha_{ij} = |a_i - a_j|^2$, so liegen a_1, a_2, a_3 genau dann auf einer Geraden, wenn

$$\det \begin{pmatrix} 0 & 1 & 1 & 1 \\ 1 & 0 & \alpha_{12} & \alpha_{13} \\ 1 & \alpha_{12} & 0 & \alpha_{23} \\ 1 & \alpha_{13} & \alpha_{23} & 0 \end{pmatrix} = 0.$$

7) Für $a_1, \ldots, a_{n+1}, x \in V = \mathbb{R}^n$ setze man

$$\omega := \det \begin{pmatrix} a_1 & \cdots & a_{n+1} \\ 1 & \cdots & 1 \end{pmatrix}, \qquad \varphi(x) := \begin{pmatrix} |x|^2 & |a_1|^2 & \cdots & |a_{n+1}|^2 \\ x & a_1 & & a_{n+1} \\ 1 & 1 & & 1 \end{pmatrix}.$$

a) $a_1, \ldots, a_{n+1}$ liegen genau dann auf einer Hyperebene, wenn $\omega = 0$ gilt.

b) Sei $\omega \neq 0$. Dann beschreibt $\varphi(x) = 0$ die Sphäre durch die Punkte $a_1, \ldots, a_{n+1}$. Dabei versteht man unter einer *Sphäre* jede Menge der Form $\{x \in \mathbb{R}^n : |x - m|^2 = \rho^2\}$; m heißt Mittelpunkt dieser Sphäre.

c) Es sei s der Schwerpunkt des $(n+1)$-Simplex $a_1, \ldots, a_{n+1}$, s_i der Schwerpunkt des n-Simplex $a_1, \ldots, \hat{a}_i, \ldots, a_n$ und s_{ij}, $i \neq j$, der Schwerpunkt des $(n-1)$-Simplex $a_1, \ldots, \hat{a}_i, \ldots, \hat{a}_j, \ldots, a_n$. Ferner bezeichne H_{ij}, $i \neq j$, die Hyperebene durch s_{ij}, die orthogonal zu $a_i - a_j$ ist. Alle Ebenen H_{ij} schneiden sich in einem Punkt h, und es gilt $(n+1)s = (n-1)h + 2m$ (vgl. die EULER-Gleichung in 4.3.5).

d) Bezeichnet f den Mittelpunkt der Sphäre durch $s_1, \ldots, s_{n+1}$, so gilt $(n+1)s = nf + m$ (vgl. die FEUERBACH-Gleichung in 4.3.6).

8) Für $a, b, c \in V$ gilt $|a|^2|b|^2|c|^2 + 2\sigma(a,b)\sigma(b,c)\sigma(a,c) \geqslant \sigma^2(a,b)|c|^2 + \sigma^2(b,c)|a|^2 + \sigma^2(a,c)|b|^2$. Hat V die Dimension 2, so steht das Gleichheitszeichen. (Hinweis: Betrachte die GRAM-Matrix $G_\sigma(a,b,c)$.)

9) Ist f ein Endomorphismus von V mit $f \circ f = f$, so ist f genau dann selbstadjungiert, wenn Kern f und Bild f orthogonal sind.

10) Für jeden Endomorphismus $f: V \to V$ gilt $\text{Kern} f^* = (\text{Bild} f)^\perp$ und $\text{Bild} f^* = (\text{Kern} f)^\perp$.

11) Sind $a_1, \ldots, a_n$ und $b_1, \ldots, b_n$ duale Basen von (V, σ), so sind die Basen $c_1, \ldots, c_n$ und $d_1, \ldots, d_n$, $c_i = \sum_j \alpha_{ij} a_j$ bzw. $d_i = \sum_j \beta_{ij} b_j$, genau dann dual, wenn $\sum_k \alpha_{ik}\beta_{jk} = \delta_{ij}$ gilt.

12) Sei $b_1, \ldots, b_n$ eine Orthonormalbasis von (V, σ). Für Linearformen $\lambda, \mu: V \to \mathbb{R}$ wird erklärt:

$$\sigma^*(\lambda, \mu) := \sum_i \lambda(b_i)\mu(b_i).$$

Man zeige:

a) σ^* hängt nicht von der Wahl der Orthonormalbasis ab.

b) (V^*, σ^*) ist ein euklidischer Raum.

c) $\sigma^*(\lambda_a, \lambda_b) = \sigma(a,b)$ für $a, b \in V$ (vgl. 2.6).

13) Ist $a_1, \ldots, a_n$ eine Orthonormalbasis von (V, σ), dann gilt $s_{a_1} \circ s_{a_2} \circ \cdots \circ s_{a_n} = -\text{Id}$.

14) Sind $a, b \in V$ linear unabhängig, dann ist $s_a \circ s_b = s_b \circ s_a$ äquivalent mit $\sigma(a,b) = 0$.

15) Für $0 \neq a \in V$ und $f \in O(V, \sigma)$ gilt $s_{f(a)} = f \circ s_a \circ f^{-1}$.

16) Ist φ ein nicht-trivialer Homomorphismus der Gruppe $O(V, \sigma)$ in die multiplikative Gruppe der von Null verschiedenen reellen Zahlen, dann gilt $\varphi(s_a) = -1$ für $0 \neq a \in V$ und $\varphi(f) = \pm 1$ für $f \in O(V, \sigma)$.

17) Bezeichnet s den Schwerpunkt des n-Simplex $a_1, \ldots, a_n$, dann gilt $|x - a_1|^2 + \cdots + |x - a_n|^2 = n|s - x|^2 + |s - a_1|^2 + \cdots + |s - a_n|^2$ für $x \in V$.

Kapitel 6. Der $\mathbb{R}^n$ als euklidischer Vektorraum

Einleitung. Der Zahlenraum $\mathbb{R}^n$ ist in natürlicher Weise ein euklidischer Vektorraum, im $\mathbb{R}^n$ ist daher wie in jedem euklidischen Vektorraum die Gruppe der Bewegungen und die orthogonale Gruppe (5.5.1) definiert. Neben der allgemeinen linearen Gruppe ist die orthogonale Gruppe in vielen Teilgebieten der Mathematik und der Physik von besonderer Bedeutung. Gegenüber der allgemeinen linearen Gruppe ist die orthogonale Gruppe als Prototyp einer sogenannten „kompakten" Gruppe (vgl. 4.2) ausgezeichnet.

Dieses Kapitel schließt sich begrifflich an die euklidischen Vektorräume an. Für das Verständnis ist aber die Kenntnis der grundlegenden Begriffe wie Skalarprodukt, Länge, Winkel, Gerade und Hyperebene ausreichend. Wenn auf Ergebnisse des Kapitels 5 Bezug genommen wird, so wird meist ein direkter Beweis zusätzlich angegeben.

§ 1. Der $\mathbb{R}^n$ und die orthogonale Gruppe $O(n)$

1. Der euklidische Vektorraum $\mathbb{R}^n$. Wie in 2.2.6 und in 5.1.2 definiert man das *kanonische Skalarprodukt* des $\mathbb{R}^n$ durch

$$\langle x, y \rangle := x^t y = \xi_1 \eta_1 + \cdots + \xi_n \eta_n .$$

Damit ist $(\mathbb{R}^n, \langle,\rangle)$ ein euklidischer Vektorraum mit

$$|x| = \sqrt{\langle x, x \rangle} = (\xi_1^2 + \cdots + \xi_n^2)^{1/2}$$

als Länge von x (vgl. 5.2.1). Offenbar gilt $\langle e_i, e_j \rangle = \delta_{ij}$ für die kanonische Basis $e_1, \ldots, e_n$. Damit ist $e_1, \ldots, e_n$ eine Orthonormalbasis im Sinne von 5.2.3.

Die Geraden des $\mathbb{R}^n$ haben die Form $G_{p,a} = p + \mathbb{R}a$, $a \neq 0$, und die Hyperebenen des $\mathbb{R}^n$ sind gegeben durch eine Gleichung $H_{c,\alpha} := \{x \in \mathbb{R}^n : \langle c, x \rangle = \alpha\}$, $c \neq 0$.

Die Tatsache, daß das kanonische Skalarprodukt des $\mathbb{R}^n$ positiv definit ist, hat eine wesentliche Konsequenz für reelle Matrizen:

Lemma. *Ist A eine reelle $m \times n$ Matrix, so haben A und $A^t A$ den gleichen Kern.*

Beweis. Aus $Av = 0$ folgt natürlich $A^t A v = 0$. Gilt umgekehrt $A^t A v = 0$, so folgt $\langle Av, Av \rangle = \langle v, A^t A v \rangle = 0$, also $Av = 0$. □

Korollar. *Gilt $m \geqslant n$ und hat A den Rang n, dann ist $A^t A$ invertierbar.*

Im Korollar 1.6.3 hatte man gesehen, daß jeder K-Vektorraum V der endlichen Dimension n isomorph zu K^n ist. In Analogie hierzu ist jeder euklidische Vektorraum „metrisch isomorph" zu einem $\mathbb{R}^n$ (vgl. Bemerkung 2 in 5.2.1):

Satz. *Ist (V, σ) ein euklidischer Vektorraum der Dimension n, dann gibt es einen Vektorraum-Isomorphismus $h: V \to \mathbb{R}^n$ mit $\sigma(x, y) = \langle h(x), h(y)\rangle$ für $x, y \in V$.*

Beweis. Man wählt in V eine Orthonormalbasis $a_1, \ldots, a_n$ nach 5.2.3 und definiert

$$h(x) := \begin{pmatrix} \xi_1 \\ \vdots \\ \xi_n \end{pmatrix} \in \mathbb{R}^n \qquad \text{für} \qquad x = \xi_1 a_1 + \cdots + \xi_n a_n \in V. \qquad \square$$

2. Orthogonale Matrizen. Eine reelle $n \times n$ Matrix T, das heißt, eine Matrix $T \in \mathrm{Mat}(n; \mathbb{R})$, nennt man *orthogonal*, wenn $T^t T = E$ gilt. Dabei bezeichnet T^t wie in 2.1.4 das Transponierte der Matrix T. Eine Aufzählung von äquivalenten Aussagen bringt der folgende

Äquivalenz-Satz für orthogonale Matrizen. *Für eine reelle $n \times n$ Matrix T sind äquivalent:*

(i) *T ist orthogonal, das heißt, $T^t T = E$.*
(ii) *T ist invertierbar, und es gilt $T^{-1} = T^t$.*
(iii) *T^t ist orthogonal, das heißt, $T T^t = E$.*
(iv) *Die Spaltenvektoren von T bilden eine Orthonormalbasis von $\mathbb{R}^n$.*
(v) *Ist $b_1, \ldots, b_n$ eine Orthonormalbasis von $\mathbb{R}^n$, dann ist auch $Tb_1, \ldots, Tb_n$ eine Orthonormalbasis von $\mathbb{R}^n$.*
(vi) *$\langle Tx, Ty\rangle = \langle x, y\rangle$ für alle $x, y \in \mathbb{R}^n$.*
(vii) *$|Tx| = |x|$ für alle $x \in \mathbb{R}^n$.*
(viii) *Die Abbildung $x \mapsto Tx$ gehört zur orthogonalen Gruppe des euklidischen Vektorraumes $(\mathbb{R}^n, <,>)$* (vgl. 5.5.1).

Nach (vi) führt eine orthogonale Matrix stets orthogonale Vektoren in orthogonale Vektoren über.

Beweis. (i) $\Leftrightarrow$ (ii): Ist T orthogonal, dann zeigt Teil (viii) des Äquivalenz-Satzes für Invertierbarkeit 2.5.2, daß T invertierbar und T^t das Inverse von T ist. Ein invertierbares T mit $T^{-1} = T^t$ multipliziert man von rechts mit T und erhält $T^t T = E$.

(ii) $\Leftrightarrow$ (iii): Folgt ganz analog.

(i) $\Leftrightarrow$ (iv): Man schreibt $T = (a_1, \ldots, a_n)$ mit Spaltenvektoren $a_1, \ldots, a_n$ und erhält

$$T^t T = \begin{pmatrix} a_1^t \\ \vdots \\ a_n^t \end{pmatrix} (a_1, \ldots, a_n) = \begin{pmatrix} a_1^t a_1 & \cdots & a_1^t a_n \\ \vdots & & \vdots \\ a_n^t a_1 & \cdots & a_n^t a_n \end{pmatrix}.$$

Damit hat die Matrix $T^t T$ die Komponenten $\langle a_i, a_j\rangle$, und T ist genau dann orthogonal, wenn $\langle a_i, a_j\rangle = \delta_{ij}$ gilt.

(i) $\Leftrightarrow$ (vi): Folgt aus $\langle Tx, Ty\rangle = (Tx)^t(Ty) = x^t T^t Ty$.
(vi) $\Leftrightarrow$ (viii): Nach Definition von $O(\mathbb{R}^n)$.
(vii) $\Leftrightarrow$ (viii): Nach Satz 5.5.1.
(vi) $\Rightarrow$ (v): Wegen $\langle Tb_i, Tb_j\rangle = \langle b_i, b_j\rangle$.
(v) $\Rightarrow$ (vi): Man schreibt $x = \xi_1 b_1 + \cdots + \xi_n b_n$, $y = \eta_1 b_1 + \cdots + \eta_n b_n$ und erhält $\langle Tx, Ty\rangle = \sum_{i,j} \xi_i \eta_j \langle Tb_i, Tb_j\rangle = \sum_{i,j} \xi_i \eta_j \delta_{ij} = \sum_{i,j} \xi_i \eta_j \langle b_i, b_j\rangle = \langle x, y\rangle$. □

3. Die Gruppe $O(n)$. Die Menge der orthogonalen $n \times n$ Matrizen bezeichnet man mit $O(n)$ oder mit $O(n;\mathbb{R})$. Wie in 5.5.1 gilt der

Satz. *$O(n)$ ist eine Untergruppe der allgemeinen linearen Gruppe $GL(n;\mathbb{R})$, das heißt, mit T, S sind TS und T^{-1} wieder orthogonal.*

Beweis. Mit T ist $T^{-1} = T^t$ orthogonal, das heißt, mit T gehört T^{-1} zu $O(n)$. Für $T, S \in O(n)$ hat man $(TS)^t(TS) = S^t T^t TS = S^t S = E$, das heißt, $TS \in O(n)$. □

Bemerkungen. 1) Nach Teil (viii) des Äquivalenz-Satzes für orthogonale Matrizen ist $O(n)$ die orthogonale Gruppe des euklidischen Raumes $\mathbb{R}^n$, man nennt $O(n)$ daher auch die *orthogonale Gruppe* schlechthin.

2) Für $T \in O(n-1)$ gehört die geränderte Matrix $T' := \begin{pmatrix} 1 & 0 \\ 0 & T \end{pmatrix}$ zu $O(n)$. Wegen $(TS)' = T'S'$ und $(T')^{-1} = (T^{-1})'$ ist $O'(n-1) := \{T' \colon T \in O(n-1)\}$ eine Untergruppe von $O(n)$. Damit ist $O(n-1)$ in $O(n)$ „isomorph eingebettet". Analog kann jede Gruppe $O(m)$, $1 \leqslant m < n$, in $O(n)$ eingebettet werden.

3) Unter einer *Permutationsmatrix* versteht man wie in 3.3.4 eine Matrix, die in jeder Zeile und jeder Spalte genau eine 1 und sonst Nullen stehen hat. Da hier die Spaltenvektoren eine Orthonormalbasis bilden, *sind alle Permutationsmatrizen orthogonal.* Dies sind genau die orthogonalen Matrizen mit nicht-negativen ganzen Koeffizienten.

4) Weitere Beispiele findet man für $n = 2$ in 4.2.1, für $n = 3$ in 7.3.1.

4. Spiegelungen. Für $0 \neq a \in \mathbb{R}^n$ definiere man eine $n \times n$ Matrix S_a durch

(1) $$S_a := E - \frac{2}{\langle a, a\rangle} a a^t.$$

Wegen

(2) $$S_a x = x - 2\frac{\langle a, x\rangle}{\langle a, a\rangle} a = s_a(x)$$

stimmt die Abbildung $x \mapsto S_a x$ mit der in 5.5.2 definierten Spiegelung s_a überein. Man nennt daher auch die Matrix S_a eine *Spiegelung*. Mit einer direkten Verifikation (oder aus Lemma 5.5.2) erhält man

(3) $$S_a^2 = E, \qquad S_a^t = S_a,$$

also

(4) $$S_a \in O(n).$$

Wegen (2) gilt

(5) $$S_a x = -x \qquad \text{für} \qquad x \in \mathbb{R}a.$$

Führt man die zu a orthogonale Hyperebene $H_a := \{x \in \mathbb{R}^n : \langle a, x\rangle = 0\}$ ein, so zeigt (2)

(6) $$S_a x = x \qquad \text{für} \qquad x \in H_a.$$

Schreibt man daher ein $x \in \mathbb{R}^n$ in der Form $x = \alpha a + h$ mit $h \in H_a$, so folgt

(7) $$S_a x = -\alpha a + h,$$

und $x \mapsto S_a x$ ist die *Spiegelung an der Hyperebene* H_a (vgl. 5.5.2).

Der Definition (1) entnimmt man direkt

(8) $$S_{Ta} = TS_a T^t \qquad \text{für} \qquad T \in O(n).$$

5. Erzeugung von $O(n)$ durch Spiegelungen. Nach Teil (vii) des Äquivalenz-Satzes für orthogonale Matrizen in 2 gilt $|Tx| = |x|$ für jedes $T \in O(n)$, also auch für jede Spiegelung S_a.

Lemma. *Sind $u, v \in \mathbb{R}^n$ verschieden mit $|u| = |v|$ gegeben, so gibt es ein $0 \neq a \in \mathbb{R}^n$ mit $S_a u = v$ und $S_a v = u$.*

Beweis. Wie in 5.5.3 folgt dies aus 4(2), wenn man $|u - v|^2 = 2\langle u - v, u\rangle$ beachtet. □

Dieses simple Lemma ist nun analog zu 5.5.4 der Schlüssel zum Beweis vom

Erzeugungs-Satz. *Jede Matrix T aus $O(n)$, $T \neq E$, ist Produkt von höchstens n Spiegelungen.*

Beweis. Sei $T = (b_1, \ldots, b_n) \in O(n)$, $T \neq E$, in Spaltenvektorschreibweise gegeben. Nach dem Äquivalenz-Satz in 2 gilt $|b_i| = 1$, und es gibt ein i mit $b_i \neq e_i$. Ohne Einschränkung sei $i = 1$, mit dem Lemma findet man dann eine Spiegelung S mit $Sb_1 = e_1 = (1, 0, \ldots, 0)^t$. Es folgt, in offensichtlicher Kästchenschreibweise, $ST = (Sb_1, \ldots, Sb_n) = (e_1, \ldots) = \begin{pmatrix} 1 & c \\ 0 & T_1 \end{pmatrix}$. Da hier der erste Zeilenvektor den Betrag 1 hat, ist $c = 0$, und eine Induktion nach n ergibt die Behauptung. □

Eine weitere Anwendung des Lemmas ergibt den

Satz. *Zu $A \in \mathrm{Mat}(n; \mathbb{R})$ gibt es $T \in O(n)$ und eine obere Dreiecksmatrix W mit $A = TW$.*

Beweis. Ist a bzw. e der erste Spaltenvektor von A bzw. von E, dann haben a und $|a|e$ den gleichen Betrag. Nach dem Lemma gibt es also (auch für $a = 0$) ein $T \in O(n)$ mit $Ta = |a|e$. Es folgt $TA = \begin{pmatrix} \alpha & b \\ 0 & C \end{pmatrix}$ mit $\alpha := |a|$, $b \in \mathbb{R}_{n-1}$ und $C \in \mathrm{Mat}(n-1; \mathbb{R})$. Eine Induktion vollendet den Beweis. □

Man vergleiche mit der Polar-Zerlegung in 3.5.

Bemerkung. Ist hier A invertierbar, dann kann man $W = DU$ mit einer invertierbaren Diagonalmatrix D und einer unipotenten Matrix U schreiben. In geänderter Bezeichnung gilt dann der Satz von der

IWASAWA-*Zerlegung. Zu* $W \in GL(n; \mathbb{R})$ *gibt es orthogonale Matrix* T, *Diagonalmatrix* D *und unipotente Matrix* U *mit* $W = TDU$.

Diese Benennung bezieht sich auf den japanischen Mathematiker Kenkichi IWASAWA, der nachwies, daß eine analoge Zerlegung für eine allgemeine Klasse von LIE-Gruppen möglich ist.

6*. Drehungen. Es seien a und b zwei Punkte des $\mathbb{R}^n$ mit $|a| = |b| = 1$, und es gelte $a \neq \pm b$. Wie kann man die Abbildung $x \mapsto S_a S_b x$ geometrisch beschreiben? Nach 4(7) ist $x \mapsto S_a x$ eine Spiegelung, und zwar die Spiegelung an der Hyperebene $H_a := \{x \in \mathbb{R}^n : \langle a, x\rangle = 0\}$.

Hilfssatz. *Der Unterraum* $H := H_a \cap H_b$ *des* $\mathbb{R}^n$ *hat die Dimension* $n - 2$, *und es gilt* $\mathbb{R}^n = \mathbb{R}a \oplus \mathbb{R}b \oplus H$ *und* $H^\perp = \mathbb{R}a \oplus \mathbb{R}b$.

Beweis. Die Punkte x von H sind die Lösungen des Gleichungssystems $a^t x = b^t x = 0$, dessen Koeffizientenmatrix den Rang 2 hat, denn a und b sind linear unabhängig. Nach Satz 2.7.2C hat H die Dimension $n - 2$. Ist $c_1, \ldots, c_{n-2}$ eine Basis von H, dann sind $a, b, c_1, \ldots, c_{n-2}$ linear unabhängig, denn a und b sind orthogonal zu allen c_i, $1 \leqslant i \leqslant n - 2$. □

Da $S_a S_b$ nach 4(6) jedes Element von H festläßt, kennt man also die Abbildung $x \mapsto S_a S_b x$, wenn man die Wirkung von $S_a S_b$ auf den 2-dimensionalen Unterraum $\mathbb{R}a \oplus \mathbb{R}b$ kennt.

Lemma. *Für jedes* $x \in \mathbb{R}a \oplus \mathbb{R}b$ *gilt* $\langle x, S_a S_b x\rangle = \langle x, x\rangle(2\langle a, b\rangle^2 - 1)$.

Beweis. Man hat $\langle x, S_a S_b x\rangle = \langle S_a x, S_b x\rangle = \langle x - 2\langle a, x\rangle a, x - 2\langle b, x\rangle b\rangle = \langle x, x\rangle - 2[\langle a, x\rangle^2 + \langle b, x\rangle^2 - 2\langle a, b\rangle\langle a, x\rangle\langle b, x\rangle]$. Das Lemma ist bewiesen, wenn

$$(*) \qquad \langle a, x\rangle^2 + \langle b, x\rangle^2 - 2\langle a, b\rangle\langle a, x\rangle\langle b, x\rangle = (1 - \langle a, b\rangle^2)\langle x, x\rangle$$

für alle $x \in \mathbb{R}a + \mathbb{R}b$ richtig ist. Für $x = \alpha a + \beta b$ ist $(*)$ eine quadratische Gleichung in α und β, die unschwer zu verifizieren ist. □

Bemerkung. Geometrisch kann $(*)$ als eine Relation zwischen Winkeln an dem Dreieck mit den Ecken a, b, x gedeutet werden.

Satz. *Sind* $a, b \in \mathbb{R}^n$ *linear unabhängig, dann ist das Produkt* $S_a S_b$ *der Spiegelungen* S_a *und* S_b *eine Drehung in* $\mathbb{R}a \oplus \mathbb{R}b$ *um den Winkel* ω *mit*

$$\cos\omega = 2\left(\frac{\langle a, b\rangle}{|a|\cdot|b|}\right)^2 - 1 = \frac{1}{2}(\operatorname{Spur} S_a S_b - n + 2),$$

bei der der Unterraum $H_a \cap H_b = (\mathbb{R}a \oplus \mathbb{R}b)^\perp$ *elementweise fest bleibt.*

Beweis. Man darf zunächst $|a| = |b| = 1$ annehmen. Nach dem Lemma ist

$$(**) \qquad \frac{\langle x, Tx\rangle}{\langle x, x\rangle} = \frac{\langle x, Tx\rangle}{|x|\cdot|Tx|} = 2\langle a, b\rangle^2 - 1, \qquad T := S_a S_b,$$

unabhängig von x, das heißt, x und das Bild Tx schließen einen konstanten Winkel ein. Damit ist die Einschränkung der Abbildung $x \mapsto Tx$ auf $\mathbb{R}a + \mathbb{R}b$ eine Drehung um den angegebenen Winkel ω. Wegen $S_a S_b = (E - 2aa^t)(E - 2bb^t) = E - 2aa^t - 2bb^t + 4\langle a, b\rangle ab^t$ und $\operatorname{Spur} ab^t = \langle a, b\rangle$ folgt $\operatorname{Spur} S_a S_b = n - 4 + 4\langle a, b\rangle^2$, so erhält man die zweite Formel für $\cos\omega$. □

7. Anwendung der Determinanten-Theorie. Im Vektorraum $\mathbb{R}^n$ ist in natürlicher Weise eine Orientierung ausgezeichnet: Man nennt die kanonische Basis $e_1, \ldots, e_n$ des $\mathbb{R}^n$ positiv orientiert und hat damit nach 3.4.9 jeder Basis $b_1, \ldots, b_n$ eine Orientierung zugeordnet. Wegen

$$b_i = \sum_{j=1}^{n} \beta_{ji} e_j \qquad \text{für} \qquad b_i = \begin{pmatrix} \beta_{1i} \\ \vdots \\ \beta_{ni} \end{pmatrix} \in \mathbb{R}^n,$$

ist die geordnete Basis $b_1, \ldots, b_n$ positiv orientiert (bzw. negativ orientiert), wenn die Determinante $\det(b_1, \ldots, b_n)$ positiv (bzw. negativ) ist (vgl. 3.4.9).

Ist T eine orthogonale Matrix, so kann man in $T^t T = E$ auf beiden Seiten die Determinante bilden, man erhält wegen $\det T^t = \det T$ sofort

$$(1) \qquad \det T = \pm 1 \qquad \text{für} \qquad T \in O(n).$$

Man definiert nun

$$(2) \qquad O^+(n) := SO(n) := \{T \in O(n) : \det T = 1\},$$

$$(3) \qquad O^-(n) := \{T \in O(n) : \det T = -1\}.$$

Nach dem Multiplikations-Satz für Determinanten ist $O^+(n) = SO(n)$ eine Untergruppe von $O(n)$, die *spezielle orthogonale Gruppe*, und es gilt

$$(4) \qquad O^-(n) = S \cdot O^+(n) = O^+(n) \cdot S \qquad \text{für jedes} \qquad S \in O^-(n).$$

Hier kann speziell

$$(5) \qquad S = \begin{pmatrix} 1 & 0 & \cdots & 0 \\ 0 & \ddots & \ddots & \vdots \\ \vdots & \ddots & 1 & 0 \\ 0 & \cdots & 0 & -1 \end{pmatrix} = S_e, \qquad e = \begin{pmatrix} 0 \\ \vdots \\ 0 \\ 1 \end{pmatrix},$$

gewählt werden. Zum Nachweis von

$$(6) \qquad \det S_a = -1 \qquad \text{für} \qquad a \neq 0$$

nimmt man $|a| = 1$ an, wählt $T \in O(n)$ nach Lemma 5 mit $a = Te$ und erhält mit 4(8) sofort $\det S_a = \det S_{Te} = (\det T)^2 \cdot \det S_e = -1$.

Nach dem Erzeugungs-Satz 5 gilt der

Satz. *Eine Matrix $T \neq E$ gehört genau dann zu $O^+(n)$, wenn T ein Produkt einer geraden Anzahl von Spiegelungen ist.*

Das Lemma 5, das grundlegend war für den Beweis des Erzeugungs-Satzes, kann leicht umformuliert werden in eine entsprechende Aussage für Drehungen:

Lemma. *Sind $u, v \in \mathbb{R}^n$, $n \geqslant 2$, verschieden mit $|u| = |v|$ gegeben, dann gibt es ein $T \in O^+(n)$ mit $Tu = v$.*

Beweis. Man wähle ein $a \in \mathbb{R}^n$ mit $u \neq a \neq v$ und $|u| = |a|$, dann gibt es nach Lemma 5 Spiegelungen S_1, S_2 mit $S_1 u = a$, $S_2 a = v$. Nun ist $T := S_2 S_1 \in O^+(n)$ und $Tu = v$.

□

In anderer Formulierung lautet dieses Lemma (vgl. 5.5.3):

Korollar. *Ist $n \geqslant 2$, so operiert $O^+(n)$ transitiv auf Sphären.*

8*. Eine Parameterdarstellung. Bereits A. Cayley (vgl. 2.2.1) war eine Parameterdarstellung von gewissen orthogonalen Matrizen durch schiefsymmetrische Matrizen bekannt. Diese Darstellung ist manchmal nützlich (man vgl. z. B. 7.3.4) und soll jetzt beschrieben werden.

Es bezeichne $\mathrm{Alt}(n)$ die Menge der reellen schiefsymmetrischen $n \times n$ Matrizen, das heißt, der Matrizen A mit $A^t = -A$. Wegen $\mathrm{Alt}(1) = \{0\}$ wird man $n \geqslant 2$ annehmen.

Lemma. a) *Für $n \geqslant 2$ ist* $\mathrm{Alt}(n)$ *ein Unterraum von* $\mathrm{Mat}(n; \mathbb{R})$ *der Dimension* $\frac{1}{2}n(n-1)$.

b) *Für jedes $A \in \mathrm{Alt}(n)$ ist $E - A$ invertierbar.*

Beweis. a) Ist $A = (\alpha_{ij}) \in \mathrm{Alt}(n)$, so gilt $A^t = -A$. Damit folgt $\alpha_{ij} = -\alpha_{ji}$ für $i > j$, und die Diagonalelemente von A sind Null. Damit bilden diejenigen Matrizen B_{ij}, $i > j$, die im Schnittpunkt der i-ten Zeile mit der j-ten Spalte eine 1, im Schnittpunkt der j-ten Zeile mit der i-ten Spalte -1 und sonst Nullen als Komponenten haben, eine Basis von $\mathrm{Alt}(n)$. Die Anzahl der B_{ij} ist aber gleich $1 + 2 + 3 + \cdots + n - 1$, also gleich $\frac{1}{2}n(n-1)$.

b) Die Abbildung $x \mapsto (E - A)x$ ist injektiv, denn aus $(E - A)u = 0$ folgt $u = Au$, also $\langle u, u \rangle = \langle Au, u \rangle = \langle u, A^t u \rangle = -\langle u, Au \rangle = -\langle u, u \rangle$ und daher $u = 0$. Nun ergibt der Äquivalenz-Satz für Invertierbarkeit 2.5.2 die Behauptung.

□

Die erwähnte Parameterdarstellung nach Cayley ist der folgende

Satz. *Durch $A \mapsto F(A) := (E + A)(E - A)^{-1} = (E - A)^{-1}(E + A)$ ist eine injektive Abbildung F:* $\mathrm{Alt}(n) \to O^+(n)$ *definiert, deren Bild aus den $T \in O^+(n)$ besteht,* *für welche* $E+T$ *invertierbar ist. Für diese* T *gilt* $T=F(A)$ *mit* $A:=(T-E)(T+E)^{-1}=(T+E)^{-1}(T-E)\in \mathrm{Alt}(n)$.

Beweis. 1) *F ist wohldefiniert*: Durch Ausmultiplizieren zeigt man $(E-A)(E+A)=(E+A)(E-A)$. Nach Teil b) des Lemmas ist $E-A$ invertierbar, man multipliziert von links und rechts mit $(E-A)^{-1}$ und sieht, daß beide Darstellungen von $F(A)$ übereinstimmen.

2) *$F(A)$ ist orthogonal*: Man verwendet beide Darstellungen in der folgenden Rechnung $[F(A)]^t F(A)=[(E+A)(E-A)^{-1}]^t[(E-A)^{-1}(E+A)]=(E-A^t)^{-1}(E+A^t)(E-A)^{-1}(E+A)$. Wegen $A^t=-A$ kürzen sich die einzelnen Faktoren, und die rechte Seite ist die Einheitsmatrix.

3) $\det F(A)=1$ *für* $A\in\mathrm{Alt}(n)$: Folgt aus $F(A)=(E-A)^{-1}(E-A)^t$.

4) *F ist injektiv*: Aus $F(A)=F(B)$ folgt $(E+A)(E-A)^{-1}=(E-B)^{-1}(E+B)$, also $(E-B)(E+A)=(E+B)(E-A)$ und damit $A-B=B-A$.

5) *$E+F(A)$ ist invertierbar*: Man hat $E+F(A)=E+(E+A)(E-A)^{-1}=[(E-A)+(E+A)](E-A)^{-1}=2(E-A)^{-1}$, und die rechte Seite ist invertierbar.

6) *Zu* $T\in O^+(n)$, *für das* $E+T$ *invertierbar ist, gibt es* $A\in\mathrm{Alt}(n)$ *mit* $T=F(A)$: Man setzt

$$A:=(T-E)(T+E)^{-1}=(T+E)^{-1}(T-E), \tag{1}$$

wobei man die Übereinstimmung der beiden rechten Terme wie in 1) nachweist. Nun folgt

$$\begin{aligned} A^t &= [(T+E)^{-1}(T-E)]^t=(T^t-E)(T^t+E)^{-1} \\ &= (T^t-E)TT^{-1}(T^t+E)^{-1}=(T^tT-T)(T^tT+T)^{-1} \\ &= (E-T)(E+T)^{-1}=-A, \end{aligned}$$

das heißt, $A\in\mathrm{Alt}(n)$. Man löst (1) nach T auf und erhält $T=F(A)$. □

Bemerkung. Im Falle $n=2$ ist $\mathrm{Alt}(2)=\mathbb{R}\cdot J$ mit $J=\begin{pmatrix}0 & -1\\ 1 & 0\end{pmatrix}$, und man erhält

$$F(\beta J)=\begin{pmatrix}1 & -\beta\\ \beta & 1\end{pmatrix}\begin{pmatrix}1 & \beta\\ -\beta & 1\end{pmatrix}^{-1}=\frac{1}{1+\beta^2}\begin{pmatrix}1-\beta^2 & -2\beta\\ 2\beta & 1-\beta^2\end{pmatrix}, \qquad \beta\in\mathbb{R}.$$

Ersetzt man hier β durch β/α, $\alpha\neq 0$, so erhält man die Darstellung

$$T=\frac{1}{\alpha^2+\beta^2}\begin{pmatrix}\alpha^2-\beta^2 & -2\alpha\beta\\ 2\alpha\beta & \alpha^2-\beta^2\end{pmatrix}. \tag{2}$$

Läßt man hier außerdem $\alpha=0$ zu, so sieht man, daß man auch das T erfaßt, für welches $E+T$ nicht invertierbar ist, nämlich $T=-E$.

Die Darstellung (2) der Matrizen aus $O^+(2)$ kann man natürlich direkt aus der Tatsache ableiten, daß die Spaltenvektoren eines $T\in O^+(2)$ orthogonal sind und die Länge 1 haben. Für $n\geqslant 3$ ist die CAYLEYsche Parameterdarstellung nicht mehr so einfach zu erhalten.

9. EULER, CAUCHY, JACOBI und CAYLEY. Lange vor der Erfindung der Matrizenrechnung durch A. CAYLEY im Jahre 1858 (vgl. 2.2.1) wurden lineare Substitutionen

$$\begin{aligned}\eta_1 &= \alpha_{11}\xi_1 + \alpha_{12}\xi_2 + \cdots + \alpha_{1n}\xi_n \\ &\vdots \\ \eta_n &= \alpha_{n1}\xi_1 + \alpha_{n2}\xi_n + \cdots + \alpha_{nn}\xi_n\end{aligned}$$

der Variablen $\xi_1, \ldots, \xi_n$ in die Variablen $\eta_1, \ldots, \eta_n$ betrachtet, die man seit CAYLEY eben als $y = Ax$ mit $A \in \mathrm{Mat}(n; \mathbb{R})$ schreibt. Mit solchen linearen Substitutionen wollte man eine gegebene Funktion $\varphi(\eta_1, \ldots, \eta_n)$ transformieren, um sie möglichst zu vereinfachen. Bereits L. EULER fand lineare Substitutionen bemerkenswert, durch welche zugleich die Summe der Quadrate der Variablen in die Summe der Quadrate der Variablen transformiert wird, für welche also $\xi_1^2 + \cdots + \xi_n^2 = \eta_1^2 + \cdots + \eta_n^2$ „identisch in den $\xi_1, \ldots, \xi_n$" gilt. EULER fand im Jahre 1770 (Opera omnia, Serie 1, VI, S. 287–315), daß bei jenen Substitutionen die Koeffizienten-Matrix orthogonal ist. In der Tat: Aus $\langle Ax, Ax \rangle = \langle x, x \rangle$ folgt $A^t A = E$. Ferner zeigte EULER, daß mit A auch A^t orthogonal ist. CAUCHY bemerkte im Jahre 1847 (Œuvre, Serie II, Bd. *14*, S. 1–91), daß diejenige Substitution, welche die gegebene umkehrt, durch die an der Hauptdiagonale gespiegelte Koeffizientenmatrix gegeben wird. In der Tat: $A^{-1} = A^t$.

In der im Jahre 1834 veröffentlichten Arbeit „De binis quibuslibet functionibus homogeneis secundi ordinis per substitutiones lineares in alias binas transformandis, quae solis quadratis variabilium constant; una cum variis theorematis de transformatione et determinatione integralium multiplicium" (Crelles Journal *12*, S. 7) bewies JACOBI, daß die Determinante einer orthogonalen Substitution gleich ± 1 ist.

Diese – für Kenner des Matrizen-Kalküls simplen – Folgerungen aus der Definition einer orthogonalen Matrix gehen also auf so bedeutende Mathematiker wie EULER, CAUCHY und JACOBI zurück. Die Erfindung der Matrizenrechnung muß man an dieser historischen Tatsache messen!

EULER hat in der angegebenen Arbeit weiter gezeigt, daß man jede orthogonale Substitution aus $\frac{1}{2}n(n-1)$ orthogonalen binären (das heißt, $n = 2$) Substitutionen zusammensetzen kann, in den Fällen $n = 3$ und $n = 4$ gelang ihm eine explizite rationale Darstellung. Den allgemeinen Fall erledigte dann CAYLEY im Jahre 1846 (Collected papers I, S. 332–336), wie in 8 dargestellt wurde.

§ 2. Die Hauptachsentransformation

1. Problemstellung. In 4.2.5 hatte man gesehen, daß man eine in der Gestalt $\lambda_1\xi_1^2 + 2\lambda_2\xi_1\xi_2 + \lambda_3\xi_2^2 = \lambda_4$ gegebene Ellipse durch eine Substitution $\xi_1 = \alpha\eta_1 + \beta\eta_2$, $\xi_2 = \gamma\eta_1 + \delta\eta_2$, welche geometrisch eine Drehung beschreibt, in die Form $\kappa_1\eta_1^2 + \kappa_2\eta_2^2 = \kappa_3$ bringen kann. Eine analoge Aufgabe stellt sich im Anschauungsraum $\mathbb{R}^3$ und allgemein im $\mathbb{R}^n$: Man geht von einem beliebigen homogenen Polynom zweiten Grades, also von einer *quadratischen Form* (vgl. 3.5.1)

$$\varphi(x) = x^t S x = \sum_{i,j=1}^{n} \sigma_{ij} \xi_i \xi_j, \qquad \sigma_{ij} = \sigma_{ji},$$

in den Komponenten $\xi_1, \ldots, \xi_n$ des Vektors $x \in \mathbb{R}^n$ mit der Koeffizientenmatrix $S = (\sigma_{ij})$ aus und fragt, welche „Normalformen" man durch lineare Substitutionen, das heißt, durch eine Substitution $x = Wy$, $W \in GL(n; \mathbb{R})$, erreichen kann. Wegen $x^t S y = y^t W^t S W y$ bedeutet diese Frage, welche Normalform man für die neue Koeffizientenmatrix $W^t S W$ anstelle von S erhalten kann. Man hat dabei aber zu entscheiden, ob die Abbildung $y \to Wy$ Winkel und Abstände erhalten soll oder nicht. Im ersten Falle wird man W als orthogonal anzunehmen haben. Wie in 3.5.2 sagt man, daß $S' = W^t S W$ aus S durch Transformation mit W hervorgeht. Es stellen sich somit die Aufgaben, für eine gegebene symmetrische reelle Matrix S Normalformen zu finden für

(i) $T^t S T$ mit $T \in O(n)$ „*Problem der Hauptachsentransformation*",
(ii) $W^t S W$ mit $W \in GL(n; \mathbb{R})$ „*Problem der affinen Normalform*".

Das Problem (i) wird in diesem Kapitel gelöst, das Problem (ii) wurde bereits in 3.5.6 durch den sogenannten Trägheitssatz gelöst.

2. Der Vektorraum der symmetrischen Matrizen. In Übereinstimmung mit 3.5.2 bezeichne $\mathrm{Sym}(n; \mathbb{R})$ den Vektorraum der reellen symmetrischen $n \times n$ Matrizen. Die dort bewiesenen Ergebnisse werden wiederholt als

Lemma. a) *Der Vektorraum* $\mathrm{Sym}(n; \mathbb{R})$ *hat die Dimension* $\frac{1}{2}n(n+1)$.

b) *Für* $W \in \mathrm{Mat}(n; \mathbb{R})$ *ist* $S \mapsto W^t S W$ *ein Endomorphismus des* $\mathbb{R}$-*Vektorraums* $\mathrm{Sym}(n; \mathbb{R})$, *der genau dann bijektiv ist, wenn* W *invertierbar ist.*

Für reelle symmetrische Matrizen gelten viele Aussagen, die z. B. für reelle quadratische Matrizen nicht gültig bleiben. Erste Beispiele gibt in Analogie zu Lemma 1.1 die

Proposition. *Für* $S \in \mathrm{Sym}(n; \mathbb{R})$ *und jede natürliche Zahl* $m \geqslant 2$, *gelten die Aussagen*: a) $\mathrm{Kern}\, S^m = \mathrm{Kern}\, S$, b) $\mathrm{Bild}\, S^m = \mathrm{Bild}\, S$ *und* c) $\mathrm{Rang}\, S^m = \mathrm{Rang}\, S$.

Beweis. a) Zunächst zeigt $\langle x, S^2 x \rangle = \langle Sx, Sx \rangle$, daß $Sx = 0$ aus $S^2 x = 0$ folgt. Gilt nun $S^m x = 0$ für ein $m \geqslant 3$, so darf man $m = 2k$, $2 \leqslant k \leqslant \frac{1}{2}(m+1)$, annehmen und erhält $S^k x = 0$, denn S^k ist symmetrisch. Dieses Verfahren kann nun iteriert werden und ergibt $Sx = 0$. Es folgt $\mathrm{Kern}\, S^m \subset \mathrm{Kern}\, S$, und die fehlende Inklusion ist trivial.

b) Jetzt gilt trivialerweise $\mathrm{Bild}\, S^m \subset \mathrm{Bild}\, S$. Teil a) und die Dimensionsformel 2.2.5(6), ergeben $\dim \mathrm{Bild}\, S^m = \dim \mathrm{Bild}\, S$, so daß Teil b) folgt.

c) Wegen $\mathrm{Rang}\, S = \dim \mathrm{Bild}\, S$ klar. □

Korollar 1. *Aus* $S^m = 0$ *für* $S \in \mathrm{Sym}(n; \mathbb{R})$ *folgt* $S = 0$.

Korollar 2. *Für* $S \in \mathrm{Sym}(n; \mathbb{R})$ *und* $a \in \mathbb{R}^n$ *ist jede Gleichung* $S^2 x = Sa$ *mit einem* $x \in \mathbb{R}^n$ *lösbar.*

In 5.1.4 hatte man eine Matrix $S \in \mathrm{Sym}(n; \mathbb{R})$ *positiv definit* genannt, wenn

(1) $$\langle x, Sx \rangle = x^t S x > 0 \qquad \text{für} \qquad 0 \neq x \in \mathbb{R}^n$$

gilt. In Lemma 5.1.4 und im dortigen Kriterium für positiv definite Matrizen hatte man dann gesehen, daß die folgenden Aussagen (2) bis (4) zu (1) äquivalent sind:

(2) $W^t S W$ ist positiv definit, falls $W \in GL(n; \mathbb{R})$.

(3) Es gibt $W \in GL(n; \mathbb{R})$ mit $S = W^t W$.

(4) Alle Hauptminoren von S sind positiv.

Ist dies der Fall, so ist $\det S$ positiv.

3. Positiv semi-definite Matrizen. Man nennt eine Matrix $S \in \mathrm{Sym}(n; \mathbb{R})$ *positiv semi-definit*, wenn

(1) $$\langle x, Sx \rangle = x^t S x \geqslant 0 \qquad \text{für alle} \qquad x \in \mathbb{R}^n$$

gilt. Jede positiv definite Matrix ist positiv semi-definit, aber nicht umgekehrt, wie das Beispiel $S = \begin{pmatrix} 1 & 0 \\ 0 & 0 \end{pmatrix}$ zeigt. Wie in 5.1.4 hat man für $n = 2$

(2) $$S \text{ positiv semi-definit} \Leftrightarrow S = \begin{pmatrix} \alpha & \beta \\ \beta & \gamma \end{pmatrix}, \qquad \alpha\gamma - \beta^2 \geqslant 0, \qquad \alpha, \gamma \geqslant 0.$$

Für $n \geqslant 3$ und $S = (\sigma_{ij})$ gelten die notwendigen Bedingungen

(3) $$\sigma_{ii} \geqslant 0 \qquad \text{für} \quad 1 \leqslant i \leqslant n,$$

(4) $$\sigma_{ii}\sigma_{jj} - \sigma_{ij}^2 \geqslant 0 \qquad \text{für} \quad 1 \leqslant i \leqslant j \leqslant n.$$

Analog zu 5.1.4 gilt das

Lemma. *Für* $S \in \mathrm{Sym}(n; \mathbb{R})$ *und* $W \in GL(n; \mathbb{R})$ *sind äquivalent*:

(i) S *ist positiv semi-definit.*
(ii) $W^t S W$ *ist positiv semi-definit.*

Wie im definiten Fall hat man auch hier ein

Kriterium für positiv semi-definite Matrizen. *Für* $S \in \mathrm{Sym}(n; \mathbb{R})$ *sind äquivalent*:

(i) S *ist positiv semi-definit.*
(ii) *Es gibt* $W \in \mathrm{Mat}(n; \mathbb{R})$ *mit* $S = W^t W$.

Ist dies der Fall, so gilt $\det S \geqslant 0$.

Beweis. Im Falle (ii) kann man sofort auf $\det S = (\det W)^2 \geqslant 0$ schließen.

(i) $\Rightarrow$ (ii): Für $\nu \in \mathbb{N}$ ist $S + (1/\nu)E$ positiv definit, nach 2(3) gibt es zu jedem ν ein $W_\nu \in GL(n; \mathbb{R})$ mit

(∗) $$S + \frac{1}{\nu} E = W_\nu^t W_\nu, \qquad \nu = 1, 2, \ldots .$$

Für $W_\nu = (w_{ij}^{(\nu)})$ ergibt (*)

$$[w_{ij}^{(\nu)}]^2 \leqslant \sum_{k=1}^{n} [w_{ik}^{(\nu)}]^2 = \sigma_{ii} + \frac{1}{\nu} \leqslant \sigma_{ii} + 1.$$

Damit sind die Folgen $w_{ij}^{(\nu)}$, $\nu \in \mathbb{N}$, beschränkt.

Man wählt eine Teilfolge aus den Matrizen W_ν, die an der Stelle $(1,1)$ konvergiert, dann hiervon eine Teilfolge, die an der Stelle $(1,2)$ konvergiert, usw. Nach n^2 Schritten erhält man eine Teilfolge $\nu(k)$, für welche der Limes $\lim_{k\to\infty} W_{\nu(k)} = W \in \mathrm{Mat}(n;\mathbb{R})$ komponentenweise existiert. Aus den Rechenregeln für Limites folgt dann, daß $[W_\nu^t W_\nu]_{ij}$ gegen $[W^t W]_{ij}$ konvergiert, wegen (*) ist dieser Grenzwert aber auch gleich σ_{ij}, so daß $S = W^t W$ folgt.

(ii) $\Rightarrow$ (i): Wegen $\langle x, Sx\rangle = |Wx|^2 \geqslant 0$ klar. □

Bemerkung. In diesem Beweis geht durch Betrachtung von Grenzwerten eine „analytische Schlußweise" ein, auf die nicht verzichtet werden kann. Man investiert hier erneut, daß es sich beim Grundkörper nicht um einen beliebigen Körper, sondern um die reellen Zahlen handelt!

Korollar 1: *Ist S positiv semi-definit, dann sind äquivalent:*

(i) *S ist positiv definit.*
(ii) $\det S \neq 0$.

Beweis. (i) $\Rightarrow$ (ii): Denn $\det S$ ist positiv.

(ii) $\Rightarrow$ (i): Nach dem obigen Kriterium ist $S = W^t W$ mit $W \in \mathrm{Mat}(n;\mathbb{R})$. Wegen $0 \neq \det S = (\det W)^2$ gilt $W \in GL(n;\mathbb{R})$, und die Behauptung folgt aus 2(3). □

Korollar 2. *Ist S positiv semi-definit und ist $a \in \mathbb{R}^n$ gegeben, so gilt $\langle a, Sa\rangle = 0$ genau dann, wenn $Sa = 0$.*

Beweis. Nach (ii) wählt man $W \in \mathrm{Mat}(n;\mathbb{R})$ mit $S = W^t W$ und erhält $\langle a, Sa\rangle = |Wa|^2$. Somit impliziert $\langle a, Sa\rangle = 0$ schon $Wa = 0$, also $Sa = W^t Wa = 0$. □

4. Das Minimum einer quadratischen Form. Geht man von einer quadratischen Form $\langle x, Sx\rangle$ mit $S \in \mathrm{Sym}(n;\mathbb{R})$ aus, so kann man nach ihrem Wertevorrat

$$\omega(S) := \{\langle x, Sx\rangle : x \in \mathbb{R}^n\} \subset \mathbb{R}$$

fragen: Wegen $\langle \lambda x, S(\lambda x)\rangle = \lambda^2 \langle x, Sx\rangle$ kommen für $\omega(S)$ nur die Möglichkeiten $\{0\}$, $\mathbb{R}^+ := \{\xi : \xi \geqslant 0\}$, $\mathbb{R}^- := \{\xi : \xi \leqslant 0\}$ und $\mathbb{R}$ in Betracht. Speziell gilt

$$S \text{ positiv semi-definit} \Leftrightarrow \omega(S) = \mathbb{R}^+,$$

$$-S \text{ positiv semi-definit} \Leftrightarrow \omega(S) = \mathbb{R}^-.$$

Man nennt S und die quadratische Form $\langle x, Sx\rangle$ *indefinit*, wenn $\omega(S) = \mathbb{R}$ gilt. Das ist genau dann der Fall, wenn es a und b gibt mit $\langle a, Sa\rangle < 0$ und $\langle b, Sb\rangle > 0$.

Im allgemeinen ist das Infimum der Menge $\omega(S)$ (nämlich 0 oder $-\infty$) ohne Interesse. Hingegen ist es von Interesse, die Zahlen $\langle x, Sx\rangle$ mit den Zahlen $\langle x, x\rangle$

zu vergleichen. Da beide Zahlen den Faktor λ^2 aufnehmen, wenn man x durch λx ersetzt, genügt es, die Zahlen

(1) $$\langle x, Sx \rangle \quad \text{für} \quad x \in \mathbb{R}^n, \quad |x| = 1,$$

zu studieren: Man setzt

(2) $$\mu(S) := \inf\{\langle x, Sx \rangle : x \in \mathbb{R}^n, |x| = 1\}$$

und hat damit auch das Supremum der Menge (1), nämlich $-\mu(-S)$, erfaßt.

Satz. *Für jede symmetrische Matrix* $S \in \mathrm{Mat}(n; \mathbb{R})$ *ist* $\mu(S)$ *endlich und wird angenommen, das heißt, es gibt ein* $u \in \mathbb{R}^n$ *mit* $\mu(S) = \langle u, Su \rangle$ *und* $|u| = 1$.

Beweis. Zunächst muß zugelassen werden, daß $\mu(S)$ gleich $-\infty$ ist. In jedem Falle gibt es eine Folge $x_\nu \in \mathbb{R}^n$, $\nu \in \mathbb{N}$, mit

(*) $$\mu(S) = \lim_{\nu \to \infty} \langle x_\nu, Sx_\nu \rangle, \qquad |x_\nu| = 1.$$

Die Folge x_ν ist komponentenweise beschränkt, besitzt also eine komponentenweise konvergente Teilfolge y_ν mit Limes u. Es ist $|u| = 1$ und $\mu(S) = \lim_{\nu \to \infty} \langle y_\nu, Sy_\nu \rangle = \langle u, Su \rangle$. □

Korollar 1. *Für jede symmetrische Matrix* S *gilt* $\langle x, Sx \rangle \geqslant \mu(S) \cdot |x|^2$, $x \in \mathbb{R}^n$, *und das Gleichheitszeichen wird angenommen.*

Zum *Beweis* kann man $x \neq 0$ annehmen und daher x durch λy mit einem y vom Betrag 1 ersetzen. Jetzt folgt die Behauptung aus (2) und aus dem vorstehenden Satz. □

Danach ist S genau dann positiv definit, wenn $\mu(S)$ positiv ist.

Korollar 2. *Zu jeder symmetrischen Matrix* S *gibt es ein* α, *so daß* $S + \alpha E$ *positiv definit ist.*

Zum *Beweis* nehme man $\alpha := 1 - \mu(S)$. □

Korollar 3. *Zu jeder symmetrischen Matrix* S *gibt es ein* $v \neq 0$ *mit* $Sv = \mu(S) \cdot v$.

Beweis. Für $B := S - \mu(S) \cdot E$ besagt Korollar 1 offenbar $\langle x, Bx \rangle \geqslant 0$, das heißt, B ist positiv semi-definit. Nun wählt man v mit $\langle v, Sv \rangle = \mu(S)$ und $|v| = 1$. Es folgt $\langle v, Bv \rangle = 0$, und das Korollar 2 in 3 ergibt $Bv = 0$. □

Korollar 4. *Sind* S_1, S_2 *positiv definit und gilt* $S_1 S_2 = S_2 S_1$, *dann ist* $S_1 S_2$ *wieder positiv definit.*

Man beachte hier, daß $S := S_1 S_2$ nach Voraussetzung sicher symmetrisch ist.

Beweis. Nach Korollar 3 gibt es $v \neq 0$ aus $\mathbb{R}^n$ mit $Sv = \mu(S)v$. Die Matrix S_1 ist invertierbar, und S_1^{-1} ist nach 2(3) wieder positiv definit. Aus $S_2 v = \mu(S) S_1^{-1} v$ folgt $\langle v, S_2 v\rangle = \mu(S)\langle v, S_1^{-1} v\rangle$, also $\mu(S) > 0$. □

Bemerkungen. 1) Der Satz ist eine direkte Konsequenz der Tatsache, daß eine stetige Funktion, hier $u \mapsto \langle u, Su\rangle$, auf einer kompakten Menge, hier die Sphäre $\{u : |u| = 1\}$, ihr Minimum annimmt. Der hier angegebene Beweis ist allein mit Analysis einer reellen Veränderlichen nachvollziehbar.

2) Das Korollar 3 ist die Grundlage der Hauptachsentransformation:

5. Satz über die Hauptachsentransformation. *Zu jeder symmetrischen reellen $n \times n$ Matrix S gibt es ein $T \in O^+(n)$, so daß $T^t S T$ Diagonalform hat.*

Die eigentliche Vorarbeit zum Beweis dieses Satzes wurde bereits im Korollar 3 in 4 geleistet. Danach gibt es ein $\lambda = \mu(S) \in \mathbb{R}$ und ein $v \in \mathbb{R}^n$ mit

$$(1) \qquad Sv = \lambda v, \qquad v \neq 0.$$

Der *Beweis* wird nun durch Induktion nach n geführt. Da eine 1×1 Matrix schon Diagonalform hat, kann man annehmen, daß der Satz für alle symmetrischen $(n-1) \times (n-1)$ Matrizen bereits bewiesen ist.

Seien S eine symmetrische reelle $n \times n$ Matrix, $n \geqslant 2$, und λ sowie v gemäß (1) gewählt. Ohne Einschränkung darf man $|v| = 1$ annehmen. Nach Lemma 1.7 existiert ein T mit

$$(2) \qquad T \in O^+(n) \qquad \text{und} \qquad v = Te_1.$$

Nun trägt man (2) in (1) ein und multipliziert beide Seiten mit $T^t = T^{-1}$. Man erhält

$$(3) \qquad T^t S T e_1 = \lambda e_1, \qquad \text{das heißt,} \qquad T^t S T = \begin{pmatrix} \lambda & q \\ 0 & S_1 \end{pmatrix},$$

mit einer Matrix $S_1 \in \mathrm{Mat}(n-1; \mathbb{R})$ und einem $q \in \mathbb{R}_{n-1}$. Die Matrix S ist symmetrisch, nach Lemma 2 ist $T^t S T$ symmetrisch. Es folgt $q = 0$, und S_1 ist symmetrisch. Nach Induktionsvoraussetzung gibt es ein $T_1 \in O^+(n-1)$, so daß $D := T_1^t S_1 T_1$ Diagonalform hat. Es folgt $T'^t T^t S T T' = \begin{pmatrix} \lambda & 0 \\ 0 & D \end{pmatrix}$ mit $T' := \begin{pmatrix} 1 & 0 \\ 0 & T_1 \end{pmatrix}$ $\in O^+(n)$, und der Satz ist bewiesen. □

Bemerkungen. 1) In den meisten Fällen ist es unwichtig, daß man im Satz die orthogonale Matrix T aus $O^+(n)$ wählen kann.

2) Eine andere Beweisvariante für (3) verläuft wie folgt: Man geht wieder von (1) aus, wählt $|v| = 1$ und ergänzt v zu einer Orthonormalbasis $v = v_1, v_2, \ldots, v_n$. Dann ist $T := (v_1, \ldots, v_n)$ orthogonal, und ohne Einschränkung kann man $\det T > 0$ annehmen. Für die erste Spalte von $T^t S T$ erhält man

$$T^t S v = \lambda T^t v = \lambda e_1,$$

denn $e_1 = T^t v$ ist die erste Spalte von $E = T^t T$. Man erhält also (3). Der Vorteil dieses Verfahrens ist, daß T konstruiert wird.

3) Einen weiteren Beweis des Satzes findet man in 4.3.

4) Die Darstellung $S = T^t D T$ mit einem $T \in O(n)$ und einer Diagonalmatrix D nennt man auch die *Spektraldarstellung* von S.

6. Eigenwerte. Nach dem Satz über die Hauptachsentransformation gibt es zu $S \in \mathrm{Sym}(n; \mathbb{R})$ ein $T \in O(n)$ mit

$$(1) \qquad S = T^t D T, \qquad D = \begin{pmatrix} \lambda_1 & 0 & \cdots & 0 \\ 0 & \lambda_2 & \ddots & \vdots \\ \vdots & \ddots & \ddots & 0 \\ 0 & \cdots & 0 & \lambda_n \end{pmatrix},$$

und reellen Zahlen $\lambda_1, \ldots, \lambda_n$. Da man hier von T zu TP mit einer Permutationsmatrix P übergehen kann, liegt die Reihenfolge der $\lambda_1, \ldots, \lambda_n$ sicher nicht fest; man könnte sie der Größe nach ordnen. Es stellt sich aber sofort die Frage, ob die $\lambda_1, \ldots, \lambda_n$ durch S bis auf die Reihenfolge eindeutig bestimmt sind und wie man sie ggf. berechnen kann!

Das zentrale Hilfsmittel für diese (und andere) Probleme ist die folgende Begriffsbildung:

Ist A aus $\mathrm{Mat}(n; \mathbb{R})$ gegeben, so nennt man ein $\lambda \in \mathbb{R}$ einen *Eigenwert* (englisch: eigenvalue) von A, wenn es ein $v \in \mathbb{R}^n$ gibt mit

$$(2) \qquad Av = \lambda v, \qquad v \neq 0.$$

Jedes solche v nennt man dann *Eigenvektor* zum Eigenwert λ.

Für $W \in GL(n; \mathbb{R})$ ist $W^{-1}v$ Eigenvektor von $W^{-1}AW$ zum gleichen Eigenwert λ, also gilt die

Proposition. *A und $W^{-1}AW$, $W \in GL(n; \mathbb{R})$, haben die gleichen Eigenwerte.*

Lemma. *Für $A \in \mathrm{Mat}(n; \mathbb{R})$ und $\lambda \in \mathbb{R}$ sind äquivalent:*

(i) *λ ist Eigenwert von A,*
(ii) $\det(\lambda E - A) = 0$.

In der Sprache von 3.4.6 sind die Eigenwerte also gerade die Nullstellen des charakteristischen Polynoms χ_A. Daher hat jede Matrix höchstens endlich viele Eigenwerte. Weiter sieht man, daß eine reelle Matrix nicht notwendig reelle Eigenwerte besitzt; man wähle $A = \begin{pmatrix} 0 & 1 \\ -1 & 0 \end{pmatrix}$.

Beweis. Sowohl (2) als auch (ii) ist damit gleichwertig, daß die Abbildung $x \mapsto (\lambda E - A)x$ nicht injektiv ist. □

Satz. *In der Darstellung* (1) *sind die $\lambda_1, \ldots, \lambda_n$ genau die Eigenwerte von $S \in \mathrm{Sym}(n; \mathbb{R})$, also bis auf Reihenfolge durch S eindeutig bestimmt.*

Beweis. Mit (1) hat man $\det(\lambda E - S) = \det(T^t(\lambda E - D)T) = \det(\lambda E - D) = (\lambda - \lambda_1) \cdot \cdots \cdot (\lambda - \lambda_n)$. □

Korollar. *Das charakteristische Polynom einer symmetrischen reellen Matrix zerfällt in reelle Linearfaktoren.*

Beispiel. Für $S = \begin{pmatrix} \alpha & \beta \\ \beta & \gamma \end{pmatrix} \in \mathrm{Sym}(2; \mathbb{R})$ hat man

$$\chi_S(\lambda) = \det(\lambda E - S) = \lambda^2 - (\mathrm{Spur}\, S)\lambda + \det S$$

$$= \left(\lambda - \frac{\alpha + \gamma}{2}\right)^2 - \left(\left(\frac{\alpha - \gamma}{2}\right)^2 + \beta^2\right),$$

und die Nullstellen von χ_S sind in der Tat reell.

Bemerkung. Nach dem Fundamentalsatz der Algebra hat eine reelle Matrix stets komplexe Eigenwerte. Das Korollar besagt, daß eine reelle symmetrische Matrix nur reelle Eigenwerte hat. Dies ist auch direkt einzusehen: Bezeichnet man die zu einer komplexen Zahl λ konjugiert-komplexe Zahl mit $\bar{\lambda}$, entsprechend für $S \in \mathrm{Mat}(n, m; \mathbb{C})$ mit $\bar{S}$ diejenige Matrix, deren Komponenten konjugiert werden, so gilt für jeden Eigenwert λ einer reellen symmetrischen Matrix S nach (2): $\lambda \bar{v}^t v = \bar{v}^t \lambda v = \bar{v}^t S v = (S^t \bar{v})^t v = (\bar{S}^t \bar{v})^t v = \bar{\lambda} \bar{v}^t v$, also $\bar{\lambda} = \lambda$.

7. Eigenräume. Für $S \in \mathrm{Sym}(n; \mathbb{R})$ und $\lambda \in \mathbb{R}$ sei

$$\mathscr{E}_S(\lambda) := \{v \in \mathbb{R}^n \colon Sv = \lambda v\}.$$

Offenbar ist $\mathscr{E}_S(\lambda)$ ein Unterraum des $\mathbb{R}^n$, und $\mathscr{E}_S(\lambda)$ ist genau dann nicht der Nullraum, wenn λ ein Eigenwert von S ist. Ist λ ein Eigenwert, dann nennt man $\mathscr{E}_S(\lambda)$ den *Eigenraum von S zum Eigenwert* λ.

Satz A. *Ist* $S \in \mathrm{Sym}(n; \mathbb{R})$ *und sind* $\lambda_1, \ldots, \lambda_r$ *die verschiedenen Eigenwerte von* S, *dann ist* $\mathbb{R}^n$ *die orthogonale Summe von* $\mathscr{E}_S(\lambda_1), \ldots, \mathscr{E}_S(\lambda_r)$.

Satz B. *Ist* $S \in \mathrm{Sym}(n; \mathbb{R})$, *dann gibt es eine Orthonormalbasis des* $\mathbb{R}^n$, *die nur aus Eigenvektoren von* S *besteht.*

Beweis. Nach dem Satz über die Hauptachsentransformation schreibt man $S = T^t D T$ mit $T \in O(n)$ und Diagonalmatrix D mit Diagonalelementen $\mu_1, \ldots, \mu_n$. Bezeichnet $e_1, \ldots, e_n$ die kanonische Basis des $\mathbb{R}^n$, so ist $e_1, \ldots, e_n$ auch eine Orthonormalbasis. Nach dem Äquivalenz-Satz für orthogonale Matrizen 1.2 ist dann auch $v_1, \ldots, v_n$ mit $v_i := T^t e_i$ eine Orthonormalbasis mit $Sv_i = T^t D e_i = T^t(\mu_i e_i) = \mu_i v_i$ für $i = 1, \ldots, n$. Damit ist Satz B bewiesen.

Schreibt man ein $v \in \mathbb{R}^n$ als $v = \alpha_1 v_1 + \cdots + \alpha_n v_n$, so gilt $Sv = \lambda v$ genau wenn $\lambda \alpha_i = \alpha_i \mu_i$ für alle $i = 1, \ldots, n$. Danach ist $\mu_i = \lambda$ für alle i mit $\alpha_i \neq 0$, und $\mathscr{E}_S(\lambda)$ wird von denjenigen v_i, $i = 1, \ldots, n$, aufgespannt, für welche $\mu_i = \lambda$ gilt. Damit sind die Eigenräume $\mathscr{E}_S(\lambda_1), \ldots, \mathscr{E}_S(\lambda_r)$ paarweise orthogonal, und jedes Element der Orthonormalbasis $v_1, \ldots, v_n$ liegt in genau einem Eigenraum von S. □

Bemerkung. Ist $v_1, \ldots, v_n$ eine Orthonormalbasis des $\mathbb{R}^n$, die nur aus Eigenvektoren von S besteht, so ist $T := (v_1, \ldots, v_n)$ orthogonal, und $T^t S T$ hat Diagonalgestalt.

§ 3. Anwendungen

1. Vorbemerkung. Von den vielen Anwendungen der Hauptachsentransformation sollen jetzt einige besonders wichtige Fälle behandelt werden. Die Hauptachsentransformation ist ein so schlagkräftiges Hilfsmittel, daß man immer dann an sie denken soll, wenn ein Problem über reelle symmetrische Matrizen ansteht: In dem Korollar 1 in 2.2 wurde erwähnt, daß $S^m = 0$ für $S \in \mathrm{Sym}(n; \mathbb{R})$ nur für $S = 0$ gelten kann. Hat man S in der Form $T^t DT$ mit $T \in O(n)$ und Diagonalmatrix D geschrieben, so ist $S^m = T^t D^m T$, und $S^m = 0$ ist mit $D^m = 0$, also trivialerweise mit $D = 0$ gleichwertig.

Da S und $T^t ST$, $T \in O(n)$, das gleiche Minimum und die gleichen Eigenwerte haben, zeigt die Hauptachsentransformation, daß das Minimum von S gleich dem kleinsten Eigenwert von S ist.

Ebenso sieht man mit der Hauptachsentransformation sofort, daß S genau dann positiv definit ist, wenn $S = W^t W$ mit $W \in GL(n; \mathbb{R})$ gilt.

2. Positiv definite Matrizen. Die Hauptachsentransformation gibt ein neues Kriterium für positiv definite Matrizen. Zur Bequemlichkeit des Lesers werden auch die bereits bewiesenen Kriterien erneut mitformuliert:

Äquivalenz-Satz für positiv definite Matrizen. *Für eine Matrix* $S \in \mathrm{Sym}(n; \mathbb{R})$ *sind äquivalent*:

(i) *S ist positiv definit.*
(ii) *Es gibt ein $W \in GL(n; \mathbb{R})$ mit $S = W^t W$.*
(iii) *Alle Hauptminoren von S sind positiv.*
(iv) *Alle Eigenwerte von S sind positiv.*
(v) *Es gibt ein $T \in O(n)$, so daß $T^t ST$ eine Diagonalmatrix ist, deren Diagonalelemente positiv sind.*
(vi) *S ist positiv semi-definit und* $\det S \neq 0$.
(vii) *S ist invertierbar, und S^{-1} ist positiv definit.*

Beweis. Die Äquivalenz von (i), (ii), (iii) und (vi) war in 5.1.4 und in Korollar 1 in 2.3 gezeigt. Die Äquivalenz mit (vii) entnimmt man (ii). Schreibt man nun ein $S \in \mathrm{Sym}(n; \mathbb{R})$ in der Form $T^t DT$ mit $T \in O(n)$ und Diagonalmatrix D, so ist S genau dann positiv definit, wenn D positiv definit ist. □

Bemerkung. Eine Äquivalenz von Aussagen über positiv semi-definite Matrizen, die analog zu (i), (ii), (iv) und (v) sind, kann man entsprechend herleiten. Insbesondere ist S genau dann positiv semi-definit, wenn alle Eigenwerte von S nicht-negativ sind. Die Aussage (iii) kann *nicht* übertragen werden: So sind die Hauptminoren für positiv semi-definite Matrizen zwar nicht negativ, das Beispiel $\begin{pmatrix} 0 & 0 \\ 0 & -1 \end{pmatrix}$ zeigt aber, daß die Umkehrung nicht gilt.

Eine erste wichtige und oft nützliche Anwendung ist das

Lemma. *Sind $S, T \in \mathrm{Sym}(n; \mathbb{R})$ gegeben und ist S positiv definit, dann gibt es $W \in GL(n; \mathbb{R})$ mit $W^t SW = E$, und $W^t TW$ hat Diagonalform.*

Beweis. Nach Teil (ii) des Satzes wählt man $U \in GL(n; \mathbb{R})$ *mit* $U^t SU = E$ und setzt $T' := U^t TU$. Nach 2.5 wählt man nun $P \in O(n)$, so daß $D := P^t T' P$ Diagonalform hat. Für $W := UP$ folgt $W^t SW = E$ und $W^t TW = D$. □

Aufgaben. 1) Ist S positiv definit und gilt $S^2 = E$, so folgt $S = E$.

2) Sind $S, T \in \mathrm{Sym}(n; \mathbb{R})$ gegeben und ist S positiv definit, dann gibt es genau ein $X \in \mathrm{Sym}(n; \mathbb{R})$ mit $SX + XS = T$.

3. Hyperflächen 2. Grades. Das allgemeinste reelle Polynom 2. Grades in den Variablen $\xi_1, \dots, \xi_n$ hat die Form

$$\sum_{i,j=1}^{n} \alpha_{ij}\xi_i\xi_j + 2\sum_{k=1}^{n} \alpha_k\xi_k + \alpha \qquad \text{mit} \qquad \alpha_{ij} = \alpha_{ji}, \qquad \alpha_k \text{ und } \alpha \text{ aus } \mathbb{R}.$$

Faßt man die Koeffizienten zu einer Matrix $A = \begin{pmatrix} S & a \\ a^t & \alpha \end{pmatrix} \in \mathrm{Sym}(n+1; \mathbb{R})$ zusammen, wobei $S = (\alpha_{ij}) \in \mathrm{Sym}(n; \mathbb{R})$ und $a \in \mathbb{R}^n$ die Komponenten $\alpha_1, \dots, \alpha_n$ hat, so bekommt man das allgemeine Polynom 2. Grades in der Form

$$\text{(1)} \qquad \kappa_A(x) := \langle x, Sx \rangle + 2\langle a, x \rangle + \alpha, \qquad S \neq 0,$$

wenn $x \in \mathbb{R}^n$ die Komponenten $\xi_1, \dots, \xi_n$ besitzt.

Es bezeichne $\Phi_A := \{y \in \mathbb{R}^n : \kappa_A(y) = 0\}$. Ist Φ_A nicht leer, dann nennt man Φ_A eine *Hyperfläche 2. Grades.* Offenbar ändert sich Φ_A nicht, wenn man κ_A normiert, das heißt, A mit einem Skalar $\neq 0$ multipliziert.

Ist $f(x) = Tx + c$ eine Bewegung des $\mathbb{R}^n$, also $T \in O(n)$ und $c \in \mathbb{R}^n$, so verifiziert man

$$\text{(2)} \quad \kappa_A(f(x)) = \kappa_B(x) \text{ für } B := \begin{pmatrix} T^t ST & T^t(Sc+a) \\ * & \kappa_A(c) \end{pmatrix} = W^t AW \text{ mit } W = \begin{pmatrix} T & c \\ 0 & 1 \end{pmatrix}.$$

Danach gilt $f(\Phi_B) = \Phi_A$. Nach (2) sind (i) die Eigenwerte von S, (ii) die Determinante von A und (iii) die Signatur von A (vgl. 3.5.6) gegenüber Bewegungen invariant. Diese Größen sind jedoch im allgemeinen nicht gegenüber Normierung invariant.

Normalformen-Satz für Polynome 2. Grades. *Von einem allgemeinen Polynom 2. Grades der Form* (1) *darf man*

a) *nach einer reinen Translation* $Sa = \alpha a = 0$ *annehmen,*

b) *nach einer Bewegung die folgenden Normalformen annehmen*:

(I) $\lambda_1\xi_1^2 + \cdots + \lambda_n\xi_n^2 + \beta$, $\beta \in \mathbb{R}$, *oder*

(II) $\lambda_1\xi_1^2 + \cdots + \lambda_{n-1}\xi_{n-1}^2 + 2\gamma\xi_n$, $\gamma > 0$.

Hier sind $\lambda_1, \dots, \lambda_n$ *im Falle* (I) *und* $\lambda_1, \dots, \lambda_{n-1}, 0$ *im Falle* (II) *die Eigenwerte von* S.

Beweis. a) Bei Ausführung einer Translation $x \mapsto x + c$ geht a nach (2) über in $Sc + a$ und Sa in $S^2c + Sa$. Nach dem Korollar 2 in 2.2 gibt es c mit $S^2c + Sa = 0$, das heißt, man darf $Sa = 0$ annehmen. Im Falle $a \neq 0$ führt man noch die

Translation $x \mapsto x + \rho a$, $\rho \in \mathbb{R}$, aus, mit der man $\alpha = 0$ erreichen kann. In jedem Falle gilt also auch $\alpha a = 0$.

b) Wegen Teil a) darf man bereits $Sa = \alpha a = 0$ annehmen. Im Falle $a = 0$ kann man nach dem Satz über die Hauptachsentransformation mit einer orthogonalen Abbildung $x \mapsto Tx$ den Fall (I) erreichen. Im Falle $a \neq 0$ ist $\alpha = 0$, und mit einer orthogonalen Abbildung kann man $a^t = (0, \ldots, 0, \gamma)$, $\gamma > 0$, erhalten (vgl. Lemma 1.5). Aus $Sa = 0$ folgt $S = \begin{pmatrix} R & 0 \\ 0 & 0 \end{pmatrix}$ mit $R \in \mathrm{Sym}(n-1; \mathbb{R})$. Mit einer orthogonalen Abbildung von $x \mapsto \begin{pmatrix} T & 0 \\ 0 & 1 \end{pmatrix} x$, $T \in O(n-1)$, kann man jetzt auch R auf Diagonalform bringen. In beiden Fällen bleiben die Eigenwerte von S ungeändert. □

Korollar 1. *Genau dann ist Φ_A leer, wenn A oder $-A$ positiv semi-definit ist und* $\mathrm{Rang}\, A = 1 + \mathrm{Rang}\, S$ *gilt.*

Beweis. Man führt Φ_A durch eine Bewegung in Φ_B über, wobei B durch (I) und (II) beschrieben ist. Im Falle (II) ist $0 \in \Phi_B$, und im Falle (I) ist $\Phi_B = \emptyset$ damit gleichwertig, daß $\beta \neq 0$ gilt und $\lambda_1, \ldots, \lambda_n$ Null sind oder das gleiche Vorzeichen wie β haben. Damit ist B oder $-B$ als Diagonalmatrix positiv semi-definit, und wegen $\beta \neq 0$ gilt $\mathrm{Rang}\, B = 1 + \mathrm{Rang}\, D$, wenn D die Diagonalmatrix mit den Diagonalelementen $\lambda_1, \ldots, \lambda_n$ bezeichnet. Da sowohl Rang als auch die Eigenschaft, positiv semi-definit zu sein, bei Bewegungen invariant sind, folgt die Behauptung. □

Da sich die „Gestalt" einer Hyperfläche 2. Grades nicht ändert, wenn man in den Komponenten die Maßstäbe verändert, wird die Gestalt der durch (I) und (II) definierten Hyperflächen nur von den Vorzeichen der $\lambda_1, \ldots, \lambda_n$ und von β abhängen. Man erhält

Korollar 2. *Die Gestalt einer Hyperfläche 2. Grades wird durch die Signaturen von S und A bestimmt.*

Korollar 3. *Jede Hyperfläche 2. Grades geht durch Spiegelung an einer geeigneten Hyperebene in sich über.*

Beweis. Da die Behauptung gegenüber Bewegungen invariant ist, darf man die Gleichung der Hyperfläche in der Normalform des Satzes annehmen. Ist jetzt z. B. λ_1 ungleich Null, dann ändert sich die Hyperfläche nicht, wenn man ξ_1 durch $-\xi_1$ ersetzt. □

Korollar 4. *Im Falle $n = 2$ erhält man als Normalformen der „Kurven 2. Grades":*

(i) *Ellipse oder Punkt*: $(\alpha_1 \xi_1)^2 + (\alpha_2 \xi_2)^2 = 1$ *oder* 0 *mit* $\alpha_1 \alpha_2 \neq 0$,
(ii) *Hyperbel oder zwei sich schneidende Geraden*: $(\alpha_1 \xi_1)^2 - (\alpha_2 \xi_2)^2 = 1$ *oder* 0 *mit* $\alpha_1 \alpha_2 \neq 0$,
(iii) *Parabel*: $\xi_1^2 + \omega \xi_2 = 0$ *mit* $\omega \neq 0$,
(iv) *Geradenpaar oder Doppelgerade*: $\xi_1^2 = \omega$ mit $\omega > 0$ *oder* $\omega = 0$.

In analoger Weise kann der Fall $n = 3$ näher beschrieben werden.

Bemerkungen. 1) Wenn man den Begriff einer Kurventangente z. B. auf Hyperflächen 2. Grades verallgemeinern will, so fragt man nach affinen Unterräumen des $\mathbb{R}^n$ von maximaler Dimension, welche eine Hyperfläche Φ_A in einer Umgebung eines Punktes p am besten approximieren: Ist $p + U$ ein solcher affiner Unterraum, so gilt $\langle p + u, S(p + u)\rangle + 2\langle a, p + u\rangle + \alpha = 2\langle u, Sp + a\rangle + \langle u, Su\rangle$ für $u \in U$ wegen $p \in \Phi_A$. Die beste Approximation tritt also dann ein, wenn die linearen Glieder in u nicht auftreten, wenn also $U = (Sp + a)^\perp$ gilt und der affine Unterraum $p + U$ die durch $\langle p, Sx\rangle + \langle a, x + p\rangle + \alpha = 0$ beschriebene *Tangentialebene in p* an die Fläche ist. Die Normale der Tangentialebene ist gleich $\mathbb{R}(Sp + a)$.

2) Die Kurven 2. Grades nennt man auch *Kegelschnitte*, weil sie als Schnittpunktkurven einer Ebene E mit einem Kreiskegel K im $\mathbb{R}^3$ beschrieben werden können. Der Leser kann dies sofort rechnerisch verifizieren, wenn er den Kreiskegel in der Form $\xi_1^2 + \xi_2^2 - \xi_3^2 = 0$ und die Ebene in der Gestalt $\{\rho e_3 + \eta_1 e_1 + \eta_2(\alpha e_2 + \beta e_3): \eta_1, \eta_2 \in \mathbb{R}\}$ ansetzt. Die Schnittkurve wird dann durch die Gleichung $\eta_1^2 + (\alpha^2 - \beta^2)\eta_2^2 = \rho^2 + 2\beta\rho\eta_2$ beschrieben, und man erhält in der Tat alle Kurven 2. Grades.

Ein geometrischer Beweis kann im Falle von Ellipse, Hyperbel oder Parabel mit Hilfe der DANDELINschen Kugeln, das heißt, derjenigen Kugeln, welche E einbeschrieben sind und K berühren, geführt werden. Dieser Beweis wurde erstmals 1822 von Germinal Pierre DANDELIN (1794–1847) angegeben.

4*. Der Quadratwurzel-Satz. *Ist S positiv semi-definit, so gibt es eine eindeutig bestimmte positiv semi-definite Matrix P mit $S = P^2$. Ist S positiv definit, dann ist auch P positiv definit.*

Existenz: Man schreibt $S = T^t D T$ mit einer orthogonalen Matrix T und einer Diagonalmatrix D, deren Diagonalelemente nicht negativ sind. Dann gibt es eine positiv semi-definite Diagonalmatrix D_0 mit $D = D_0^2$. Also ist $P := T^t D_0 T$ positiv semi-definit, und es gilt $P^2 = S$.

Eindeutigkeit: Ist v ein Eigenvektor von S zum Eigenwert $\lambda, Sv = \lambda v$, und ist P positiv semi-definit mit $P^2 = S$ gewählt, so gilt $Pv = \sqrt{\lambda}\, v$. Man setzt dazu $u := Pv - \sqrt{\lambda}\, v$ und erhält $Pu = -\sqrt{\lambda}\, u$. Da P keinen negativen Eigenwert hat, folgt $u = 0$, falls $\lambda > 0$. Im Falle $\lambda = 0$ gilt $P^2 v = Sv = 0$, und $Pv = 0$ folgt aus Lemma 1.1.

Nach Satz 2.7B besitzt der $\mathbb{R}^n$ eine Basis $v_1, \ldots, v_n$ mit $Sv_i = \mu_i v_i$ für $i = 1, \ldots, n$. Es folgt $Pv_i = \sqrt{\mu_i}\, v_i$ für $i = 1, \ldots, n$, und P ist eindeutig bestimmt. □

Mit ähnlichen Argumenten kann auch die Existenz von P gezeigt werden.

5*. Polar-Zerlegung. *Zu jedem $A \in \mathrm{Mat}(n; \mathbb{R})$ gibt es Matrizen T und P mit*

(1) $\quad A = TP$, *T orthogonal, P positiv semi-definit.*

Hierbei ist P durch (1) *eindeutig bestimmt, nämlich die Quadratwurzel von $A^t A$. Für $A \in GL(n; \mathbb{R})$ ist auch T durch* (1) *eindeutig bestimmt.*

Beweis. Nach 4 hat A^tA eine positiv semi-definite Quadratwurzel P, $A^tA = P^2$, nach Lemma 1.1 gilt $\text{Kern}\, P = \text{Kern}\, P^2 = \text{Kern}\, A^tA = \text{Kern}\, A$. Wegen Satz 2.7B gibt es eine Orthonormalbasis $v_1, \ldots, v_n$ des $\mathbb{R}^n$, die aus Eigenvektoren von P besteht: $Pv_i = \mu_i v_i$ für $i = 1, \ldots, n$. Ohne Einschränkung darf man hier annehmen, daß $\mu_i \neq 0$ für $i = 1, \ldots, r$ und $\mu_i = 0$ für $i > r$ gilt, das heißt, daß v_i genau für $i = r+1, \ldots, n$ im $\text{Kern}\, P = \text{Kern}\, A$ liegt. Man setzt $w_i = (1/\mu_i)Av_i$ für $i = 1, \ldots, r$ und erhält $\langle w_i, w_j \rangle = (1/\mu_i\mu_j)\langle Av_i, Av_j \rangle = (1/\mu_i\mu_j)\langle v_i, A^tAv_j \rangle = (1/\mu_i\mu_j)\langle v_i, P^2 v_j \rangle = (\mu_j/\mu_i)\langle v_i, v_j \rangle = \delta_{ij}$. Damit sind die $w_1, \ldots, w_r$ orthonormal, und man kann sie zu einer Orthonormalbasis $w_1, \ldots, w_n$ ergänzen. Nun wählt man $T \in O(n)$ mit $w_i = Tv_i$ für $i = 1, \ldots, n$ und erhält $Av_i = \mu_i Tv_i = TPv_i$ für $i = 1, \ldots, r$. Es folgt $Av_i = TPv_i$ für alle $i = 1, \ldots, n$, also $A = TP$. □

Bemerkungen. 1) Wendet man den Satz auf A^t an Stelle von A an, so erhält man auch eine Darstellung $A = P_0T_0$.

2) Man nennt $A = TP$ (oder $A = P_0T_0$) die *Polar-Zerlegung* von A, da die gewöhnlichen Polarkoordinaten als Spezialfall enthalten sind.

Zur Erläuterung dieses Zusammenhanges betrachte man die Matrix $A = \begin{pmatrix} \alpha & -\beta \\ \beta & \alpha \end{pmatrix} \neq 0$ aus $\text{Mat}(2; \mathbb{R})$. Identifiziert man den $\mathbb{R}^2$ mit der komplexen Ebene $\mathbb{C}$ (vgl. 8.2.1), so beschreibt A die Multiplikation von $z \in \mathbb{C}$ mit $a = \alpha + i\beta \in \mathbb{C}$, also den $\mathbb{R}$-Endomorphismus $z \mapsto az$ von $\mathbb{C}$. Man hat $A^tA = P^2$ mit $P = \rho E$, $\rho^2 = \alpha^2 + \beta^2$ und $AP^{-1} =: T$ gehört zur Gruppe $O^+(2)$. Nach 4.2.2 hat T die Form $\begin{pmatrix} \cos\varphi & -\sin\varphi \\ \sin\varphi & \cos\varphi \end{pmatrix}$ mit $\varphi \in \mathbb{R}$. Es folgt $\alpha = \rho\cos\varphi$, $\beta = \rho\sin\varphi$.

6*. Orthogonale Normalform. *Zu jeder Matrix* $A \in \text{Mat}(m, n; \mathbb{R})$ *gibt es Matrizen* $T_1 \in O(m)$ *und* $T_2 \in O(n)$ *mit*

$$(1) \qquad A = T_1 \begin{pmatrix} D & 0 \\ 0 & 0 \end{pmatrix} T_2,$$

und D *ist eine Diagonalmatrix mit positiven Diagonalelementen. Hier sind die Diagonalelemente von* D *durch* A *bis auf die Reihenfolge eindeutig bestimmt.*

Beim Beweis benötigt man das folgende

Lemma. *Zu* $A \in \text{Mat}(m, n; \mathbb{R})$, $\text{Rang}\, A = r$, *gibt es* $T \in O(n)$ *mit* $A = (B \quad 0)T$, *und* $B \in \text{Mat}(m, r; \mathbb{R})$ *hat den Rang* r.

Beweis. Es ist $U := \text{Kern}\, A$ ein Unterraum des euklidischen Raums $(\mathbb{R}^n, <, >)$, also selbst ein euklidischer Raum. Nach der Dimensionsformel 2.2.5(6) hat U die Dimension $n - r$. Nach 5.2.3 wählt man nun eine Orthonormalbasis $v_{r+1}, \ldots, v_n$ von U und ergänzt sie zu einer Orthonormalbasis $v_1, \ldots, v_n$ des $\mathbb{R}^n$. Die Matrix $V := (v_1, \ldots, v_n)$ ist nach dem Äquivalenz-Satz für orthogonale Matrizen 1.2 orthogonal, und man hat $AV = (Av_1, \ldots, Av_r, 0, \ldots, 0)$. Für $T := V^{-1}$ folgt die Behauptung. □

Beweis des Satzes. Da man zum Transponierten übergehen kann, darf man $m \leqslant n$ annehmen. Dann ist $\operatorname{Rang} A \leqslant m$, und nach dem Lemma gibt es $T_1 \in O(n)$ mit $A = (C \quad 0)T_1$, $C \in \operatorname{Mat}(m; \mathbb{R})$. Nach 5 gibt es $T_2 \in O(m)$ und positiv semi-definites $P \in \operatorname{Sym}(m; \mathbb{R})$ mit $C = T_2 P$. Schließlich schreibt man nach der Hauptachsentransformation $P = T_3^t D_0 T_3$ mit $T_3 \in O(m)$ und Diagonalmatrix D_0. Setzt man diese Formeln zusammen, so erhält man eine Darstellung der Form $A = T(D_0 0)T'$ mit einer positiv semi-definiten Diagonalmatrix D_0 und orthogonalen Matrizen T und T', also nach evtl. Permutation der Diagonalelemente einer Gestalt (1).

Die Diagonalelemente von D^2 sind die positiven Eigenwerte von $A^t A$. Also sind die Diagonalelemente von D eindeutig bestimmt. □

Bemerkungen. 1) Man nennt die Darstellung (1) auch die „Normalform von A bezüglich orthogonaler Matrizen" oder kürzer die *orthogonale Normalform* von A.

2) Gleichung (1) zeigt, daß jede Abbildung $x \mapsto Wx$, $W \in GL(n; \mathbb{R})$ aus orthogonalen Abbildungen und Streckungen (bzw. Stauchungen) in Richtung der Koordinatenachsen aufgebaut werden kann.

3) Ist $W \in GL(n; \mathbb{R})$, dann nennt man (1) auch die CARTAN-*Zerlegung* von A nach dem französischen Mathematiker Elie CARTAN (1869–1951), der eine analoge Zerlegung für eine allgemeine Klasse von sogenannten LIE-Gruppen nachwies.

Aufgaben. 1) Für $A \in \operatorname{Mat}(n; \mathbb{R})$ haben $A^t A$ und AA^t die gleichen Eigenwerte.

2) Durch $|A| := \sup\{|Ax| : x \in \mathbb{R}^n, |x| = 1\}$ ist auf dem $\mathbb{R}$-Vektorraum $\operatorname{Mat}(n; \mathbb{R})$ eine Norm definiert. Es gilt $|AB| \leqslant |A|\,|B|$ und $|A^t A| = |A|^2$ für $A, B \in \operatorname{Mat}(n; \mathbb{R})$.

7*. Das MOORE-PENROSE-Inverse. In 2.8.2 hatte man den Begriff des Pseudo-Inversen einer $m \times n$ Matrix A kennengelernt und gesehen, daß jede Matrix A Pseudo-Inverse besitzt. Für reelle Matrizen kann man durch eine zusätzliche Bedingung eine Eindeutigkeit erreichen: Ist A aus $\operatorname{Mat}(m, n; \mathbb{R})$, so nennt man ein $B \in \operatorname{Mat}(n, m; \mathbb{R})$ ein MOORE-PENROSE-*Inverses* von A, wenn gilt:

(MP.1) $ABA = A$ und $BAB = B$,

(MP.2) AB und BA sind symmetrisch.

Offenbar ist jedes MOORE-PENROSE-Inverses ein Pseudo-Inverses. An 2×2 Matrizen überlegt man sich leicht, daß hiervon die Umkehrung nicht gilt. Man verifiziert ohne Mühe das

Lemma. *Sind* $A \in \operatorname{Mat}(m, n; \mathbb{R})$ *und* $T_1 \in O(m)$, $T_2 \in O(n)$ *gegeben und ist* B *ein* MOORE-PENROSE-*Inverses von* A, *dann ist* $T_2^{-1} B T_1^{-1}$ *ein* MOORE-PENROSE-*Inverses von* $T_1 A T_2$.

Existenz- und Eindeutigkeitsfragen können damit an der orthogonalen Normalform einer $m \times n$ Matrix getestet werden:

Satz. *Jede Matrix* $A \in \operatorname{Mat}(m, n; \mathbb{R})$ *besitzt ein eindeutig bestimmtes* MOORE-PENROSE-*Inverses* B.

Beweis. Im Falle $A = 0$ ist $B = 0$, ist A invertierbar, dann gilt $B = A^{-1}$. Aufgrund des Lemmas und nach Satz 6 kann man $A = \begin{pmatrix} D & 0 \\ 0 & 0 \end{pmatrix}$ mit einer invertierbaren Diagonalmatrix D annehmen. Man zerlegt ein $B \in \mathrm{Mat}(n, m; \mathbb{R})$ in analoge Kästchen und erhält $B = \begin{pmatrix} U & 0 \\ 0 & V \end{pmatrix}$ aus (MP.2). Jetzt ist (MP.1) gleichwertig mit $U = D^{-1}$ und $V = 0$. In diesem Fall ist aber auch (MP.2) erfüllt und B durch A eindeutig bestimmt. □

Das hiernach eindeutig bestimmte Moore-Penrose-Inverse von A bezeichnet man mit $A^\natural$. Man hat also $0^\natural = 0$ und $A^\natural = A^{-1}$, falls $A \in GL(n; \mathbb{R})$. Im allgemeinen Fall ergibt das Lemma

$$(T_1 A T_2)^\natural = T_2^{-1} A^\natural T_1^{-1} \qquad \text{für orthogonale Matrizen } T_1 \text{ und } T_2.$$

Bemerkungen. 1) Im allgemeinen kann man $(AB)^\natural$ nicht durch $A^\natural$ und $B^\natural$ ausdrücken.

2) E. H. Moore betrachtete bereits 1920 die Eigenschaften (MP.1) und (MP.2). Seine Ergebnisse wurden aber nicht beachtet und erst 1955 von R. Penrose wiederentdeckt.

3) Nach Kriterium 2.8.3 ist das Gleichungssystem $Ax = b$ für $A \in \mathrm{Mat}(m, n; \mathbb{R})$ genau dann lösbar, wenn $AA^\natural b = b$ gilt. In diesem Fall ist $x = y - A^\natural Ay + A^\natural b$, $y \in \mathbb{R}^n$, die allgemeine Lösung. Nach (MP.2) und (MP.1) folgt hier $\langle y - A^\natural Ay, A^\natural b\rangle = \langle y, A^\natural b\rangle - \langle y, A^\natural AA^\natural b\rangle = 0$ und daher $|x|^2 = |y - A^\natural Ay|^2 + |A^\natural b|^2$. Damit ist $A^\natural b$ diejenige Lösung von $Ax = b$, welche unter allen Lösungen den kleinsten Betrag hat.

Aufgaben. 1) Man zeige, daß $\begin{pmatrix} \frac{1}{2} & 0 & 0 \\ \frac{1}{2} & 0 & 0 \\ 0 & 1 & 0 \end{pmatrix}$ das Moore-Penrose-Inverse von $\begin{pmatrix} 1 & 1 & 0 \\ 0 & 0 & 1 \\ 0 & 0 & 0 \end{pmatrix}$ ist.

2) Für $A \in \mathrm{Mat}(m, n; \mathbb{R})$ gilt $(A^\natural)^t = (A^t)^\natural$.

§ 4*. Topologische Eigenschaften

1*. Zusammenhang. Sei $\mathcal{M}$ eine Teilmenge von $\mathrm{Mat}(m, n; \mathbb{R})$. Eine Abbildung $G: I \to \mathcal{M}$ eines abgeschlossenen und beschränkten Intervalls I von $\mathbb{R}$ nach $\mathcal{M}$ nennt man eine *Kurve*, wenn alle Komponenten $\alpha_{ij}: I \to \mathbb{R}$ von G stetig sind. Ist α der Anfangspunkt und β der Endpunkt von I, so sagt man, *daß die Kurve die Punkte* $G(\alpha)$ *und* $G(\beta)$ *in* $\mathcal{M}$ *verbindet*. Schließlich heißt $\mathcal{M}$ (weg-)*zusammenhängend*, wenn je zwei Punkte von $\mathcal{M}$ in $\mathcal{M}$ durch eine Kurve verbindbar sind. Offenbar genügt es dafür, wenn alle Punkte mit einem verbindbar sind.

Satz A. *Die Mengen* $O^+(n)$ *und* $O^-(n)$ *sind zusammenhängend,* $O(n)$ *selbst ist nicht zusammenhängend.*

Beweis. 1) *Je zwei Spiegelungen sind in $O^-(n)$ verbindbar.* Seien S_a und S_b Spiegelungen wie in der Bezeichnung von 1.4, also mit $a \neq 0$ und $b \neq 0$. Sind a und b linear unabhängig, dann ist $G(\tau) := S_{\tau b + (1-\tau)a}$, $0 \leqslant \tau \leqslant 1$, eine Kurve, die nur aus Spiegelungen besteht und offenbar S_a mit S_b verbindet. Sind a und b linear abhängig, so ist $S_a = S_b$.

2) $O^+(n)$ ist *zusammenhängend.* Nach Satz 1.7 ist jede Matrix aus $O^+(n)$ ein Produkt einer geraden Anzahl von Spiegelungen. Da das Produkt zweier Matrizen stetig von den Komponenten der Faktoren abhängt, genügt es also, wenn man zeigt, daß ein Produkt $S_a S_b$ von zwei Spiegelungen mit E verbindbar ist. Nach 1) ist aber S_b mit S_a, also $S_a S_b$ mit $S_a S_a = E$ verbindbar.

3) *$O(n)$ ist nicht zusammenhängend.* Denn für jede Kurve G: $I \to O(n)$ ist $\varphi: I \to \mathbb{R}$, $\varphi(\tau) := \det G(\tau)$, stetig, wegen $\varphi(\tau) = \pm 1$ hat φ festes Vorzeichen.

4) *$O^-(n)$ ist zusammenhängend.* Denn $O^-(n) = S \cdot O^+(n)$ für jedes $S \in O^-(n)$.

Satz B. *Die Gruppe $GL^+(n; \mathbb{R})$ der $W \in GL(n; \mathbb{R})$ mit* $\det W > 0$ *ist zusammenhängend.*

Beweis. Jedes $W \in GL^+(n; \mathbb{R})$ hat nach 3.5 die Form $W = TP$ mit $T \in O(n)$ und positiv definitem P. Nach Satz 5.3.1 hat P positive Determinante, so daß $T \in O^+(n)$ folgt. Damit ist T mit E, also W mit P verbindbar. Da $\tau P + (1 - \tau)E$, $0 \leqslant \tau \leqslant 1$, stets positiv definit ist, kann man P mit E innerhalb der positiv definiten Matrizen verbinden. □

Satz C. *Sind $a_1, \ldots, a_n$ und $b_1, \ldots, b_n$ zwei gleich orientierte Basen in einem reellen Vektorraum V, dann gibt es eine Kurve $G = (\gamma_{ij})$: $[0, 1] \to GL^+(n; \mathbb{R})$ mit*

a) *Für jedes $\tau \in [0, 1]$ ist $c_i(\tau) := \sum_j \gamma_{ij} a_j$, $i = 1, 2, \ldots, n$, eine Basis von V.*
b) *$c_i(0) = a_i$ und $c_i(1) = b_i$ für $i = 1, 2, \ldots, n$.*

Beweis. Nach 3.4.9 gibt es ein $A = (\alpha_{ij}) \in GL^+(n; \mathbb{R})$ mit $b_i = \sum_j \alpha_{ji} a_j$ für $i = 1, 2, \ldots, n$. Nun verbinde man A mit E gemäß Satz B. □

Bemerkung. Einen anderen Beweis von Satz B erhält man aus Satz 1.5.

2*. Kompaktheit. Eine Teilmenge $\mathscr{M}$ von $\mathrm{Mat}(m, n; \mathbb{R})$ heißt *abgeschlossen*, wenn für jede (komponentenweise) konvergente Folge $A^{(k)} \to B$ mit $A^{(k)} \in \mathscr{M}$ auch $B \in \mathscr{M}$ gilt. Z. B. ist $GL(n; \mathbb{R})$ nicht abgeschlossen. Da die Matrizen von $SL(n; \mathbb{R})$ und von $SO(n) = O^+(n)$ durch Polynomgleichungen in den Komponenten der Matrix definiert sind, folgt das

Lemma. *$SL(n; \mathbb{R})$ und $SO(n)$ sind abgeschlossen.*

Eine Teilmenge $\mathscr{M}$ von $\mathrm{Mat}(m, n; \mathbb{R})$ heißt *beschränkt*, wenn es ein $\gamma \in \mathbb{R}$ gibt mit $\sum_{i,j} \alpha_{ij}^2 \leqslant \gamma$ für alle $A = (\alpha_{ij}) \in \mathscr{M}$. Man nennt $\mathscr{M}$ *kompakt*, wenn $\mathscr{M}$ abgeschlossen und beschränkt ist. Da bei orthogonalen Matrizen alle Spaltenvektoren den Betrag 1 haben, folgt der

Satz. *$O(n)$ ist kompakt.*

Im Gegensatz dazu ist $SL(n; \mathbb{R})$ für $n > 1$ sicher nicht kompakt.

3*. Hauptachsentransformation. Mit dem Satz in 2 gelingt ein neuer Beweis des Satzes über die Hauptachsentransformation. Man betrachtet dazu für $S \in \mathrm{Sym}(n; \mathbb{R})$ die Summe $\varphi(S)$ der Quadrate der oberhalb der Diagonalen stehenden Elemente von $S = (\sigma_{ij})$, $\varphi(S) = \sum_{i<j} \sigma_{ij}^2$, und bemerkt, daß S genau dann eine Diagonalmatrix ist, wenn $\varphi(S) = 0$ gilt.

Lemma A. *Ist $\varphi(S) > 0$, dann gibt es ein $T \in O(n)$ mit $\varphi(T^t S T) < \varphi(S)$.*

Beweis. Nach Voraussetzung ist S keine Diagonalmatrix. Da man von S zu $P^t S P$ mit einer Permutationsmatrix P übergehen kann, darf $\sigma_{12} \neq 0$ angenommen werden. Nach 4.2.5 gibt es ein $\omega \in \mathbb{R}$, so daß $T^t \begin{pmatrix} \sigma_{11} & \sigma_{12} \\ \sigma_{12} & \sigma_{22} \end{pmatrix} T$, $T = \begin{pmatrix} \cos\omega & -\sin\omega \\ \sin\omega & \cos\omega \end{pmatrix}$, Diagonalform hat. In der Matrix $S' = \begin{pmatrix} T^t & 0 \\ 0 & E \end{pmatrix} S \begin{pmatrix} T & 0 \\ 0 & E \end{pmatrix}$ stehen an den ersten beiden Stellen der k-ten Zeile im Falle $k > 2$ die Elemente $\sigma_{k1}\cos\omega + \sigma_{k2}\sin\omega$ und $-\sigma_{k1}\sin\omega + \sigma_{k2}\cos\omega$, deren Quadratsumme gleich $\sigma_{k1}^2 + \sigma_{k2}^2$ ist. Entsprechend ändert sich die Quadratsumme der ersten beiden Zeilen von der dritten Spalte ab nicht. Da die Elemente der k-ten Spalte und l-ten Zeile für $k > 2$, $l > 2$ nicht geändert werden, folgt $\varphi(S') + \sigma_{12}^2 = \varphi(S)$. □

Lemma B. *Es gibt ein $R \in O(n)$ mit $\varphi(R^t S R) \leqslant \varphi(T^t S T)$ für alle $T \in O(n)$.*

Mit anderen Worten, die Funktion $\psi: O(n) \to \mathbb{R}$, $\psi(T) := \varphi(T^t S T)$, nimmt auf $O(n)$ ihr Minimum an. Zum *Beweis* verwendet man entweder den allgemeinen Satz, wonach stetige Funktionen auf kompakten Mengen ihr Minimum annehmen, oder man schließt direkt wie in 2.4. □

Ein Vergleich der beiden Lemmata zeigt, daß dieses Minimum gleich 0 ist, die Matrix $R^t S R$ also eine Diagonalmatrix ist.

Bemerkungen. 1) Dieser Beweis wurde erst kürzlich von H. S. Wilf (Amer. Math. Monthly *88*, S. 49–50 (1981)) angegeben und benutzt einen Gedankengang von C. G. J. Jacobi aus dem Jahre 1845 (Werke Bd. III, S. 467 ff.).

2) In der numerischen Mathematik ist dieses Verfahren jedoch seit langem bekannt und findet sich unter dem Namen Jacobi-*Verfahren* in den Programmbibliotheken der Rechenzentren.

Kapitel 7. Geometrie im dreidimensionalen Raum

Einleitung. Seit DESCARTES (vgl. 1.1.6) beschreibt man die Punkte der Ebene (oder des Anschauungsraumes) durch Paare (oder Tripel) von reellen Zahlen, also durch die Vektoren des $\mathbb{R}^2$ (oder des $\mathbb{R}^3$). Bis zum Beginn des 19. Jahrhunderts hatte sich diese Beschreibung allgemein durchgesetzt, ohne daß man dabei die Vektorraumstruktur der betreffenden Räume wesentlich ins Spiel brachte: Der $\mathbb{R}^n$ wurde meist nur als „Zahlenraum" interpretiert, er war lediglich ein Hilfsmittel für geometrische Untersuchungen. So schreibt O. HESSE in seinem 1861 bei B. G. TEUBNER in Leipzig erschienenen Buch „*Vorlesungen über Analytische Geometrie des Raumes*" in der „Ersten Vorlesung":

> Die Aufgabe der analytischen Geometrie ist eine vierfache. Sie lehrt erstens gegebene Figuren durch Gleichungen ersetzen, zweitens transformirt sie diese Gleichungen in Formen, die sich für die geometrische Deutung eignen, drittens vermittelt sie den Uebergang von den transformirten oder gegebenen Gleichungen zu den ihnen entsprechenden Figuren. Da die transformirten Gleichungen aber aus den durch die Figur gegebenen Gleichungen folgen, so ist auch das geometrische Bild der transformirten Gleichungen, das ist eine zweite Figur, eine Folge der gegebenen. Diese Folgerung einer zweiten Figur aus einer gegebenen nennt man einen geometrischen Satz. Sie lehrt also viertens mit Hülfe des Calculs auch geometrische Sätze folgern.
>
> Als Hülfsmittel zu den genannten Zwecken dient das *Coordinaten-System* von Cartesius. Im engeren Sinne versteht man darunter drei auf einander senkrecht stehende feste Ebenen, *Coordinaten-Ebenen*. Die Schnittlinien je zweier von ihnen heissen *Coordinaten-Axen*. Der den drei Coordinaten-Axen gemeinschaftliche Punkt wird der *Anfangs-Punkt* des Systemes genannt.

Erst in diesem Jahrhundert verwendet man die Sprache der Vektorräume zur Darstellung der Geometrie.

Wie in der ebenen Geometrie (vgl. Kap. 4) so sind auch in der Geometrie des Anschauungsraumes oft Formeln und analytische Ausdrücke wichtige Hilfsmittel bei der Untersuchung geometrischer Probleme. Die Rechenregeln für das Vektorprodukt (1.1) oder die Beschreibung der orthogonalen Abbildungen durch die EULERschen Winkel (3.2) oder durch Spiegelungen (3.3) können häufig mit Nutzen verwendet werden.

§ 1. Das Vektorprodukt

1. Definition und erste Eigenschaften. So wie die Abbildung $x \mapsto x^\perp$ (vgl. 4.1.2) eine Spezialität des $\mathbb{R}^2$ ist, so ist das Vektorprodukt eine Spezialität des $\mathbb{R}^3$, für die es in anderen Dimensionen nichts Entsprechendes gibt.

Für $a, b \in \mathbb{R}^3$ definiert man das Element $a \times b$ des $\mathbb{R}^3$ durch

$$(1) \qquad a \times b := \begin{pmatrix} \alpha_2\beta_3 - \alpha_3\beta_2 \\ \alpha_3\beta_1 - \alpha_1\beta_3 \\ \alpha_1\beta_2 - \alpha_2\beta_1 \end{pmatrix}.$$

Ersichtlich ist die Abbildung $(a, b) \mapsto a \times b$ bilinear. Wenn man $a \times b$ als Produkt auffaßt, gelten das Distributiv-Gesetz

$$(2) \qquad (\alpha a + \beta b) \times c = \alpha(a \times c) + \beta(b \times c)$$

und das Anti-Kommutativ-Gesetz

$$(3) \qquad a \times b = -b \times a.$$

Speziell gilt $a \times a = 0$ für alle $a \in \mathbb{R}^3$. Im Sinne von 2.3.2 ist $(\mathbb{R}^3; \times)$ eine $\mathbb{R}$-Algebra. Das Produkt $a \times b$ nennt man *Vektorprodukt* oder *äußeres Produkt*. Schreibt man a und b als Linearkombination der kanonischen Basis e_1, e_2, e_3 des $\mathbb{R}^3$, so entnimmt man (2) und (3), daß $a \times b$ allein durch die Produkte $e_i \times e_j$ festgelegt ist. Aus (1) erhält man die Regeln

$$(4) \qquad e_i \times e_i = 0, \qquad e_i \times e_j = -e_j \times e_i, \qquad e_i \times e_j = e_k,$$

wobei im letzten Falle für i, j, k alle zyklischen Vertauschungen von 1, 2, 3 eingesetzt werden dürfen, also $e_1 \times e_2 = e_3$, $e_2 \times e_3 = e_1$, $e_3 \times e_1 = e_2$.

In der Algebra $(\mathbb{R}^3; \times)$ gilt *nicht* das Assoziativ-Gesetz, z. B. ist $(e_1 \times e_1) \times e_2 = 0$, aber $e_1 \times (e_1 \times e_2) = -e_2$. Als einen gewissen Ersatz für das Assoziativ-Gesetz hat man die

GRASSMANN-*Identität*: $\quad a \times (b \times c) = \langle a, c\rangle b - \langle a, b\rangle c.$

Man verifiziert dies entweder durch Ausschreiben in den Komponenten oder macht sich mit (2) klar, daß es genügt, die Identität für die Elemente der kanonischen Basis zu prüfen, was nicht schwer ist. Vertauscht man a, b, c in der GRASSMANN-Identität zyklisch und addiert, so erhält man als weiteren Ersatz des Assoziativ-Gesetzes die sogenannte

JACOBI-*Identität*: $\quad a \times (b \times c) + b \times (c \times a) + c \times (a \times b) = 0.$

Aus (1) entnimmt man sofort

$$(5) \qquad a \times b = 0 \quad \text{für alle} \quad a \in \mathbb{R}^3 \Rightarrow b = 0,$$

und mit der GRASSMANN-Identität folgert man dann

$$(6) \qquad a \times b = 0 \Leftrightarrow a \text{ und } b \text{ sind linear abhängig.}$$

Aus der GRASSMANN-Identität folgt ferner $a \times (a \times c) = \langle a, c\rangle a - \langle a, a\rangle c$, so daß man

$$(7) \qquad a \times (a \times (a \times c)) = -\langle a, a\rangle a \times c$$

erhält.

Bemerkung. Eine Algebra $\mathscr{A}$ mit einem Produkt, welches antikommutativ ist und der JACOBI-Identität genügt, nennt man nach dem norwegischen Mathematiker

Sophus Lie (1842–1899) eine Lie-Algebra. Solche Algebren sind für viele Gebiete der Mathematik und Physik von besonderer Bedeutung.

Literatur: J.-P. Serre, *Lie algebras and Lie groups*, Benjamin, 1965.

2. Zusammenhang mit Determinanten. Rechenregeln für das Vektorprodukt kann man oft sehr einfach aus einer Beschreibung durch die Determinante einer 3×3 Matrix entnehmen. Man erinnert sich an die explizite Form der Determinante

$$\det(a,b,c) = \det\begin{pmatrix} \alpha_1 & \beta_1 & \gamma_1 \\ \alpha_2 & \beta_2 & \gamma_2 \\ \alpha_3 & \beta_3 & \gamma_3 \end{pmatrix}$$

$$= \alpha_1\beta_2\gamma_3 + \beta_1\gamma_2\alpha_3 + \gamma_1\alpha_2\beta_3 - \alpha_1\beta_3\gamma_2 - \beta_1\gamma_3\alpha_2 - \gamma_1\alpha_3\beta_2$$

und liest hieran ab:

(1) $$\det(a,b,c) = \langle a \times b, c\rangle.$$

Umgekehrt kann man (1) auch zur Definition von $a \times b$ verwenden, wenn man den Zusammenhang zwischen Linearform und dem Skalarprodukt (5.2.6) beachtet. Aus (1) folgt sofort

$$\langle a \times b, c\rangle = \det(a,b,c) = -\det(c,b,a) = -\langle c \times b, a\rangle = \langle a, b \times c\rangle,$$

also

(2) $$\langle a \times b, c\rangle = \langle a, b \times c\rangle.$$

Für $c = b$ folgt $\langle a \times b, b\rangle = 0$. Aus Symmetriegründen gilt auch $\langle a \times b, a\rangle = 0$ und daher aufgrund der Bilinearität des Skalarproduktes:

(3) $a \times b$ ist orthogonal zu allen Vektoren aus $\mathbb{R}a + \mathbb{R}b$.

Nennt man die kanonische Basis e_1, e_2, e_3 des $\mathbb{R}^3$ positiv orientiert (vgl. 3.4.9), so folgt nun zusammen mit 1(6) und (1)

(4) Sind a, b linear unabhängig, dann ist a, b, $a \times b$ eine positiv orientierte Basis des $\mathbb{R}^3$, und es gilt $(\mathbb{R}a + \mathbb{R}b)^\perp = \mathbb{R}\cdot(a \times b)$ sowie $\mathbb{R}(a \times b)^\perp = \mathbb{R}a + \mathbb{R}b$.

Die Lage der Vektoren a, b, $a \times b$ im Raum ist somit analog der Lage der Vektoren e_1, e_2, e_3.

Aus der Grassmann-Identität zusammen mit (1) folgt das

Lemma. *Für $a, b, c, d \in \mathbb{R}^3$ gilt $(a \times b) \times (c \times d) = \det(a,b,d)c - \det(a,b,c)d$.*

Eine weitere Konsequenz von (1) ist die Formel

(5) $$A^t(Aa \times Ab) = (\det A)\cdot a \times b \qquad \text{für} \qquad A \in \mathrm{Mat}(3;\mathbb{R}).$$

Zum Beweis hat man $\langle A^t(Aa \times Ab), c\rangle = \langle Aa \times Ab, Ac\rangle = \det(Aa, Ab, Ac) = \det(A(a,b,c)) = \det A \cdot \det(a,b,c) = \det A \cdot \langle a \times b, c\rangle$ für alle $c \in \mathbb{R}^3$ zu rechnen.

Bemerkung. Wenn auch in anderen Dimensionen keine Entsprechung des 3-dimensionalen Vektorproduktes existiert, so kann man jedoch Gleichung (1) verallgemeinern: Da die Determinante in jeder Spalte linear ist, stellt $x \mapsto \det(a_1, \ldots, a_{n-1}, x)$ für gegebene $a_1, \ldots, a_{n-1} \in \mathbb{R}^n$ eine Linearform des $\mathbb{R}^n$ dar. Nach 5.2.6 gibt es genau einen Vektor $b \in \mathbb{R}^n$ mit $\det(a_1, \ldots, a_{n-1}, x) = \langle b, x \rangle$ für alle $x \in \mathbb{R}^n$. Man schreibt $a_1 \wedge a_2 \wedge \cdots \wedge a_{n-1} := b$ und hat damit jedem $(n-1)$-Tupel des $\mathbb{R}^n$ einen Vektor $a_1 \wedge \cdots \wedge a_{n-1}$ zugeordnet.

Aufgabe. Man zeige für $a, b, c, d \in \mathbb{R}^3$

$$\langle a \times b, c \times d \rangle = \langle a, c \rangle \langle b, d \rangle - \langle b, c \rangle \langle a, d \rangle.$$

3. Geometrische Deutung. In Verschärfung der CAUCHY-SCHWARZschen Ungleichung gilt

$$(1) \qquad \langle a, b \rangle^2 + |a \times b|^2 = |a|^2 |b|^2.$$

Zum Beweis hat man $|a \times b|^2 = \langle a \times b, a \times b \rangle = \langle a, b \times (a \times b) \rangle$ nach 2(2). Mit der GRASSMANN-Identität folgt nun (1).

Mit der Bezeichnung $\Theta_{a,b}$ für den Winkel zwischen a und b (vgl. 5.2.2) hatte man

$$(2) \qquad \langle a, b \rangle = |a| \cdot |b| \cdot \cos \Theta_{a,b}, \qquad 0 \leqslant \Theta_{a,b} \leqslant \pi.$$

In Analogie hierzu gilt nach (1) wegen $\sin \Theta_{a,b} \geqslant 0$:

$$(3) \qquad |a \times b| = |a| \cdot |b| \cdot \sin \Theta_{a,b}.$$

Mit dem Vektorprodukt übersieht man gleichzeitig alle Orthonormalsysteme des $\mathbb{R}^3$:

Lemma. a) *Sind a und b orthogonale Einheitsvektoren, dann ist a, b, $a \times b$ ein Orthonormalsystem.*

b) *Ist a, b, c ein Orthonormalsystem, dann gilt $c = a \times b$ oder $c = -a \times b$.*

Beweis. a) Folgt aus (1) und 2(3).

b) Nach 2(4) gilt $c = \alpha(a \times b)$ mit $\alpha \in \mathbb{R}$. Wegen $|c| = 1$ folgt $\alpha = \pm 1$. □

Nach 4.1.6 ist die rechte Seite von (3) gleichzeitig die Fläche des Parallelogramms, das in der Ebene $\mathbb{R}a + \mathbb{R}b$ von a und b aufgespannt wird. Damit ergibt sich die geometrische Deutung (siehe Figur):

Hier ist also der Vektor $a \times b$ orthogonal zu der von den linear unabhängigen Vektoren a und b aufgespannten Ebene, seine Richtung wird dadurch gegeben, daß die geordnete Basis a, b, $a \times b$ nach 2(4) positiv orientiert ist.

Eine positive Orientierung einer beliebigen Basis a, b, c des $\mathbb{R}^3$, also eine gleiche Orientierung wie die der kanonischen Basis e_1, e_2, e_3, kann durch die sogenannte *Rechte-Hand-Regel* bzw. durch die *Rechtsschraubenregel* erkannt werden.

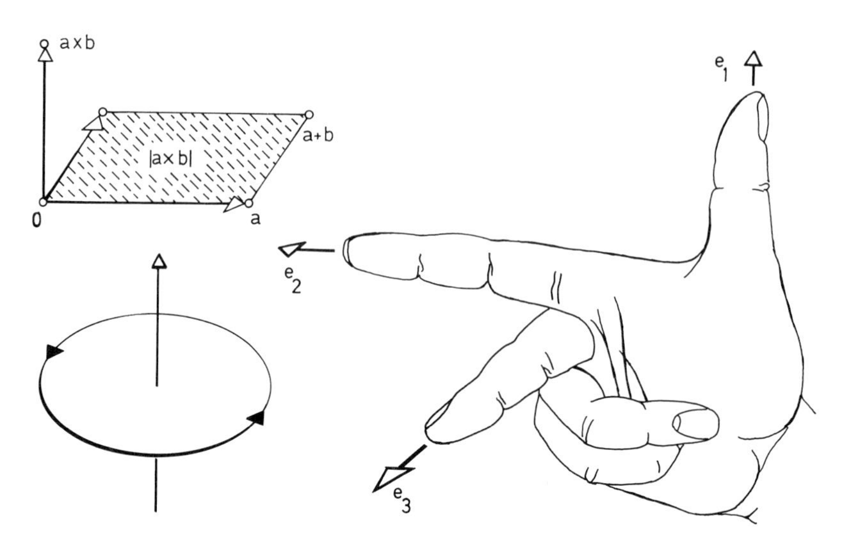

Aufgaben. 1) Zwei nicht-parallele Geraden $u + \mathbb{R}a$, $v + \mathbb{R}b$, schneiden sich genau dann, wenn $\langle u - v, a \times b\rangle = 0$ gilt.

2) Drei Geraden $u + \mathbb{R}a$, $v + \mathbb{R}b$, $w + \mathbb{R}c$, die nicht in einer Ebene liegen und von denen keine zwei parallel sind, schneiden sich genau dann in einem Punkt, wenn $\langle u - v, a \times b\rangle = \langle v - w, b \times c\rangle = \langle w - u, c \times a\rangle = 0$ gilt.

4. Ebenen. Die Hyperebenen des $\mathbb{R}^3$ sind die 2-dimensionalen Ebenen, also die Ebenen der Form

(1) $$H_{c,\alpha} = \{x \in \mathbb{R}^3 : \langle c, x\rangle = \alpha\}, \qquad c \neq 0,$$

oder der Form (linke Figur)

(2) $$E_{p;a,b} := p + \mathbb{R}a + \mathbb{R}b, \qquad a \text{ und } b \text{ linear unabhängig.}$$

Beide Formeln stellen die gleichen mathematischen Objekte dar: Ist p ein Punkt von $H_{c,\alpha}$, so erhält man $H_{c,\alpha}$ in der Form (2) als

(3) $$H_{c,\alpha} = p + (\mathbb{R}c)^{\perp}.$$

Umgekehrt gilt mit 2(4)

(4) $$E_{p;a,b} = H_{a \times b,\alpha} \qquad \text{mit} \qquad \alpha := \langle a \times b, p\rangle.$$

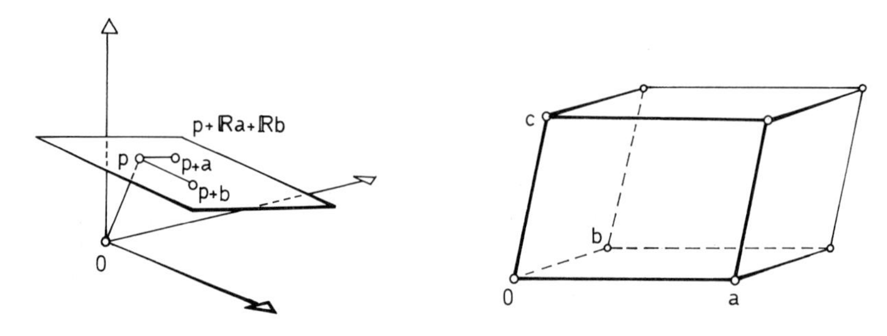

Nach der Formel für die HESSEsche Normalform 5.4.4 erhält man daher für den Abstand eines Punktes q von der Ebene $E_{p;a,b}$:

(5) $$d(q, E_{p;a,b}) = \frac{|\langle a \times b, q - p\rangle|}{|a \times b|}.$$

Die Ebenen $H_{a,\alpha}$ und $H_{b,\beta}$ sind genau dann nicht parallel, wenn a und b linear unabhängig sind. In diesem Falle schneiden sie sich in einer Geraden, und nach (3) und 2(4) ist die Schnittgerade gleich

(6) $$H_{a,\alpha} \cap H_{b,\beta} = p + \mathbb{R} \cdot (a \times b), \qquad \text{falls} \qquad p \in H_{a,\alpha} \cap H_{b,\beta}.$$

Als Winkel zwischen zwei sich schneidenden Ebenen wird man den Winkel zwischen den Normalen der Ebenen verstehen (vgl. 5.4.4). Damit ist der Winkel zwischen Ebenen der Form

(7) $H_{a,\alpha}$ und $H_{b,\beta}$ gleich dem Winkel zwischen $\mathbb{R}a$ und $\mathbb{R}b$

und der Form

(8) $E_{p;a,b}$ und $E_{q;c,d}$ gleich dem Winkel zwischen $\mathbb{R}(a \times b)$ und $\mathbb{R}(c \times d)$.

Lemma. *Sind $a, b, c \in \mathbb{R}^3$ und sind $a - c$, $b - c$ linear unabhängig, so wird die Ebene durch a, b, c beschrieben durch die Gleichung $\langle x - a, a \times b + b \times c + c \times a\rangle = 0$.*

Beweis. Wegen $a \times b + b \times c + c \times a = (a - c) \times (b - c) \neq 0$ liegt die Gleichung einer Ebene durch a, b, c vor. □

5. Parallelotope. Unter einem *Parallelotop* versteht man jede von 3 Paaren jeweils paralleler Ebenen begrenzte Teilmenge des $\mathbb{R}^3$. Legt man eine Ecke in den Ursprung, so kann ein Parallelotop beschrieben werden als

$$P_{a,b,c} := \{\alpha a + \beta b + \gamma c \colon 0 \leqslant \alpha, \beta, \gamma \leqslant 1\},$$

wobei $a, b, c \in \mathbb{R}^3$ linear unabhängig sind (rechte Figur in 4). Hier ist der Abstand des Punktes c von der Ebene $E_{0;a,b}$ durch a, b nach 4(5) gleich $|\langle a \times b, c\rangle|/|a \times b|$. Da die Grundfläche von $P_{a,b,c}$ in $E_{0;a,b}$ nach 3 gleich $|a \times b|$ ist, erhält man das Volumen von $P_{a,b,c}$ als Grundfläche mal Höhe in der Gestalt

$$\operatorname{Vol} P_{a,b,c} = |\langle a \times b, c\rangle| = |\det(a, b, c)|.$$

Da ein Parallelotop wie ein Spat-Kristall aussieht, nennt man $\det(a, b, c)$ manchmal auch das *Spat-Produkt*.

Aufgabe. Am Parallelotop ist die Summe der Quadrate aller Flächendiagonalen gleich der doppelten Summe der Kantenquadrate.

6. Vektorrechnung im Anschauungsraum. In der Einleitung wurde erwähnt, daß die Sprache der Vektorräume erst in diesem Jahrhundert Eingang in die Geometrie fand, obwohl geometrische Objekte viel früher im Zahlenraum der Tripel reeller Zahlen betrachtet wurden. Die Schwierigkeiten, welche man noch im ersten Viertel dieses Jahrhunderts mit der Vektorrechnung im Anschauungsraum hatte, beruhten u. a. auf der

(i) Auszeichnung des $\mathbb{R}^3$ als *den* Vektorraum,
(ii) Tatsache, daß es im $\mathbb{R}^3$ drei verschiedene „Produkte“ von Vektoren gibt: Das Skalarprodukt $(x, y) \mapsto \langle x, y \rangle$ mit Werten im $\mathbb{R}$, das äußere Produkt $(x, y) \mapsto x \times y$ mit Werten im $\mathbb{R}^3$ und das *dyadische* Produkt $(x, y) \mapsto xy^t$ mit Werten in $\mathrm{Mat}(3; \mathbb{R})$,
(iii) fehlenden Erkenntnis, daß die linearen Abbildungen von Vektorräumen zur Vektorrechnung gehören.

Zwar wurden im letzten Jahrhundert intensiv Koordinatentransformationen, das heißt, lineare Substitutionen der Variablen, betrachtet, die linearen Abbildungen und der Matrizenkalkül fanden aber erst ab etwa 1919 Eingang in die Anwendungen (1.2.4 und 1.2.5). Vorher hatte I. W. GIBBS 1881 erkannt, daß man die linearen Abbildungen des $\mathbb{R}^3$ in sich aus den sogenannten *Dyaden* xy^t, also den Matrizen vom Rang 1 (2.2.7), additiv aufbauen kann, aber noch in diesem Jahrhundert wurden Matrizen als „Vektoren höherer Ordnung“ verkannt: Die Lehrbücher, die im ersten Viertel dieses Jahrhunderts Vektorrechnung für Techniker und Physiker darstellen, bleiben entweder bei der reinen Punktrechnung (z. B. A. H. BUCHERER, *Vektor-Analysis*, 1905) oder (z. B. J. A. SCHOUTEN, *Vektor- und Affinoranalysis*, 1914; E. BUDDE, *Tensoren und Dyaden*, 1914; J. SPIELREIN, *Vektorrechnung*, 1916 und 1926; M. LAGALLY, *Vektorrechnung*, ab 1928) verwenden zwar lineare Abbildungen und matrizenähnliche Schemata, vermeiden aber den Matrizenkalkül. Dafür war man äußerst erfinderisch in der Benennung spezieller Matrizen: So gab es die Begriffe: Affinor, Deviator, Dyade, Idemfaktor, Tensor, Versor, Perversor u. ä. Bald setzte sich dann die Einsicht durch, daß der abstrakte Vektorraumbegriff, z. B. in Form des $\mathbb{R}$-Vektorraums $\mathrm{Mat}(3; \mathbb{R})$, auch für den Anschauungsraum $\mathbb{R}^3$ nützlich ist.

Das Vektorprodukt spielt in der Physik deswegen eine besondere Rolle, weil zahlreiche physikalische Aussagen damit formuliert werden können: Drehimpuls = Ortsvektor × Impuls (Mechanik), Drehmoment = Ortsvektor × Kraft (Mechanik), Energiestromdichte (POINTING-Vektor) = elektrische Feldstärke × magnetische Erregung (Elektrodynamik).

§ 2*. Sphärische Geometrie

1. Über den Ursprung der Sphärik. Nach J. TROPFKE, *Geschichte der Elementar-Mathematik*, Band II, S. 251/252, Leipzig 1903, verlieren sich die Spuren der *Sphärik* oder der *Sphärischen Geometrie* in fernste, nicht verfolgbare Vergangenheit:

> Wie die Geometrie aus der Feldmeßkunst, deren Konstruktionsbereich die Ebene ist, entstand, so bildete sich aus der Astronomie durch Versuche, die Beobachtungen anschaulicher zu machen, die Lehre von der Kugel, die *Sphärik*.
>
> Die Vorstellungen an der scheinbaren Himmelskugel verdichteten sich ganz allmählich zur Aufstellung einiger Haupteigenschaften der Kugelfläche. Der Umfang dieser Kenntnisse ist aus Mangel an Überlieferungen nicht zu bestimmen. Den *Griechen* gebührt wiederum das Verdienst, die ihnen, zum Teil über Ägypten, überkommene Kugellehre zusammengefaßt und theoretisch wie praktisch weiter ausgebildet zu haben.
>
> Die älteste uns erhaltene Behandlung der Sphärik, zugleich die älteste erhaltene griechische Schrift mathematischen Inhalts überhaupt, hat den Astronomen AUTOLYKOS von Pitane (um 330 v. Chr.) zum Verfasser, einen älteren Zeitgenossen EUKLIDS. Die Sphärik ist noch auf das engste mit der Astronomie verbunden.

Das älteste bekannte Lehrbuch der Sphärik stammt von MENELAUS (um 98 n. Chr.) und ist durch arabische und hebräische Übersetzungen erhalten geblieben.

Darin erscheint zum ersten Mal die Lehre vom *sphärischen Dreieck*, das heißt, das auf einer Kugeloberfläche – einer *Sphäre* – als Schnittlinie der Sphäre mit drei Ebenen durch den Mittelpunkt entstehende krummlinige Dreieck (rechte Figur in 2).

Die Fundamentalaufgaben, aus gegebenen Stücken die fehlenden zu berechnen, stehen bereits bei den Griechen, dann bei den Indern und den Arabern im Mittelpunkt. So behandelt NASIR EDDIN TUSI (1201–1274, Persien) alle Fundamentalaufgaben erschöpfend.

Im Abendland wirkte REGIOMONTAN (1436–1476) mit seinem auf arabischen Quellen fußenden Lehrbuch *De triangulis omnimodis* (um 1464) äußerst anregend auf seine Zeit und die weitere Entwicklung, die über Nicolaus KOPERNIKUS (1473–1543) und François VIETA (1540–1603) zu der modernen Form bei Leonhard EULER führt.

2. Das sphärische Dreieck. Man denkt sich ein sphärisches Dreieck durch 3 linear unabhängige Vektoren a, b, c des $\mathbb{R}^3$ der Länge 1 gegeben und nimmt an, daß gilt $\det(a, b, c) > 0$, das heißt, daß a, b, c positiv orientiert sind (rechte Figur). Die Winkel zwischen den Vektoren heißen die *Seiten* des Dreiecks, sie werden in der angegebenen Weise im Winkelmaß mit A, B, C bezeichnet, also

$$(1) \qquad \begin{cases} \cos A = \langle b, c\rangle, \\ \cos B = \langle a, c\rangle, \\ \cos C = \langle b, a\rangle. \end{cases}$$

Die Winkel zwischen den von zwei Vektoren aufgespannten Ebenen werden mit α, β, γ bezeichnet, also (vgl. 1.4(8))

$$(2) \quad \cos\alpha = \frac{\langle a \times c, a \times b\rangle}{|a \times c| \cdot |a \times b|}, \ \cos\beta = \frac{\langle b \times a, b \times c\rangle}{|b \times a| \cdot |b \times c|}, \ \cos\gamma = \frac{\langle c \times b, c \times a\rangle}{|c \times b| \cdot |c \times a|}.$$

Das Ziel der sphärischen Trigonometrie war es, Beziehungen zwischen den trigonometrischen Funktionen der Seiten und Winkel in einem sphärischen Dreieck zu finden. Die hierfür erforderlichen, teils subtilen geometrischen

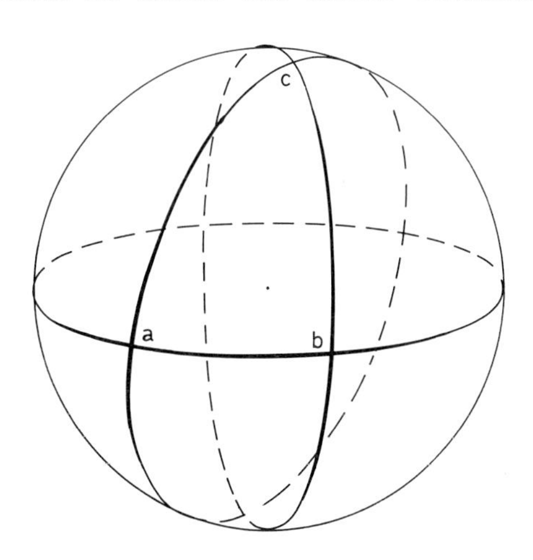

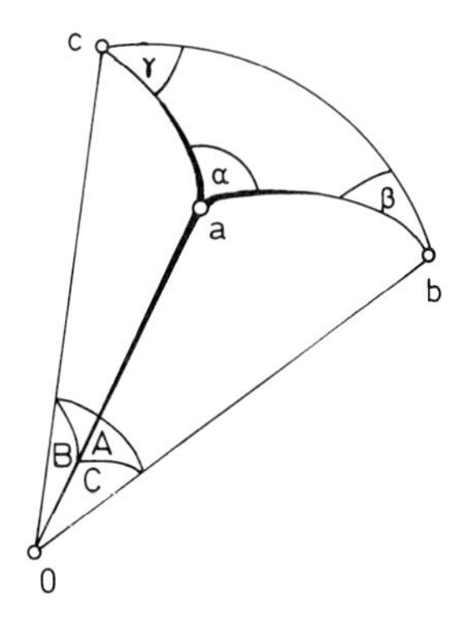

Schlüsse können – wie im folgenden angedeutet wird – durch Verwendung des äußeren Produktes vermieden werden.

Als direkte Folge der Regeln über das Vektorprodukt in § 1 gilt

$$\det(a, b, c) = \sin\alpha \cdot \sin B \cdot \sin C. \tag{3}$$

Zum Beweis hat man nach Lemma 1.2 und 1.3(3) nämlich $\det(a, b, c) = |\det(a, b, c) \cdot a| = |(a \times b) \times (a \times c)| = |a \times b| \cdot |a \times c| \cdot \sin\alpha$, und (3) ist bewiesen.

Nach (3) folgt

$$\frac{\sin\alpha}{\sin A} = \frac{\det(a, b, c)}{\sin A \cdot \sin B \cdot \sin C}.$$

Da sich hier die rechte Seite bei zyklischer Vertauschung nicht ändert, erhält man den klassischen und bereits VIETA bekannten

Sinus-Satz. $$\frac{\sin\alpha}{\sin A} = \frac{\sin\beta}{\sin B} = \frac{\sin\gamma}{\sin C}.$$

Zum Beweis vom

1. Cosinus-Satz. $\cos A = \cos B \cdot \cos C + \sin B \cdot \sin C \cdot \cos\alpha$

hat man $\sin B \cdot \sin C \cdot \cos\alpha = |a \times c| \cdot |a \times b| \cdot \cos\alpha = \langle a \times c, a \times b\rangle = \langle a, a\rangle\langle b, c\rangle - \langle a, b\rangle\langle a, c\rangle = \cos A - \cos C \cdot \cos B$, wenn man Aufgabe 1.2 verwendet. Weiter gilt der

2. Cosinus-Satz. $\sin C \cdot \cos B = \sin B \cdot \cos C \cdot \cos\alpha + \sin A \cdot \cos\beta$.

Beweis. Die Behauptung ist gleichwertig mit

$$|a \times b|\langle a, c\rangle = |a \times c| \cdot \langle a, b\rangle \cdot \frac{\langle a \times c, a \times b\rangle}{|a \times c| \cdot |a \times b|} + |b \times c| \cdot \frac{\langle b \times a, b \times c\rangle}{|a \times b| \cdot |b \times c|},$$

also mit $|a \times b|^2\langle a, c\rangle = \langle a, b\rangle\langle a \times c, a \times b\rangle + \langle b \times a, b \times c\rangle$. Man verwendet rechts zweimal Aufgabe 1.2 und erhält die Behauptung. □

3. Das Polardreieck. Zu dem durch die Vektoren $a, b, c \in \mathbb{R}^3$ definierten sphärischen Dreieck erklärt man das *Polardreieck durch die Vektoren*

$$a' := \frac{1}{|b \times c|} b \times c, \qquad b' := \frac{1}{|c \times a|} c \times a, \qquad c' := \frac{1}{|a \times b|} a \times b.$$

Bezeichnet man die Seiten des Polardreiecks mit A', B', C' und die Winkel mit α', β', γ', so gelten die

VIETA-*Formeln*: $\cos A' = -\cos\alpha, \quad \cos B' = -\cos\beta, \quad \cos C' = -\cos\gamma,$

$\cos\alpha' = -\cos A, \quad \cos\beta' = -\cos B, \quad \cos\gamma' = -\cos C.$

Beweis. Aus den Formeln in 2 folgt

$$\cos A' = \langle b', c'\rangle = \frac{\langle c \times a, a \times b\rangle}{|c \times a| \cdot |a \times b|} = -\cos\alpha,$$

so erhält man die ersten drei Formeln. Nach Lemma 1.2 ist

$$a' \times c' = \frac{1}{|b \times c| \cdot |a \times b|}(b \times c) \times (a \times b) = -\frac{\det(a,b,c)}{|b \times c| \cdot |a \times b|} \cdot b.$$

Es folgt

$$\cos\alpha' = \left\langle \frac{1}{|a' \times c'|} a' \times c', \frac{1}{|a' \times b'|} a' \times b' \right\rangle = -\langle b, c\rangle = -\cos A. \qquad \square$$

Bemerkungen. 1) Da das Polardreieck wieder ein sphärisches Dreieck ist, kann man den Sinus-Satz und die Cosinus-Sätze hierauf anwenden und die Ergebnisse mit den VIETA-Formeln in den Größen α, β, γ und A, B, C ausdrücken. Man erhält neue Identitäten.

2) Die obigen Formeln werden in der Literatur oft dem Holländer W. SNELLIUS zugeschrieben. Sie finden sich aber bereits 1593 bei VIETA, wenn auch in überkurzer und schwer verständlicher Darstellung.

4. Entfernung auf der Erde. Im idealisierten Falle nimmt man an, daß die Erde eine Kugel ist. Ein Punkt P der Erdoberfläche kann dann durch zwei Koordinaten, nämlich die (nördliche bzw. südliche) *Breite* φ und die (westliche bzw. östliche) *Länge* λ festgelegt werden (linke Figur). Länge und Breite werden im Winkelmaß gemessen, so gilt z. B.

	Paris	Moskau	Berlin	Madrid	Luanda
Länge	2,3° ö. L.	36,6° ö. L.	13,4° ö. L.	3,8° w. L.	3,3° ö. L.
Breite	48,8° n. B.	55,8° n. B.	52,5° n. B.	40,4° n. B.	8,9° s. B.

Wählt man nun etwa die Angaben südlicher Breite und westlicher Länge mit negativen Vorzeichen, so läßt sich die auf der Erdoberfläche gemessene Entfernung zweier Punkte P_1 und P_2 mit den Breiten φ_1 und φ_2 sowie den Längen λ_1 und λ_2 mit

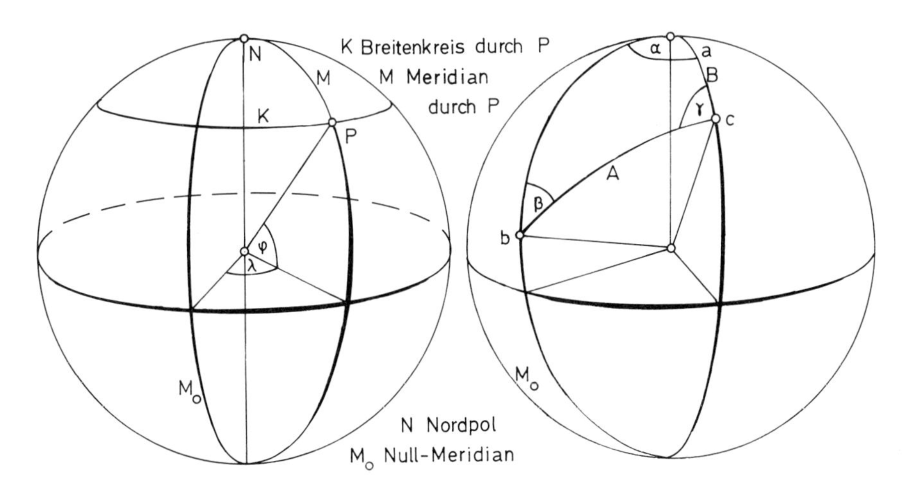

Hilfe des 1. Cosinus-Satzes bestimmen: Im Dreieck mit den Ecken $N = a$, $P_1 = b$, $P_2 = c$, den Winkeln $\alpha = \lambda_2 - \lambda_1$, β, γ und den Seiten (rechte Figur) A, $B = 90^\circ - \varphi_2$, $C = 90^\circ - \varphi_1$ gilt danach $\cos A = \cos(90^\circ - \varphi_2)\cos(90^\circ - \varphi_1) + \sin(90^\circ - \varphi_2)\,\sin(90^\circ - \varphi_1)\cdot\cos(\lambda_2 - \lambda_1)$, also $\cos A = \sin\varphi_1\,\sin\varphi_2 + \cos\varphi_1\cdot\cos\varphi_2\cdot\cos(\lambda_2 - \lambda_1)$. Bei einem Erdradius von ~ 6.378 km bestimme man danach in km jeweils den Abstand von zwei der oben genannten Städte.

§ 3. Die Gruppe $O(3)$

1. Beschreibung durch das Vektorprodukt. Nach Teil (iv) des Äquivalenz-Satzes für orthogonale Matrizen 6.1.2 ist eine 3×3 Matrix genau dann orthogonal, wenn ihre Spaltenvektoren eine Orthonormalbasis des $\mathbb{R}^3$ bilden. Nach Lemma 1.3 besteht daher $O(3)$ aus den mit Hilfe von Spaltenvektoren geschriebenen Matrizen

$$(1)\qquad (a, b, \pm\, a \times b) \quad \text{mit} \quad a, b \in \mathbb{R}^3, \quad |a| = |b| = 1, \quad \langle a, b\rangle = 0.$$

Nach 1.2(1) gilt hier

$$(2)\qquad \det(a, b, \pm\, a \times b) = \pm\, 1,$$

und man erhält

$$(3)\qquad O^+(3) = SO(3) = \{(a, b, a \times b)\colon |a| = |b| = 1,\ \langle a, b\rangle = 0\},$$

$$(4)\qquad O^-(3) = \{(a, b, -\, a \times b)\colon |a| = |b| = 1,\ \langle a, b\rangle = 0\}.$$

Wegen $\det(-\,T) = -\det T$ hat man schließlich

$$(5)\qquad O^-(3) = \{-\,T\colon T \in O^+(3)\}.$$

Die Formel 1.2(5) ergibt noch

$$(6)\qquad T(a \times b) = (\det T)(Ta \times Tb) \quad \text{für} \quad T \in O(3).$$

Aufgabe. Ist a, b, c eine Orthonormalbasis des $\mathbb{R}^3$, so bezeichne man mit α, β bzw. γ die Winkel zwischen einem gegebenen Vektor $x \neq 0$ und a, b bzw. c. Man zeige $\cos^2\alpha + \cos^2\beta + \cos^2\gamma = 1$.

2. Erzeugung durch Drehung. Schon EULER wußte, daß man Drehungen, das heißt, die Matrizen aus $O^+(3)$, durch Drehungen um die Koordinatenachsen erzeugen kann: Für $\alpha \in \mathbb{R}$ definiert man

$$T_1(\alpha) := \begin{pmatrix} 1 & 0 & 0 \\ 0 & \cos\alpha & -\sin\alpha \\ 0 & \sin\alpha & \cos\alpha \end{pmatrix}, \qquad T_2(\alpha) := \begin{pmatrix} \cos\alpha & 0 & -\sin\alpha \\ 0 & 1 & 0 \\ \sin\alpha & 0 & \cos\alpha \end{pmatrix},$$

$$T_3(\alpha) := \begin{pmatrix} \cos\alpha & -\sin\alpha & 0 \\ \sin\alpha & \cos\alpha & 0 \\ 0 & 0 & 1 \end{pmatrix}.$$

Offenbar stellt die Abbildung $x \mapsto T_i(\alpha)x$ eine Drehung um die i-te Koordinatenachse und um den Winkel α dar (vgl. 4.2.1).

Satz. *Die Matrizen aus $O^+(3)$ sind genau die Matrizen der Form $T_1(\alpha) \cdot T_2(\beta) \cdot T_3(\gamma)$.*

Beweis. Sei T aus $O^+(3)$. Da man zu jedem $q \in \mathbb{R}^2$ eine orthogonale Matrix $T(\alpha) = \begin{pmatrix} \cos\alpha & -\sin\alpha \\ \sin\alpha & \cos\alpha \end{pmatrix}$ finden kann mit $T(\alpha)q = \begin{pmatrix} 0 \\ * \end{pmatrix}$ und da die $T_i(\alpha)$ durch Ergänzung von $T(\alpha)$ entstehen, gibt es ein α, so daß bei $T_1(\alpha)T$ an der Stelle (2, 3) eine Null steht. Mit dem gleichen Argument für Zeilenvektoren findet man jetzt ein γ, so daß bei $T_1(\alpha)TT_3(\gamma)$ an der Stelle (2, 1) eine Null und an der Stelle (2, 2) eine positive Zahl steht. Hierbei bleibt die Null an der Stelle (2, 3) erhalten, es ist

$$(1) \qquad T_1(\alpha) \cdot T \cdot T_3(\gamma) = \begin{pmatrix} * & * & * \\ 0 & \varepsilon & 0 \\ * & * & * \end{pmatrix}, \qquad \varepsilon > 0.$$

Die linke Seite ist orthogonal, also hat der zweite Zeilenvektor den Betrag 1, das heißt, es folgt $\varepsilon = 1$. Da aber auch der zweite Spaltenvektor ein Vektor vom Betrag 1 ist und da (1) die Determinante 1 hat, gibt es ein $\beta \in \mathbb{R}$, für welches die rechte Seite von (1) gleich $T_2(\beta)$ ist. □

Bemerkung: Eine elementare Rechnung ergibt für $T = T_1(\alpha)T_2(\beta)T_3(\gamma)$ die explizite Form

$$(2) \qquad \begin{pmatrix} \cos\beta\cos\gamma & -\cos\beta\sin\gamma & -\sin\beta \\ \cos\alpha\sin\gamma - \sin\alpha\sin\beta\cos\gamma & \cos\alpha\cos\gamma + \sin\alpha\sin\beta\sin\gamma & -\sin\alpha\cos\beta \\ \sin\alpha\sin\gamma + \cos\alpha\sin\beta\cos\gamma & \sin\alpha\cos\gamma - \cos\alpha\sin\beta\sin\gamma & \cos\alpha\cos\beta \end{pmatrix}.$$

Wie man sieht, ist $\sin\beta$, und im Falle $\cos\beta \neq 0$ auch $\tan\alpha$ und $\tan\gamma$, durch T eindeutig festgelegt.

Es ist auf den ersten Blick überraschend, daß man ein beliebiges $T \in O^+(3)$ auch durch Drehungen um *zwei* Achsen darstellen kann. Analog zum Beweis des Satzes findet man Winkel φ, ψ und ϑ mit $T = T_3(\psi) \cdot T_1(\vartheta) \cdot T_3(\varphi)$. Ausführlich bedeutet dies für T die Form

$$(3) \qquad \begin{pmatrix} \cos\varphi\cos\psi - \sin\varphi\sin\psi\cos\vartheta & -\sin\varphi\cos\psi - \cos\varphi\sin\psi\cos\vartheta & \sin\psi\sin\vartheta \\ \cos\varphi\sin\psi + \sin\varphi\cos\psi\cos\vartheta & -\sin\varphi\sin\psi + \cos\varphi\cos\psi\cos\vartheta & -\cos\psi\sin\vartheta \\ \sin\varphi\sin\vartheta & \cos\varphi\sin\vartheta & \cos\vartheta \end{pmatrix}$$

Man nennt φ, ψ und ϑ die EULER*schen Winkel* von T. Deutet man $T \neq E$ als Abbildung des $\mathbb{R}^3$, bei der die e_k in die $t_k := Te_k$, $k = 1, 2, 3$, übergehen, so nennt man die Schnittgerade zwischen (e_1, e_2)-Ebene und (t_1, t_2)-Ebene die *Knotenlinie* und findet dafür $\mathbb{R}(\cos\psi \cdot e_1 + \sin\psi \cdot e_2)$. Die Winkel ψ bzw. φ erscheinen dann als Winkel zwischen der Knotenlinie und $\mathbb{R}e_1$ bzw. $\mathbb{R}t_1$.

3. Spiegelungen. Nach dem Erzeugungs-Satz 6.1.5 ist jede orthogonale 3×3 Matrix ein Produkt von höchstens 3 Spiegelungen, das heißt Matrizen der Form (vgl. 6.1.4)

$$(1) \qquad S_a := E - \frac{2}{\langle a, a\rangle} aa^t, \qquad 0 \neq a \in \mathbb{R}^3.$$

Man wird hier meist $|a| = 1$ annehmen und hat dann $S_a = E - 2aa^t$. Man verifiziert leicht

$$(2) \qquad TS_aT^t = S_{Ta} \qquad \text{für} \qquad T \in O(3).$$

Jedes S_a bildet wegen $S_a a = -a$ die Gerade $\mathbb{R}a$ in sich ab. Wegen $S_a u = u$ für alle u, die zu a orthogonal sind, folgt aus 1.2(3) auch

$$(3) \qquad S_aS_b(a \times b) = a \times b \qquad \text{für} \qquad |a| = |b| = 1,$$

und $S_a S_b$ läßt für linear unabhängige Vektoren a, b die Gerade $\mathbb{R}(a \times b)$ fest. Der Satz 5.5.3 wird zur Bequemlichkeit mit Beweis wiederholt:

Lemma. *Sind $u, v \in \mathbb{R}^3$ verschieden mit $|u| = |v|$ gegeben, dann gilt $Tu = v$ und $Tv = u$ für $T := S_{u-v}$.*

Beweis. Man hat nach (1) $Tu = u - (2/|u - v|^2)\langle u - v, u\rangle(u - v)$ und sieht, daß lediglich $2\langle u - v, u\rangle = |u - v|^2$ zu verifizieren ist. Wegen $|u| = |v|$ ist dies aber klar. □

Die Elemente von $O^+(3)$ lassen sich nun sehr einfach durch Spiegelungen beschreiben:

Satz. *Die Gruppe $O^+(3)$ besteht genau aus den Matrizen $S_a S_b$ mit $|a| = |b| = 1$.*

Beweis. Man hat zunächst $E = S_a^2$. Jedes $T \neq E$ ist ein Produkt von höchstens 3 Spiegelungen. Da Spiegelungen nach 6.1.7 aber die Determinante -1 haben, ist jedes T ein Produkt von 2 Spiegelungen. □

Mit 1(5) erhält man daraus

Korollar 1. *Jedes $T \in O(3)$ hat die Form $\pm S_a S_b$ mit Einheitsvektoren a und b.*

Korollar 2. *Zu jedem Einheitsvektor a gibt es Einheitsvektoren b und c mit $S_a = -S_b S_c$.*

Ferner gilt

Korollar 3. *Zu jedem $T \in O(3)$ gibt es ein $q \neq 0$ mit $Tq = (\det T)q$, das heißt, T hat den Eigenwert* $\det T$.

Denn für $T = \varepsilon S_a S_b$, $\varepsilon = \pm 1$, ist $\det T = \varepsilon$ und die Behauptung folgt für linear unabhängige a, b aus (3). Sind a und b linear abhängig, dann ist $T = \pm E$.

Korollar 4. *Für jedes $T \in O(3)$, $T \neq \det T \cdot E$, ist der „Eigenraum" zum Eigenwert* $\det T$, *$G_T := \{q \in \mathbb{R}^3 : Tq = \det T \cdot q\}$, eindimensional.*

Nach dem Korollar 3 hat G_T mindestens die Dimension 1. Mit $p, q \in G_T$ gehört nach 1(6) auch $p \times q$ zu G_T. Würde es also zwei linear unabhängige Vektoren in G_T geben, so hätte G_T die Dimension 3, wäre also gleich $\mathbb{R}^3$, und T wäre $\det T \cdot E$.

4. Fix-Geraden. Wie in 4.2.6 nennt man eine Gerade $\mathbb{R}u$, $u \neq 0$, durch Null eine *Fix-Gerade* einer Matrix T, wenn sie durch T auf sich abgebildet wird, wenn es also ein $\lambda \in \mathbb{R}$ gibt mit $Tu = \lambda u$. Offenbar besitzt T genau dann eine Fix-Gerade, wenn T einen reellen Eigenwert besitzt. Wegen $|Tu| = |u|$ können nur $+1$ und -1 Eigenwerte eines T aus $O(3)$ sein.

Während es orthogonale 2×2 Matrizen gibt, die keine Fix-Gerade, also keinen reellen Eigenwert besitzen (vgl. 4.2.6), gilt für 3×3 Matrizen nach dem Korollar 3 in 3 der überraschende

Satz. *Jedes T aus $O(3)$ besitzt wenigstens eine Fix-Gerade, das heißt, wenigstens einen reellen Eigenwert.*

Der dort angegebene Beweis hängt wesentlich davon ab, daß man dreireihige orthogonale Matrizen betrachtet. Wegen der Bedeutung des Satzes werden nun zwei weitere Beweise angegeben, die sich zugleich auf beliebige ungerade Zeilenzahl verallgemeinern lassen.

2. Beweis. Für $T \in O(3)$ hat das charakteristische Polynom (vgl. 3.4.6) χ_T den Grad 3, besitzt also, etwa nach dem Zwischenwertsatz, wenigstens eine reelle Nullstelle λ. Mit 6.2.6 ist λ dann ein Eigenwert von T, das heißt, es existiert ein $u \neq 0$ mit $Tu = \lambda u$.

3. Beweis. Da mit T auch $-T$ eine Fix-Gerade besitzt, kann man $T \in O^+(3)$ annehmen.

1. Fall: $E + T$ ist invertierbar. Man betrachte wie in 6.1.8 die Abbildung $A \mapsto F(A) := (E + A)(E - A)^{-1}$. Nach dem dort bewiesenen Satz gibt es eine 3×3 schiefsymmetrische Matrix A mit $T = F(A)$. Für $A = 0$ ist die Behauptung klar, für $A = \begin{pmatrix} 0 & \alpha & \beta \\ -\alpha & 0 & \gamma \\ -\beta & -\gamma & 0 \end{pmatrix} \neq 0$ setze man $u := \begin{pmatrix} \gamma \\ -\beta \\ \alpha \end{pmatrix}$. Es folgt der Reihe nach: $Au = 0$, $(E - A)u = u$, $(E - A)^{-1}u = u$ und $F(A)u = (E + A)(E - A)^{-1}u = (E + A)u = u$.

2. Fall: $E + T$ ist nicht invertierbar. Nach dem Äquivalenz-Satz für Invertierbarkeit 2.5.2 ist die Abbildung $x \mapsto (E + T)x$ nicht injektiv, es gibt also ein $u \neq 0$ mit $(E + T)u = 0$, das heißt, mit $Tu = -u$. □

Bemerkung. Am Beispiel einer Spiegelung sieht man, daß ein $T \in O(3)$ durchaus mehr als eine Fix-Gerade haben kann.

5. Die Normalform. Wie in 2 bezeichne $T_3(\omega)$ diejenige orthogonale 3×3 Matrix, welche den $\mathbb{R}^3$ um den Winkel ω um die Achse $\mathbb{R}e$, $e := e_3$, dreht und den Punkt e festhält, also

$$T_3(\omega) := \begin{pmatrix} \cos\omega & -\sin\omega & 0 \\ \sin\omega & \cos\omega & 0 \\ 0 & 0 & 1 \end{pmatrix} = \begin{pmatrix} T(\omega) & 0 \\ 0 & 1 \end{pmatrix}.$$

Zur Herleitung einer Normalform für Matrizen $T \in O(3)$ genügt es nach 1(5), wenn man $T \in O^+(3)$ annimmt. Nach den Korollaren 3 und 4 in 3 hat T dann den Eigenwert 1, und der zugehörige Eigenraum G_T ist für $T \neq E$ eindimensional.

Satz. *Zu jedem* $T \in O^+(3)$ *gibt es ein eindeutig bestimmtes* $\omega \in \mathbb{R}$, $0 \leqslant \omega < 2\pi$, *und eine Spiegelung* S *mit* $T = S^{-1} \cdot T_3(\omega) \cdot S$. *Hier ist* $q = Se$ *ein Eigenvektor von* T *zum Eigenwert* 1, *und für* ω *gilt* $\cos\omega = \frac{1}{2}(\operatorname{Spur} T - 1)$.

Man nennt ω den *Winkel* von T.

Beweis. Man geht von einem q mit $Tq = q$ und $|q| = 1$ aus. Im Falle $q = e$ ist $T = \begin{pmatrix} Q & 0 \\ 0 & 1 \end{pmatrix}$ mit einem $Q \in O(2)$, und wegen $\det T = 1$ ist T von der Form $T_3(\alpha)$. Wegen $T(\alpha) = S(-\alpha)T(-\alpha)S(-\alpha)$, $S(\omega) = \begin{pmatrix} \cos\omega & \sin\omega \\ \sin\omega & -\cos\omega \end{pmatrix}$, hat T die angegebene Form.

Im Falle $q \neq e$ ist $S := S_{e-q}$ eine Spiegelung, und Lemma 3 ergibt $Se = q$ und $Sq = e$. Für $T' := STS$ gilt dann $T'e = STSe = STq = Sq = e$, und T' hat die Form $T_3(\omega)$.

Hat man zwei Darstellungen $T = S_1^{-1}T_3(\alpha)S_1 = S_2^{-1}T_3(\beta)S_2$ mit $0 \leqslant \alpha, \beta < 2\pi$, so gilt $T_3(\alpha) = S^{-1}T_3(\beta)S$ mit $S = S_2S_1^{-1}$. Im Falle $\alpha = 0$ folgt $\beta = 0$. Im Falle $\alpha \neq 0$ haben $T_3(\alpha)$ und $T_3(\beta)$ den Eigenraum $\mathbb{R}e$, so daß $Se = \pm e$ folgt. Wegen $\det S = 1$ erhält man $S = T_3(\gamma)$ und damit $T_3(\alpha) = T_3(-\gamma)T_3(\beta)T_3(\gamma) = T_3(\beta)$, also $\alpha = \beta$.

Nach 2.5.6 gilt $\operatorname{Spur} T = \operatorname{Spur} T_3(\omega) = 2\cos\omega + 1$. □

Korollar 1. *Zu jedem* $T \in O(3)$ *gibt es eine Spiegelung* $S \in O(3)$ *und ein* $\omega \in \mathbb{R}$ *mit*

$$T = S^{-1} \cdot \begin{pmatrix} \cos\omega & -\sin\omega & 0 \\ \sin\omega & \cos\omega & 0 \\ 0 & 0 & \det T \end{pmatrix} \cdot S.$$

Korollar 2. *Ein* $T \neq \pm E$ *aus* $O(3)$ *ist genau dann symmetrisch, wenn* $T = \pm S_q$ *mit* $q \neq 0$ *gilt.*

Beweis. Man darf zunächst $T \in O^+(3)$ annehmen. Da jede Spiegelung symmetrisch ist und mit ihren Inversen übereinstimmt, ist T nach dem Satz genau dann symmetrisch, wenn $T_3(\omega)$ symmetrisch ist, wenn also

$$T_3(\omega) = \begin{pmatrix} -1 & 0 & 0 \\ 0 & -1 & 0 \\ 0 & 0 & 1 \end{pmatrix} = -S_e$$

gilt. Es folgt $T = -SS_eS = -S_q$, $q = Se$, nach 3(2). □

Aufgaben. 1) Für $T \in O^+(3)$ und $\sigma := \operatorname{Spur} T$ zeige man $T^3 - \sigma T^2 + \sigma T - E = 0$.

2) Für ein nicht-symmetrisches $T \in O^+(3)$ ist der Zentralisator $\{A \in \operatorname{Mat}(3;\mathbb{R}): AT = TA\}$ von T eine kommutative Unteralgebra von $\operatorname{Mat}(3;\mathbb{R})$ der Dimension 3.

6. Die Drehachse. Es sei $T \neq E$ eine Matrix aus $O^+(3)$. Nach dem Korollar 4 in 3 ist der Eigenraum $G_T = \{q \in \mathbb{R}^3 : Tq = q\}$ eindimensional. Der T nach 5 zugeordnete Winkel erweist sich nun als *Drehwinkel*:

Lemma. *Die zur Fix-Geraden G_T von T senkrechte Ebene U durch 0 wird durch die Abbildung $x \mapsto Tx$ um den Winkel ω von T gedreht; das heißt, für jedes $p \in U$ gilt*

$$(1) \qquad Tp = \cos\omega \cdot p + \sin\omega \cdot p \times q \qquad \textit{für} \qquad Tq = q, \qquad |q| = 1.$$

Die Fix-Gerade G_T nennt man daher auch *Drehachse* von T.

Beweis. Sei q mit $Tq = q$ und $|q| = 1$ gegeben. Nach 1.2 hat jedes $u \in U$ die Form $u = a \times q$ mit $a \in \mathbb{R}^3$. Wegen 1(6) gilt $T(a \times q) = Ta \times Tq = Ta \times q$, das heißt, T bildet U auf sich ab.

Für $p \in U$ gehört auch $p \times q$ zu U. Zum Nachweis von (1) genügt nach Satz 5 und 1(6) der Nachweis von $T_3(\omega)Sp = \cos\omega \cdot Sp - \sin\omega \cdot Sp \times Sq$ für eine Spiegelung S mit $Sq = e_3$. Da man hier S durch $T_3(\alpha)S$ ersetzen kann, darf man $Sp = e_1$, also $-Sp \times Sq = -e_1 \times e_3 = e_2$ annehmen und hat die Behauptung bewiesen. □

Die Drehachse von T kann man direkt an T ablesen:

Satz. *Für $T \in O^+(3)$, $T \neq E$, ist die Drehachse von T gleich dem Bild der Matrix $T + T^t - (\mathrm{Spur}\, T - 1)E$, das heißt, diese Matrix bildet den $\mathbb{R}^3$ auf die Drehachse ab.*

Beweis. Nach Satz 5 kann man $T = S^{-1}T_3(\omega)S$ annehmen und hat

$$(2) \qquad T + T^t - (\mathrm{Spur}\, T - 1)E = 2(1 - \cos\omega)S^{-1}\begin{pmatrix} 0 & 0 & 0 \\ 0 & 0 & 0 \\ 0 & 0 & 1 \end{pmatrix}S,$$

und das Bild dieser Matrix ist $\mathbb{R}Se_3$, denn wegen $T \neq E$ ist $\cos\omega \neq 1$. □

Beispiel: Man betrachte

$$T := \frac{1}{125}\begin{pmatrix} 45 & -108 & 44 \\ 60 & -19 & -108 \\ 100 & 60 & 45 \end{pmatrix}$$

und verifiziere, daß die Spalten eine Orthonormalbasis des $\mathbb{R}^3$ sind, daß also T orthogonal ist. Es folgt $\cos\omega = \frac{1}{2}(\mathrm{Spur}\, T - 1) = -0.216$, also $\omega \sim 102.47°$ und

$$T + T^t - (\mathrm{Spur}\, T - 1)E = \frac{16}{125}\begin{pmatrix} 9 & -3 & 9 \\ -3 & 1 & -3 \\ 9 & -3 & 9 \end{pmatrix},$$

also ist $\mathbb{R} \cdot \begin{pmatrix} 3 \\ -1 \\ 3 \end{pmatrix}$ die Drehachse von T.

Aufgabe. Die Matrizen

$$R = \begin{pmatrix} 0 & 0 & 1 \\ 1 & 0 & 0 \\ 0 & 1 & 0 \end{pmatrix} \quad \text{und} \quad S = \frac{1}{2}\begin{pmatrix} 1 & -\gamma - 1 & \gamma \\ \gamma + 1 & \gamma & -1 \\ \gamma & 1 & \gamma + 1 \end{pmatrix}, \qquad \gamma := \frac{1}{2}(\sqrt{5} - 1),$$

sind orthogonal. Man bestimme Drehwinkel und Drehachse.

7*. Die EULERsche Formel. Bereits im Jahre 1770 kannte EULER eine Formel, die man heute als eine Parameterdarstellung von $O^+(3)$ bezeichnen würde. (Ob affectiones prorsus singulares memorabile, Opera omnia, Ser. 1, VI, S. 309). Mit EULER definiere man für $0 \neq z \in \mathbb{R}^4$ eine 3×3 Matrix $C(z)$ durch

$$\frac{1}{\zeta^2+\zeta_1^2+\zeta_2^2+\zeta_3^2}\begin{pmatrix} \zeta^2+\zeta_1^2-\zeta_2^2-\zeta_3^2 & -2\zeta\zeta_3+2\zeta_1\zeta_2 & 2\zeta\zeta_2+2\zeta_1\zeta_3 \\ 2\zeta\zeta_3+2\zeta_1\zeta_2 & \zeta^2-\zeta_1^2+\zeta_2^2-\zeta_3^2 & -2\zeta\zeta_1+2\zeta_2\zeta_3 \\ -2\zeta\zeta_2+2\zeta_1\zeta_3 & 2\zeta\zeta_1+2\zeta_2\zeta_3 & \zeta^2-\zeta_1^2-\zeta_2^2+\zeta_3^2 \end{pmatrix},$$

$$z = \begin{pmatrix} \zeta \\ \zeta_1 \\ \zeta_2 \\ \zeta_3 \end{pmatrix} = \begin{pmatrix} \zeta \\ q \end{pmatrix}.$$

Satz von EULER. *Durch $z \mapsto C(z)$ wird $\mathbb{R}^4 \setminus \{0\}$ auf $O^+(3)$ abgebildet. Die Drehachse von $C(z)$ im Falle $C(z) \neq E$ ist $\mathbb{R}q$, und für den Drehwinkel ω gilt*

(1) $$\cos\omega = \frac{\zeta^2-\zeta_1^2-\zeta_2^2-\zeta_3^2}{\zeta^2+\zeta_1^2+\zeta_2^2+\zeta_3^2} = \frac{\zeta^2-|q|^2}{\zeta^2+|q|^2}.$$

Beweis. Mit den Abkürzungen

$$Z := \begin{pmatrix} 0 & -\zeta_3 & \zeta_2 \\ \zeta_3 & 0 & -\zeta_1 \\ -\zeta_2 & \zeta_1 & 0 \end{pmatrix}, \qquad C := C(z),$$

erhält man offenbar

(2) $$|z|^2 \cdot C = \rho E + 2qq^t + 2\zeta Z, \qquad \rho := \zeta^2 - |q|^2,$$

und

(3) $$Z^2 = \begin{pmatrix} -\zeta_2^2-\zeta_3^2 & \zeta_1\zeta_2 & \zeta_1\zeta_3 \\ \zeta_1\zeta_2 & -\zeta_1^2-\zeta_3^2 & \zeta_2\zeta_3 \\ \zeta_1\zeta_3 & \zeta_2\zeta_3 & -\zeta_1^2-\zeta_2^2 \end{pmatrix} = qq^t - |q|^2 E.$$

Wegen $Zq = 0$ folgt nun mit (2) und (3)

$$\begin{aligned} |z|^4 C^t C &= (\rho E + 2qq^t)^2 - 4\zeta^2 Z^2 \\ &= \rho^2 E + 4\rho qq^t + 4|q|^2 qq^t - 4\zeta^2(qq^t - |q|^2 E) \\ &= (\rho^2 + 4\zeta^2|q|^2)E = (\zeta^2+|q|^2)^2 E. \end{aligned}$$

Damit ist C orthogonal. Da $\mathbb{R}^4 \setminus \{0\}$ zusammenhängend ist und da $C(z)$ stetig von z abhängt, ist die Determinante von $C(z)$ konstant gleich 1 oder -1. Für $q = 0$ gilt aber $C(z) = E$, und man hat $C(z) \in O^+(3)$.

Wegen $Zq = 0$ folgt $Cq = q$, und der Satz 5 ergibt (1). □

Bemerkungen. 1) Der Definition von $C(z)$ entnimmt man, daß sich $C(z)$ nicht ändert, wenn man z durch ρz, $0 \neq \rho \in \mathbb{R}$, ersetzt. Damit definiert C eine Abbildung des sogenannten *projektiven Raumes* $\mathbb{P}^3$ auf $O^+(3)$, denn $\mathbb{P}^3$ besteht aus allen durch Null gehenden Geraden des $\mathbb{R}^4$.

2) Die definierende Formel für $C(z)$ erhält man, wenn in obiger Bezeichnung die Matrix $(E+Z)(E-Z)^{-1}$ berechnet wird. Nach Satz 6.1.8 weiß man, daß diese Matrix orthogonal ist. Dieser systematische Zugang zu EULERS Formel stammt von A. CAYLEY.

3) Einen weitaus eleganteren Zugang zum Satz von EULER gewinnt man, wenn man den sogenannten Quaternionen-Kalkül zu Hilfe nimmt. Der interessierte Leser findet dies im Band „Zahlen", Kap. 6, dargestellt.

8*. Drehungen um eine Achse. Für $q \in \mathbb{R}^3$, $|q| = 1$, und $\omega \in \mathbb{R}$ definiere man eine 3×3 Matrix $D_q(\omega)$ durch

(1) $$D_q(\omega)x := x + (\sin\omega)\cdot q \times x + (1-\cos\omega)\cdot q \times (q \times x),$$

wobei das Vektorprodukt $q \times x$ nach 1.1 definiert ist. Wegen $q \times q = 0$ folgt

(2) $$D_q(\omega)q = q,$$

und $\mathbb{R}q$ ist damit eine Fix-Gerade von $D_q(\omega)$. Ferner gilt natürlich $D_q(\omega + 2\pi) = D_q(\omega)$. Mit der GRASSMANN-Identität (1.1) kann man (1) auch in der Form

(3) $$D_q(\omega)x = (\cos\omega)\cdot x + (1-\cos\omega)\cdot\langle q, x\rangle q + (\sin\omega)\cdot q \times x$$

schreiben. Man erhält damit in der Bezeichnung von 3

(4) $$D_q(\pi) = -S_q.$$

Satz. *Für $\omega, \omega' \in \mathbb{R}$ und $q \in \mathbb{R}^3$ mit $|q| = 1$ gelten die Regeln*

a) $D_q(\omega)D_q(\omega') = D_q(\omega + \omega')$,
b) $[D_q(\omega)]^t = D_q(-\omega)$,
c) $D_q(\omega)p = \cos\omega \cdot p + \sin\omega \cdot q \times p$ *für jeden zu q orthogonalen Vektor p.*

Beweis. a) Mit der Abkürzung $Qx := q \times x$ hat man zunächst

(5) $$D_q(\omega) = E + (\sin\omega)\cdot Q + (1-\cos\omega)\cdot Q^2,$$

und aus 1.1(7) folgt $Q^3 = -Q$. Man erhält damit

$$D_q(\omega)D_q(\omega') = E + (\sin\omega'\cos\omega + \sin\omega\cos\omega')Q$$
$$+ (1 - \cos\omega\cos\omega' + \sin\omega\sin\omega')Q^2,$$

und die Additionstheoreme von Sinus und Cosinus ergeben die Behauptung.

b) Nach 1.2(2) ist $\langle x, q \times y\rangle = \langle x \times q, y\rangle$ und damit $\langle Q^t x, y\rangle = -\langle Qx, y\rangle$; also ist Q schiefsymmetrisch, und (5) ergibt schon die Behauptung.

c) folgt direkt aus (3). □

Aus a) und b) folgt $D_q(\omega) \in O(3)$. Mit a) ist $D_q(\omega) = [D_q(\omega/2)]^2$, also $\det D_q(\omega) = 1$, und man erhält das

Korollar 1. *Jedes $D_q(\omega)$ ist orthogonal mit Drehachse $\mathbb{R}q$ und $\omega \mapsto D_q(\omega)$ ist ein Homomorphismus der additiven Gruppe von $\mathbb{R}$ in $O^+(3)$.*

Aus c) entnimmt man das wichtige und leicht zu merkende

Korollar 2. *Die zu q senkrechte Ebene durch 0 wird durch $D_q(\omega)$ um den Winkel ω gedreht.*

Zusammen mit den Ergebnissen aus 5 folgt

Korollar 3. *Zu jedem $T \in O^+(3)$ gibt es ein $0 \neq q \in \mathbb{R}^3$ und ein $\omega \in \mathbb{R}$ mit $T = D_q(\omega)$.*

Bemerkungen. 1) Der definierenden Formel (1) für die Drehungen $D_q(\omega)$ liegt der folgende allgemeine Sachverhalt zugrunde: Jeder (im topologischen Sinne abgeschlossenen) Untergruppe G der Gruppe $GL(n; \mathbb{R})$ kann in solcher Weise ein Untervektorraum $L(G)$ von $\mathrm{Mat}(n; \mathbb{R})$ zugeordnet werden, daß $\exp \omega Q$ für alle $\omega \in \mathbb{R}$ und alle $Q \in L(G)$ zu G gehört. Hier bezeichnet $\exp Q$ die Matrix-Exponentialfunktion $\sum_{k=0}^{\infty} (1/k!) Q^k$ ([7], § 93).

Für $G = O(n)$ ist $L(G)$ gleich der Menge $\mathrm{Alt}(n; \mathbb{R})$ aller $n \times n$ schiefsymmetrischen Matrizen. Im vorliegenden Fall $n = 3$ kann jede Matrix Q aus $\mathrm{Alt}(3; \mathbb{R})$ bis auf skalare Vielfache in der Form $Qx = q \times x$, $|q| = 1$, erhalten werden. Damit erhält man dann $D_q(\omega) = \exp \omega Q$. Der hier angedeutete Sachverhalt stammt aus einem wichtigen Teilgebiet der modernen Mathematik, das mit dem Namen „Lie-Theorie" umschrieben wird.

2) Sind a und b linear unabhängig, dann hat $S_a S_b$ nach 3(3) und Korollar 4 in 3 die Drehachse $\mathbb{R}q$ mit $q := (1/|a \times b|)(a \times b)$. Da aber jedes $D_q(\omega)$, $\omega \in \mathbb{R}$, nach 8(2) ebenfalls diese Drehachse besitzt, wird man $S_a S_b = D_q(\omega)$ mit einem geeigneten ω aus $\mathbb{R}$ vermuten. In der Tat gilt nun der folgende

Satz. *Sind a, b zwei linear unabhängige Einheitsvektoren des $\mathbb{R}^3$ und bezeichnet $\Theta = \Theta_{a,b}$, $0 < \Theta < \pi$, den Winkel zwischen a und b, so gilt*

$$S_a S_b = D_q(-2\Theta) \qquad \textit{für} \qquad q := \frac{1}{|a \times b|}(a \times b).$$

§ 4. Bewegungen

1. Fixpunkte. Nach 5.5.1 nennt man eine Abbildung $f\colon \mathbb{R}^n \to \mathbb{R}^n$ eine *Bewegung*, wenn gilt

$$(1) \qquad |f(x) - f(y)| = |x - y| \qquad \text{für alle} \quad x, y \in \mathbb{R}^n.$$

Nach Satz 5.5.1 ist f genau dann eine Bewegung, wenn es ein $T \in O(n)$ und ein $a \in \mathbb{R}^n$ gibt mit

$$(2) \qquad f(x) = Tx + a \qquad \text{für} \quad x \in \mathbb{R}^n.$$

Es sollen nun die Bewegungen des $\mathbb{R}^3$ auf Fixpunkte untersucht werden. Dabei heißt ein $p \in \mathbb{R}^n$ ein *Fixpunkt* einer Abbildung $f\colon \mathbb{R}^n \to \mathbb{R}^n$, wenn $f(p) = p$ gilt. Trivialerweise hat jede orthogonale Abbildung $x \mapsto Tx$ einen Fixpunkt, nämlich 0, und ebenso trivial hat eine echte Translation $x \mapsto x + a$ mit $0 \neq a \in \mathbb{R}^n$ niemals einen Fixpunkt.

Besitzt eine Bewegung (2) einen Fixpunkt p, dann setzt man $g(x) := x + p$ und definiert eine Bewegung h durch $h := g^{-1} \circ f \circ g$. Es folgt $h(x) = [T(x+p) + a] - p = Tx + f(p) - p = Tx$ und damit das

Lemma A. *Jede Bewegung f mit Fixpunkt ist bis auf eine Translation eine orthogonale Bewegung, das heißt, es gibt eine Translation g derart, daß $g^{-1} \circ f \circ g$ eine orthogonale Abbildung ist.*

Man kann also jede Bewegung, die einen Fixpunkt hat, bezüglich eines geeigneten Koordinatensystems als orthogonale Abbildung auffassen.

Lemma B. *Für eine Bewegung der Form $f(x) = S_a x + b$ mit $a \neq 0$, $b \neq 0$ sind äquivalent:*

(i) *f hat einen Fixpunkt.*
(ii) *$a \in \mathbb{R}b \setminus \{0\}$, also $f(x) = S_b x + b$.*

Ist (ii) *erfüllt, ist $\frac{1}{2}b$ ein Fixpunkt.*

Beweis. Für $a \in \mathbb{R}b \setminus \{0\}$, also $S_a = S_b$, ist wegen $S_b(b) = -b$ offensichtlich $\frac{1}{2}b$ ein Fixpunkt. Habe nun andererseits $f(x)$ den Fixpunkt p. Aus $S_a p + b = p$ folgt $p + S_a b = S_a p = p - b$, also $S_a b = -b$ und damit $S_a = S_b$. □

2. Bewegungen mit Fixpunkt. Für Bewegungen im $\mathbb{R}^3$ gilt nun der folgende

Satz. *Ist $T \in O(3)$, $T \neq \pm E$, und gilt $Tq = \det T \cdot q$, $|q| = 1$, dann hat die Bewegung $x \mapsto Tx + a$, $a \neq 0$, genau dann einen Fixpunkt, wenn einer der folgenden drei Fälle eintritt:*

(α) $\det T = 1$ *und* $\langle q, a \rangle = 0$.
(β) $\det T = -1$, *aber T ist nicht von der Form S_b.*
(γ) *T ist die Spiegelung S_a.*

Beweis. Der Fall $T = S_b$, $b \neq 0$, ist bereits in Lemma 1.B abgehandelt worden, sei also T keine Spiegelung S_b. Nach dem Korollar 1 in 3.5 wählt man ein $S \in O(3)$ und ein $\omega \in \mathbb{R}$ mit

$$T = S^{-1} \cdot \begin{pmatrix} D & 0 \\ 0 & \tau \end{pmatrix} \cdot S, \qquad D = \begin{pmatrix} \cos\omega & -\sin\omega \\ \sin\omega & \cos\omega \end{pmatrix}, \qquad \tau = \det T.$$

Hier ist $D \neq \tau E$, $Sq \in \mathbb{R}e_3$ und $Tq = \tau q$. Man setzt $T' := \begin{pmatrix} D & 0 \\ 0 & \tau \end{pmatrix}$, $a' = Sa$, $q' = Sq$, $x' = Sx$, und erhält $T'q' = \tau q'$, $q' \in \mathbb{R}e_3$. Weiter ist p genau dann ein Fixpunkt von $x \mapsto Tx + a$, wenn $p' := Sp$ ein Fixpunkt von $x \mapsto T'p' + a'$ ist, wenn also

$$(*) \qquad T'p' + a' = p'$$

gilt.

(α) Im Falle $\tau = 1$ wendet man auf D Satz 4.2.3 an und erkennt, daß es genau dann ein p' mit $(*)$ gibt, wenn die dritte Komponente von a' Null ist, also wenn gilt $\langle q, a \rangle = \langle S^{-1}q', S^{-1}a' \rangle = \langle q', a' \rangle = 0$.

(β) Sei $\tau = -1$. Wäre nun $D = E$, wäre $T = S^{-1}T'S$ symmetrisch, also nach dem Korollar 2 in 3.5 von der Form $\pm S_b$. Folglich ist $D \neq E$, und erneut mit dem Satz 4.2.3 folgt die Behauptung. □

3. Schraubungen. Eine orientierungstreue Bewegung $x \mapsto f(x) = Tx + a$, $T \neq E$, $a \neq 0$, des $\mathbb{R}^3$ nennt man anschaulich eine *Schraubung*, wenn es eine Gerade G des $\mathbb{R}^3$ so gibt, daß f durch eine Drehung um G mit anschließender Translation längs G beschrieben wird, wenn es also eine Translation $x \mapsto g(x) = x + p$ gibt mit $(g^{-1} \circ f \circ g)(x) = Tx + q$, und $\mathbb{R}q$ ist die Drehachse von T.

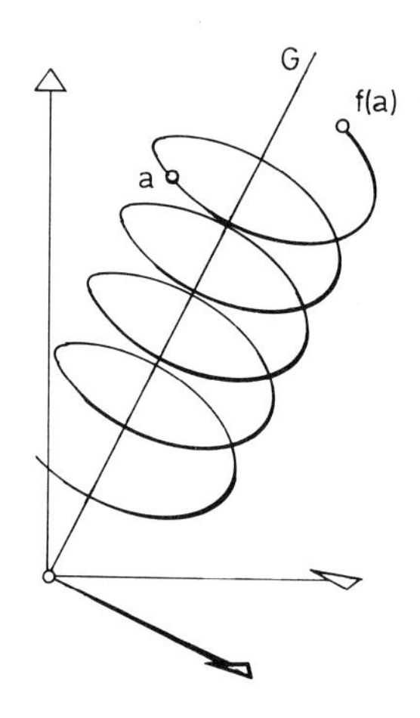

Satz. *Für jede orientierungstreue von der Identität verschiedene Bewegung f des* $\mathbb{R}^3$ *tritt einer der folgenden (sich gegenseitig ausschließenden) Fälle ein:*

(i) *f ist eine Translation.*
(ii) *f hat einen Fixpunkt.*
(iii) *f ist eine Schraubung.*

Beweis. Ist f keine Translation und besitzt f keinen Fixpunkt, dann gilt $f(x) = Tx + a$ mit $T \neq E$, $\det T = 1$, $a \neq 0$. Ist $\mathbb{R}q$, $|q| = 1$, die Drehachse von T, so folgt $\langle q, a \rangle \neq 0$ aus Satz 2. Nach dem gleichen Satz hat aber $x \mapsto Tx + (a - \langle q, a \rangle q)$ einen Fixpunkt p, das heißt, es gilt $f(x + p) - p = Tx + \langle q, a \rangle q$, und f ist eine Schraubung.

Es ist klar, daß sich (i) und (ii) sowie (i) und (iii) ausschließen. Aber auch (ii) und (iii) schließen sich aus: Wäre p ein Fixpunkt einer Schraubung f, so könnte man $f(x) = Tx + \alpha q$ mit $Tq = q$, $|q| = 1$, annehmen. Aus $Tp + \alpha q = p$ würde nach Bildung des Skalarproduktes mit q sofort $\alpha = \langle p, q \rangle - \langle Tp, q \rangle$, also wegen $T^t q = q$ der Widerspruch $\alpha = 0$ folgen. □

Aufgaben. 1) Ist f eine Schraubung, so ist keine Potenz f^n die Identität.

2) Ist G eine endliche Gruppe von orientierungstreuen Bewegungen des $\mathbb{R}^3$, so hat jedes $f \in G$ einen Fixpunkt.

Kapitel 8. Polynome und Matrizen

Einleitung. Im Kap. 2 war die „elementare" Theorie der Matrizen entwickelt worden, das heißt, es waren diejenigen Eigenschaften und Ergebnisse hergeleitet worden, die für *beliebige* Matrizen über einem *beliebigen* Grundkörper K gelten. Bei der Herleitung der Normalform einer Matrix in 2.6.2 spielte es z. B. keine Rolle, ob man eine Matrix mit rationalen Koeffizienten über $\mathbb{Q}$ oder über $\mathbb{R}$ betrachtete.

Die Situation wird völlig anders, wenn man sich bei gegebener Matrix, $A \in \operatorname{Mat}(n; K)$ mit dem sogenannten Eigenwertproblem beschäftigt, das heißt, wenn man sich die Frage nach der Existenz eines $\lambda \in K$ und $0 \neq q \in K^n$ mit $Aq = \lambda q$ vorlegt. So existiert für die Matrix $A = \begin{pmatrix} 1 & 1 \\ 1 & 2 \end{pmatrix}$ im Falle $K = \mathbb{Q}$ keine Lösung, während im Falle $K = \mathbb{R}$ sehr wohl λ und $q \neq 0$ existieren. Diese und andere Fragen können mit der „algebraischen" Theorie der Matrizen beantwortet werden, bei der die „Feinstruktur" von Matrizen untersucht wird. Dabei muß man entweder Forderungen an den Grundkörper stellen oder sich auf spezielle Klassen von Matrizen beschränken. In beiden Fällen sind die Polynome bzw. Polynomabbildungen das zentrale Hilfsmittel.

In diesem Kapitel wird angenommen, daß der Grundkörper K unendlich viele Elemente besitzt. Diese Voraussetzung ist zwar wesentlich, aber nicht einschneidend, denn man kann eine Matrix mit Koeffizienten aus einem endlichen Körper K stets als Matrix über einem umfassenden unendlichen Körper $\tilde{K}$ auffassen. Als $\tilde{K}$ kann man z. B. den Körper aller rationalen Funktionen mit Koeffizienten aus K nehmen. In dem obigen Beispiel nimmt man also in Kauf, daß λ und die Komponenten von q in $\tilde{K}$ liegen.

§ 1. Polynome

1. Der Vektorraum Pol K. Analog zu den in 1.3.5 und 1.5.2 betrachteten reellen Polynomen kann man Polynome über einem Körper K betrachten: Man nennt eine Abbildung $\varphi: K \to K$ ein *Polynom* (über K), wenn es $\alpha_0, \alpha_1, \ldots, \alpha_n \in K$ gibt mit

$$\text{(P)} \qquad \varphi(\xi) = \alpha_0 + \alpha_1 \xi + \cdots + \alpha_n \xi^n \qquad \text{für alle} \quad \xi \in K.$$

Die Menge $\operatorname{Pol} K$ der Polynome $\varphi: K \to K$ ist eine Teilmenge des K-Vektorraums $\operatorname{Abb}(K, K)$ (vgl. 1.3.3), die gegenüber skalarer Multiplikation abgeschlossen ist. Aber auch die Summe zweier Polynome ist wieder ein Polynom: Man beachte dazu lediglich, daß man die Darstellung (P) eines Polynoms durch $0 \cdot \xi^{n+1} + \cdots + 0 \cdot \xi^m$, $m > n$, verlängern kann und damit je zwei Polynome als Linearkombination der gleichen Menge von Potenzen darstellen kann. Damit ist $\operatorname{Pol} K$ ein Unterraum von $\operatorname{Abb}(K, K)$.

Basis-Satz. *Die Menge* $\{1, \xi, \xi^2, \ldots\}$ *aller Potenzfunktionen ist eine Basis des K-Vektorraums* $\operatorname{Pol} K$.

Beweis. Nach (P) ist die Menge der Potenzen sicher ein Erzeugenden-System von $\operatorname{Pol} K$. Zum Nachweis der linearen Unabhängigkeit betrachte man eine Linearkombination endlich vieler Potenzen und nehme an, daß dies die Nullabbildung ist: Nach Hinzunahme von geeigneten Ausdrücken der Form $0 \cdot \xi^i$ gilt also $\alpha_0 + \alpha_1 \xi + \cdots + \alpha_n \xi^n = 0$ für alle $\xi \in K$. Da K nach Voraussetzung unendlich viele Elemente hat, kann man paarweise verschiedene $\xi_1, \ldots, \xi_{n+1} \in K$ auswählen. Nach Annahme gilt

$$\alpha_0 + \alpha_1 \xi_i + \alpha_2 \xi_i^2 + \cdots + \alpha_n \xi_i^n = 0 \qquad \text{für} \qquad i = 1, 2, \ldots, n+1.$$

Man faßt dies als ein Gleichungssystem von $n+1$ Gleichungen für die $n+1$ Unbekannten $\alpha_0, \alpha_1, \ldots, \alpha_n$ auf. Die Determinante der Koeffizienten-Matrix ist die VANDERMONDEsche Determinante $\Delta(\xi_1, \ldots, \xi_{n+1})$, die nach 3.6.2 nicht Null ist. Das fragliche Gleichungssystem hat daher nur die Lösungen $\alpha_0 = \alpha_1 = \cdots = \alpha_n = 0$ (vgl. Korollar 3.1.5). □

Damit sind die *Koeffizienten* $\alpha_0, \alpha_1, \ldots, \alpha_n$ in (P) durch die Abbildung $\varphi: K \to K$ eindeutig bestimmt. Skalare Multiplikation und Addition von Polynomen kann damit koeffizientenweise vorgenommen werden. Ist φ nicht das Nullpolynom, das heißt nicht die Nullabbildung, dann kann man in (P) – nach eventueller Weglassung von Koeffizienten, die gleich Null sind, – annehmen, daß $\alpha_n \neq 0$ gilt. In diesem Fall nennt man n den *Grad* von φ und schreibt $\operatorname{Grad} \varphi := n$. Ist $\alpha_n = 1$, so nennt man φ *normiert*.

Bemerkung. Man kann auch einen determinantenfreien Beweis des Basis-Satzes geben, wenn man die Überlegungen von 2 unter Umgehung des Gradbegriffes und der Eindeutigkeit der Koeffizienten mit Sorgfalt nachvollzieht.

2. Pol *K* als Ring. Sind $\varphi(\xi) = \alpha_0 + \alpha_1 \xi + \cdots + \alpha_n \xi^n$ und $\psi(\xi) = \beta_0 + \beta_1 \xi + \cdots + \beta_m \xi^m$ zwei Polynome, so erhält man durch distributives Ausrechnen

$$(1) \qquad \varphi(\xi)\psi(\xi) = \gamma_0 + \gamma_1 \xi + \cdots + \gamma_{n+m} \xi^{n+m} \qquad \text{für} \qquad \xi \in K$$

mit $\gamma_0 = \alpha_0 \beta_0$, $\gamma_1 = \alpha_0 \beta_1 + \alpha_1 \beta_0, \ldots, \gamma_{n+m} = \alpha_n \beta_m$. Hier ist der allgemeine Koeffizient γ_k gleich der Summe aller Produkte $\alpha_i \beta_j$ mit $0 \leqslant i \leqslant n$, $0 \leqslant j \leqslant m$ und $i + j = k$.

Damit ist das Produkt zweier Polynome wieder ein Polynom. Da das Produkt nach (1) als Produkt von punktweise definierten Abbildungen definiert ist und da in K assoziativ und kommutativ gerechnet werden kann, ist $\operatorname{Pol} K$ ein kommutativer und assoziativer Ring, der *Polynomring über K*. Faßt man die Elemente von K als konstante Polynome auf, so ist K ein Unterraum von $\operatorname{Pol} K$, und das Einselement von K ist zugleich das Einselement von Pol K. Gleichzeitig wird Pol K zu einer K-Algebra. Aus (1) entnimmt man den

Grad-Satz. *Sind* φ *und* ψ *vom Nullpolynom verschieden, so ist* $\varphi\psi$ *nicht das Nullpolynom, und es gilt* $\operatorname{Grad} \varphi\psi = \operatorname{Grad} \varphi + \operatorname{Grad} \psi$.

Damit hat der Ring Pol K keine Nullteiler und ist in der Sprache der Algebra ein *Integritätsring*. Wie bei reellen Polynomen gilt auch für Polynome über einem Körper der

Satz von der Division mit Rest. *Sind* φ *und* $\psi \neq 0$ *zwei Polynome, dann gibt es Polynome* π *und* ρ *mit*

$$\varphi = \pi\psi + \rho, \tag{2}$$

$$\rho = 0 \qquad \textit{oder} \qquad \operatorname{Grad} \rho < \operatorname{Grad} \psi. \tag{3}$$

Beweis. Ist $\varphi = 0$ oder gilt $\operatorname{Grad} \varphi < \operatorname{Grad} \psi$, so nehme man $\pi = 0$. Man darf also $\operatorname{Grad} \varphi \geqslant \operatorname{Grad} \psi$ annehmen. In der obigen Bezeichnung kann $\alpha_n \neq 0$, $\beta_m \neq 0$, also $n \geqslant m$ angenommen werden. Das Polynom $\varphi_1(\xi) := \varphi(\xi) - (\alpha_n/\beta_m) \cdot \xi^{n-m} \cdot \psi(\xi)$ ist dann Null oder hat einen Grad n_1, der kleiner als n ist. Ist hier $n_1 < m$, so setzt man $\pi(\xi) := (\alpha_n/\beta_m)\xi^{n-m}$ und ist fertig, anderenfalls wiederholt man das Verfahren mit φ_1 an Stelle von φ und kommt nach endlich vielen Schritten zum Ziel. □

Korollar 1. *Zu jedem Polynom* φ *und jedem* $\alpha \in K$ *gibt es ein Polynom* π *mit* $\varphi(\xi) = (\xi - \alpha)\pi(\xi) + \varphi(\alpha)$ *für alle* $\xi \in K$.

Zum *Beweis* wählt man $\psi(\xi) := \xi - \alpha$ und erhält $\varphi = \pi\psi + \rho$, und ρ ist Null oder hat den Grad 0, ist also konstant. Für $\xi = \alpha$ folgt $\rho = \varphi(\alpha)$. □

Korollar 2. *Ist* $\alpha \in K$ *eine Nullstelle des nicht konstanten Polynoms* φ, *gilt also* $\varphi(\alpha) = 0$, *dann gibt es ein Polynom* π *mit* $\varphi(\xi) = (\xi - \alpha)\pi(\xi)$ *für alle* $\xi \in K$.

Besitzt hier π eine Nullstelle in K, dann kann man das Verfahren fortsetzen und erhält eine Darstellung $\varphi(\xi) = (\xi - \alpha_1) \cdots (\xi - \alpha_r) \cdot \chi(\xi)$, wobei χ ein Polynom ohne Nullstelle in K ist. Nach dem Grad-Satz gilt $r \leqslant \operatorname{Grad} \varphi$. Ist α eine Nullstelle von φ, so folgt durch Einsetzen in φ, daß einer der Faktoren $\alpha - \alpha_j$ Null ist, also $\alpha = \alpha_j$ gilt. Man erhält

Korollar 3. *Jedes vom Nullpolynom verschiedene Polynom hat höchstens so viele Nullstellen in* K *wie sein Grad angibt.*

Korollar 4. *Ist* φ *ein Polynom und gilt* $\varphi(\alpha) = 0$ *für unendlich viele* $\alpha \in K$, *so ist* φ *das Nullpolynom.*

Bemerkung. Mit zwei Polynomen φ und ψ sind nicht nur Summe und Produkt wieder Polynome, es ist auch die komponierte Abbildung $(\varphi \circ \psi)(\xi) = \varphi(\psi(\xi))$ ein Polynom.

Aufgaben. 1) Im Satz sind π und ρ durch φ und ψ eindeutig bestimmt.

2) Im Korollar 1 ist π durch α eindeutig bestimmt. Setzt man $\varphi'(\alpha) := \pi(\alpha)$, so ist $\varphi' : K \to K$ ein Polynom, und es gelten die „Differentiationsregeln": $(\varphi + \psi)' = \varphi' + \psi'$, $(\varphi\psi)' = \varphi'\psi + \varphi\psi'$.

3. Zerfallende Polynome. Ein Polynom φ *zerfällt* über K oder heißt über K *zerfallend*, wenn man es in der Form

$$\text{(Z)} \qquad \varphi(\xi) = \alpha \cdot (\xi - \lambda_1)^{m_1} \cdot \cdots \cdot (\xi - \lambda_r)^{m_r} \qquad \text{für} \qquad \xi \in K$$

schreiben kann mit $0 \neq \alpha \in K$, paarweise verschiedenen $\lambda_1, \ldots, \lambda_r \in K$ und positiven natürlichen Zahlen $m_1, \ldots, m_r$. Hier ist $m_1 + \cdots + m_r$ nach dem Grad-Satz gleich dem Grad n von φ, und α ist der Koeffizient α_n von ξ^n; α ist also durch φ eindeutig bestimmt.

Eindeutigkeits-Satz. *Ist φ ein (über K) zerfallendes Polynom, so sind die Paare $(\lambda_1, m_1), \ldots, (\lambda_r, m_r)$ in (Z) bis auf die Reihenfolge eindeutig bestimmt, und $\lambda_1, \ldots, \lambda_r$ sind genau die verschiedenen Nullstellen von φ.*

Man nennt m_i die *Ordnung* oder *Vielfachheit* der Nullstelle λ_i.

Beweis. In (Z) ist jedes λ_i eine Nullstelle von φ. Ist umgekehrt λ eine Nullstelle von φ, so folgt durch Einsetzen von λ in (Z), daß es ein i gibt mit $(\lambda - \lambda_i)^{m_i} = 0$, also $\lambda = \lambda_i$. Damit sind $\lambda_1, \ldots, \lambda_r$ als Nullstellen von φ durch φ eindeutig bestimmt.

Zwei Darstellungen von φ in der Form (Z) können sich (bei gleicher Numerierung der Nullstellen) nur in den Zahlen $m_1, \ldots, m_r$ unterscheiden. Der folgende Hilfssatz zeigt, daß dies nicht möglich ist:

Hilfssatz. *Sind ψ und χ zwei Polynome mit $(\xi - \lambda)^m \psi(\xi) = (\xi - \lambda)^s \chi(\xi)$ für alle $\xi \in K$ und gilt $\psi(\lambda) \neq 0$, $\chi(\lambda) \neq 0$, dann gilt $m = s$.*

Beweis. Ohne Einschränkung nimmt man $m \geqslant s$ an. Für $\xi \neq \lambda$ kann man durch $(\xi - \lambda)^s$ dividieren und erhält $(\xi - \lambda)^{m-s}\psi(\xi) - \chi(\xi) = 0$. Nach dem Korollar 4 in 2 gilt dies dann für alle $\xi \in K$. Im Falle $m > s$ würde dann aber $\chi(\lambda) = 0$ folgen. □

Bemerkung. Mit den gleichen Schlußweisen kann man den Eindeutigkeits-Satz auch auf nicht-zerfallende Polynome ausdehnen: *Jedes Polynom φ aus* Pol K *besitzt eine eindeutig bestimmte Darstellung der Form*

$$\varphi(\xi) = (\xi - \lambda_1)^{m_1} \cdot \cdots \cdot (\xi - \lambda_r)^{m_r} \cdot \psi(\xi)$$

mit paarweise verschiedenen $\lambda_1, \ldots, \lambda_r$ und einem Polynom ψ ohne Nullstellen in K. Die $\lambda_1, \ldots, \lambda_r$ sind genau dann die Nullstellen von φ in K.

Beispiele. Das Polynom $\xi^2 + \xi + 1$ hat in $\mathbb{Q}$ keine Nullstelle, über $\mathbb{R}$ zerfällt es in Linearfaktoren, das Polynom $\xi^2 + 1$ hat in $\mathbb{R}$ keine Nullstelle. Mit dem Zwischenwert-Satz für stetige Funktionen beweist man, daß jedes Polynom über $\mathbb{R}$ mit ungeradem Grad in $\mathbb{R}$ eine Nullstelle besitzt.

4. Pol K als Hauptidealring. Analog zu 2.3.2 nennt man eine Teilmenge I von Pol K ein *Ideal*, wenn gilt:

(I.1) I ist eine Untergruppe der additiven Gruppe von Pol K.

(I.2) Für $\varphi \in I$ und $\psi \in \operatorname{Pol} K$ gilt $\psi\varphi \in I$.

Wegen (I.1) ist ein Ideal nicht leer. Beispiele von Idealen erhält man nach Wahl von $\varphi \in \operatorname{Pol} K$ als sogenannte *Hauptideale* $\operatorname{Pol} K \cdot \varphi := \{\psi\varphi \colon \psi \in \operatorname{Pol} K\}$. Es ist überraschend, daß jedes Ideal in dieser Form dargestellt werden kann:

Satz. *Ist $I \neq \{0\}$ ein Ideal von* Pol K, *dann gibt es ein eindeutig bestimmtes normiertes Polynom $\varphi \neq 0$ mit $I = \operatorname{Pol} K \cdot \varphi$. Unter allen Polynomen $\neq 0$ aus I hat φ minimalen Grad.*

Beweis. Wegen $I \neq \{0\}$ ist die Teilmenge $M := \{\operatorname{Grad} \varphi \colon 0 \neq \varphi \in I\}$ von $\mathbb{N}$ nicht leer, besitzt also ein kleinstes Element m. Nach Konstruktion gilt also $\operatorname{Grad} \varphi \geqslant m$ für jedes $\varphi \in I$ mit $\varphi \neq 0$.

Zu m wählt man $\varphi \in I$ mit $m = \operatorname{Grad} \varphi$. Wegen (I.2) folgt $\operatorname{Pol} K \cdot \varphi \subset I$. Zum Nachweis von $I \subset \operatorname{Pol} K \cdot \varphi$ sei $\psi \in I$ beliebig gegeben. Nach dem Satz von der Division mit Rest gibt es dann Polynome π und ρ mit

$$\psi = \pi\varphi + \rho, \qquad \rho = 0 \qquad \text{oder} \qquad \operatorname{Grad} \rho < \operatorname{Grad} \varphi.$$

Wegen $\rho = \psi - \pi\varphi$ entnimmt man (I.1) und (I.2), daß ρ zu I gehört. Im Falle $\rho \neq 0$ würde man in I ein Polynom mit einem kleineren Grad als m gefunden haben im Widerspruch zur Wahl von m. Es gilt also $\rho = 0$, und ψ liegt in $\operatorname{Pol} K \cdot \varphi$.

Damit folgt $I = \operatorname{Pol} K \cdot \varphi$. Da mit φ auch $\alpha\varphi$, $0 \neq \alpha \in K$, diese Eigenschaft besitzt, kann man φ normiert wählen.

Ist jetzt φ^* ein weiteres normiertes Polynom mit $\operatorname{Pol} K \cdot \varphi = I = \operatorname{Pol} K \cdot \varphi^*$, so gibt es wegen $\varphi, \varphi^* \in I$ Polynome χ, χ^* mit $\varphi^* = \chi^*\varphi$ und $\varphi = \chi\varphi^*$, also $\varphi = \chi\chi^*\varphi$, das heißt, $(\chi\chi^* - 1)\varphi = 0$. Nach dem Gradsatz in 2 folgt $\chi\chi^* = 1$, und damit sind χ und χ^* ebenfalls nach dem Gradsatz konstant. Da φ und φ^* normiert sind, folgt $\chi = \chi^* = 1$. □

Bemerkung. Man nennt Ringe, in denen jedes Ideal ein Hauptideal ist, auch *Hauptidealringe.* Verwendet man den Betrag an Stelle des Grades, so kann man analog zeigen, daß $\mathbb{Z}$ ein Hauptidealring ist.

Zwei Polynome φ_1 und φ_2 nennt man *teilerfremd*, wenn aus jeder Darstellung $\varphi_1 = \chi_1\omega$, $\varphi_2 = \chi_2\omega$ mit Polynomen χ_1, χ_2, ω stets folgt, daß ω konstant ist.

Korollar. *Sind φ_1 und φ_2 teilerfremde Polynome, dann gibt es Polynome ψ_1 und ψ_2 mit $\varphi_1\psi_1 + \varphi_2\psi_2 = 1$.*

Beweis. Die Menge I aller Polynome $\varphi_1\psi_1 + \varphi_2\psi_2$ mit $\psi_1, \psi_2 \in \operatorname{Pol} K$ ist ein Ideal von Pol K. Nach dem Satz gibt es daher ein normiertes Polynom ω mit $I = \operatorname{Pol} K \cdot \omega$. Wegen $\varphi_i \in I$ gibt es $\chi_i \in \operatorname{Pol} K$ mit $\varphi_i = \chi_i\omega$ für $i = 1, 2$. Nach Voraussetzung ist ω konstant, also $\omega = 1$, und es gibt Polynome ψ_1, ψ_2 mit $\varphi_1\psi_1 + \varphi_2\psi_2 = \omega = 1$. □

Bemerkung. Sind φ_1 und φ_2 zwei zerfallende Polynome, so sind φ_1 und φ_2 genau dann teilerfremd, wenn sie keine gemeinsame Nullstelle haben.

5*. Unbestimmte. In der Algebra definiert man Polynome meist als Polynome in einer *Unbestimmten* X: Man betrachtet dazu die Menge $K[X]$ der formalen Summen $f(X) := \alpha_0 + \alpha_1 X + \cdots + \alpha_n X^n$, mit „Koeffizienten" $\alpha_0, \ldots, \alpha_n$ aus K und „Potenzen" $X^0 = 1, X, \ldots, X^n$ der Unbestimmten. Zwei solche „Polynome" heißen gleich, wenn sie „gleich lang" sind und die Koeffizienten übereinstimmen. Das Produkt von $f, g \in K[X]$ wird nun nach 2(1) *definiert*. Damit wird $K[X]$ ein kommutativer und assoziativer Ring, der *Polynomring* in der Unbestimmten X. Ist K ein unendlicher Körper, dann ist die Abbildung, die durch lineare Fortsetzung von $X \to \xi$ entsteht, ein Isomorphismus von $K[X]$ auf $\operatorname{Pol} K$. Man schreibt daher auch $K[\xi] = \operatorname{Pol} K$.

Polynome werden nicht nur bei der Untersuchung der Feinstruktur der Matrizen benötigt, Polynome und Polynomgleichungen in einer oder mehreren Unbestimmten spielen in der Algebra eine zentrale Rolle.

§ 2. Die komplexen Zahlen

1. Der Körper $\mathbb{C}$ der komplexen Zahlen. Im 2-dimensionalen $\mathbb{R}$-Vektorraum $\mathbb{R} \times \mathbb{R}$ der geordneten reellen Paare $\xi = (\xi_1, \xi_2)$, $\eta = (\eta_1, \eta_2), \ldots$, definiert man ein Produkt

$$(1) \qquad (\xi, \eta) \mapsto \xi\eta := (\xi_1\eta_1 - \xi_2\eta_2, \xi_1\eta_2 + \xi_2\eta_1)$$

und verifiziert, daß dieses Produkt distributiv, kommutativ und assoziativ ist. Wegen $(\alpha, 0) + \beta, 0) = (\alpha + \beta, 0)$ für $\alpha, \beta \in \mathbb{R}$ kann man – ohne Mißverständnisse befürchten zu müssen – die reelle Zahl α mit dem Element $(\alpha, 0)$ von $\mathbb{R} \times \mathbb{R}$ identifizieren. Man verifiziert, daß $1 = (1, 0)$ das Einselement ist und daß man mit $i := (0, 1)$ jedes $\xi \in \mathbb{R} \times \mathbb{R}$ wegen (1) in der Form einer „komplexen Zahl"

$$(2) \qquad \xi = \xi_1 + i\xi_2 \qquad \text{mit} \qquad \xi_1, \xi_2 \in \mathbb{R}$$

schreiben kann. Das Produkt

$$(3) \qquad (\xi_1 + i\xi_2)(\eta_1 + i\eta_2) = (\xi_1\eta_1 - \xi_2\eta_2) + i(\xi_1\eta_2 + \xi_2\eta_1)$$

entsteht nun durch distributives Rechnen bei Beachtung von $i^2 = -1$. Für $\xi \neq 0$ ist $\xi_1^2 + \xi_2^2 \neq 0$, setzt man daher

$$(4) \qquad \xi^{-1} := \frac{1}{\xi_1^2 + \xi_2^2}(\xi_1 - i\xi_2) \qquad \text{für} \qquad \xi \neq 0,$$

so folgt $\xi\xi^{-1} = 1$ aus (3). Damit ist die Menge $\mathbb{R} \times \mathbb{R}$ der *komplexen Zahlen* (2) zusammen mit dem Produkt (3) ein Körper. Dieser Körper (und nicht nur der Vektorraum $\mathbb{R} \times \mathbb{R}$) wird mit $\mathbb{C}$ bezeichnet und heißt der Körper der komplexen Zahlen. Den unterliegenden Vektorraum oder $\mathbb{C}$ selbst nennt man auch GAUSS*sche Ebene*.

Man nennt ξ_1 den *Realteil* von ξ, $\operatorname{Re}\xi := \xi_1$, und ξ_2 den *Imaginärteil* von ξ, $\operatorname{Im}\xi := \xi_2$, und sieht, daß die Abbildungen $\xi \mapsto \operatorname{Re}\xi$, $\xi \mapsto \operatorname{Im}\xi$, Linearformen des $\mathbb{R}$-Vektorraums $\mathbb{C}$ sind. Eine komplexe Zahl ξ ist *reell*, wenn $\operatorname{Im}\xi = 0$ gilt, sie heißt *rein imaginär*, wenn $\operatorname{Re}\xi = 0$ gilt.

Bemerkung. Auf die interessante Geschichte der komplexen Zahlen wird hier nicht eingegangen. Eine ausführliche Darstellung findet man im Kapitel 3 des Bandes „Zahlen".

2. Konjugation und Betrag. Man definiert in $\mathbb{C}$ eine *Konjugation* $\xi \mapsto \bar{\xi} := \xi_1 - i\xi_2$, ein *Skalarprodukt* $(\xi, \eta) \mapsto \langle \xi, \eta \rangle := \xi_1\eta_1 + \xi_2\eta_2$ und einen *Betrag* $\xi \mapsto \sqrt{\langle \xi, \xi \rangle} = \sqrt{\xi_1^2 + \xi_2^2}$. Damit wird $\mathbb{C}$ zu einem euklidischen Vektorraum, und man überzeugt sich von der Gültigkeit der folgenden Aussagen:

(1) Die Konjugation $\xi \mapsto \bar{\xi}$ ist $\mathbb{R}$-linear, und es gilt $\bar{\bar{\xi}} = \xi$, $\overline{\xi\eta} = \bar{\xi}\bar{\eta}$ (insbesondere $\overline{i\xi} = -i\bar{\xi}$).

(2) $|\xi|^2 = \xi\bar{\xi}$ und $|\xi\eta| = |\xi| \cdot |\eta|$.

(3) $\xi^{-1} = \dfrac{1}{|\xi|^2}\bar{\xi}, \qquad |\xi^{-1}| = \dfrac{1}{|\xi|}.$

(4) $\operatorname{Re}\xi = \dfrac{1}{2}(\xi + \bar{\xi}), \qquad \operatorname{Im}\xi = \dfrac{1}{2i}(\xi - \bar{\xi}).$

(5) $\langle \xi, \eta \rangle = \operatorname{Re}\xi\bar{\eta} = \operatorname{Re}\bar{\xi}\eta.$

Das Skalarprodukt $\langle \xi, \eta \rangle$ ist natürlich das kanonische Skalarprodukt des $\mathbb{R}^2$, wenn man $\mathbb{C}$ mit $\mathbb{R}^2$ identifiziert.

Eine geometrische Deutung der Addition von $\mathbb{C}$ in der Gaussschen Ebene ist wie in 1.1.6 möglich. Eine Deutung der Multiplikation $\xi\eta$ besteht in einer „Streckung" von η um den Faktor $|\xi|$ und einer Drehung um den Winkel zwischen ξ und 1:

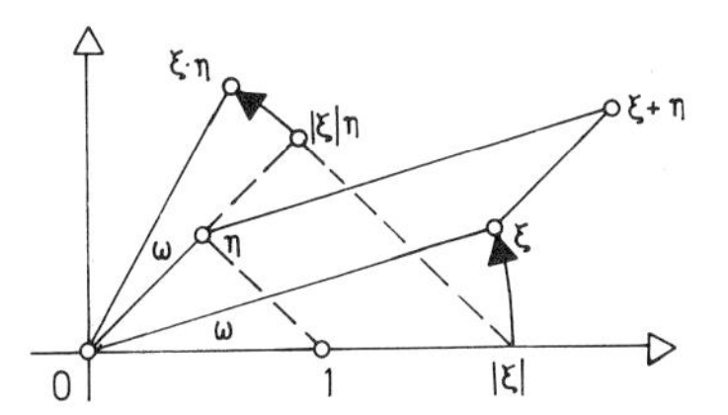

Konstruktion von $\xi \cdot \eta$: Verbinde η mit 1 und ziehe Parallele durch $|\xi|$. Diese schneidet die Gerade $\mathbb{R}\eta$ im Punkt $|\xi| \cdot \eta$. Trage Winkel ω an $\mathbb{R}\eta$ an

Zum Beweis gilt für den Winkel ω zwischen $\xi\eta$ und η:

$$\cos\omega = \frac{\langle \xi\eta, \eta \rangle}{|\xi\eta| \cdot |\eta|} = \frac{1}{|\xi| \cdot |\eta|^2}\operatorname{Re}(\xi\eta\bar{\eta}) = \frac{1}{|\xi|}\operatorname{Re}\xi = \frac{1}{|\xi|}\langle \xi, 1 \rangle.$$

Die Vektoren $\eta, \xi\eta$ von $\mathbb{R} \times \mathbb{R}$ sind positiv (bzw. negativ) orientiert, wenn der Imaginärteil von ξ positiv (bzw. negativ) ist.

3. Der Fundamentalsatz der Algebra. Es gibt zahllose nicht-konstante reelle Polynome, die keine reelle Nullstelle besitzen. Die Situation ist völlig anders, wenn man zu komplexen Polynomen übergeht:

Fundamentalsatz der Algebra. *Ist φ ein nicht-konstantes komplexes Polynom, dann gibt es (wenigstens) ein $\alpha \in \mathbb{C}$ mit $\varphi(\alpha) = 0$.*

Einen *Beweis* dieses Satzes sowie eine lesenswerte ausführliche Geschichte dieses Satzes findet man im Kapitel 4 des Bandes „Zahlen". Als Konsequenz erhält man den

Zerfällungs-Satz. *Jedes nicht-konstante Polynom über $\mathbb{C}$ zerfällt über $\mathbb{C}$.*

Beweis. Nach dem Fundamentalsatz kann man das Korollar 2 in 1.2 wiederholt anwenden und erhält eine Darstellung $\varphi(\xi) = \alpha(\xi - \alpha_1) \cdots (\xi - \alpha_n)$, wenn n den Grad von φ bezeichnet. Man bezeichnet mit $\lambda_1, \ldots, \lambda_r$ die verschiedenen unter den Zahlen $\alpha_1, \ldots, \alpha_n$ und erhält eine Darstellung (Z) (vgl. 1.3). □

Bemerkung. Die Bedeutung der komplexen Zahlen ist mit dem Fundamentalsatz der Algebra nicht erschöpft: Sie bilden vielmehr die Grundlage für die in Analogie zur Infinitesimalrechnung entwickelte „komplexe Analysis". Man vergleiche die Bände Funktionentheorie I und II dieser Lehrbuchreihe.

§ 3. Struktursatz für zerfallende Matrizen

1. Der Begriff der Diagonalisierbarkeit. Bereits beim Problem der Hauptachsentransformation (vgl. 6.2.5) und bei geometrischen Fragen im dreidimensionalen Anschauungsraum (vgl. 7.3.4) hatte man nutzbringend von den Begriffen „Eigenwert", „Eigenvektor" und „Fix-Gerade" Gebrauch machen können.

Für eine Matrix $A \in \mathrm{Mat}(n; K)$ nennt man wie in 6.2.6 ein $\lambda \in K$ einen *Eigenwert* von A, wenn es $v \in K^n$ gibt mit

$$(1) \qquad Av = \lambda v \quad \text{und} \quad v \neq 0.$$

Die Gerade Kv wird dann durch A in sich abgebildet, sie ist also eine *Fix-Gerade* von A. In (1) nennt man dann v einen *Eigenvektor* zum Eigenwert λ.

Beispiele. Ist A eine Diagonalmatrix mit Diagonalelementen $\alpha_1, \ldots, \alpha_n$, so sind alle α_i Eigenwerte mit dem kanonischen Basisvektor e_i als Eigenvektor.

Nach 2.5.2 gilt speziell das

Lemma. *Für $A \in \mathrm{Mat}(n; K)$ sind äquivalent:*

(i) *A ist invertierbar.*
(ii) *Null ist kein Eigenwert von A.*

Über einem beliebigen Körper braucht eine Matrix A keinen Eigenwert zu besitzen. Den anderen Extremfall, nämlich den Fall, daß A „viele" Eigenvektoren besitzt, behandeln wir in dem

Satz. *Für* $A \in \mathrm{Mat}(n;K)$, $W = (v_1, \ldots, v_n) \in \mathrm{Mat}(n;K)$ *und* $\lambda_1, \ldots, \lambda_n \in K$ *sind äquivalent:*

(i) $v_1, \ldots, v_n$ *ist eine Basis von* K^n, *und es gilt* $Av_i = \lambda_i v_i$ *für* $i = 1, \ldots, n$.
(ii) *Es gilt*

$$W \in GL(n;K) \qquad \text{und} \qquad W^{-1}AW = \begin{pmatrix} \lambda_1 & & 0 \\ & \ddots & \\ 0 & & \lambda_n \end{pmatrix}.$$

Beweis. (i) $\Rightarrow$ (ii): Nach dem Äquivalenz-Satz für Invertierbarkeit 2.5.2 ist die Matrix W invertierbar, und es gilt

$$\begin{aligned} AW &= A(v_1, \ldots, v_n) = (Av_1, \ldots, Av_n) = (\lambda_1 v_1, \ldots, \lambda_n v_n) \\ &= (v_1, \ldots, v_n) \begin{pmatrix} \lambda_1 & 0 & \cdots & 0 \\ 0 & \ddots & \ddots & \vdots \\ \vdots & \ddots & \ddots & 0 \\ 0 & \cdots & 0 & \lambda_n \end{pmatrix} = WD, \end{aligned}$$

wobei D die angegebene Diagonalmatrix ist.

(ii) $\Rightarrow$ (i): Aus $AW = WD$ folgt analog, daß die Diagonalelemente von D Eigenwerte von A und die Spalten von W Eigenvektoren sind. □

Bemerkungen. 1) Wie man sieht, erhält man für gewisse Matrizen eine Normalform, nämlich eine Diagonalform, wenn man den Übergang von A zu $W^{-1}AW$ mit $W \in GL(n;K)$ erlaubt. Man nennt zwei Matrizen $A, B \in \mathrm{Mat}(n;K)$ *ähnlich*, in Zeichen $A \sim B$, wenn es $W \in GL(n;K)$ gibt mit $W^{-1}AW = B$. Da $GL(n;K)$ eine Gruppe bei Multiplikation ist, gelten die Regeln

(i) $A \sim A$,
(ii) aus $A \sim B$ folgt $B \sim A$,
(iii) aus $A \sim B$, $B \sim C$ folgt $A \sim C$.

Damit ist die *Ähnlichkeit* eine Äquivalenz-Relation auf $\mathrm{Mat}(n;K)$.

2) Gibt es zu A ein $W \in GL(n;K)$, so daß $W^{-1}AW$ eine Diagonalmatrix ist, ist also A zu einer Diagonalmatrix ähnlich, dann nennt man A *diagonalisierbar*. Der Satz lautet damit: *Eine Matrix ist genau dann diagonalisierbar, wenn es eine Basis von Eigenvektoren gibt.*

3) In der Bemerkung in 7 wird man sehen, daß die Diagonalisierbarkeit für $K = \mathbb{R}$ und zerfallende Matrizen sozusagen der Regelfall ist.

Aufgabe. Jede Permutationsmatrix hat 1 als Eigenwert.

2. Das charakteristische Polynom. Es sei $A \in \mathrm{Mat}(n;K)$. Für $\xi \in K$ definiert man wie in 3.4.6 eine Abbildung $\chi_A : K \to K$ durch

(1) $$\chi_A(\xi) := \det(\xi E - A), \qquad \xi \in K.$$

Entwickelt man die rechte Seite nach einem der beiden Entwicklungssätze 3.2.2 oder verwendet den Darstellungs-Satz 3.3.3, so sieht man, daß $\chi_A\colon K \to K$ ein Polynom im Sinne von 1.1 ist. Man nennt χ_A das *charakteristische Polynom* von A. Wie in 3.4.6 gilt

(2) $$\chi_A(\xi) = \xi^n - \operatorname{Spur} A \cdot \xi^{n-1} + \cdots + (-1)^n \det A.$$

Aus dem Multiplikations-Satz für Determinanten 3.1.4 folgt sofort das

Invarianz-Lemma. *Sind die Matrizen $A, B \in \mathrm{Mat}(n; K)$ ähnlich, dann stimmen die charakteristischen Polynome χ_A und χ_B überein.*

Speziell sind die Koeffizienten des charakteristischen Polynoms (z. B. die Spur und die Determinante) Ähnlichkeits-Invarianten, das heißt, stimmen für ähnliche Matrizen überein.

Im Invarianz-Lemma gilt keineswegs stets die Umkehrung: Für $n = 2$ haben die Nullmatrix und die Matrix $\begin{pmatrix} 0 & 1 \\ 0 & 0 \end{pmatrix}$ das gleiche charakteristische Polynom, beide Matrizen sind aber nicht ähnlich.

3. Äquivalenz-Satz für Eigenwerte. *Für $A \in \mathrm{Mat}(n; K)$ und $\lambda \in K$ sind äquivalent:*

(i) *λ ist Eigenwert von A.*
(ii) *λ ist Nullstelle des charakteristischen Polynoms von A, also $\chi_A(\lambda) = 0$.*
(iii) *A ist ähnlich zu einer Matrix $\begin{pmatrix} \lambda & * \\ 0 & B \end{pmatrix}$ mit $B \in \mathrm{Mat}(n-1; K)$. In diesem Fall gilt $\chi_A(\xi) = (\xi - \lambda)\chi_B(\xi)$ für $\xi \in K$.*

Beweis. (i)$\Leftrightarrow$(ii): Sowohl (i) als auch (ii) sind damit äquivalent, daß die Matrix $\lambda E - A$ einen Kern $\neq \{0\}$ hat.

(i)$\Rightarrow$(iii): Man wähle $v \neq 0$ mit $Av = \lambda v$ und ergänze v zu einer Basis $v = v_1, v_2, \ldots, v_n$ von K^n (Basis-Satz 1.4.5). Nach dem Äquivalenz-Satz für Invertierbarkeit 2.5.2 gehört dann $W := (v_1, \ldots, v_n)$ zu $GL(n; K)$, und es gilt $AW = A(v_1, \ldots, v_n) = (Av, Av_2, \ldots, Av_n) = (\lambda v, *, \ldots, *)$. Wegen $E = W^{-1}W = W^{-1}(v_1, \ldots, v_n) = (W^{-1}v, *, \ldots, *)$ ist $W^{-1}v$ der kanonische Basisvektor e_1, und es folgt $W^{-1}AW = (\lambda W^{-1}v, *, \ldots, *) = (\lambda e_1, *, \ldots, *) = \begin{pmatrix} \lambda & * \\ 0 & B \end{pmatrix}$. Mit dem Invarianz-Lemma und (D.8) in 3.1.4 erhält man

$$\begin{aligned} \chi_A(\xi) &= \det(\xi E - A) = \det(\xi E - W^{-1}AW) \\ &= \det\left(\xi E - \begin{pmatrix} \lambda & * \\ 0 & B \end{pmatrix}\right) = \det\begin{pmatrix} \xi - \lambda & * \\ 0 & \xi E - B \end{pmatrix} \\ &= (\xi - \lambda)\det(\xi E - B), \end{aligned}$$

und das ist die Behauptung.

(iii)$\Rightarrow$(ii): Folgt aus der Beziehung zwischen χ_A und χ_B. □

Bemerkung. Teil (iii) des Äquivalenzsatzes wird mehrfach anzuwenden sein. Man mache sich dazu klar, daß die folgende Schlußweise erlaubt ist:

$$A \sim \begin{pmatrix} \lambda & a \\ 0 & B \end{pmatrix}, \qquad B \sim C \Rightarrow A \sim \begin{pmatrix} \lambda & b \\ 0 & C \end{pmatrix}.$$

4. Nilpotente Matrizen. Eine Matrix $A \in \mathrm{Mat}(n; K)$ heißt *nilpotent* (oder ein *Nilpotent*), wenn es ein $m \in \mathbb{N}$ gibt mit $A^m = 0$. Mit A ist jede zu A ähnliche Matrix nilpotent. Eine nilpotente Matrix ist niemals invertierbar.

Lemma. *Eine nilpotente Matrix hat Null als einzigen Eigenwert.*

Beweis. Ist λ Eigenwert der nilpotenten Matrix A, so gibt es $0 \neq v \in K^n$ mit $Av = \lambda v$, also $A^m v = \lambda^m v$. Es folgt $\lambda^m = 0$, also $\lambda = 0$. Null ist aber auch Eigenwert: Wählt man m so, daß $A^m = 0$, aber $A^{m-1} \neq 0$, dann gibt es $u \in K^n$ mit $v := A^{m-1}u \neq 0$, und es folgt $Av = 0$. Hier sind die Potenzen A^m wie in 2.4.1 definiert, und es gilt $A^0 = E$. □

Eine Matrix $A = (\alpha_{ij}) \in \mathrm{Mat}(n; K)$ heißt *obere Dreiecksmatrix*, wenn unterhalb der Diagonale nur Nullen stehen, wenn also $\alpha_{ij} = 0$ für $i > j$, sie heißt *echte obere Dreiecksmatrix*, wenn auf und unterhalb der Diagonalen nur Nullen stehen, wenn also $\alpha_{ij} = 0$ für $i \geqslant j$.

Satz A. *Für eine Matrix* $A \in \mathrm{Mat}(n; K)$ *sind äquivalent:*

(i) *A ist nilpotent.*
(ii) *A ist zu einer echten oberen Dreiecksmatrix ähnlich.*

In diesem Fall gilt bereits $A^n = 0$ und $\chi_A(\xi) = \xi^n$.

Beweis. (i) ⇒ (ii): Nach dem Lemma hat A den Eigenwert 0, nach dem Äquivalenz-Satz 3 ist A also ähnlich zu einer Matrix der Form $\begin{pmatrix} 0 & * \\ 0 & B \end{pmatrix}$. Hier ist B wieder nilpotent, und die Behauptung folgt mit einer Induktion über die Zeilenzahl.

(ii) ⇒ (i): Es genügt der Nachweis, daß für eine obere Dreiecksmatrix $A \in \mathrm{Mat}(n; K)$ stets $A^n = 0$ gilt. Man schreibt $A = \begin{pmatrix} 0 & b \\ 0 & C \end{pmatrix}$ mit $b \in K_{n-1}$, $C \in \mathrm{Mat}(n-1; K)$ und erhält

$$A^n = \begin{pmatrix} 0 & bC^{n-1} \\ 0 & C^n \end{pmatrix}.$$

Die Behauptung folgt nun wieder mit einer Induktion über die Zeilenzahl.

Zur Berechnung von $\chi_A(\xi) = \det(\xi E - A)$ ist $\xi E - A$ also zu einer Dreiecksmatrix ähnlich, bei der auf der Diagonale überall ξ steht. Nach 3.1.4 (D.7) folgt $\chi_A(\xi) = \xi^n$. □

Korollar. *Ist A nilpotent, so gilt* $\mathrm{Spur}\, A = 0$.

Zwei Matrizen $A, B \in \mathrm{Mat}(n; K)$ nennt man *vertauschbar*, wenn $AB = BA$ gilt.

Proposition. *Es seien* $A, B \in \mathrm{Mat}(n; K)$ *vertauschbar.*

a) *Es gilt der binomische Satz* $(A + B)^m = \sum_{k=0}^{m} \binom{m}{k} A^k B^{m-k}$.
b) *Ist* B *nilpotent, so ist auch* AB *nilpotent.*
c) *Sind* A *und* B *nilpotent, so ist auch* $A + B$ *nilpotent.*

Beweis. a) Wegen der Vertauschbarkeit von A und B kann man kommutativ rechnen, und der Beweis verläuft wie beim klassischen binomischen Satz durch Induktion nach m.

b) Man hat $(AB)^m = A^m B^m$.

c) Gilt $A^r = 0 = B^s$, so setzt man $m = r + s$ in a). In jedem Summanden ist dann $k \geqslant r$ oder $m - k \geqslant s$, das heißt, jeder Summand ist Null. □

Satz B. *Sind* $A, N \in \mathrm{Mat}(n; K)$ *vertauschbar und ist* N *nilpotent, dann haben* A *und* $A + N$ *das gleiche charakteristische Polynom. Speziell gilt* $\det(A + N) = \det A$.

Beweis. Da K unendlich viele Elemente hat, gibt es $\xi \in K$ mit $\chi_A(\xi) = \det(\xi E - A) \neq 0$, und $\xi E - A$ ist invertierbar. Man setzt $M := (\xi E - A)^{-1} N$ und erhält:

1) *M ist nilpotent.* Denn mit A ist auch $\xi E - A$ mit N vertauschbar, $(\xi E - A)N = N(\xi E - A)$. Man multipliziert von links und rechts mit $(\xi E - A)^{-1}$ und sieht, daß $(\xi E - A)^{-1}$ und N vertauschbar sind. Die Behauptung folgt nun aus Teil b) der Proposition.

2) $\det(E - M) = 1$. Nach Satz A gibt es $W \in GL(n; K)$, so daß $W^{-1}MW$ eine echte obere Dreiecksmatrix ist. Es folgt $\det(E - M) = \det\{W(E - W^{-1}MW)W^{-1}\} = \det(E - W^{-1}MW) = 1$ nach 3.1.4 (D.4) bzw. (D.7).

3) $\chi_A(\xi) = \chi_{A+N}(\xi)$ *für alle* $\xi \in K$. Man hat für $\xi \in K$ mit $\chi_A(\xi) \neq 0$:

$$\begin{aligned}\chi_{A+N}(\xi) &= \det(\xi E - A - N)\\ &= \det\{(\xi E - A)(E - M)\} = \det(\xi E - A) \cdot \det(E - M)\\ &= \chi_A(\xi).\end{aligned}$$

Nach dem Korollar 4 in 1.2 gilt dies dann für alle $\xi \in K$. □

Bemerkung. Sowohl in der Proposition wie auch in Satz B ist die Vertauschbarkeit wesentlich: Man teste die Matrizen $\begin{pmatrix} 0 & 0 \\ 1 & 0 \end{pmatrix}$ und $\begin{pmatrix} 0 & 1 \\ 0 & 0 \end{pmatrix}$ auf Summe und charakteristisches Polynom.

5. Idempotente Matrizen. Eine Matrix $A \neq 0$ heißt *idempotent* (oder ein *Idempotent*), wenn $A^2 = A$ gilt. Mit A ist jede zu A ähnliche Matrix idempotent. Ist A ein invertierbares Idempotent, dann ist $A = E$.

Unter Verwendung des Begriffs der direkten Summe (vgl. 1.8.1) hat man zunächst das

Lemma. *Ist A idempotent, dann gilt*

$$K^n = \text{Bild}\, A \oplus \text{Kern}\, A,$$

das heißt, jedes $x \in K^n$ läßt sich eindeutig schreiben als $x = x_1 + x_0$ mit $x_1 \in \text{Bild}\, A$ und $x_0 \in \text{Kern}\, A$. Insbesondere gilt $Ax_1 = x_1$, und A hat nur die Eigenwerte 0 und 1.

Beweis. Man hat $x = Ax + x - Ax$ und bekommt $Ax \in \text{Bild}\, A$ und $A(x - Ax) = Ax - A^2x = 0$, also $x - Ax \in \text{Kern}\, A$. Hat man zwei Darstellungen $x_1 + x_0 = x'_1 + x'_0$, so folgt $x_1 - x'_1 = x'_0 - x_0$, und $0 = A(x'_0 - x_0) = A(x_1 - x'_1) = x_1 - x'_1$ ergibt $x'_1 = x_1$ und dann $x'_0 = x_0$. □

Satz. *Für eine Matrix $A \in \text{Mat}(n; K)$ vom Rang $r > 0$ sind äquivalent:*

(i) *A ist idempotent.*

(ii) *A ist zur Matrix $\begin{pmatrix} E^{(r)} & 0 \\ 0 & 0 \end{pmatrix}$ ähnlich.*

In diesem Fall gilt $\text{Spur}\, A = r \cdot 1_K$ *und* $\chi_A(\xi) = (\xi - 1)^r \cdot \xi^{n-r}$.

Beweis. (i) ⇒ (ii): Man wählt eine Basis $b_1, \ldots, b_r$, $r = \text{Rang}\, A = \dim \text{Bild}\, A$, von $\text{Bild}\, A$ und eine Basis $b_{r+1}, \ldots, b_n$ von $\text{Kern}\, A$. Die $b_1, \ldots, b_r$ sind dann Eigenvektoren von A zum Eigenwert 1, denn für $x_1 = Ax \in \text{Bild}\, A$ gilt $Ax_1 = A^2x = Ax = x_1$. Die $b_{r+1}, \ldots, b_n$ sind Eigenvektoren von A zum Eigenwert 0. Nach dem Lemma ist $b_1, \ldots, b_n$ eine Basis von K^n, und die Behauptung folgt aus Satz 1.

(ii) ⇒ (i): Trivial. □

Korollar. *Für $\xi \in K$ und idempotente Matrix A gilt* $\det(E - \xi A) = (1 - \xi)^{\text{Rang}\, A}$.

Aufgaben. 1) In K gelte $2 \neq 0$. Für $A \in \text{Mat}(n; K)$ sind äquivalent: (i) $A^2 = E$, (ii) $B := \frac{1}{2}(E - A)$ ist idempotent, (iii) A ist einer Diagonalmatrix mit Diagonalelementen ± 1 ähnlich.

2) Sei $A \in \text{Mat}(m, n; K)$ und sei B ein Pseudo-Inverses von A (vgl. 2.8.2).

a) AB und BA sind Idempotente.

b) Es gibt $U \in GL(m; K)$ und $V \in GL(n; K)$ mit $A = U\begin{pmatrix} E & 0 \\ 0 & 0 \end{pmatrix}V$ und $B = V^{-1}\begin{pmatrix} E & 0 \\ 0 & 0 \end{pmatrix}U^{-1}$. (Hinweis: Wähle U mit $AB = U\begin{pmatrix} E & 0 \\ 0 & 0 \end{pmatrix}U^{-1}$, also ohne Einschränkung $AB = \begin{pmatrix} E & 0 \\ 0 & 0 \end{pmatrix}$, und dann V mit $AV = \begin{pmatrix} * & 0 \\ * & 0 \end{pmatrix}$.)

6. Zerfallende Matrizen. Eine Matrix $A \in \text{Mat}(n; K)$ *zerfällt* (über K) oder heißt (über K) *zerfallend* (oder *split*), wenn das charakteristische Polynom χ_A zerfällt (vgl. 1.3), wenn es also paarweise verschiedene $\lambda_1, \ldots, \lambda_r \in K$ und positive natürliche Zahlen $m_1, \ldots, m_r$ gibt mit

(1) $$\chi_A(\xi) = (\xi - \lambda_1)^{m_1} \cdot \ldots \cdot (\xi - \lambda_r)^{m_r} \qquad \text{für alle} \qquad \xi \in K.$$

Nach dem Eindeutigkeits-Satz 1.3 sind die $\lambda_1, \ldots, \lambda_r$ und die $m_1, \ldots, m_r$ bis auf die

Reihenfolge durch A eindeutig bestimmt. Nach dem Äquivalenz-Satz 3 sind die $\lambda_1, \dots, \lambda_r$ die Eigenwerte von A in K. Die Zahl m_i nennt man die (*algebraische*) *Vielfachheit* des Eigenwertes λ_i.

Jede Matrix aus $\mathrm{Mat}(n; \mathbb{C})$ zerfällt nach dem Zerfällungs-Satz 2.3. Nach den Sätzen 4 und 5 zerfallen sowohl nilpotente als auch idempotente Matrizen.

Äquivalenz-Satz für zerfallende Matrizen. *Für eine Matrix* $A \in \mathrm{Mat}(n; K)$ *sind äquivalent:*

(i) *A zerfällt.*

(ii) *A ist einer oberen Dreiecksmatrix ähnlich.*

Hier ist wegen 3.1.4 (D.7), nur die Richtung „(i) $\Rightarrow$ (ii)" zu beweisen. Diese erhält man aus dem – mehr Information enthaltenden – folgenden Satz. Zur bequemeren Formulierung nennt man dabei eine Matrix der Form

(2) $$J := \lambda E + N, \qquad \lambda \in K, \qquad N \text{ echte obere Dreiecksmatrix},$$

eine JORDAN-*Matrix* oder genauer eine JORDAN-*Matrix zum Eigenwert* λ.

Struktur-Satz für zerfallende Matrizen. *Ist* $A \in \mathrm{Mat}(n; K)$ *eine zerfallende Matrix mit charakteristischem Polynom* (1), *dann ist* A *ähnlich zu einer Kästchen-Diagonalmatrix*

(3) $$\begin{pmatrix} A_1 & 0 & \cdots & 0 \\ 0 & A_2 & \ddots & \vdots \\ \vdots & \ddots & \ddots & 0 \\ 0 & \cdots & 0 & A_r \end{pmatrix},$$

wobei jedes $A_i = \lambda_i E + N_i$ *für* $i = 1, 2, \dots, r$ *eine* $m_i \times m_i$ JORDAN-*Matrix ist.*

Der *Beweis* wird durch Induktion nach n geführt. Für $n = 1$ ist $A = A_1 = \lambda_1$, und nichts ist zu beweisen. Sei der Satz also für alle zerfallenden Matrizen aus $\mathrm{Mat}(n-1; K)$ bewiesen.

Sei $A \in \mathrm{Mat}(n; K)$ mit charakteristischem Polynom (1) gegeben. Es ist λ_1 eine Nullstelle von χ_A, nach dem Äquivalenz-Satz 3 ist A also ähnlich zu einer Matrix der Form

(4) $$\begin{pmatrix} \lambda_1 & * \\ 0 & B \end{pmatrix}, \qquad B \in \mathrm{Mat}(n-1; K),$$

und es gilt $\chi_A(\xi) = (\xi - \lambda_1)\chi_B(\xi)$. Nach (1) folgt

(5) $$\chi_B(\xi) = (\xi - \lambda_1)^{m_1 - 1}(\xi - \lambda_2)^{m_2} \cdot \dots \cdot (\xi - \lambda_r)^{m_r}$$

für alle $\xi \in K$ mit $\xi \neq \lambda_1$. Nach dem Korollar 4 in 1.2 gilt (5) aber dann für alle $\xi \in K$. Damit ist χ_B und folglich B zerfallend. Nach Induktionsannahme ist B daher ähnlich zu einer Matrix

(6) $$\begin{pmatrix} A_1^* & 0 & \cdots & 0 \\ 0 & A_2 & \ddots & \vdots \\ \vdots & \ddots & \ddots & 0 \\ 0 & \cdots & 0 & A_r \end{pmatrix}, \qquad A_i = \lambda_i E + N_i \in \mathrm{Mat}(m_i; K), \qquad i = 2, \dots, r,$$

und $A_1^* = \lambda_1 E + N_1^* \in \mathrm{Mat}(m_1 - 1; K)$. Im Falle $m_1 = 1$ tritt A_1^* nicht auf! Faßt man (4) und (6) zusammen, dann ist A ähnlich zu einer Matrix

$$(7) \qquad C = \begin{pmatrix} A_1 & C_2 & C_3 & \cdots & C_r \\ 0 & A_2 & 0 & \cdots & 0 \\ \vdots & & \ddots & \ddots & \vdots \\ \vdots & & & \ddots & 0 \\ 0 & \cdots & & 0 & A_r \end{pmatrix} \qquad \text{mit} \qquad C_i \in \mathrm{Mat}(m_1, m_i; K),$$

und die A_i sind JORDAN-Matrizen.

Man wird nun einen Ansatz $W^{-1}CW$ versuchen, der die in (7) vorhandenen Null-Kästchen nicht verändert. Der naheliegende Versuch, W in der Form (7) zu wählen, führt zu

$$(8) \quad W^{-1}CW = \begin{pmatrix} A_1 & D_2 & D_3 & \cdots & D_r \\ 0 & A_2 & 0 & \cdots & 0 \\ \vdots & & \ddots & \ddots & \vdots \\ \vdots & & & \ddots & 0 \\ 0 & \cdots & & 0 & A_r \end{pmatrix} \quad \text{für} \quad W = \begin{pmatrix} E & W_2 & W_3 & \cdots & W_r \\ 0 & E & 0 & \cdots & 0 \\ \vdots & & \ddots & \ddots & \vdots \\ \vdots & & & \ddots & 0 \\ 0 & \cdots & & 0 & E \end{pmatrix}$$

mit $D_k := A_1 W_k - W_k A_k + C_k$, $k = 2, 3, \ldots, r$, und zunächst beliebigen Matrizen $W_2, \ldots, W_r$. Man trägt $A_k = \lambda_k E + N_k$ ein und erhält

$$(9) \qquad D_k = (\lambda_1 - \lambda_k) W_k + N_1 W_k - W_k N_k + C_k.$$

Hilfssatz. *Sind* $M \in \mathrm{Mat}(p; K)$, $N \in \mathrm{Mat}(q; K)$ *nilpotente Matrizen und ist* $C \in \mathrm{Mat}(p, q; K)$ *gegeben, dann gibt es genau ein* $X \in \mathrm{Mat}(p, q; K)$ *mit* $X = MX - XN + C$.

Dividiert man (9) durch $\lambda_1 - \lambda_k$, dann kann man diesen Hilfssatz anwenden. Es gibt also $W_2, \ldots, W_r$ mit $D_2 = 0, \ldots, D_r = 0$, und A ist nach (8) zu einer Matrix der Form (3) ähnlich.

Beweis des Hilfssatzes. Die Gleichung $X = MX - XN + C$ ist ein Gleichungssystem von pq Gleichungen für die pq Elemente der Matrix $X \in \mathrm{Mat}(p, q; K)$. Nach Satz 2.7.3 ist dieses Gleichungssystem eindeutig lösbar, wenn das homogene System $X = MX - XN$ nur trivial lösbar ist. Sei X also eine Lösung der Gleichung $X = MX - XN$. Man trägt $MX - XN$ auf der rechten Seite für X ein und erhält $X = M^2 X - 2MXN + XN^2$. Man iteriert dieses Verfahren und beweist durch Induktion nach s die Formel

$$(10) \qquad X = \sum_{\sigma=0}^{s} (-1)^{\sigma} \binom{s}{\sigma} M^{s-\sigma} X N^{\sigma}.$$

M und N sind nilpotent, es gibt also $m, n \in \mathbb{N}$ mit $M^m = 0$, $N^n = 0$. Für $s = m + n$ ist in jedem Glied die Summe $s - \sigma \geqslant m$ oder $\sigma \geqslant n$, das heißt, es folgt $X = 0$. □

Bemerkung. Der Hilfssatz ist hier der Schlüssel zum Beweis. Für nicht-nilpotente Matrizen M und N kann das Gleichungssystem $X = MX - XN$ nicht so einfach behandelt werden.

Korollar. *Die Spur einer zerfallenden Matrix ist Summe aller ihrer Eigenwerte.*

Eine Verschärfung. Bei praktisch allen Anwendungen des Struktur-Satzes kommt man mit der Kästchen-Zerlegung in JORDAN-Matrizen $J = \lambda E + N$, N echte obere Dreiecksmatrix, aus. Man kann im Struktur-Satz jedoch erreichen, daß jedes N_i selbst wiederum aus Diagonalkästchen von sogenannten „nilzyklischen" Matrizen besteht. Einen Beweis findet man in 9.5.5.

Aufgaben. 1) Die Menge $J(m; K)$ aller $m \times m$ JORDAN-Matrizen zu Eigenwerten $\neq 0$ bildet eine Untergruppe der $GL(m; K)$.

2) Für $A = \begin{pmatrix} 0 & 1 \\ -1 & 0 \end{pmatrix} \in \mathrm{Mat}(2; \mathbb{C})$ gilt $\chi_A(\xi) = \xi^2 + 1$.

Man gebe alle $W \in GL(2; \mathbb{C})$ an mit $W^{-1}AW = \begin{pmatrix} i & 0 \\ 0 & -i \end{pmatrix}$.

3) Man zeige, daß die Matrizen

$$\begin{pmatrix} 3 & 0 & -4 \\ -12 & 7 & 24 \\ 5 & -2 & -9 \end{pmatrix} \quad \text{und} \quad \begin{pmatrix} 1 & 1 & 0 \\ 0 & 1 & 0 \\ 0 & 0 & -1 \end{pmatrix}$$

über $\mathbb{Q}$ ähnlich sind.

7. Diagonalisierbarkeits-Kriterium. *Zerfällt das charakteristische Polynom χ_A einer Matrix $A \in \mathrm{Mat}(n; K)$ über K in verschiedene Linearfaktoren, dann ist A diagonalisierbar.*

Beweis. Da sich hier die Voraussetzung (nach dem Invarianz-Lemma 2) und die Behauptung nicht ändern, wenn man von A zu einer ähnlichen Matrix übergeht, kann man nach dem Struktursatz 6 annehmen, daß A eine Kästchen-Diagonalmatrix der Form 6(3) ist. Nach Voraussetzung sind in 6(1) alle Zahlen $m_1, \ldots, m_r$ gleich 1, so daß A eine Diagonalmatrix ist. □

Bemerkung. Zumindest für $K = \mathbb{R}$ hat das charakteristische Polynom χ_A einer zerfallenden Matrix $A \in \mathrm{Mat}(n; \mathbb{R})$ keine mehrfachen Nullstellen, zerfällt also in verschiedene Linearfaktoren, wenn die Diskriminante $D(\chi_A)$ (vgl. 3.4.7) ungleich Null ist.

Zur Geschichte des Struktur-Satzes für zerfallende Matrizen. Die Frage, welche Normalformen von Matrizen (oder von Substitutionen) man erhalten kann, wenn man zu ähnlichen Matrizen übergeht, wurde fast gleichzeitig von WEIERSTRASS und C. JORDAN behandelt: Im Jahre 1868 gab WEIERSTRASS (Zur Theorie der bilinearen und quadratischen Formen, Werke II, 19–44) mit Hilfe der sogenannten „Elementarteiler" ein Kriterium für die Ähnlichkeit zweier Matrizen, und im Jahre 1870 zeigte JORDAN in seinem berühmten *Traité des substitutions et des equations algébriques* (Neudruck 1957 bei Gauthier-Villars, Paris), daß jede Matrix zu einer „form canonique" ähnlich ist (Livre II, Chap. II, § V). Für zerfallende Matrizen folgt aus jedem der beiden Ergebnisse der Struktur-Satz 6. Im *Traité* findet man auch bereits das obige Diagonalisierbarkeits-Kriterium. Während WEIERSTRASS als Grundkörper den Körper $\mathbb{C}$ betrachtet, behandelt JORDAN (in moderner Sprache) den Fall des Grundkörpers $\mathbb{Z}/p\mathbb{Z}$ von p Elementen (p Primzahl). Bei ihm heißt $\det(\lambda E - A)$ die „Charakteristik" der Substitution A.

Die Gestalt 6(3) einer Matrix nennt man heute meist (nicht ganz zutreffend) die JORDAN*sche Normalform.*

8*. Ein Beispiel zum Struktur-Satz. Über $\mathbb{C}$ lassen sich die Lösungen A einer Matrizen-Gleichung $A^2 = \alpha E$, $\alpha \neq 0$, natürlich auf Lösungen der Gleichung $A^2 = E$ zurückführen. Nach Aufgabe 1 in 5 gilt dies genau dann, wenn A zu einer Diagonalmatrix mit Diagonalelementen ± 1 ähnlich ist. Über den reellen Zahlen kann man die Ausgangsgleichung nur auf $A^2 = E$ oder $A^2 = -E$ reduzieren.

Lemma. *Ist $A^2 = -E$ mit einem $A \in \mathrm{Mat}(n; \mathbb{R})$ lösbar, so ist $n = 2m$ gerade, und die Lösungen sind genau die zu*

$$K := \begin{pmatrix} J & 0 & \cdots & 0 \\ 0 & J & \ddots & \vdots \\ \vdots & \ddots & \ddots & 0 \\ 0 & \cdots & 0 & J \end{pmatrix}, \qquad J := \begin{pmatrix} 0 & -1 \\ 1 & 0 \end{pmatrix},$$

ähnlichen Matrizen aus $\mathrm{Mat}(2m; \mathbb{R})$.

Beweis. Sei $A \in \mathrm{Mat}(n; \mathbb{R})$ mit $A^2 = -E$ gegeben. Man definiert eine skalare Multiplikation $(\mathbb{C}, \mathbb{R}^n) \to \mathbb{R}^n$ durch $\zeta * x := \xi x + \eta A x$, falls $\zeta = \xi + i\eta \in \mathbb{C}$, und verifiziert, daß die additive Gruppe des $\mathbb{R}^n$ zusammen mit der Skalarmultiplikation $(\zeta, x) \to \zeta * x$ ein Vektorraum über $\mathbb{C}$ ist. Nun wähle man eine Basis $b_1, \ldots, b_m$ des $\mathbb{C}$-Vektorraums $\mathbb{R}^n$ und mache sich klar, daß $b_1, Ab_1, \ldots, b_m, Ab_m$ eine Basis des ursprünglichen $\mathbb{R}$-Vektorraums $\mathbb{R}^n$ ist. Es folgt $n = 2m$, und für $W := (b_1, Ab_1, \ldots, b_m, Ab_m)$ gilt $W^{-1}AW = K$. □

9*. Elementarsymmetrische Funktionen und Potenzsummen. Sind $\lambda_1, \ldots, \lambda_n$ beliebige Elemente aus K, so gibt es eine Darstellung

$$(1) \qquad \varphi(\xi) := \prod_{i=1}^{n} (\xi - \lambda_i) = \sum_{j=0}^{n} (-1)^j \varepsilon_j \xi^{n-j} \qquad \text{für} \qquad \xi \in K.$$

Die Koeffizienten $\varepsilon_j = \varepsilon_j(\lambda_1, \ldots, \lambda_n)$ nennt man die *elementar-symmetrischen Funktionen* von $\lambda_1, \ldots, \lambda_n$, speziell hat man $\varepsilon_0 = 1$ und

$$(2) \qquad \varepsilon_1 = \sum_{i=1}^{n} \lambda_i, \qquad \varepsilon_2 = \sum_{1 \leqslant k < l \leqslant n} \lambda_k \lambda_l, \ldots .$$

Neben den elementarsymmetrischen Funktionen der $\lambda_1, \ldots, \lambda_n$ hat man manchmal die Potenzsummen

$$(3) \qquad \sigma_k := \sigma_k(\lambda_1, \ldots, \lambda_n) := \sum_{i=1}^{n} \lambda_i^k, \qquad k \geqslant 0,$$

zu betrachten. Speziell gilt $\sigma_0 = n$ und $\sigma_1 = \varepsilon_1$. Eine einfache Verifikation ergibt weiter $\sigma_1^2 = \sigma_2 + 2\varepsilon_2$, so daß man Relationen zwischen den ε_j und σ_k vermuten wird:

Satz. *Setzt man $\varepsilon_j = 0$ für $j > n$, so gilt $\sum_{k=1}^{j} (-1)^{k+1} \sigma_k \varepsilon_{j-k} = j \cdot \varepsilon_j$ für alle $j \geqslant 1$.*

Für kleine n findet man diese Formeln in der *Arithmetica universalis* (Edit. s'Gravesande, 1732, S. 192) von Isaac NEWTON (1642–1727). Ein Beweis durch logarithmische Differentiation wird bereits in dem BALTZERschen Lehrbuch (vgl. 3.7.2, 2. Aufl., S. 77) erwähnt.

Ein einfacher *Beweis* wird hier für $K = \mathbb{R}$ mit Hilfe von Potenzreihen und Differentiation durchgeführt. Verwendet man sogenannte formale Potenzreihen und sogenannte algebraische Differentiation, dann bleibt der Beweis für jeden Körper gültig.

In (1) schreibt man $\xi = \eta^{-1}$, multipliziert mit η^n und erhält

$$\psi(\eta) := \prod_{i=1}^{n} (1 - \lambda_i \eta) = \sum_{j=0}^{n} (-1)^j \varepsilon_j \eta^j, \qquad \eta \in \mathbb{R}.$$

Für hinreichend kleine $|\eta|$ ist $\psi(\eta)$ ungleich Null, durch logarithmische Differentiation folgt

$$\psi(\eta) \cdot \sum_{i=1}^{n} \frac{\lambda_i}{1 - \lambda_i \eta} = \sum_{j=1}^{\infty} (-1)^{j-1} j \cdot \varepsilon_j \eta^{j-1}.$$

Trägt man links die Summenformel für die geometrischen Reihen ein, so erhält man mit (3)

$$\sum_{l=0}^{\infty} (-1)^l \varepsilon_l \eta^l \cdot \sum_{k=1}^{\infty} \sigma_k \eta^{k-1} = \sum_{j=1}^{\infty} (-1)^{j-1} j \cdot \varepsilon_j \eta^{j-1}.$$

Multipliziert man nun die beiden Potenzreihen aus, so folgt die Behauptung durch einen Koeffizientenvergleich. □

Mit Hilfe dieser Formeln kann man nun die in 3.4.6 angegebenen Identitäten

(4) $$\sum_{i=1}^{j} (-1)^{i+1} \operatorname{Spur} A^i \cdot \omega_{j-i}(A) = j \cdot \omega_j(A), \quad \omega_j(A) = 0 \quad \text{für} \quad j > n,$$

zwischen den Koeffizienten $\omega_j(A)$ des charakteristischen Polynoms einer Matrix $A \in \operatorname{Mat}(n; K)$ und den Werten $\operatorname{Spur} A^k$ beweisen.

Der Beweis von (4) wird für $K = \mathbb{C}$ mit Stetigkeitsargumenten geführt, für beliebige Körper K hat man zum algebraischen Abschluß überzugehen und „generisch" zu argumentieren.

Zum Beweis von (4) über $\mathbb{C}$ bezeichnet $\delta_A \in \operatorname{Pol} \mathbb{C}$ die Diskriminante des charakteristischen Polynoms χ_A von A. Nach 3.4.7 (mit $\mathbb{C}$ an Stelle von $\mathbb{R}$) hat χ_A für $\delta_A \neq 0$ keine mehrfachen Nullstellen. Das Diagonalisierbarkeits-Kriterium 7 zeigt, daß A für $\delta_A \neq 0$ diagonalisierbar ist. Bezeichnen $\lambda_1, \ldots, \lambda_n$ die Nullstellen von χ_A, so folgt $\omega_j(A) = \varepsilon_j(\lambda_1, \ldots, \lambda_n)$ und $\operatorname{Spur} A^k = \sigma_k(\lambda_1, \ldots, \lambda_n)$. Nach dem Satz ist (4) für alle $A \in \operatorname{Mat}(n; \mathbb{C})$ mit $\delta_A \neq 0$ bewiesen. Da δ_A ein Polynom in den Komponenten von A ist, folgt (4) aus Stetigkeitsgründen auch für die A mit $\delta_A = 0$.

§ 4. Die Algebra $K[A]$

1. Eine Warnung. Neben den Polynomen über K, also den Elementen von $\operatorname{Pol} K$, benötigt man auch Polynome in Matrizen. Hier treten aber neue Phänomene auf, die den Leser zur Vorsicht anhalten sollten: Nach 2.5.7(5) gilt $A^2 - (\operatorname{Spur} A) \cdot A + (\det A) \cdot E = 0$ für jede 2×2 Matrix A über K. Für alle Matrizen A mit $\operatorname{Spur} A = 0$ und $\det A = 1$ (und davon gibt es unendlich viele) gilt dann $A^2 + E = 0$. Damit hat das „Matrix-Polynom" $X^2 + E$ unendlich viele „Matrix-Nullstellen". Wie man sehen wird, beschränkt sich dieses Phänomen nicht auf 2×2 Matrizen.

2. Matrix-Polynome. Nach Satz 2.1.3 und 2.5.1 ist $\mathrm{Mat}(n; K)$ eine K-Algebra der Dimension n^2. Man definiert die Potenzen A^m einer Matrix $A \in \mathrm{Mat}(n; K)$ wie in 2.4.1 rekursiv durch

$$(1) \qquad A^0 := E, \quad A^1 := A, \quad \ldots, \quad A^{m+1} := A \cdot A^m.$$

Eine Induktion nach r ergibt die Gültigkeit der Rechenregel

$$(2) \qquad A^{m+r} = A^m \cdot A^r = A^r \cdot A^m$$

für alle natürlichen Zahlen m und r. Dies ist natürlich nur ein Spezialfall der Potenz-Regel in der multiplikativen Halbgruppe $\mathrm{Mat}(n; K)$.

Es bezeichne $K[A]$ den von den Potenzen $E, A, A^2, \ldots,$ erzeugten Unterraum (vgl. 1.4.3) von $\mathrm{Mat}(n; K)$. Jedem Polynom $\varphi \in \mathrm{Pol}\, K$

$$(3) \qquad \varphi(\xi) = \sum_{k=0}^{m} \alpha_k \xi^k, \qquad \alpha_k \in K, \qquad \xi \in K,$$

ordnet man nun ein Element $\varphi(A)$ von $K[A]$ zu:

$$(4) \qquad \varphi(A) := \sum_{k=0}^{m} \alpha_k A^k.$$

Nach dem Basis-Satz 1.1 sind die Koeffizienten $\alpha_0, \ldots, \alpha_m$ durch φ eindeutig bestimmt, $\varphi(A)$ ist also wohldefiniert. Man beachte hier, daß das konstante Glied α_0 in (3) wegen (1) zum Koeffizienten der Einheitsmatrix in (4) wird. Da die Elemente von $K[A]$ gerade die endlichen Linearkombinationen von Potenzen von A sind, folgt

$$K[A] = \{\varphi(A) : \varphi \in \mathrm{Pol}\, K\}.$$

Wegen (2) ist $K[A]$ eine kommutative Unteralgebra von $\mathrm{Mat}(n; K)$, und man verifiziert für Polynome φ, ψ

$$\varphi(A) \,\dot{\pm}\, \psi(A) = \chi(A), \qquad \text{falls} \qquad \varphi \,\dot{\pm}\, \psi = \chi.$$

Ferner gilt $(\alpha\varphi)(A) = \alpha \cdot \varphi(A)$. Damit ist die Abbildung

$$(5) \qquad \mathrm{Pol}\, K \to K[A], \qquad \varphi \mapsto \varphi(A),$$

ein Homomorphismus der K-Algebren (vgl. 2.3.2). Bei festem A nennt man die Abbildung (5) daher den *Einsetzungs-Homomorphismus*.

Aufgaben. 1) Es sei $A \in \mathrm{Mat}(n; K)$ zerfallend und $\varphi \in \mathrm{Pol}\, K$ gegeben. Ein $\beta \in K$ ist genau dann ein Eigenwert von $\varphi(A)$, wenn es einen Eigenwert α von A gibt mit $\beta = \varphi(\alpha)$. (Hinweis: Struktursatz 3.6.)

2) Ist $A \in \mathrm{Mat}(n; K)$ diagonalisierbar, dann gilt $\mathrm{Zent}(\mathrm{Zent}\, K[A]) = K[A]$, wobei Zent nach 2.5.5 definiert ist.

3. Das Minimalpolynom. Nach Lemma 2.3.2 ist der Kern eines jeden Algebren-Homomorphismus ein Ideal, speziell ist der Kern

$$I_A := \{\varphi \in \mathrm{Pol}\, K : \varphi(A) = 0\}$$

des Einsetzungs-Homomorphismus ein Ideal von $\mathrm{Pol}\, K$.

Satz. *Zu* $A \in \mathrm{Mat}(n; K)$ *gibt es ein von Null verschiedenes Polynom* μ *mit folgenden Eigenschaften:*

a) μ *ist normiert.*
b) $\mu \in I_A$, *das heißt,* $\mu(A) = 0$.
c) *Gilt* $\varphi \in I_A$, *dann gibt es* $\psi \in \mathrm{Pol}\, K$ *mit* $\varphi = \mu\psi$.

Unter allen Polynomen mit den Eigenschaften a) *und* b) *hat* μ *minimalen Grad, und* μ *ist hierdurch eindeutig bestimmt. Weiter gilt* $\mathrm{Grad}\, \mu = \dim K[A]$.

Man nennt $\mu = \mu_A$ das *Minimalpolynom von* A und schreibt auch $\mu = \mathrm{Mipo}_A$.

Beweis. 1) $I_A \neq \{0\}$: Da $K[A]$ als Unterraum von $\mathrm{Mat}(n; K)$ eine endliche Dimension hat und $\dim K[A] \leqslant \dim \mathrm{Mat}(n; K) = n^2 =: m$ gilt, sind die $m + 1$ Elemente $E, A, A^2, \ldots, A^m$ linear abhängig, das heißt, es gibt $\alpha_0, \alpha_1, \ldots, \alpha_m \in K$ mit $\sum_k \alpha_k A^k = 0$, und nicht alle $\alpha_0, \alpha_1, \ldots, \alpha_m$ sind Null. Definiert man mit diesen Koeffizienten ein Polynom φ durch 2(3), so gilt $\varphi(A) = 0$, also $0 \neq \varphi \in I_A$.

2) Nach Satz 1.4 gibt es ein eindeutig bestimmtes normiertes Polynom μ von minimalem Grad mit $I_A = \mathrm{Pol}\, K \cdot \mu$, das heißt mit a), b) und c).

3) Als Polynom mit den Eigenschaften a) und b) und von minimalem Grad ist μ eindeutig bestimmt. □

Korollar 1. *Ist* m *der Grad des Minimalpolynoms von* A, *dann sind die Matrizen* $E, A, A^2, \ldots, A^{m-1}$ *linear unabhängig, also eine Basis des Vektorraums* $K[A]$.

Korollar 2. A *ist genau dann invertierbar, wenn* $\mu(0) \neq 0$ *gilt. In diesem Fall liegt* A^{-1} *in* $K[A]$.

Beweis. Ist $\mu(\xi) = \alpha_0 + \alpha_1 \xi + \cdots + \alpha_m \xi^m$, $\alpha_m = 1$, das Minimalpolynom von A, so gilt speziell $\mu(A) = 0$, also $AB = -\alpha_0 E$ für $B := \alpha_1 E + \alpha_2 A + \cdots + \alpha_m A^{m-1}$. Nach Korollar 1 ist hier $B \neq 0$. Ist A nicht invertierbar, so gilt $\det A = 0$, also $\mu(0) = \alpha_0 = 0$. Ist A invertierbar, so ist $B = -\alpha_0 A^{-1}$, und $\mu(0) = \alpha_0$ kann nicht Null sein. □

Korollar 3. *Ist* A *invertierbar, dann gibt es* $\varphi \in \mathrm{Pol}\, K$ *mit* $E = \varphi(A)$ *und* $\varphi(0) = 0$.

Beweis. Nach Korollar 2 gibt es $\psi \in \mathrm{Pol}\, K$ mit $A^{-1} = \psi(A)$. Die Behauptung folgt nun für $\varphi(\xi) = \xi \cdot \psi(\xi)$. □

Wegen $W^{-1} A^m W = (W^{-1} A W)^m$ und der Linearität der Abbildung $A \mapsto W^{-1} A W$ für $W \in GL(n; K)$ sind für ein Polynom φ die Gleichungen $\varphi(A) = 0$ und $\varphi(W^{-1} A W) = 0$ äquivalent. Man erhält daher das

Invarianz-Lemma. *Sind die Matrizen* $A, B \in \mathrm{Mat}(n; K)$ *ähnlich, dann stimmen die Minimalpolynome* μ_A *und* μ_B *überein.*

Bemerkung. Nach dem Satz von Cayley 2.5.7 weiß man, daß für eine 2×2 Matrix A das Polynom $\chi_A(\xi) := \xi^2 - (\mathrm{Spur}\, A) \cdot \xi + \det A$ stets im Ideal I_A liegt. Man überlegt sich leicht, daß χ_A genau dann das Minimalpolynom von A ist, wenn A kein Vielfaches der Einheitsmatrix ist.

Aufgaben. 1) Für eine schiefsymmetrische 3×3 Matrix bestimme man das Minimalpolynom.

2) Ist A eine $n \times n$ Matrix über K, so zeige man, daß A und A^t das gleiche Minimalpolynom haben.

3) Man bestimme das Minimalpolynom einer nilpotenten und einer idempotenten Matrix.

4. Eigenwerte. Zwischen dem charakteristischen Polynom χ_A einer Matrix A und ihrem Minimalpolynom μ_A besteht ein enger Zusammenhang:

Satz. *Für $A \in \mathrm{Mat}(n; K)$ und $\lambda \in K$ sind äquivalent:*

(i) *λ ist Eigenwert von A,*
(ii) *λ ist Nullstelle des Minimalpolynoms μ von A.*

Beweis. (i) $\Rightarrow$ (ii): Aus $Av = \lambda v$, $v \neq 0$, folgt $A^k v = \lambda^k v$ für $k \geqslant 0$, also $\varphi(A)v = \varphi(\lambda)v$ für alle $\varphi \in \mathrm{Pol}\, K$. Gilt also $\varphi(A) = 0$, so folgt $\varphi(\lambda) = 0$, und $\varphi := \mu$ ergibt (ii).

(ii) $\Rightarrow$ (i): Gilt $\mu(\lambda) = 0$, so gibt es $\varphi \in \mathrm{Pol}\, K$ mit $\mu(\xi) = (\xi - \lambda)\varphi(\xi)$ für alle $\xi \in K$ (Korollar 2 in 1.2). Da φ einen kleineren Grad als μ hat, gilt $\varphi(A) \neq 0$, das heißt, der Unterraum $U := \mathrm{Bild}\, \varphi(A) := \{\varphi(A)x \colon x \in K^n\}$ von K^n besteht nicht nur aus der Null. Wähle $v \neq 0$ aus U, so gibt es $x \in K^n$ mit $v = \varphi(A)x$. Es folgt $Av - \lambda v = (A - \lambda E)v = (A - \lambda E)\varphi(A)x = 0$, denn wegen $\mu(\xi) = (\xi - \lambda)\varphi(\xi)$ für $\xi \in K$ gilt $(A - \lambda E)\varphi(A) = \mu(A) = 0$. □

Nach dem Äquivalenz-Satz für Eigenwerte 3.3 folgt das

Korollar. *Das charakteristische Polynom und das Minimalpolynom einer Matrix $A \in \mathrm{Mat}(n; K)$ haben in K die gleichen Nullstellen (im allgemeinen mit verschiedenen Vielfachheiten).*

So ist z. B. für die Einheitsmatrix $E = E^{(n)}$ das charakteristische Polynom gleich $\chi(\xi) = (\xi - 1)^n$ und das Minimalpolynom $\mu(\xi) = \xi - 1$.

5. Das Rechnen mit Kästchen-Diagonalmatrizen. Im Struktur-Satz für zerfallende Matrizen 3.6 hatte man gesehen, daß jede solche Matrix zu einer Kästchen-Diagonalmatrix ähnlich ist, wobei die Diagonalkästchen überdies noch JORDAN-Matrizen sind.

Zur Abkürzung definiert man

$$(1) \qquad [A_1, \ldots, A_r] := \begin{pmatrix} A_1 & 0 & \cdots & 0 \\ 0 & \ddots & \ddots & \vdots \\ \vdots & \ddots & \ddots & 0 \\ 0 & \cdots & 0 & A_r \end{pmatrix}, \qquad A_i \in \mathrm{Mat}(m_i; K),$$

und versteht unter $(m_1, \ldots, m_r)$ den *Typ* der Diagonal-Kästchenmatrix. Die Teilmenge aller $n \times n$ Diagonal-Kästchenmatrizen vom gleichen Typ ist dann wegen

$$(2) \qquad [A_1, \ldots, A_r] \,\dot{\pm}\, [B_1, \ldots, B_r] = [A_1 \,\dot{\pm}\, B_1, \ldots, A_r \,\dot{\pm}\, B_r]$$

eine Unteralgebra von $\mathrm{Mat}(n; K)$, welche die Einheitsmatrix (und alle Diagonalmatrizen) enthält. Ist φ ein Polynom aus $\mathrm{Pol}\, K$, so erhält man

(3) $$\varphi([A_1, \ldots, A_r]) = [\varphi(A_1), \ldots, \varphi(A_r)]$$

aus (2). Da die Determinante einer Kästchen-Diagonalmatrix das Produkt der Determinanten der Diagonalkästchen ist, folgt:

(4) Das charakteristische Polynom von $[A_1, \ldots, A_r]$ ist das Produkt der charakteristischen Polynome von $A_1, \ldots, A_r$.

Warnung: Eine analoge Aussage für die Minimalpolynome gilt nicht!

Proposition. *Ist J eine* JORDAN-*Matrix zum Eigenwert λ und ist $\varphi \in \mathrm{Pol}\, K$, dann ist $\varphi(J)$ eine* JORDAN-*Matrix zum Eigenwert $\varphi(\lambda)$.*

Beweis. Man setzt $J = \lambda E + N$ mit echter oberer Dreiecksmatrix N. Es folgt $\varphi(J) = \varphi(\lambda)E + N'$, wobei N' eine Linearkombination der Potenzen $N, N^2, \ldots,$ von N ist. Speziell ist N' eine echte obere Dreiecksmatrix. □

Lemma. *Sei $A \in \mathrm{Mat}(n; K)$ eine zerfallende Matrix mit charakteristischem Polynom $\chi_A(\xi) = (\xi - \lambda_1)^{m_1} \cdot \ldots \cdot (\xi - \lambda_r)^{m_r}$. Definiert man dann $\omega(\xi) = (\xi - \lambda_1) \cdot \ldots \cdot (\xi - \lambda_r)$, so ist $\omega(A)$ nilpotent.*

Beweis. Da sich Voraussetzung und Behauptung beim Übergang zu einer zu A ähnlichen Matrix nicht ändern, kann man nach dem Struktur-Satz 3.6 annehmen, daß $A = [A_1, \ldots, A_r]$ mit JORDAN-Matrizen A_i zum Eigenwert λ_i gegeben ist. Nach der Proposition sind alle $\omega(A_i)$ JORDAN-Matrizen zum Eigenwert $\omega(\lambda_i) = 0$, also echte obere Dreiecksmatrizen. Dann ist $\varphi(A) = [\varphi(A_1), \ldots, \varphi(A_r)]$ eine echte obere Dreiecksmatrix, also nilpotent. □

6. Satz von CAYLEY. *Ist $A \in \mathrm{Mat}(n; K)$ und ist $\chi = \chi_A$ das charakteristische Polynom von A, so gilt $\chi(A) = 0$.*

Mit der Beschreibung des charakteristischen Polynoms nach 3.2 gilt also

$$A^n - (\mathrm{Spur}\, A) \cdot A^{n-1} + \cdots + (-1)^n \cdot (\det A) \cdot E = 0.$$

Mit Teil c) des Satzes 3 erhält man die äquivalente Aussage:

Korollar. *Das Minimalpolynom einer Matrix A teilt das charakteristische Polynom von A.*

Beweis. 1. Fall: A zerfällt über K. Nach dem Struktursatz über zerfallende Matrizen 3.6 ist A einer Kästchen-Diagonalmatrix

$$B = [A_1, \ldots, A_r]$$

ähnlich. Dabei ist jedes $A_i = \lambda_i E + N_i$ eine $m_i \times m_i$ JORDAN-Matrix. Nach dem Invarianz-Lemma 3.2 haben ähnliche Matrizen das gleiche charakteristische

Polynom

$$\chi(\xi) = (\xi - \lambda_1)^{m_1} \cdot \ldots \cdot (\xi - \lambda_r)^{m_r}.$$

Ohne Einschränkung genügt daher der Nachweis von $\chi(B) = 0$. Nach 5(3) folgt $\chi(B) = [\chi(A_1), \ldots, \chi(A_r)]$. Hier enthält $\chi(A_i)$ den Faktor $(A - \lambda_i E)^{m_i} = N_i^{m_i}$, und der ist Null nach Satz 3.4A. Damit ist jedes $\chi(A_i) = 0$, und man erhält $\chi(B) = 0$.

2. Fall: A zerfällt nicht. In der Algebra wird gezeigt, daß es zu jedem Polynom χ einen K umfassenden Körper K' gibt, über dem χ zerfällt („Zerfällungskörper von χ über K“). Da sich das charakteristische Polynom von A nicht ändert, wenn man A als Polynom über K' auffaßt, folgt auch in diesem Falle die Behauptung. □

7. Äquivalenz-Satz für Diagonalisierbarkeit. *Ist $A \in \mathrm{Mat}(n; K)$ über K zerfallend mit charakteristischem Polynom*

$$\chi_A(\xi) = (\xi - \lambda_1)^{m_1} \cdot \ldots \cdot (\xi - \lambda_r)^{m_r},\ \lambda_1, \ldots, \lambda_r \text{ verschieden},$$

und mit Minimalpolynom von μ_A, so sind äquivalent:

(i) *A ist diagonalisierbar.*
(ii) *Jedes Element von $K[A]$ ist diagonalisierbar.*
(iii) *$K[A]$ enthält keine von Null verschiedene Nilpotente.*
(iv) $\mu_A(\xi) = (\xi - \lambda_1) \cdot \ldots \cdot (\xi - \lambda_r)$.
(v) *μ_A hat nur einfache Nullstellen.*
(vi) *Es gibt linear unabhängige Idempotente $P_1, \ldots, P_r$ aus $K[A]$ mit*
a) $P_i P_j = 0$ *für* $i \neq j$, b) $P_1 + \cdots + P_r = E$ *und* c) $A = \lambda_1 P_1 + \cdots + \lambda_r P_r$.

Beweis. (i) ⇒ (ii): Dies ist wegen Satz 3.1 und $\varphi(W^{-1}AW) = W^{-1}\varphi(A)W$ für $\varphi \in \mathrm{Pol}\, K$ und $W \in GL(n; K)$ klar.

(ii) ⇒ (iii): Denn eine nilpotente und gleichzeitig diagonalisierbare Matrix ist Null.

(iii) ⇒ (iv): Für $\omega(\xi) := (\xi - \lambda_1) \cdot \ldots \cdot (\xi - \lambda_r)$ ist $\omega(A)$ nach Lemma 5 nilpotent und daher Null. Nach Korollar 4 haben μ_A und χ_A die gleichen Nullstellen, es folgt $\mu_A = \omega$.

(iv) ⇒ (v): Klar.

(v) ⇒ (i): Nach Korollar 4 ist $\mu = \mu_A$ nach (iv) gegeben. Man kann nach dem Struktur-Satz 3.6 wieder annehmen, daß $A = [A_1, \ldots, A_r]$ bereits in Kästchen-Diagonalform gegeben ist, wobei die $A_i = \lambda_i E + N_i$ JORDAN-Matrizen zum Eigenwert λ_i sind. Mit 5(3) folgt $0 = \mu(A) = [\mu(A_1), \ldots, \mu(A_r)]$ und daher

$$0 = \mu(A_i) = (A_i - \lambda_1 E) \cdot \ldots \cdot (A_i - \lambda_i E) \cdot \ldots \cdot (A_i - \lambda_r E) = J_i N_i$$

mit einer invertierbaren JORDAN-Matrix J_i zum Eigenwert $\prod_{j \neq i} (\lambda_i - \lambda_j)$. Es folgt daher $N_i = 0$ für $i = 1, \ldots, r$.

(iv) ⇒ (vi): Mit der Abkürzung $\mu := \mu_A$ ist jedes

$$(1) \qquad \varphi_i(\xi) := \frac{\mu(\xi)}{\xi - \lambda_i}, \qquad \psi_i(\xi) := \frac{\varphi_i(\xi)}{\varphi_i(\lambda_i)} \qquad \text{für} \qquad \xi \in K$$

für $i = 1, \ldots, r$ ein Polynom. Es gilt

$$(2) \qquad \psi_j(\lambda_i) = 0 \qquad \text{für} \qquad j \neq i \qquad \text{und} \qquad \psi_i(\lambda_i) = 1.$$

Wie in 3 bezeichne I_A das Ideal von Pol K aller Polynome φ mit $\varphi(A) = 0$. Nach Satz 3 gehört ein $\varphi \in \text{Pol}\, K$ genau dann zu I_A, wenn es $\psi \in \text{Pol}\, K$ mit $\varphi = \mu\psi$ gibt.

Behauptung 1. $\psi_i\psi_j - \delta_{ij}\psi_i \in I_A$ für $i, j = 1, \ldots, r$. Man bezeichnet die linke Seite mit φ_{ij}. Wegen (2) folgt $\varphi_{ij}(\lambda_k) = 0$ für alle $k = 1, \ldots, r$. Nach dem Korollar 2 in 1.2 ist jedes $\xi - \lambda_k$ ein Faktor von $\varphi_{ij}(\xi)$, das heißt, μ ist ein Faktor von φ_{ij}, und es folgt $\varphi_{ij} \in I_A$.

Behauptung 2. $\psi_1 + \cdots + \psi_r - 1 \in I_A$. Man bezeichnet die linke Seite mit φ. Wegen (2) folgt $\varphi(\lambda_i) = 0$, $i = 1, \ldots, r$. Nach dem Korollar 2 in 1.2 enthält φ das Polynom μ als Faktor, also $\varphi \in I_A$.

Behauptung 3. $\lambda_1\psi_1 + \cdots + \lambda_r\psi_r - \iota \in I_A$ für $\iota(\xi) := \xi$. Man bezeichnet wieder die linke Seite mit φ und erhält $\varphi(\lambda_i) = 0$ für $i = 1, \ldots, r$ aus (2).

Nun setzt man $P_i := \psi_i(A) \in K[A]$. Wenn $\text{Grad}\,\psi_i < \text{Grad}\,\mu$ folgt $P_i \neq 0$, und man erhält die Behauptungen, denn aus a) und b) folgt die lineare Unabhängigkeit der $P_1, \ldots, P_r$.

(vi) $\Rightarrow$ (iv): Da sich die P_i, $i = 1, \ldots, r$, gegenseitig annullieren, verifiziert man

$$(\alpha_1 P_1 + \cdots + \alpha_r P_r)(\beta_1 P_1 + \cdots + \beta_r P_r) = \alpha_1\beta_1 P_1 + \cdots + \alpha_r\beta_r P_r$$

für $\alpha_1, \ldots, \alpha_r, \beta_1, \ldots, \beta_r \in K$ und damit

$$\varphi(A) = \varphi(\lambda_1)P_1 + \cdots + \varphi(\lambda_r)P_r \qquad \text{für} \qquad \varphi \in \text{Pol}\, K. \tag{3}$$

Ein Polynom φ gehört danach genau dann zu I_A, wenn $\varphi(\lambda_i) = 0$ für $i = 1, \ldots, r$. Das Minimalpolynom von A ist daher $(\xi - \lambda_1) \cdot \ldots \cdot (\xi - \lambda_r)$. □

Bemerkung. Die Darstellung (vi) nennt man auch die *Spektralzerlegung* von A. Die Berechnung der Idempotente $P_1, \ldots, P_r$ kann bei Kenntnis des Minimalpolynoms nach (1) explizit ausgeführt werden. Als Beispiel nehme man im Fall $n = 2$:

$$A = \begin{pmatrix} 2 & 1 \\ 2 & 3 \end{pmatrix}, \qquad \mu_A(\xi) = (\xi - 1)(\xi - 4) = \xi^2 - 5\xi + 4,$$

$$P_1 = -\frac{1}{3}(A - 4E) = -\frac{1}{3}\begin{pmatrix} -2 & 1 \\ 2 & -1 \end{pmatrix}, \qquad P_2 = \frac{1}{3}(A - E) = \frac{1}{3}\begin{pmatrix} 1 & 1 \\ 2 & 2 \end{pmatrix}$$

und

$$A = P_1 + 4P_2.$$

Bemerkung. Eine kommutative K-Algebra $\mathscr{A}$ nennt man *halbeinfach*, wenn $\mathscr{A}$ keine von Null verschiedenen nilpotenten Elemente besitzt. Teil (iii) des Satzes besagt dann, daß $K[A]$ halbeinfach ist. Man nennt daher eine diagonalisierbare Matrix auch *halbeinfach* und bevorzugt den Buchstaben H dafür (vgl. 7.2).

8. Spektralscharen. Ein System $C_1, \ldots, C_r \in \text{Mat}(n; K)$ nennt man eine *Spektralschar* (oder ein „vollständiges Orthogonalsystem von Idempotenten"), wenn gilt

$$C_i C_j = \delta_{ij} C_i \quad \text{und} \quad C_i \neq 0 \qquad \text{für} \quad i, j = 1, \ldots, r, \tag{S.1}$$

$$C_1 + \cdots + C_r = E. \tag{S.2}$$

Solche Systeme treten in Teil (vi) von Satz 7 auf, sie sollen jetzt etwas genauer untersucht werden:

Offenbar ist (S.1) damit gleichwertig, daß jedes C_i ein Idempotent ist und die C_i sich gegenseitig annullieren.

Lemma A. *Ist* $C_1, \dots, C_r$ *eine Spektralschar aus* $\mathrm{Mat}(n; K)$, *dann ist* $K^n = \mathrm{Bild}\, C_1 \oplus \cdots \oplus \mathrm{Bild}\, C_r$ *eine direkte Summenzerlegung von* K^n.

Beweis. Nach 1.8.1 ist zu zeigen, daß sich jedes x eindeutig in der Form $x = x_1 + \cdots + x_r$ mit $x_i \in \mathrm{Bild}\, C_i$ schreiben läßt. Mit (S.2) hat man zunächst $x = (C_1 + \cdots + C_r)x = C_1 x + \cdots + C_r x$. Zur Untersuchung der Eindeutigkeit betrachtet man eine Darstellung $x_1 + \cdots + x_r = 0$ mit $x_i = C_i y_i \in \mathrm{Bild}\, C_i$. Man multipliziert von links mit C_j, beachtet (S.1) und erhält $0 = C_j x_j = C_j^2 y_j = C_j y_j = x_j$ für $j = 1, \dots, r$. □

Lemma B. *Ist* $K^n = U_1 \oplus \cdots \oplus U_r$ *eine direkte Summe von Unterräumen* $U_1, \dots, U_r$ *von* K^n, *so gibt es eine Spektralschar* $C_1, \dots, C_r$ *von* $\mathrm{Mat}(n; K)$ *mit* $U_i = \mathrm{Bild}\, C_i$ *für* $i = 1, \dots, r$.

Beweis. Man schreibt $x = x_1 + \cdots + x_r$ mit $x_i \in U_i$ und definiert ein $C_i \in \mathrm{Mat}(n; K)$ durch $C_i x := x_i$ für $i = 1, \dots, r$. Jetzt liest man (S.1) und (S.2) ab. □

Als Ergänzung zu Satz 7 (vi) hat man nun den

Satz. *Ist* $C_1, \dots, C_r \in \mathrm{Mat}(n; K)$ *eine Spektralschar und sind* $\alpha_1, \dots, \alpha_r$ *aus* K, *so zerfällt* $A := \alpha_1 C_1 + \cdots + \alpha_r C_r$ *über* K, *und es gilt* $\chi_A(\xi) = (\xi - \alpha_1)^{m_1} \cdot \ldots \cdot (\xi - \alpha_r)^{m_r}$ *mit* $m_i := \mathrm{Rang}\, C_i$. *Für* $\varphi \in \mathrm{Pol}\, K$ *ist* $\varphi(A) = \varphi(\alpha_1) C_1 + \cdots + \varphi(\alpha_r) C_r$.

Beweis. Zur Bestimmung von χ_A genügt es, wenn $\det(E - \xi_1 C_1 - \cdots - \xi_r C_r) = (1 - \xi_1)^{m_1} \cdot \ldots \cdot (1 - \xi_r)^{m_r}$ gezeigt wird, weil man dann ξ_i durch $1 - \xi + \alpha_i$ ersetzen kann. Wegen $E - \xi_1 C_1 - \cdots - \xi_r C_r = (E - \xi_1 C_1)(E - \xi_2 C_2) \cdot \ldots \cdot (E - \xi_r C_r)$ erhält man die Behauptung aus Korollar 3.5. Wegen (S.1) und (S.2) erhält man mit einer Induktion $A^k = \alpha_1^k C_1 + \cdots + \alpha_r^k C_r$ für $k = 0, 1, \dots$ und hieraus dann die angegebene Form von $\varphi(A)$. □

Bemerkungen. 1) Nach Lemma A und B sind Spektralscharen nur eine andere Betrachtungsweise für Zerlegungen des K^n in direkte Summen von Unterräumen. Die Matrizen der Spektralschar nennt man daher auch *Projektionen.*

2) Nach Satz 7(vi) kann man jeder diagonalisierbaren Matrix A eine Spektralschar $P_1, \dots, P_r$ aus $K[A]$ zuordnen, durch die außerdem A einfach ausgedrückt werden kann. Die Unterräume Bild P_i werden dabei von A auf sich abgebildet. Nach dem Satz ist die (algebraische) Vielfachheit von λ_i gleich dem Rang von P_i für $i = 1, \dots, r$.

3) Allgemeiner kann *jeder* Matrix $A \in \mathrm{Mat}(n; K)$ eine Spektralschar $P_1, \dots, P_r$ aus $K[A]$ zugeordnet werden. Hier ist r die Anzahl der paarweise teilerfremden Faktoren, in die das Minimalpolynom μ von A zerlegt werden kann. Zum Beweis sei $\mu = \omega_1 \cdot \ldots \cdot \omega_r$ eine Zerlegung, für welche ω_k und $\varphi_k := \omega_1 \cdot \ldots \cdot \hat{\omega}_k \cdot \ldots \cdot \omega_r$, $\hat{\omega}_k$ ist weggelassen, teilerfremd

sind. Da Pol K als Hauptidealring ein sogenannter „faktorieller Ring" ist, gibt es – sofern μ überhaupt als Produkt von zwei teilerfremden Polynomen geschrieben werden kann – eine solche Zerlegung. Nach Korollar 1.4 wählt man nun Polynome ψ_k und χ_k mit $\omega_k\psi_k + \varphi_k\chi_k = 1$ und setzt $P_k := \omega_k(A) \cdot \psi_k(A)$ für $k = 1, \ldots, r$. Analog zum Beweis von Satz 7 (vi) sieht man, daß $P_1, \ldots, P_r$ eine Spektralschar ist.

9. Eigenräume. Ist $\lambda \in K$ ein Eigenwert der Matrix $A \in \operatorname{Mat}(n; K)$, so nennt man

$$\mathscr{E}_A(\lambda) := \{x \in K^n : Ax = \lambda x\}$$

wie in 6.2.7 den *Eigenraum von A* zum Eigenwert von λ. Offenbar ist $\mathscr{E}_A(\lambda)$ stets ein von Null verschiedener Unterraum von K^n. Unter Verwendung der Begriffe „direkte Summe" (vgl. 1.8.1) gilt das

Lemma. *Sind $\lambda_1, \ldots, \lambda_r$ verschiedene Eigenwerte von A in K, dann ist die Summe $U = \mathscr{E}_A(\lambda_1) + \cdots + \mathscr{E}_A(\lambda_r)$ direkt.*

Beweis. Nach dem Äquivalenz-Satz 1.8.1 ist zu zeigen, daß aus

(1) $$v_1 + \cdots + v_r = 0 \quad \text{mit} \quad v_1 \in \mathscr{E}_A(\lambda_1), \ldots, v_r \in \mathscr{E}_A(\lambda_r)$$

stets $v_1 = 0, \ldots, v_r = 0$ folgt. Man geht dazu von (1) aus und wendet wiederholt A an. Es folgt $\lambda_1^m v_1 + \cdots + \lambda_r^m v_r = 0$ für $m = 1, 2, \ldots$ und zusammen mit (1) daher

(2) $$\varphi(\lambda_1)v_1 + \cdots + \varphi(\lambda_r)v_r = 0 \quad \text{für} \quad \varphi \in \operatorname{Pol} K.$$

Ist $\varphi_i(\xi)$ das Produkt der Linearfaktoren $\xi - \lambda_1, \ldots, \xi - \lambda_r$ ohne $\xi - \lambda_i$, so ist $\varphi_i(\lambda_j) = 0$ für $j \neq i$, aber $\varphi_i(\lambda_i) \neq 0$. Man setzt $\varphi = \varphi_i$ in (2) und erhält $v_i = 0$ für $i = 1, \ldots, r$. □

Korollar. *Eigenvektoren zu verschiedenen Eigenwerten sind linear unabhängig.*

Nun sei $A \in \operatorname{Mat}(n; K)$ zerfallend und diagonalisierbar. In der Bezeichnung von 7 hat man eine Darstellung $A = \lambda_1 P_1 + \cdots + \lambda_r P_r$ durch eine Spektralschar $P_1, \ldots, P_r$ gemäß Satz 7(vi). Hier ist speziell

(3) $$AP_i = P_i A = \lambda_i P_i \quad \text{für} \quad i = 1, \ldots, r.$$

Den Zusammenhang zwischen den Eigenräumen $\mathscr{E}_A(\lambda_i)$ und den Idempotenten P_i klärt die

Proposition. Bild $P_i = \mathscr{E}_A(\lambda_i)$ *für $i = 1, \ldots, r$.*

Beweis. Für $x = P_i y \in \operatorname{Bild} P_i$ gilt $Ax = AP_i y = \lambda_i P_i y = \lambda_i x$ wegen (3), also $\operatorname{Bild} P_i \subset \mathscr{E}_A(\lambda_i)$.

Für $x \in \mathscr{E}_A(\lambda_i)$ gilt $Ax = \lambda_i x$. Man multipliziert von links mit P_j, benutzt (3) und erhält $(\lambda_j - \lambda_i)P_j x = 0$. Es folgt $P_j x = 0$ für $j \neq i$, das heißt, $x = (P_1 + \cdots + P_r)x = P_i x$ und damit $\mathscr{E}_A(\lambda_i) \subset \operatorname{Bild} P_i$. □

Satz. *Ist $A \in \operatorname{Mat}(n; K)$ zerfallend, dann sind äquivalent:*

(i) *A ist diagonalisierbar.*
(ii) *K^n ist die direkte Summe aller Eigenräume von A.*

Beweis. (i) ⇒ (ii): Folgt aus Satz 7 und der Proposition.
(ii) ⇒ (i): Nach Satz 3.1 klar.

Bemerkung. Die Dimension des Eigenraums $E_A(\lambda)$ nennt man auch die (*geometrische*) *Vielfachheit* von λ. Nach der Proposition und der Bemerkung 2 in 8 stimmen geometrische und algebraische Vielfachheit für diagonalisierbare Matrizen überein.

§ 5. Die JORDAN-CHEVALLEY-Zerlegung

1. Existenz-Satz. *Ist $A \in \mathrm{Mat}(n; K)$ über K zerfallend, dann gibt es eine diagonalisierbare Matrix H und eine nilpotente Matrix N mit $A = H + N$ und $H, N \in K[A]$. Speziell gilt $HN = NH$.*

Beweis. Da für $W \in GL(n; K)$ mit A auch $W^{-1}AW$ zerfallend, mit H bzw. N auch $W^{-1}HW$ bzw. $W^{-1}NW$ diagonalisierbar bzw. nilpotent sind und $W^{-1}K[A]W = K[W^{-1}AW]$ gilt, kann man nach dem Struktursatz für zerfallende Matrizen 3.6 annehmen, daß A bereits die Gestalt einer Kästchen-Diagonalmatrix (vgl. 4.5) $A = [A_1, \ldots, A_r]$ hat, wobei jedes $A_i = \lambda_i E + N_i$ eine $m_i \times m_i$ JORDAN-Matrix zum Eigenwert λ_i ist. Definiert man Matrizen $H := [\lambda_1 E, \ldots, \lambda_r E]$ und $N := [N_1, \ldots, N_r]$, so ist H eine Diagonalmatrix, also diagonalisierbar, und N eine echte obere Dreiecksmatrix, also nilpotent, und es gilt $A = H + N$. Wegen $N = A - H$ fehlt lediglich der Nachweis, daß H zu $K[A]$ gehört.

Dazu bezeichne E_i die m_i-reihige Einheitsmatrix und C_i die Kästchen-Diagonalmatrix vom gleichen Typ wie A, bei der an der i-ten Stelle die Matrix E_i steht. Es folgt $H = \lambda_1 C_1 + \cdots + \lambda_r C_r$, und der Satz ist bewiesen, wenn $C_1, \ldots, C_r \in K[A]$ gezeigt ist. Man hat nun:

1) *Zu jedem $i = 1, \ldots, r$ gibt es eine* JORDAN-*Matrix J_i zum Eigenwert* 1, *so daß $B_i := [0, \ldots, 0, J_i, \ldots, 0]$ in $K[A]$ liegt.* Man definiert $\varphi_i \in \mathrm{Pol}\, K$ durch

$$\varphi_i(\xi) = \prod_{j \neq i} \frac{\xi - \lambda_j}{\lambda_i - \lambda_j}$$

und erhält $\varphi_i(\lambda_j) = \delta_{ij}$. Mit 4.5(3) folgt $[\varphi_i(A_1), \ldots, \varphi_i(A_r)] = \varphi_i(A) \in K[A]$. Hier ist jedes A_j eine JORDAN-Matrix zum Eigenwert λ_j, nach Proposition 4.5 ist dann $\varphi_i(A_j)$ eine JORDAN-Matrix zum Eigenwert $\varphi_i(\lambda_j) = \delta_{ij}$. In $\varphi_i(A)$ steht also an der i-ten Stelle eine JORDAN-Matrix zum Eigenwert 1, und an allen anderen Stellen stehen echte obere Dreiecksmatrizen. Daher hat $[\varphi_i(A)]^n$ die verlangte Form.

2) $C_1, \ldots, C_r \in K[A]$. Man wählt B_i nach 1). Nach dem Korollar 3 in 4.3 gibt es $\psi_i \in \mathrm{Pol}\, K$ mit $\psi_i(0) = 0$ und $E_i = \psi_i(J_i)$. Es folgt $C_i = \psi_i(B_i) \in K[A]$, wenn man die Bemerkung 1.2 beachtet. □

2. Summen von diagonalisierbaren Matrizen. In der Proposition 3.4 hatte man relativ einfach gesehen, daß für vertauschbare nilpotente Matrizen die Summe wieder nilpotent ist. Eine analoge Aussage für Diagonalisierbarkeit kann nunmehr ebenfalls gezeigt werden:

Satz. *Sind $A, B \in \mathrm{Mat}(n; K)$ vertauschbar und diagonalisierbar, so sind auch $A + B$ und AB diagonalisierbar.*

Beweis. Da man von A, B zu W^1AW, $W^{-1}BW$ mit $W \in GL(n; K)$ übergehen kann, darf man annehmen, daß $A = [\lambda_1 E, \dots, \lambda_r E]$ bereits Diagonalgestalt hat und die $\lambda_1, \dots, \lambda_r$ paarweise verschieden sind. Schreibt man B analog zum Typ von A als Kästchenmatrix $B = (B_{ij})$, so ist $AB = BA$ mit $\lambda_i B_{ij} = \lambda_j B_{ij}$ gleichwertig. Es folgt also $B_{ij} = 0$ für $i \neq j$, und $B = [B_1, \dots, B_r]$ hat den gleichen Typ wie A. Man hat nun:

1) *Die Matrizen $B_1, \dots, B_r$ sind diagonalisierbar.* Bezeichnet μ das Minimalpolynom von B, so hat μ nach dem Äquivalenz-Satz für Diagonalisierbarkeit 4.7 nur einfache Nullstellen. Wegen $\mu(B) = 0$ gilt auch $\mu(B_i) = 0$ für $i = 1, \dots, r$. Man bezeichnet das Minimalpolynom von B_i mit μ_i. Nach Satz 4.3c für B_i an Stelle von A gibt es dann $\varphi_i \in \mathrm{Pol}\, K$ mit $\mu = \varphi_i \mu_i$, und damit hat jedes μ_i nur einfache Wurzeln. Der Äquivalenz-Satz für Diagonalisierbarkeit zeigt nun wieder, daß die B_i diagonalisierbar sind.

2) *Es gibt eine Matrix $W = [W_1, \dots, W_r]$ aus $GL(n; K)$ vom gleichen Typ wie A mit $W^{-1}AW = A$, und $W^{-1}BW$ hat Diagonalform.* Denn nach 1) gibt es invertierbare Matrizen $W_1, \dots, W_r$, so daß die $W_i^{-1}B_iW_i$ Diagonalgestalt haben und trivialerweise $W_i^{-1}(\lambda_i E)W_i = \lambda_i E$ gilt. Man setze $W := [W_1, \dots, W_r]$. Nach den Rechenregeln für Kästchen-Diagonalmatrizen in 4.5 folgt nun

$$\begin{aligned} W^{-1}BW &= [W_1^{-1}, \dots, W_r^{-1}][B_1, \dots, B_r][W_1, \dots, W_r] \\ &= [W_1^{-1}B_1W_1, \dots, W_r^{-1}B_rW_r], \end{aligned}$$

und dies ist eine Diagonalmatrix. Ein analoger Schluß zeigt $W^{-1}AW = A$.

3) Nach 2) haben $W^{-1}(A + B)W$ und $W^{-1}(AB)W$ Diagonalgestalt. □

Bemerkungen. 1) Im Satz kann auf die Vertauschbarkeit der Matrizen A und B nicht verzichtet werden. Über $\mathbb{R}$ sind $A := \begin{pmatrix} 0 & 2 \\ 1 & 0 \end{pmatrix}$ und $B := \begin{pmatrix} 0 & -1 \\ -1 & 0 \end{pmatrix}$ diagonalisierbar, aber $A + B = \begin{pmatrix} 0 & 1 \\ 0 & 0 \end{pmatrix}$ ist nilpotent und daher nicht diagonalisierbar.

2) Sind $\delta_1, \dots, \delta_n \in K$ paarweise verschieden, so erhält man jede Diagonalmatrix als ein Polynom in $D := [\delta_1, \dots, \delta_n]$. Zu zwei vertauschbaren diagonalisierbaren Matrizen A, B gibt es daher eine diagonalisierbare Matrix C mit $A \in K[C]$ und $B \in K[C]$.

3. Die Eindeutigkeit. Es sei $A \in \mathrm{Mat}(n; K)$ über K zerfallend. Nach dem Existenz-Satz in 1 gibt es

(1) eine diagonalisierbare Matrix H und eine nilpotente Matrix N mit $A = H + N$ und $HN = NH$.

Hier ist bewußt auf die stärkere Aussage, wonach H und N Polynome in A sind, verzichtet worden. Es gilt nämlich trotzdem der

Eindeutigkeits-Satz. *In der Zerlegung (1) sind H und N durch A eindeutig bestimmt.*

Beweis. Neben (1) wählt man nach dem Existenz-Satz Matrizen H' und N' mit

(2) $A = H' + N'$, H' diagonalisierbar, N' nilpotent, $H', N' \in K[A]$.

Man hat nun:

1) *H und H' sowie N und N' sind vertauschbar.* Nach (1) ist H mit $H + N = A$ vertauschbar. Da aber H' ein Polynom in A ist, sind H und H' vertauschbar. Für N und N' verläuft der Beweis analog.

2) *$H - H'$ ist diagonalisierbar, $N' - N$ ist nilpotent.* Diese Aussagen folgen aus 1), Satz 2 und Proposition 3.4c.

3) *$H = H'$ und $N = N'$.* Denn aus $H + N = A = H' + N'$ folgt $H - H' = N' - N$. Nach 2) ist die linke Seite diagonalisierbar, die rechte nilpotent, so daß beide Seiten Null sein müssen.

4) Man wendet 3) zunächst auf den Fall an, daß auch H' und N' aus $K[A]$ stammen, und dann auf den Fall (1). □

Bemerkungen. 1) Die Zerlegung (1) nennt man die JORDAN-CHEVALLEY-*Zerlegung*, die durch A eindeutig bestimmte Matrix H nennt man den *diagonalisierbaren Teil von A* und analog N den *nilpotenten Teil von A*.

Die Herleitung der JORDAN-CHEVALLEY-Zerlegung auf dem hier eingeschlagenen Weg erfordert die Beschränkung auf zerfallende Matrizen. Diese Zerlegung bleibt jedoch für beliebige Matrizen richtig, wenn man von dem Grundkörper K annimmt, daß er ein sogenannter „vollkommener" Körper ist. Dabei muß man allerdings „diagonalisierbar" durch den allgemeineren Begriff „halbeinfach" (7.2) ersetzen. (C. CHEVALLEY, *Théorie des groupes de Lie* II, Kap. I, § 8, Hermann, Paris 1951).

4. Anwendungen. a) Die *multiplikative* JORDAN-CHEVALLEY-*Zerlegung*: Ist $A \in GL(n; K)$ zerfallend, dann gilt $A = H(E + N)$ mit diagonalisierbarer Matrix H, nilpotenter Matrix N und $HN = NH$. Hier sind H und N durch A eindeutig bestimmt. Zum Beweis schreibt man $A = H + N'$ in der JORDAN-CHEVALLEY-Zerlegung. Nach Satz 3.4B haben A und H' die gleiche Determinante, so daß H invertierbar ist. Es folgt $A = H(E + N)$ mit $N := H^{-1}N'$. Hier ist N nach Proposition 3.4 nilpotent. □

b) *Spezielle diagonalisierbare Matrizen: Ist $A \in$* Mat$(n; K)$ zerfallend und ist A^m, $m \geqslant 2$, diagonalisierbar und invertierbar, dann ist auch A diagonalisierbar. Man schreibt $A = H + N$ in der JORDAN-CHEVALLEY-Zerlegung und erhält mit Proposition 3.4 eine Darstellung $A^m = H^m + mH^{m-1}N + QN^2$, wobei Q mit H und N vertauschbar ist. Damit sind $H' = H^m$ und $N' = mH^{m-1}N + QN^2$ vertauschbar, H' ist diagonalisierbar, und N' ist wieder nach Proposition 3.4 nilpotent. Nach dem Eindeutigkeits-Satz folgt $A^m = H^m$ und $N' = 0$. Damit ist $H \in GL(n; K)$, und $N' = 0$ bedeutet $N = -(mH^{m-1})^{-1}QN^2$. Aus $N^k = 0$ folgt also $N^{k-1} = 0$ für $k \geqslant 2$. Da es ein k mit $N^k = 0$ gibt, folgt $N = 0$. □

c) *Symmetrische Matrizen*: Ist $A \in$ Mat$(n; K)$ symmetrisch und über K zerfallend, dann sind die Matrizen H und N in der JORDAN-CHEVALLEY-Zerlegung

$A = H + N$ auch wieder symmetrisch. Denn wegen $A = H + N$ folgt $A = H^t + N^t$. Da dies wieder eine solche Zerlegung ist, ergibt der Eindeutigkeits-Satz sofort die Behauptung. □

Bemerkung. Ist A eine *reelle* symmetrische Matrix, so ist A nach dem Satz über die Hauptachsentransformation 6.2.5 stets zerfallend und diagonalisierbar. Über einem beliebigen Körper ist dies aber nicht richtig.

§ 6. Normalformen reeller und komplexer Matrizen

1. Normalformen komplexer Matrizen. Unter einer *komplexen* bzw. *reellen* Matrix versteht man natürlich eine Matrix mit Komponenten aus $\mathbb{C}$ bzw. aus $\mathbb{R}$. Da jede quadratische komplexe Matrix über $\mathbb{C}$ zerfällt, gibt es nach dem Struktursatz über zerfallende Matrizen in 3.6 zu jedem $A \in \operatorname{Mat}(n; \mathbb{C})$ ein $W \in GL(n; \mathbb{C})$, so daß

$$(1) \qquad W^{-1}AW = [A_1, \ldots, A_r], \qquad A_k = \lambda_k E + N_k \in \operatorname{Mat}(m_k; \mathbb{C}),$$

eine Kästchen-Diagonalmatrix ist und die $A_1, \ldots, A_r$ JORDAN-Matrizen sind. Hier sind die $\lambda_1, \ldots, \lambda_r$ paarweise verschieden.

Die Normalform (1) (oder ihre Verschärfung gemäß 9.5.5) wird mit Erfolg bei der Diskussion der Lösungen von Systemen von gewöhnlichen Differentialgleichungen benutzt. Aber auch der Satz über die JORDAN-CHEVALLEY-Zerlegung (5.3) kann angewendet werden und zeigt, daß es zu A eine eindeutig bestimmte diagonalisierbare Matrix H und eine nilpotente Matrix N gibt mit

$$(2) \qquad A = H + N, \qquad HN = NH.$$

Als Anwendung erhält man das

Lemma. *Eine komplexe $n \times n$ Matrix ist genau dann nilpotent, wenn* Spur $A^s = 0$ *gilt für* $s = 1, \ldots, n$.

Beweis. Man wählt W nach (1) und erhält

$$(3) \qquad \operatorname{Spur} A^s = \operatorname{Spur}[A_1^s, \ldots, A_r^s] = \sum_{k=1}^{r} m_k \lambda_k^s.$$

Ist A nilpotent, so sind die $A_1, \ldots, A_r$ obere Dreiecksmatrizen und daher die $\lambda_1, \ldots, \lambda_r$ gleich Null, also gilt Spur $A^s = 0$ für alle $s \geqslant 1$. Ist umgekehrt Spur $A^s = 0$ für $s = 1, \ldots, n$, so zeigt (3), daß

$$\sum_{k=1}^{r} m_k \lambda_k \cdot \lambda_k^{s-1} = 0 \qquad \text{für} \qquad s = 1, \ldots, r$$

gilt. Man faßt dies als ein Gleichungssystem für die Zahlen $m_k \lambda_k$, $k = 1, \ldots, r$, auf. Die Determinante der Koeffizienten ist die VANDERMONDEsche Determinante $\Delta(\lambda_1, \ldots, \lambda_r)$, und die ist nach 3.6.2 ungleich Null. Es folgt $m_k \lambda_k = 0$, also $\lambda_k = 0$ für $k = 1, \ldots, r$. □

2. Reelle und komplexe Matrizen. So wie $\mathbb{R}$ eine Teilmenge von $\mathbb{C}$ ist, so ist $\mathrm{Mat}(m,n;\mathbb{R})$ eine Teilmenge von $\mathrm{Mat}(m,n;\mathbb{C})$. Da man jede Komponente ζ_{kl} einer Matrix $Z \in \mathrm{Mat}(m,n;\mathbb{C})$ eindeutig als Summe $\zeta_{kl} = \xi_{kl} + i\eta_{kl}$ mit reellen ξ_{kl}, η_{kl} schreiben kann, erhält man eine eindeutige Darstellung

(1) $\quad Z = X + iY \quad$ mit $\quad X := (\xi_{kl}), \quad Y := (\eta_{kl}) \in \mathrm{Mat}(m,n;\mathbb{R}).$

Zu Z definiert man

(2) $$\bar{Z} := X - iY$$

und erhält eine Selbstabbildung $Z \mapsto \bar{Z}$ von $\mathrm{Mat}(m,n;\mathbb{C})$, für welche $\overline{\alpha Z + \beta W} = \bar{\alpha}\bar{Z} + \bar{\beta}\bar{W}$ gilt, die also kein Homomorphismus des $\mathbb{C}$-Vektorraums $\mathrm{Mat}(m,n;\mathbb{C})$ ist. Man verifiziert mit (2)

(3) $\quad \overline{ZW} = \bar{Z}\bar{W}, \quad$ falls $\quad Z \in \mathrm{Mat}(m,n;\mathbb{C}), \quad W \in \mathrm{Mat}(n,q;\mathbb{C}).$

Man definiert manchmal

(4) $$Z^* := \bar{Z}^t$$

und nennt Z^* das *Adjungierte* von Z. Wegen (3) und $(ZW)^t = W^t Z^t$ folgt

(5) $\quad (ZW)^* = W^* Z^* \quad$ und $\quad (\alpha Z + \beta W)^* = \bar{\alpha} Z^* + \bar{\beta} W^*.$

Nennt man eine reelle $n \times n$ Matrix A *halbeinfach*, wenn A über $\mathbb{C}$ diagonalisierbar ist, so hat man die

Reelle JORDAN-CHEVALLEY-Zerlegung. *Zu jeder reellen $n \times n$ Matrix A gibt es eindeutig bestimmte reelle Matrizen H und N mit $A = H + N$, H halbeinfach, N nilpotent, $HN = NH$.*

Beweis. Man schreibt $A = H + N$ in der komplexen JORDAN-CHEVALLEY-Zerlegung nach 5.3. Es folgt $A = \bar{A} = \bar{H} + \bar{N}$, und da $\bar{H}$ wieder diagonalisierbar, $\bar{N}$ nilpotent ist und $\bar{H}\bar{N} = \bar{N}\bar{H}$ gilt, folgt $\bar{H} = H$ und $\bar{N} = N$ aus der Eindeutigkeit der Darstellung. □

Das folgende Lemma zeigt, daß zwei reelle Matrizen genau dann über $\mathbb{R}$ ähnlich sind, wenn sie über $\mathbb{C}$ ähnlich sind:

Lemma. *Gibt es zu $A, B \in \mathrm{Mat}(n;\mathbb{R})$ ein $W \in GL(n;\mathbb{C})$ mit $W^{-1}AW = B$, so gibt es auch ein $M \in GL(n;\mathbb{R})$ mit $M^{-1}AM = B$.*

Beweis. Man schreibt $W = U + iV$ und vergleicht in $AW = WB$ Real- und Imaginärteil. Es folgt $AU = UB$ und $AV = VB$. Durch $\varphi(\xi) := \det(U + \xi V)$, $\xi \in \mathbb{R}$, ist ein Polynom aus Pol $\mathbb{R}$ definiert, das wegen $\varphi(i) \neq 0$ nicht das Nullpolynom ist. Es gibt daher $\alpha \in \mathbb{R}$ mit $\varphi(\alpha) \neq 0$, $M := U + \alpha V$ liegt daher in $GL(n;\mathbb{R})$ und erfüllt $AM = MB$. □

Bemerkungen. 1) Das Lemma bleibt gültig, wenn man $\mathbb{R}$ durch einen beliebigen unendlichen Körper K und $\mathbb{C}$ durch einen Oberkörper von K ersetzt.

2) Für $Z \in \mathrm{Mat}(n; \mathbb{C})$ ist Z^* auch das Adjungierte im Sinne von 5.3.2, wenn man wie folgt einen geeigneten euklidischen Raum einführt: Es sei $V = \{(x,y): x, y \in \mathbb{R}^n\} = \mathbb{R}^n \times \mathbb{R}^n$ und $\sigma: V \times V \to \mathbb{R}$ durch $\sigma((x,y),(u,v)) := \langle x, u \rangle + \langle y, v \rangle$ definiert. Läßt man nun $Z = X + iY \in \mathrm{Mat}(n; \mathbb{C})$ durch

$$Z(x,y) := (Xx - Yy, Xy + Yx)$$

auf V operieren, so ist Z^* das Adjungierte von Z im Sinne von 5.3.2.

3*. HERMITEsche Matrizen. Eine komplexe $n \times n$ Matrix Z mit $Z^* = Z$ nennt man *hermitesch* nach dem französischen Mathematiker Charles HERMITE (1822–1901, Paris, bekannt für den ersten Beweis der Transzendenz von e im Jahre 1873).

So wie die reellen symmetrischen Matrizen mit der orthogonalen Gruppe $O(n)$ zusammengehören (vgl. Kap. 6), so gehören hermitesche Matrizen und die *unitäre Gruppe* $U(n) := \{T \in \mathrm{Mat}(n; \mathbb{C}): T^*T = E\}$ zusammen. Als Analogon zu den euklidischen Vektorräumen hat man die sogenannten unitären Vektorräume: Ist V ein Vektorraum über $\mathbb{C}$, so heißt eine Abbildung $\sigma: V \times V \to \mathbb{C}$ eine *hermitesche Form*, wenn sie im ersten Argument $\mathbb{C}$-linear ist und wenn $\sigma(x,y) = \overline{\sigma(y,x)}$ gilt. Damit ist σ im zweiten Argument „antilinear": $\sigma(x, \alpha y + \beta z) = \bar{\alpha}\sigma(x,y) + \bar{\beta}\sigma(x,z)$, und $\sigma(x,x)$ ist stets reell. Man nennt σ nun *positiv definit*, wenn $\sigma(x,x) > 0$ für $0 \neq x \in V$ gilt, und versteht unter einem *unitären Vektorraum* ein Paar (V, σ), bei dem V ein endlich-dimensionaler Vektorraum über $\mathbb{C}$ und σ eine positiv definite hermitesche Form ist. Der $\mathbb{C}$-Vektorraum $\mathbb{C}^n$ ist z. B. zusammen mit $\sigma(x,y) := y^*x$ ein unitärer Vektorraum.

Mit diesen Begriffen kann man jetzt praktisch alle Ergebnisse von Kapitel 5 und 6 meist wörtlich auf unitäre Räume und hermitesche Matrizen übertragen, wenn man das Transponierte überall durch das Adjungierte ersetzt. Man beweist zunächst das

Lemma. *Jedes* $Z \in \mathrm{Mat}(n; \mathbb{C})$ *mit* $Z^* = Z$ *hat nur reelle Eigenwerte.*

Beweis. Ist $\lambda \in \mathbb{C}$ ein Eigenwert von Z und w ein Eigenvektor zu λ, also $Zw = \lambda w$, $w \neq 0$, so folgt $\lambda w^*w = w^*(\lambda w) = w^*Zw = (Zw)^*w = (\lambda w)^*w = \bar{\lambda} w^*w$, wenn man 2(4) und 2(5) beachtet. Schreibt man $w = u + iv$ mit reellen u, v, so folgt $w^*w = u^t u + v^t v$, und w^*w ist positiv. Damit bekommt man $\bar{\lambda} = \lambda$, das heißt, λ ist reell. □

Bemerkung. Für reelle Matrizen Z bedeutet $Z^* = Z$, daß Z symmetrisch ist. Der hier gegebene Beweis stimmt dann mit Bemerkung 6.2.6 überein.

Nun kann man die erwähnten Ergebnisse übertragen und erhält z. B. den

Satz über die Hauptachsentransformation. *Zu jeder hermiteschen $n \times n$ Matrix Z gibt es ein $T \in U(n)$, so daß T^*ZT reelle Diagonalform hat.*

Zu dem einfachen Beweis vom Lemma kann bemerkt werden, daß der erste Beweis von HERMITE mit einer besonderen Theorie, nämlich mit Hilfe der sogenannten STURMschen Ketten geführt wurde (Œuvres I, S. 479–481, 1855). Im Reellen stammt ein erster Beweis für $n = 3$ von J. L. LAGRANGE aus dem Jahre 1773

(Nouvelle solution du problème du mouvement de rotation, Œuvre III, S. 605), und noch 1843 publizierte Ernst Eduard KUMMER (1810–1893, Werke II, S. 320 f.) einen „direkten" Beweis durch eine komplizierte Rechnung, mit der er nachwies, daß die Diskriminante des charakteristischen Polynoms einer reellen symmetrischen 3×3 Matrix eine Summe von Quadraten, also positiv ist (vgl. 3.4.7).

Aufgaben. 1) Alle Eigenwerte eines $T \in U(n)$ haben den Betrag 1.

2) Alle Eigenwerte einer reellen schiefsymmetrischen Matrix sind Null oder rein imaginär.

4. Invariante Unterräume. Es sei A eine reelle $n \times n$ Matrix. Ein Unterraum U des $\mathbb{R}^n$ heißt *invariant* unter A, wenn $Au \in U$ für alle $u \in U$ gilt. Der Nullraum und $\mathbb{R}^n$ selbst sind also stets trivialerweise invariant. Ist λ ein reeller Eigenwert von A mit Eigenvektor u, dann ist offenbar $\mathbb{R}u$ ein bei A invarianter Unterraum des $\mathbb{R}^n$. Umgekehrt wird jeder eindimensionale invariante Unterraum von einem Eigenvektor aufgespannt. Als Ersatz für die Existenz von reellen Eigenwerten hat A für $n > 2$ stets nicht-triviale Unterräume:

Satz. *Jede reelle $n \times n$ Matrix A, $n \geqslant 2$, hat einen 2-dimensionalen invarianten Unterraum des $\mathbb{R}^n$.*

Beweis. Es wird genauer gezeigt, daß A zu jedem nicht-reellen Eigenwert λ einen solchen invarianten Unterraum besitzt: Man faßt A als komplexe Matrix auf und wählt einen komplexen Eigenvektor w, also $Aw = \lambda w$, $w \neq 0$. Nun schreibt man $w = u + iv$ mit $u, v \in \mathbb{R}^n$ und $\lambda = \xi + i\eta$ mit $\xi, \eta \in \mathbb{R}$. Man erhält durch Vergleich von Real- und Imaginärteil

$$(1) \qquad Au = \xi u - \eta v, \qquad Av = \xi v + \eta u,$$

und $U := \mathbb{R}u + \mathbb{R}v$ ist offensichtlich bei A invariant. Wären u und v linear abhängig, so wäre einer der beiden Vektoren ein Vielfaches des anderen, etwa $v = \alpha u$, $\alpha \in \mathbb{R}$. Es folgt $w = (1 + i\alpha)u$ und $Au = \lambda u$, so daß λ reell wäre.

Sind alle Eigenwerte von A reell, so ist die Behauptung trivial. □

5. Die Stufenform. Die Tatsache, daß man eine reelle $n \times n$ Matrix orthogonal in eine gewisse Normalform transformieren kann, ist von zentraler Bedeutung: Zur Abkürzung der Formulierung sagt man, daß eine $n \times n$ Matrix A *Stufenform* hat, wenn man A schreiben kann als

$$(1) \qquad A = \begin{pmatrix} D & * \\ 0 & K \end{pmatrix}$$

mit einer *oberen Dreiecksmatrix* D und einer *Kästchenmatrix* K,

$$D = \begin{pmatrix} \delta_1 & * & \cdots & * \\ 0 & \ddots & \ddots & \vdots \\ \vdots & \ddots & \ddots & * \\ 0 & \cdots & 0 & \delta_p \end{pmatrix}, \qquad K = \begin{pmatrix} K_1 & * & \cdots & * \\ 0 & \ddots & \ddots & \vdots \\ \vdots & \ddots & \ddots & * \\ 0 & \cdots & 0 & K_q \end{pmatrix},$$

bei der alle auftretenden Kästchen (auf und neben der Diagonale) 2×2 Matrizen sind. Hierbei ist natürlich zugelassen, daß gewisse Diagonalelemente oder Diagonalkästchen nur aus Nullen bestehen. Ferner braucht D oder K nicht wirklich vorzukommen, A kann z. B. eine reine obere Dreiecksmatrix sein.

Aus Normierungsgründen wird man meist annehmen, daß die Kästchen $K_1, \dots, K_q$ *keine* oberen Dreiecksmatrizen sind.

Will man die Stufenform einheitlich beschreiben, so bekommt (1) die Gestalt einer Kästchenmatrix

$$A = \begin{pmatrix} A_1 & * & \cdots & * \\ 0 & A_2 & \ddots & \vdots \\ \vdots & \ddots & \ddots & * \\ 0 & \cdots & 0 & A_r \end{pmatrix},$$

wobei die quadratischen Kästchen $A_1, \dots, A_r$ auf der Diagonale aus einem Element bestehen, das heißt, 1×1 Matrizen sind, oder 2×2 Kästchen sind.

6. Der Satz über die Stufenform. An den anschließend behandelten Folgerungen kann man erkennen, wie nützlich eine Transformierbarkeit auf Stufenform ist.

Satz. *Jede reelle $n \times n$ Matrix kann orthogonal in eine Matrix von Stufenform transformiert werden, das heißt, zu $A \in \mathrm{Mat}(n; \mathbb{R})$ gibt es $T \in O(n)$, so daß $T^t A T$ Stufenform hat.*

Der *Beweis* dieses Satzes wird durch Induktion nach der Zeilenzahl n geführt. Für $n = 1$ und $n = 2$ ist nichts zu zeigen.

Sei also A eine reelle $n \times n$ Matrix und $n \geqslant 3$. Analog zum Äquivalenz-Satz für Eigenwerte 3.3 gilt zunächst:

Lemma A. *Besitzt A einen reellen Eigenwert λ, dann gibt es eine orthogonale Matrix T mit $T^t A T = \begin{pmatrix} \lambda & * \\ 0 & B \end{pmatrix}$ und $B \in \mathrm{Mat}(n-1; \mathbb{R})$.*

Beweis. Man wählt zu λ einen Eigenvektor v mit $|v| = 1$, ergänzt v gemäß dem Korollar 1 in 5.2.3 zu einer Orthonormalbasis $v = v_1, v_2, \dots, v_n$ und setzt $T := (v_1, \dots, v_n)$. Nach dem Äquivalenz-Satz 6.1.2 ist T orthogonal, und $T^t A T$ hat die angegebene Form. □

Lemma B. *Gibt es einen 2-dimensionalen bei A invarianten Unterraum des $\mathbb{R}^n$, dann gibt es 2×2 Matrix K und orthogonale Matrix T mit $T^t A T = \begin{pmatrix} K & * \\ 0 & B \end{pmatrix}$ und $B \in \mathrm{Mat}(n-2; \mathbb{R})$.*

Beweis. Ist U ein 2-dimensionaler Unterraum des $\mathbb{R}^n$, der bei A invariant ist, dann wähle man nach Korollar 1 zu Satz 5.2.3 eine Orthonormalbasis $u_1, u_2, \dots, u_n$ des $\mathbb{R}^n$ mit $U = \mathbb{R}u_1 + \mathbb{R}u_2$. Hier ist $T = (u_1, u_2, \dots, u_n)$ nach dem Äquivalenz-Satz für orthogonale Matrizen wieder orthogonal, und es gilt $T^t u_1 = e_1$, $T^t u_2 = e_2$ wegen $T^t T = E$, wobei e_i an der i-ten Stelle eine 1 und sonst Nullen hat.

Nach Voraussetzung gibt es $K = \begin{pmatrix} \alpha & \beta \\ \gamma & \delta \end{pmatrix}$ mit $Au_1 = \alpha u_1 + \gamma u_2$, $Au_2 = \beta u_1 + \delta u_2$.

Nun folgt

$$\begin{aligned} T^t A T &= T^t(Au_1, Au_2, *, \ldots, *) \\ &= T^t(\alpha u_1 + \gamma u_2, \beta u_1 + \delta u_2, *, \ldots, *) = (\alpha e_1 + \gamma e_2, \beta e_1 + \delta e_2, *, \ldots, *) \\ &= \begin{pmatrix} K & * \\ 0 & B \end{pmatrix}. \end{aligned}$$ □

Mit Lemma A und Lemma B sowie mit Satz 4 und einer Induktion erhält man einen Beweis des Satzes. □

Aufgaben. 1) Ein $A \in \text{Mat}(2; \mathbb{R})$ hat genau dann zwei verschiedene reelle Eigenwerte, wenn $2 \,\text{Spur}\, A^2 > (\text{Spur}\, A)^2$ gilt.

2) Die Menge $\mathcal{U}$ der $A \in \text{Mat}(n; \mathbb{R})$, die n verschiedene reelle Eigenwerte haben, ist in der Topologie von $\text{Mat}(n; \mathbb{R})$ offen.

7. Orthogonale Matrizen. Aus orthogonalen Matrizen entstehen durch orthogonale Transformation wieder orthogonale Matrizen. Als Anwendung des Satzes 6 erhält man den

Satz. *Zu jeder orthogonalen Matrix A gibt es eine orthogonale Matrix T mit $T^t A T = [A_1, \ldots, A_r]$, wobei die Matrizen $A_1, \ldots, A_r$ entweder gleich ± 1 sind, oder die Form $\begin{pmatrix} \cos\varphi & -\sin\varphi \\ \sin\varphi & \cos\varphi \end{pmatrix}$ haben.*

Beweis. Nach Satz 6 gibt es eine orthogonale Matrix T, so daß $T^t A T$ Stufenform hat. Es gibt also eine Kästchendarstellung $B = T^t A T = \begin{pmatrix} A_1 & A_2 \\ 0 & A_3 \end{pmatrix}$, wobei A_1 entweder eine 1×1 oder eine 2×2 Matrix und A_3 eine Matrix in Stufenform ist. Wegen $E = B^t B = \begin{pmatrix} A_1^t & 0 \\ A_2^t & A_3^t \end{pmatrix} \begin{pmatrix} A_1 & A_2 \\ 0 & A_3 \end{pmatrix}$ sind A_1 und A_3 orthogonal, und es gilt $A_2 = 0$. Damit ist $A_1 = \pm 1$, oder A_1 hat nach 4.2.2 die angegebene Form oder ist eine Spiegelung. Im letzten Fall kann A_1 nach 6.1.4(8) auf Diagonalform transformiert werden. Da A_3 wieder in der obigen Kästchenform geschrieben werden kann, ist die Fortsetzung des Verfahrens möglich und führt nach endlich vielen Schritten zur Behauptung. □

8. Schiefsymmetrische Matrizen. Die reellen schiefsymmetrischen Matrizen bilden einen Unterraum $\text{Alt}(n; \mathbb{R})$ von $\text{Mat}(n; \mathbb{R})$ der Dimension $n(n-1)/2$. Eine Verifikation liefert die

Proposition. *Mit A ist auch $T^t A T$, $T \in \text{Mat}(n; \mathbb{R})$, wieder schiefsymmetrisch, und $A \mapsto T^t A T$ ist ein Endomorphismus von $\text{Alt}(n; \mathbb{R})$.*

Analog zu 7 zeigt man den

Satz. *Zu jeder reellen schiefsymmetrischen Matrix A gibt es eine orthogonale Matrix T und reelle Zahlen $\lambda_1, \ldots, \lambda_r$ ungleich Null mit $T^t A T = [\lambda_1 J, \ldots, \lambda_r J, 0]$, $J = \begin{pmatrix} 0 & 1 \\ -1 & 0 \end{pmatrix}$.*

Korollar 1. *Der Rang jeder schiefsymmetrischen Matrix A ist gerade.*

Korollar 2. *Gilt $A^m = 0$ für ein $A \in \mathrm{Alt}(n; \mathbb{R})$, so ist $A = 0$.*

9*. Normale Matrizen. Eine reelle $n \times n$ Matrix A nennt man *normal*, wenn A mit A^t vertauschbar ist, wenn also $A^t A = A A^t$ gilt. Ersichtlich sind orthogonale, symmetrische und schiefsymmetrische Matrizen normal. Ebenso ist mit A auch αA und $\alpha E + A$, $\alpha \in \mathbb{R}$, wieder normal. Man beachte aber, daß z. B. die Summe zweier normaler Matrizen im allgemeinen nicht wieder normal ist.

Eine einfache Rechnung ergibt die

Proposition. *Eine 2×2 Matrix A ist genau dann normal, wenn A symmetrisch oder Vielfaches einer orthogonalen Matrix ist.*

Ersichtlich ist mit A auch $T^t A T$, T orthogonal, wieder normal. Bevor man den Satz über die Stufenform anwendet, beweist man das

Lemma. *Eine Matrix $A = \begin{pmatrix} B & C \\ 0 & D \end{pmatrix}$ ist genau dann normal, wenn $C = 0$ und sowohl B als auch D normal sind.*

Beweis. Man hat

$$\text{(i)} \qquad AA^t = \begin{pmatrix} B & C \\ 0 & D \end{pmatrix} \begin{pmatrix} B^t & 0 \\ C^t & D^t \end{pmatrix} = \begin{pmatrix} BB^t + CC^t & CD^t \\ DC^t & DD^t \end{pmatrix},$$

$$\text{(ii)} \qquad A^t A = \begin{pmatrix} B^t & 0 \\ C^t & D^t \end{pmatrix} \begin{pmatrix} B & C \\ 0 & D \end{pmatrix} = \begin{pmatrix} B^t B & B^t C \\ C^t B & C^t C + D^t D \end{pmatrix}.$$

Ist A normal, so folgt speziell $BB^t + CC^t = B^t B$. Da BB^t und $B^t B$ im allgemeinen verschieden sind, kann man nicht direkt auf $CC^t = 0$ schließen. Der folgende Spur-Trick leistet jedoch das Gewünschte: Man bildet von beiden Seiten die Spur, beachtet $\mathrm{Spur}\, BB^t = \mathrm{Spur}\, B^t B$ (vgl. 2.5.6(3)) und erhält $\mathrm{Spur}\, CC^t = 0$. Da $\mathrm{Spur}\, CC^t$ aber gleich der Quadratsumme aller Komponenten von C ist, folgt $C = 0$. Jetzt liest man die Behauptung aus (i) und (ii) ab. □

Die Proposition, das Lemma und Satz 6 führen zum abschließenden

Satz. *Ist A eine normale Matrix, dann gibt es eine orthogonale Matrix T mit $T^t A T = [A_1, \ldots, A_r]$, wobei die Kästchen $A_1, \ldots, A_r$ entweder beliebige 1×1*

Matrizen oder symmetrische 2×2 Matrizen oder Vielfache von orthogonalen 2×2 Matrizen sind. Umgekehrt ist jede solche Matrix normal.

Damit sind diejenigen Matrizen beschrieben, die durch orthogonale Transformation auf „Diagonalgestalt mit 2×2 Kästchen" gebracht werden können: Das sind genau die normalen Matrizen!

Da auch die orthogonalen 2×2 Matrizen über $\mathbb{C}$ diagonalisierbar sind (Beweis?), erhält man das

Korollar. *Jede normale Matrix ist halbeinfach.*

Aufgaben. 1) Sei $A \in \mathrm{Mat}(n; \mathbb{R})$ normal und nicht invertierbar.

a) Das Minimalpolynom μ von A hat die Gestalt $\mu(\xi) = \alpha(\xi - \xi^2\varphi(\xi))$ mit $\varphi \in \mathrm{Pol}\,\mathbb{R}$ und $\alpha \neq 0$.

b) Für $F := \varphi(A)$ und $B := AF^2$ gilt $A^2F = A$, $A^2B = A$ und $AB^2 = B$.

c) Ist A symmetrisch, dann ist B das Moore-Penrose-Inverse $A^\natural$ von A, und es gilt $(A^\natural)^\natural = A^\natural$.

§ 7*. Der höhere Standpunkt

1. Einfache und halbeinfache Algebren. Viele Vektorräume (z. B. in der Funktionalanalysis oder in der Physik) haben eine zusätzliche Struktur, nämlich ein Produkt, und werden so zu einer Algebra (2.3.2). Seit Benjamin Peirce (siehe 2.3.1) betrachtet man – zuerst als Verallgemeinerung der reellen und komplexen Zahlen, dann als Selbstzweck und aus Gründen der Anwendbarkeit – Algebren, zunächst unausgesprochen nur über $\mathbb{R}$ oder $\mathbb{C}$, bald aber über einem beliebigen Grundkörper K. Man entdeckte schnell die unübersehbare Vielfalt solcher Algebren, so daß eine Suche nach Ordnungs- und Klassifizierungs-Prinzipien begann. Bei der Beschränkung auf assoziative Algebren mit Einselement merkte man an Beispielen, daß Algebren meist „viele" Unteralgebren, aber oft nur „wenige" Ideale besitzen. Es stellte sich zu Beginn dieses Jahrhunderts heraus, daß die Algebren $\mathscr{A}$, welche nur die trivialen Ideale (nämlich $\{0\}$ und $\mathscr{A}$) enthalten, als Bausteine beim Aufbau und bei der Beschreibung aller Algebren verwendet werden können; man nennt sie daher *einfache* Algebren (2.3.2).

Ist $\mathscr{A}$ eine Algebra über K und sind $\mathscr{A}_1, \ldots, \mathscr{A}_r$ Ideale von $\mathscr{A}$, so daß $\mathscr{A} = \mathscr{A}_1 + \cdots + \mathscr{A}_r$ die direkte Summe der Vektorräume ist, dann schreibt man auch $\mathscr{A} = \mathscr{A}_1 \oplus \cdots \oplus \mathscr{A}_r$ und nennt dies die *direkte Algebrensumme*. Für $a_i \in \mathscr{A}_i$ und $a_k \in \mathscr{A}_k$ $(i \neq k)$ liegt das Produkt $a_i a_k$ in $\mathscr{A}_i$ und in $\mathscr{A}_k$, ist also Null. Das Produkt in $\mathscr{A}$ kann also „komponentenweise" in den Algebren $\mathscr{A}_1, \ldots, \mathscr{A}_r$ berechnet werden. Praktisch jede Frage an $\mathscr{A}$ kann damit auf die entsprechende Frage an die $\mathscr{A}_1, \ldots, \mathscr{A}_r$ zurückgeführt werden, das heißt, man kennt $\mathscr{A}$ so gut (oder so schlecht), wie man die $\mathscr{A}_1, \ldots, \mathscr{A}_r$ kennt.

Sind die $\mathscr{A}_1, \ldots, \mathscr{A}_r$ sämtlich einfach, dann ist $\mathscr{A} = \mathscr{A}_1 \oplus \cdots \oplus \mathscr{A}_r$ fast so gut wie eine einfache Algebra, man sagt dann, $\mathscr{A}$ ist *halbeinfach*.

Die „volle" Matrix-Algebra $\mathrm{Mat}(n; K)$ ist in zweifacher Hinsicht ein Standard-Beispiel: Zunächst ist nicht schwer zu zeigen (Aufgabe 2.6.2), daß alle Algebren

$\mathrm{Mat}(n;K)$ einfach sind. Damit ist jede Teilalgebra von $\mathrm{Mat}(n;K)$, die aus allen Diagonal-Kästchenmatrizen eines festen Typs (4.5) besteht, halbeinfach. Zum anderen ist jede Algebra $\mathscr{A}$ der Dimension n über K zu einer Unteralgebra von $\mathrm{Mat}(n;K)$ isomorph. Zum Nachweis wähle man eine Basis von $\mathscr{A}$ über K und stelle bei festem $a \in \mathscr{A}$ die lineare Abbildung $x \mapsto ax$ durch eine Matrix L_a dar. Die Abbildung $a \mapsto L_a$ von $\mathscr{A}$ in $\mathrm{Mat}(n;K)$ ist dann ein injektiver Homomorphismus der Algebren.

Weitere wichtige Beispiele von einfachen $\mathbb{R}$-Algebren sind die sogenannten reellen Divisionsalgebren, wie z. B. $\mathbb{C}$ und die sogenannte Quaternionen-Algebra, die im *Band Zahlen, Kapitel 6 und 7, behandelt* werden.

2. Kommutative Algebren. Typische kommutative Algebren sind die Algebren $K[A]$ für $A \in \mathrm{Mat}(n;K)$ (vgl. 4.2): Nach Proposition 3.4 ist $\mathscr{N} := \{N \in K[A] : N \text{ nilpotent}\}$ ein Ideal, und nach Satz 5.2 ist $\mathscr{D} := \{H \in K[A] : H \text{ diagonalisierbar}\}$ eine Unteralgebra von $K[A]$. Wegen $\mathscr{D} \cap \mathscr{N} = \{0\}$ ist die Vektorraumsumme $\mathscr{D} + \mathscr{N}$ direkt, sie ist aber im allgemeinen echt in $K[A]$ enthalten (als Beispiel nehme man $K = \mathbb{R}$ und $A = \begin{pmatrix} 0 & -1 \\ 1 & 0 \end{pmatrix}$!).

Das Ideal $\mathscr{N}$ nennt man das *Radikal* der Algebra $K[A]$, weil man früher für nilpotente Matrizen auch den Ausdruck „Wurzeln [Radikale] der Null" gebrauchte. Julius Wilhelm Richard DEDEKIND (1831–1916) bewies 1885 (Zur Theorie der aus n Haupteinheiten gebildeten komplexen Größen, Ges. math. Werke II, S. 1–20) (über $\mathbb{C}$) den folgenden

Satz. *Für eine kommutative Algebra $\mathscr{A}$ endlicher Dimension über K sind äquivalent:*

(i) $\mathrm{Rad}\,\mathscr{A} = 0$,
(ii) *$\mathscr{A}$ ist eine direkte Algebrensumme von Erweiterungskörpern von K.*

Als Summe von Körpern ist $\mathscr{A}$ dann halbeinfach. Man nennt eine Matrix A *halbeinfach*, wenn die Algebra $K[A]$ halbeinfach ist, wenn also ihr Radikal $\mathscr{N} = \mathrm{Rad}\,K[A]$ gleich Null ist. Eine zerfallende Matrix A ist genau dann halbeinfach, wenn sie diagonalisierbar ist (vgl. 4.7).

3. Die Struktursätze. Im Jahre 1907 publizierte Joseph Henry Maclagan WEDDERBURN (1882–1948) eine grundlegende Arbeit (Proc. of the London Math. Society 6, S. 99) zur Struktur endlich-dimensionaler Algebren $\mathscr{A}$ mit Einselement: An der Algebra $\mathrm{Mat}(n;K)$ sieht man, daß die nilpotenten Elemente einer Algebra im allgemeinen kein Ideal mehr bilden. Es gibt aber ein eindeutig bestimmtes maximales Ideal von $\mathscr{A}$, welches nur aus nilpotenten Elementen besteht, dieses Ideal nennt man das *Radikal* $\mathrm{Rad}\,\mathscr{A}$ von $\mathscr{A}$. Nimmt man zur Vereinfachung als Grundkörper die komplexen Zahlen, so gelten nach WEDDERBURN ([20], Chap. X, Theorem 5) die folgenden drei Struktur-Sätze:

(I) *Eine Algebra ist genau dann einfach, wenn sie zu einer vollen Matrix-Algebra isomorph ist.*

(II) *Eine Algebra $\mathscr{A}$ ist genau dann halbeinfach, wenn* $\mathrm{Rad}\,\mathscr{A} = 0$ *gilt.*

(III) *Zu jeder Algebra $\mathscr{A}$ gibt es eine halbeinfache Teilalgebra $\mathscr{H}$ von $\mathscr{A}$ mit $\mathscr{A} = \mathscr{H} + \operatorname{Rad} \mathscr{A}$ (direkte Vektorraumsumme).*

In (III) ist $\mathscr{H}$ im allgemeinen nicht eindeutig bestimmt und kann auch nicht mehr durch Eigenschaften seiner Elemente beschrieben werden.

4. Die weitere Entwicklung. Natürlich wurden diese Untersuchungen auf immer allgemeinere Algebren bzw. Ringe ausgedehnt: Einerseits ersetzte man den Grundkörper K durch einen kommutativen Ring R mit Eins, z. B. durch $\mathbb{Z}$, und ließ andererseits auch nicht-endlich-erzeugte Vektorräume oder R-Moduln zu. Man verdankt Emil ARTIN (1898–1962) als abschließendes Ergebnis die Charakterisierung derjenigen Ringe $\mathscr{A}$ durch innere Eigenschaften, für welche die Struktur-Sätze von 3 gültig sind; sie sind als „artinsche" Ringe bekannt (E. ARTIN, C. J. NESBITT, R. M. THRALL, *Rings with minimum condition*, Univ. Michigan Press, 1944).

5. Der generische Standpunkt. Beim Beweis von Matrix-Identitäten muß man aus beweistechnischen Gründen oft voraussetzen, daß gewisse Determinanten ungleich Null sind. Ein weiterer höherer Standpunkt zum Matrizenkalkül ist dann die „generische" Betrachtungsweise: Bezeichnet wieder $A^\#$ die komplementäre Matrix von $A \in \operatorname{Mat}(n;K)$ (vgl. 3.2.3), so hatte man gesehen, daß

$$(1) \qquad (AB)^\# = B^\# A^\#, \qquad (A^\#)^\# = (\det A)^{n-2} \cdot A$$

wenigstens für invertierbare Matrizen A, B gilt. Zum Nachweis der uneingeschränkten Gültigkeit von (1) betrachte man zwei Sätze x_{ij} und y_{ij}, $i,j = 1,\ldots,n$, von unabhängigen Unbestimmten (vgl. 8.1.5) über K und bilde den Körper $\tilde{K}$ aller rationalen Funktionen in diesen Unbestimmten. Die Matrizen $X := (x_{ij})$ und $Y := (y_{ij})$ liegen dann in $\operatorname{Mat}(n;\tilde{K})$. Dem Entwicklungssatz 3.2.2 entnimmt man $\det X \neq 0$ und $\det Y \neq 0$, so daß z.B. $(XY)^\# = Y^\# X^\#$ gilt. Da hier auf beiden Seiten Matrizen stehen, deren Elemente Polynome in den Unbestimmten x_{ij} und y_{ij} sind, darf man für die Unbestimmten beliebige Elemente von K einsetzen. Damit ist (1) bewiesen. Im Falle $K = \mathbb{R}$ oder $K = \mathbb{C}$ kann man (1) mit Stetigkeitsargumenten aus der für invertierbare Matrizen gültigen Formel erhalten.

Mit Hilfe des Normalformen-Satzes 2.6.2 kann man jetzt zeigen, daß $A^\#$ im Falle $\operatorname{Rang} A = n-1$ den Rang 1 hat.

Drückt man das charakteristische Polynom von X^{-1} durch das charakteristische Polynom von X aus, so erhält man noch für den vorletzten Koeffizienten des charakteristischen Polynoms von A den Ausdruck

$$(2) \qquad \omega_{n-1}(A) = \operatorname{Spur} A^\#.$$

Kapitel 9. Homomorphismen von Vektorräumen

In diesem abschließenden Kapitel wird die in 1.6.2 begonnene elementare Theorie der Homomorphismen von Vektorräumen zu einem ersten Abschluß gebracht. Es bezeichne K stets einen Körper.

§ 1. Der Vektorraum Hom(V, V')

1. Der Vektorraum Abb(M, V'). Ist M eine nicht-leere Menge, so ist Abb(M, K) nach 1.3.3 in natürlicher Weise ein Vektorraum über K. In Analogie kann man – ausgehend von einem Vektorraum V' über K – die Menge Abb(M, V') aller Abbildungen f: $M \to V'$ betrachten. Definiert man Summe und skalares Vielfaches in Abb(M, V') durch

$$(f+g)(m) := f(m) + g(m), \qquad (\alpha f)(m) := \alpha \cdot f(m), \qquad m \in M,$$

so ist leicht nachzuweisen, daß Abb(M, V') *zu einem Vektorraum über K wird.* Das neutrale Element der Addition ist durch die Nullabbildung $O(m) := O_V$, $m \in M$, gegeben.

2. Hom(V, V') als Unterraum von Abb(V, V'). Sind V und V' zwei Vektorräume über K, so ist nach 1 also Abb(V, V') ein Vektorraum über K. Die weiteren Überlegungen beziehen sich auf die Teilmenge Hom(V, V') von Abb(V, V'), die aus allen Homomorphismen f: $V \to V'$ besteht. Die Nullabbildung 0: $V \to V'$ ist trivialerweise ein Homomorphismus, die Menge Hom(V, V') ist also nicht leer. Eine Verifikation ergibt den

Satz. *Sind V und V' zwei Vektorräume über K, so ist auch* Hom(V, V') *ein Vektorraum über K.*

Im speziellen Fall $V' = K$ hatte man Hom(V, K) bereits in 1.7.4 und 1.7.5 als den *Dualraum* V^* von V kennengelernt.

3. Mat(m, n; K) als Beispiel. Wie in 2.2.4 ordnet man jeder Matrix $A \in \text{Mat}(m, n; K)$ die Abbildung h_A: $K^n \to K^m$, $h_A(x) := Ax$ für $x \in K^n$, zu. Man hatte dort gesehen, daß die Abbildungen h_A genau die Homomorphismen von K^n nach K^m sind, daß also

$$\text{(1)} \qquad \text{Hom}(K^n, K^m) = \{h_A\colon A \in \text{Mat}(m, n; K)\}$$

gilt. Ist hier $f\colon K^n \to K^m$ ein Homomorphismus, so gilt $f = h_A$ für eine Matrix $A = (\alpha_{ij})$ aus $\mathrm{Mat}(m,n;K)$, wobei A auf folgende Weise gegeben wird: Sind $e_1, \ldots, e_n$ bzw. $e_1, \ldots, e_m$ die kanonischen Basen von K^n bzw. K^m, so erhält man α_{ij} als i-te Komponente von $f(e_j)$, also

(2) $$f(e_j) = \sum_{i=1}^{m} \alpha_{ij} e_i \qquad \text{für} \qquad j = 1, \ldots, n.$$

Die Darstellung $f = h_A$ ist auch mit den Vektorraumstrukturen verträglich:

Satz. *Die Abbildung* $h\colon \mathrm{Mat}(m,n;K) \to \mathrm{Hom}(K^n, K^m)$, $A \to h_A$, *ist ein Isomorphismus der Vektorräume.*

Beweis. Eine Verifikation liefert $h_{\alpha A + \beta B} = \alpha h_A + \beta h_B$, so daß h ein Homomorphismus der Vektorräume ist. Nach (1) ist h surjektiv, und aus $h_A = 0$ folgt natürlich $Ax = 0$ für alle $x \in K^n$, also $A = 0$. Nach 1.6.3(3) ist dann h auch injektiv. □

Der Definition entnimmt man noch

(3) $$h_{AB} = h_A \circ h_B \qquad \text{für} \quad A \in \mathrm{Mat}(m,n;K) \quad \text{und} \quad B \in \mathrm{Mat}(n,p;K).$$

4. Verknüpfung von $\mathrm{Hom}(V, V')$ und $\mathrm{Hom}(V', V'')$. *Sind V, V', V'' Vektorräume über K und sind $f, f' \in \mathrm{Hom}(V, V')$ sowie $g, g' \in \mathrm{Hom}(V', V'')$, so gehört die komponierte Abbildung $g \circ f\colon V \to V''$ zu* $\mathrm{Hom}(V, V'')$, *und es gelten die Verknüpfungsregeln:*

(1) $$(g + g') \circ f = g \circ f + g' \circ f,$$

(2) $$g \circ (f + f') = g \circ f + g \circ f',$$

(3) $$(\alpha g) \circ f = g \circ (\alpha f) = \alpha (g \circ f) \qquad \textit{für} \qquad \alpha \in K.$$

Beweis. Zum Nachweis von $f \circ g \in \mathrm{Hom}(V, V'')$ hat man für x, $y \in V$ und α, $\beta \in K$ der Reihe nach $(g \circ f)(\alpha x + \beta y) = g(f(\alpha x + \beta y)) = g(\alpha f(x) + \beta f(y)) = \alpha g(f(x)) + \beta g(f(x)) = \alpha (g \circ f)(x) + \beta (g \circ f)(y)$, das heißt, $g \circ f\colon V \to V''$ ist ein Homomorphismus.

Für $x \in V$ hat man $[(g + g') \circ f](x) = (g + g')(f(x)) = g(f(x)) + g'(f(x)) = (g \circ f)(x) + (g' \circ f)(x) = (g \circ f + g' \circ f)(x)$, also (1). Die Behauptungen (2) und (3) erhält man analog. □

Wählt man hier $V = V' = V''$ und vergleicht dies mit der Definition einer Algebra in 2.3.2, so erhält man das

Korollar. *Der Vektorraum* $\mathrm{End}\, V := \mathrm{Hom}(V, V)$ *aller Endomorphismen von V ist zusammen mit dem Produkt $(f, g) \to f \circ g$ eine assoziative Algebra über K. Die identische Abbildung* $\mathrm{Id}\colon V \to V$, $\mathrm{Id}(x) := x$, *ist das Einselement der Algebra.*

Bemerkung. Dic Gruppe der invertierbaren Elemente (2.3.3) der Algebra $\mathrm{End}\, V$, also die Gruppe

$$GL(V) := \{f;\, f\colon V \to V \text{ ist bijektiver Homomorphismus}\}$$

nennt man auch die *allgemeine lineare Gruppe von* V. Aus Satz 2.4 wird man entnehmen, daß $GL(V)$ zur Gruppe $GL(n; K)$, $n = \dim V$, isomorph ist.

Da Elemente von $GL(V)$ auch *Automorphismen* genannt werden (1.6.2), schreibt man auch $\operatorname{Aut} V$ anstelle von $GL(V)$.

§ 2. Beschreibung der Homomorphismen im endlich-dimensionalen Fall

1. Isomorphie mit Standard-Räumen. Sei V ein Vektorraum der endlichen Dimension $n \geqslant 1$ über K und $b_1, \ldots, b_n$ eine Basis von V. Mit der geordneten Basis $B = (b_1, \ldots, b_n)$ definiert man eine Abbildung $q_B\colon V \to K^n$ durch

(1) $$q_B(x) := \begin{pmatrix} \xi_1 \\ \vdots \\ \xi_n \end{pmatrix}, \qquad \text{falls} \qquad x = \xi_1 b_1 + \cdots + \xi_n b_n \in V.$$

Da sich die Elemente von V eindeutig durch B ausdrücken lassen, *ist* $q_B\colon V \to K^n$ *wohldefiniert und ein Isomorphismus der Vektorräume.* Jeder n-dimensionale Vektorraum ist also zu K^n isomorph, man erhält erneut Satz 1.6.3, wonach gleichdimensionale Vektorräume isomorph sind.

Ist $C = (c_1, \ldots, c_n)$ eine weitere Basis von V, so gibt es nach Satz 2.7.6 eine Übergangsmatrix $A = (\alpha_{ij}) \in GL(n; K)$ mit

(2) $$b_j = \sum_{i=1}^{n} \alpha_{ij} c_i, \qquad j = 1, 2, \ldots, n.$$

Schreibt man wieder $h_A(y) := Ay$ für $y \in K^n$, so gilt

(3) $$q_C = h_A \circ q_B.$$

Zum Beweis ist in der Bezeichnung (1) und (2)

$$x = \sum_{j=1}^{n} \xi_j b_j = \sum_{j=1}^{n} \sum_{i=1}^{n} \xi_j \alpha_{ij} c_i = \sum_{i=1}^{n} \eta_i c_i \qquad \text{mit} \qquad \eta_i = \sum_{j=1}^{n} \alpha_{ij} \xi_j.$$

Es folgt

$$(h_A \circ q_B)(x) = h_A(q_B(x)) = A q_B(x) = A \begin{pmatrix} \xi_1 \\ \vdots \\ \xi_n \end{pmatrix} = \begin{pmatrix} \eta_1 \\ \vdots \\ \eta_n \end{pmatrix} = q_C(x)$$

für $x \in V$, und das ist die Behauptung (3).

2. Darstellung der Homomorphismen. Es seien V und V' endlich-dimensionale Vektorräume positiver Dimension, $B = (b_1, \ldots, b_n)$ eine Basis von V und $B' = (b'_1, \ldots, b'_m)$ eine Basis von V'. Ist dann $f \in \operatorname{Hom}(V, V')$ so betrachte man das Diagramm

$$\begin{array}{ccc} V & \xrightarrow{f} & V' \\ q_B \downarrow & & \downarrow q_{B'} \\ K^n & & K^m \end{array}$$

von Homomorphismen. Hier ist $q_B\colon V \to K^n$ ein Isomorphismus, es ist also wegen 1.4 auch

$$\begin{array}{ccc} V & \xrightarrow{f} & V' \\ q_B^{-1} \uparrow & & \downarrow q_{B'}, \\ K^n & \xrightarrow[\hat{f}]{} & K^m \end{array} \qquad \hat{f} := q_{B'} \circ f \circ q_B^{-1}$$

ein Diagramm von Homomorphismen, das heißt, $\hat{f}$ gehört zu $\mathrm{Hom}(K^n, K^m)$. Nach Satz 1.3 gibt es ein $M(f) = M_{B,B'}(f)$ aus $\mathrm{Mat}(m,n;K)$ mit $\hat{f} = h_{M(f)}$, also $h_{M(f)} = q_{B'} \circ f \circ q_B^{-1}$.

Satz. *Es seien V und V' Vektorräume über K der Dimension n bzw. m mit Basen $B = (b_1, \ldots, b_n)$ bzw. $B' = (b'_1, \ldots, b'_m)$.*

a) *Zu jedem $f \in \mathrm{Hom}(V, V')$ gibt es eine eindeutig bestimmte Matrix $M(f) = M_{B,B'}(f) \in \mathrm{Mat}(m,n;K)$ mit $f = q_{B'}^{-1} \circ h_{M(f)} \circ q_B$.*

b) *Die Matrix $M(f) = (\mu_{ij})$ ist durch $f(b_j) = \sum_{i=1}^m \mu_{ij} b'_i$, $j = 1, \ldots, n$, gegeben.*

c) *Die Abbildung $M\colon \mathrm{Hom}(V, V') \to \mathrm{Mat}(m,n;K)$, $f \mapsto M(f)$, ist ein Isomorphismus der Vektorräume.*

Beweis. a) Nach Konstruktion ist $M(f)$ durch $\hat{f}$, also auch durch f eindeutig bestimmt, und es gilt $h_{M(f)} = q_{B'} \circ f \circ q_B^{-1}$. Das ist bereits die Behauptung.

b) Da q_B bzw. $q_{B'}$ die Basen B bzw. B' auf die kanonischen Basen des K^n bzw. des K^m abbildet, $q_B(b_j) = e_j$ für $j = 1, \ldots, n$ bzw. $q_{B'}(b'_i) = e_i$ für $i = 1, \ldots, m$, ist $M(f)$ nach 1.3(2) durch

$$(q_{B'} \circ f \circ q_B^{-1})(e_j) = h_{M(f)}(e_j) = \sum_{i=1}^m \mu_{ij} e_i$$

gegeben. Wendet man hierauf $q_{B'}^{-1}$ an, so folgt

$$f(b_j) = \sum_{i=1}^m \mu_{ij} b'_i,$$

also die Behauptung.

c) Wegen Satz 1.3 hat man nur zu zeigen, daß die Abbildung $f \mapsto \hat{f} = q_{B'} \circ f \circ q_B^{-1}$ vom $\mathrm{Hom}(V, V')$ nach $\mathrm{Hom}(K^n, K^m)$ ein Isomorphismus ist. Diese Abbildung ist aber bijektiv und nach 1.4 ein Homomorphismus. □

Bemerkung. Das Diagramm

$$\begin{array}{ccc} V & \xrightarrow{f} & V' \\ q_B \downarrow & & \downarrow q_{B'} \\ K^n & \xrightarrow[h_{M(f)}]{} & K^m \end{array}$$

ist *kommutativ* in dem Sinne, daß man auf den beiden möglichen Wegen von V nach K^m das gleiche Ergebnis bekommt: Es gilt $h_{M(f)} \circ q_B = q_{B'} \circ f$. Man sagt manchmal, daß der Homomorphismus f (nach Wahl der Basen B und B') *durch die Matrix $M(f)$ dargestellt wird.*

3. Basiswechsel. *Sind $C = (c_1, \ldots, c_n)$ bzw. $C' = (c'_1, \ldots, c'_m)$ weitere Basen von V bzw. V' und sind $A = (\alpha_{ij}) \in GL(n; K)$ bzw. $A' = (\alpha'_{ij}) \in GL(m; K)$ die Übergangsmatrizen, also*

$$b_j = \sum_{i=1}^{n} \alpha_{ij} c_i, \qquad b'_j = \sum_{i=1}^{m} \alpha'_{ij} c'_i$$

so gilt $M_{C,C'}(f) = A' \cdot M_{B,B'}(f) \cdot A^{-1}$.

Beweis. Nach 1(3) gilt $q_C = h_A \circ q_B$ bzw. $q_{C'} = h_{A'} \circ q_{B'}$, und aus $h_{M_{B,B'}(f)} = q_{B'} \circ f \circ q_{B^{-1}}$, $h_{M_{C,C'}(f)} = q_{C'} \circ f \circ q_{C^{-1}}$ folgt $h_{M_{C,C'}(f)} = h_{A'} \circ h_{M_{B,B'}(f)} \circ h_A^{-1} = h_{A' \cdot M_{B,B'}(f) \cdot A^{-1}}$ wegen 1.3(3), und das ist die Behauptung. □

4. Die Algebra End V. Im Falle $V' = V$ ist End $V := \operatorname{Hom}(V, V)$ nach 1.4 eine K-Algebra mit Einselement id. So kann man $M(f) = M_B(f) := M_{B,B}(f)$ abkürzen.

Satz. *Nach Wahl einer Basis B von V ist M: End $V \to \operatorname{Mat}(n; K)$, $f \mapsto M_B(f)$ ein Isomorphismus der Algebren. Ist C eine weitere Basis von V mit Übergangsmatrix A, so gilt $M_C(f) = A \cdot M_B(f) \cdot A^{-1}$ für jedes $f \in$ End V.*

Beweis. Nach Satz 2 ist M ein Isomorphismus der Vektorräume. Für $f, g \in$ End V folgt $h_{M(f \circ g)} = q_B \circ (f \circ g) \circ q_B^{-1} = q_B \circ f \circ q_B^{-1} \circ q_B \circ g \circ q_B^{-1} = h_{M(f)} \circ h_{M(g)}$, also $M(f \circ g) = M(f) M(g)$.

Die fehlende Behauptung war in 3 bewiesen. □

Bemerkungen. 1) Die den Endomorphismus f darstellende Matrix $M_B(f)$ hängt wesentlich von der Wahl der Basis B ab. Nach dem Satz sind jedoch je zwei darstellende Matrizen ähnlich (8.3.1). Die Rechenregeln für Spur und Determinante zeigen, daß

$$\operatorname{Spur} f := \operatorname{Spur} M_B(f), \qquad \det f := \det M_B(f)$$

nicht von der Wahl der Basis B abhängen. Entsprechend hängt auch das charakteristische Polynom $\chi_f(\xi) := \det(\xi E - M_B(f))$ nicht von der Wahl von B ab, und es gilt $\chi_f(\xi) = \det(\xi \operatorname{Id} - f)$.

2) Die Abbildung $q_B \colon V \to K^n$ ist bijektiv. Daher ist f genau dann bijektiv, wenn $h_{M(f)} = q_B \circ f \circ q_B^{-1}$ bijektiv, das heißt, wenn $M(f)$ invertierbar ist. Damit besteht $GL(V)$ genau aus den Endomorphismen f von V mit $\det f \neq 0$.

3) Analog zum Begriff des Eigenwertes einer Matrix nennt man ein $\lambda \in K$ einen *Eigenwert* eines $f \in$ End V, wenn es ein $0 \neq v \in V$ gibt mit $f(v) = \lambda v$. Offenbar ist λ genau dann ein Eigenwert von f, wenn der Endomorphismus $\lambda \operatorname{Id} - f$ nicht invertierbar ist, wenn also λ eine Nullstelle des charakteristischen Polynoms von f ist.

Aufgaben. 1) Für $A \in \operatorname{Mat}(n; K)$ gilt $h_A \in$ End K^n. Man berechne $\det h_A$.

2) Ist $W \in GL(n; K)$ mit Spaltenvektoren $w_1, \ldots, w_n$ gegeben, so ist $B := (w_1, \ldots, w_n)$ eine Basis von K^n. Für $A \in \operatorname{Mat}(n; K)$ zeige man $M_B(h_A) = W^{-1} A W$.

5. Diagonalisierbarkeit. In der Algebra End V sind die Potenzen eines $f \in$ End V wie in jeder multiplikativen Halbgruppe (vgl. 2.4.1) rekursiv durch $f^0 := \operatorname{Id}$, $f^1 = f$,

$f^{m+1} = f \circ f^m$, $m \geqslant 1$, definiert, und es gilt das Assoziativgesetz für die Potenzen. Ein $f \in \operatorname{End} V$ nennt man

> *nilpotent*, wenn es $m \geqslant 1$ gibt mit $f^m = 0$,
> *idempotent*, wenn $f^2 = f \neq 0$ gilt,
> *diagonalisierbar*, wenn es eine Basis $b_1, \ldots, b_n$ von V gibt mit $f(b_i) \in Kb_i$ für $i = 1, \ldots, n$.

Wegen Satz 4 sind diese Eigenschaften von f mit den entsprechenden Eigenschaften einer darstellenden Matrix $M_B(f)$ äquivalent. Die meisten Ergebnisse von Kapitel 8 lassen sich nun für Endomorphismen von V invariant formulieren. Definiert man ein Polynom $\mu_f \in \operatorname{Pol} K$ nach Wahl einer Basis B von V durch

$$\mu_f := \text{Minimalpolynom von } M_B(f),$$

so hängt μ_f nach Satz 4 und dem Invarianz-Lemma 8.4.3 nicht von der Wahl von B ab. Man kann sich unschwer überlegen, daß μ_f auch das *Minimalpolynom* von f in dem Sinne ist, daß μ_f das Ideal aller Polynome $\alpha_0 + \alpha_1 \xi + \cdots + \alpha_m \xi^m$ aus $\operatorname{Pol} K$ mit $\alpha_0 \operatorname{Id} + \alpha_1 f + \cdots + \alpha_m f^m = 0$ erzeugt (vgl. 8.4.3).

Nach 8.4.7 gilt der

Satz A. *Zerfällt das charakteristische Polynom χ_f von $f \in \operatorname{End} V$ über K, dann sind äquivalent:*

(i) *f ist diagonalisierbar.*
(ii) *Das Minimalpolynom μ_f hat nur einfache Nullstellen.*

Nach 8.5.1 und 8.5.3 gilt ebenfalls die

JORDAN-CHEVALLEY-Zerlegung. *Zerfällt das charakteristische Polynom χ_f eines $f \in \operatorname{End} V$ über K, so gibt es eindeutig bestimmte $h, v \in \operatorname{End} V$ mit*

a) *h diagonalisierbar, v nilpotent, $h \circ v = v \circ h$,*
b) *$f = h + v$.*

§ 3. Anwendungen

1. Spiegelungen in euklidischen Vektorräumen. Es sei V ein n-dimensionaler Vektorraum über $\mathbb{R}$ und $\sigma: V \times V \to \mathbb{R}$ eine positiv definite Bilinearform. Nach 5.5.2 sind in dem euklidischen Vektorraum (V, σ) die Spiegelungen s_a für $0 \neq a \in V$ definiert durch

$$(1) \qquad s_a(x) := x - 2\frac{\sigma(a, x)}{\sigma(a, a)} \cdot a, \qquad x \in V.$$

Die Abbildung $s_a: V \to V$ gehört zu $\operatorname{End} V$, man kann daher nach ihrer Determinante $\det s_a$ im Sinne von 2.4 fragen.

Man wählt dazu eine Basis $b_2, \ldots, b_n$ vom orthogonalen Komplement $(\mathbb{R}a)^\perp$ (vgl. 5.2.5), setzt $b_1 := a$ und erhält eine Basis $B = (b_1, b_2, \ldots, b_n)$ von V.

Aus (1) folgt $s_a(b_1) = -b_1$ und $s_a(b_i) = b_i$ für $i = 2, \ldots, n$, also ist $M_B(s_a) = \begin{pmatrix} -1 & 0 & \cdots & 0 \\ 0 & 1 & \ddots & \vdots \\ \vdots & \ddots & \ddots & 0 \\ 0 & \cdots & 0 & 1 \end{pmatrix}$ die darstellende Matrix, und man erhält

$$\det s_a = -1. \tag{2}$$

Aufgabe. Für $a, b \in V$, $|a| = |b| = 1$, berechne man die Spur von $s_a \circ s_b$ zu $n - 4 + 4[\sigma(a,b)]^2$.

2. Die Linksmultiplikation in Mat(n; K). Für $A \in \mathrm{Mat}(n; K)$ betrachte man die Abbildung $\Lambda_A\colon \mathrm{Mat}(n;K) \to \mathrm{Mat}(n;K)$, $\Lambda_A(X) = AX$. Das Distributiv-Gesetz der Matrizenmultiplikation zeigt, daß Λ_A ein Endomorphismus des Vektorraumes $\mathrm{Mat}(n;K)$ ist.

Mit Hilfe der kanonischen Basis E_{ij}, $i, j = 1, \ldots, n$, von $\mathrm{Mat}(n;K)$ und mit $A = (\alpha_{ij}) = \sum_{i,j} \alpha_{ij} E_{ij}$ folgt

$$\Lambda_A(E_{ij}) = AE_{ij} = \sum_k \alpha_{ki} E_{kj}. \tag{1}$$

Ordnet man die E_{ij} jetzt zur Basis $B := (E_{11}, E_{21}, \ldots, E_{n1}, E_{12}, \ldots, E_{nn})$, dann ergibt (1) die Matrix

$$M_B(\Lambda_A) = \begin{pmatrix} A & 0 & \cdots & 0 \\ 0 & A & \ddots & \vdots \\ \vdots & \ddots & \ddots & 0 \\ 0 & \cdots & 0 & A \end{pmatrix}, \tag{2}$$

bei der auf der Diagonale n-mal die Matrix A steht. Es folgt speziell

$$\det \Lambda_A = (\det A)^n \qquad \text{und} \qquad \mathrm{Spur}\, \Lambda_A = n \cdot \mathrm{Spur}\, A. \tag{3}$$

3. Polynome. Es bezeichne V_n die Menge der reellen Polynome vom Grad $\leqslant n$. Offenbar ist V_n ein Unterraum des $\mathbb{R}$-Vektorraums Pol $\mathbb{R}$ (vgl. 1.3.5) der Dimension $n + 1$ (vgl. 1.5.2). Für $\varphi \in V_n$ bezeichne φ' die Ableitung von φ. Die Rechenregeln für die Ableitung zeigen, daß $d\colon V_n \to V_n$, $d\varphi := \varphi'$ ein Endomorphismus von V_n ist. Wählt man die Basis $B = (\varphi_0, \varphi_1, \ldots, \varphi_n)$ mit $\varphi_i(\xi) := \xi^i$ für $i = 0, 1, \ldots, n$, so wird d durch die Matrix $M_B(d) := \begin{pmatrix} 0 & 1 & 0 & \cdots & 0 \\ & & & \ddots & \vdots \\ \vdots & & \ddots & & 0 \\ & & & & 1 \\ 0 & & \cdots & & 0 \end{pmatrix}$ dargestellt.

Als obere Dreiecksmatrix ist $M_B(d)$ nilpotent, nach Satz 2.4 ist dann auch d nilpotent: In der Tat, die $(n+1)$-te Ableitung eines Polynoms vom Grad $\leqslant n$ ist Null.

Aufgabe. Man bestimme die charakteristischen Polynome der Endomorphismen $f\colon V_n \to V_n$ in den Fällen $(f\varphi)(\xi) := \xi \cdot \varphi'(\xi)$, $(f\varphi)(\xi) = \varphi(\xi + \alpha)$. Hat ein solches f den Eigenwert 1?

§ 4. Der Quotientenraum

1. Einleitung. Neben den bisher entwickelten Konstruktionsprinzipien von Vektorräumen, wie Unterräume eines gegebenen Raumes (1.1.3), (äußere) direkte Summe von Vektorräumen (1.8.1) sowie Vektorräume von Abbildungen (1.1), ist die Bildung des Quotientenraumes eine weitere wesentliche Konstruktionsmethode. Wenn man bei den bisher betrachteten Bildungen mit Mengen bzw. Mengen von Abbildungen auskam, benötigt man jetzt Mengen von Teilmengen einer gegebenen Menge V, das heißt Teilmengen der *Potenzmenge* $\mathscr{P}(V) := \{A : A$ ist Teilmenge von $V\}$ von V. Im folgenden sei V stets ein Vektorraum über K.

2. Nebenklassen. Ist U ein Unterraum von V und $a \in V$, so nennt man die Teilmenge $a + U := \{a + u : u \in U\}$ von V die *Nebenklasse* von a bezüglich U. Die Elemente einer solchen Nebenklasse nennt man auch *Vertreter* der Nebenklasse. Die Gleichheit von Nebenklassen ist durch die Gleichheit der Mengen definiert. Der Vertreter a der Nebenklasse $a + U$ ist durch die Nebenklasse keineswegs eindeutig bestimmt.

Lemma. *Für $a, b \in U$ sind äquivalent:*

(i) $a + U \subset b + U$,
(ii) $a + U = b + U$,
(iii) $a - b \in U$.

Beweis. (i) $\Rightarrow$ (iii): Wegen $a \in a + U$ gibt es $u \in U$ mit $a = b + u$, also $a - b \in U$.

(iii) $\Rightarrow$ (ii): Nach Voraussetzung gibt es $u \in U$ mit $a - b = u$, also $a = b + u$. Für $v \in U$ folgt $a + v = b + u + v \in b + U$, also $a + U \subset b + U$. Da mit $a - b$ auch $b - a$ zu U gehört, gilt auch $b + U \subset a + U$, also (ii).

(ii) $\Rightarrow$ (i): Klar. □

Bemerkungen. 1) In 5.4.2 hatte man bereits solchen Nebenklassen betrachtet, jeder affine Unterraum M von V ist eine Nebenklasse bezüglich des Differenzraumes $\Delta(M)$. Während dort die affinen Unterräume als einzelnes Objekt betrachtet wurden, interessiert man sich jetzt für alle affinen Unterräume mit festem Differenzraum zugleich.

2) Es ist leicht zu sehen, daß durch $a \sim b \Leftrightarrow a - b \in U$ eine Äquivalenzrelation auf V definiert wird. Die Äquivalenzklassen dieser Relation sind genau die Nebenklassen.

3. Der Satz über den Quotientenraum. *Ist U ein Unterraum von V, so kann man Addition und skalares Vielfaches von Nebenklassen definieren durch*

$$(a + U) + (b + U) := (a + b) + U, \tag{1}$$

$$\alpha(a + U) := \alpha a + U \quad \text{für} \quad \alpha \in K. \tag{2}$$

Diese beiden Definitionen sind unabhängig von der Wahl der Vertreter a und b.

Die Menge

$$V/U := \{a + U; a \in V\} \subset \mathscr{P}(V)$$

aller Nebenklassen bezüglich U ist mit der Addition (1) *und der skalaren Multiplikation* (2) *ein Vektorraum über K. Dabei ist das neutrale Element von V/U durch die Nebenklasse U der Null und das Negative von $a + U$ durch $(-a) + U$ gegeben.*

Man nennt V/U den *Quotientenraum* (oder *Faktorraum*) von V nach U.

Beweis. Zunächst ist die Unabhängigkeit der rechten Seiten von (1) und (2) von der Wahl der Vertreter a und b bzw. a zu zeigen: Aus $a + U = a' + U, b + U = b' + U$, folgt nach Lemma 2 sofort $a - a' \in U$, $b - b' \in U$. Damit ist $(a + b) - (a' + b') = (a - a') + (b - b') \in U$, und nach Lemma 2 folgt $(a + b) + U = (a' + b') + U$. Im Falle (2) schließt man analog.

Der Nachweis der Vektorraum-Axiome für V/U wird nun durch (1) und (2) auf die entsprechenden Axiome für V zurückgeführt: So zeigt $[(a + U) + (b + U)] + (c + U) = [(a + b) + U] + (c + U) = [(a + b) + c] + U$ und die entsprechende Fortsetzung das Assoziativ-Gesetz in V/U, während sich das Kommutativ-Gesetz direkt aus (1) ergibt. Offenbar ist $U = 0 + U$ neutrales Element bei der Addition, und $(a + U) + ([-a] + U) = U$ zeigt, daß V/U eine additive abelsche Gruppe ist. Die fehlenden Axiome erhält man analog. □

Bemerkung. Die Fälle $U = \{0\}$ bzw. $U = V$ sind von keinem besonderen Interesse, denn es gilt $V/\{0\} \simeq V$ und $V/V \simeq \{0\}$.

4. Der Satz über den kanonischen Epimorphismus. *Ist U ein Unterraum von V, so ist $\pi: V \to V/U$, $a \mapsto \pi(a) := a + U$, ein surjektiver Homomorphismus der Vektorräume mit* Kern $\pi = U$.

Man nennt π auch den *kanonischen Epimorphismus.*

Beweis. Die Abbildung π ist nach Definition von V/U surjektiv und nach 3(1) und 3(2) ein Homomorphismus. Da U das Nullelement von V/U ist, gilt $a \in \text{Kern}\,\pi \Leftrightarrow \pi(a) = 0 \Leftrightarrow a + U = U \Leftrightarrow a \in U$ mit Lemma 2. □

Mit diesem Satz ist eine Kennzeichnung der Unterräume von V möglich:

Korollar 1. *Für $U \subset V$ sind äquivalent*:

(i) *U ist ein Unterraum von V,*
(ii) *Es gibt einen Vektorraum V' und einen Homomorphismus f: $V \to V'$ mit* Kern $f = U$.

Beweis. (i) $\Rightarrow$ (ii): Man wähle $V' := V/U$ und $f := \pi$.
(ii) $\Rightarrow$ (i): War bereits in 1.6.3 gezeigt. □

Korollar 2. $\dim U + \dim V/U = \dim V$.

Beweis. Wendet man die Dimensionsformel in 1.6.4 auf den kanonischen Epimorphismus π an, so folgt $\dim V = \dim \text{Kern}\,\pi + \dim \text{Bild}\,\pi$, also die Behauptung.

5. Kanonische Faktorisierung. Ist f: $V \to V'$ ein Homomorphismus der Vektorräume, so ist Kern f ein Unterraum von V, der Quotientenraum $V/\text{Kern}\,f$ und der kanonische Epimorphismus

$$f_1 = \pi\colon V \to V/\mathrm{Kern}\, f$$

sind also definiert. Weiter hat man die Homomorphismen

$$f_2\colon V/\mathrm{Kern}\, f \to \mathrm{Bild}\, f, \qquad f_2(a + \mathrm{Kern}\, f) := f(a),$$

$$f_3\colon \mathrm{Bild}\, f \to V', \qquad f_3(b) := b.$$

Hier ist $f_1 = \pi$ surjektiv und f_3 injektiv. Die Abbildung f_2 ist zunächst wohldefiniert, denn aus $a + \mathrm{Kern}\, f = b + \mathrm{Kern}\, f$ folgt $a - b \in \mathrm{Kern}\, f$, also $f(a) = f(b)$. Die Definition von Summe und skalarem Vielfachen in $V/\mathrm{Kern}\, f$ gemäß 3 zeigt, daß f_2 ein Homomorphismus der Vektorräume ist. Nach Konstruktion ist f_2 bijektiv, also ein Isomorphismus der Vektorräume.

Für $a \in V$ gilt nach Definition $(f_3 \circ f_2 \circ f_1)(a) = f_3(f_2(\pi(a))) = f_3(f_2(a + \mathrm{Kern} f))$ $= f_3(f(a)) = f(a)$, das heißt, das Diagramm

$$\begin{array}{ccc} V & \xrightarrow{f} & V' \\ \pi = f_1 \downarrow & & \uparrow f_3 \\ V/\mathrm{Kern}\, f & \xrightarrow[f_2]{} & \mathrm{Bild}\, f \end{array}$$

ist kommutativ, $f = f_3 \circ f_2 \circ f_1$. Man nennt dies die *kanonische Faktorisierung* von f in einen surjektiven Homomorphismus $f_1 = \pi$, einen bijektiven Homomorphismus f_2 und einen injektiven Homomorphismus f_3. Da f_2 ein Isomorphismus ist, erhält man den

Homomorphie-Satz für Vektorräume. *Ist $f\colon V \to V'$ ein Homomorphismus der Vektorräume, dann gilt $V/\mathrm{Kern}\, f \simeq \mathrm{Bild}\, f$.*

6. Anwendungen. a) *Direkte Summen.* Ist $V = U \oplus W$ die direkte Summe der Unterräume U und W (1.8.1), so ist die Projektion $f\colon V \to W$, $f(u + w) := w$ für $u \in U$, $w \in W$, von V auf W ein Homomorphismus der Vektorräume mit $\mathrm{Kern}\, f = U$ und $\mathrm{Bild}\, f = W$. Aus dem Homomorphie-Satz folgt daher $V/U \simeq W$, falls $V = U \oplus W$.

Diese Aussage ist im endlich-dimensionalen Fall trivial, denn nach Korollar 2 in 4 gilt $\dim V/U = \dim V - \dim U$, und nach Korollar 1.8.1 gilt $\dim W = \dim V - \dim U$. Endlich-dimensionale Vektorräume gleicher Dimension sind aber isomorph (1.6.3).

b) *Matrix-Algebren.* Zu $A \in \mathrm{Mat}(n; K)$ gibt es nach 8.4.2 einen Homomorphismus $\Phi_A\colon \mathrm{Pol}\, K \to K[A]$, $\varphi \mapsto \varphi(A)$, der K-Algebren, für den $\mathrm{Kern}\, \Phi_A = \{\varphi \in \mathrm{Pol}\, K\colon \varphi(A) = 0\}$ durch ein eindeutig-bestimmtes normiertes Polynom $\mu = \mu_A$ erzeugt wird: $\mathrm{Kern}\, \Phi_A = \mathrm{Pol}\, K \cdot \mu_A$. Nach dem Homomorphie-Satz gilt also $K[A] \simeq \mathrm{Pol}\, K/\mathrm{Pol}\, K \cdot \mu$ als Isomorphismus von K-Vektorräumen. Da Φ_A ein Homomorphismus der Algebren ist, kann man zeigen, daß beide K-Algebren isomorph sind.

7. Beispiele. a) *Konvergente Folgen.* Es bezeichne $\mathscr{F}$ den Vektorraum der reellen konvergenten Folgen (1.3.2), $\mathscr{F}_0$ den Unterraum der Nullfolgen und $\lim\colon \mathscr{F} \to \mathbb{R}$

den durch die Limes-Bildung gegebenen Homomorphismus der $\mathbb{R}$-Vektorräume. Wegen Kern lim $= \mathscr{F}_0$ folgt $\mathscr{F}/\mathscr{F}_0 \simeq \mathbb{R}$.

b) *Stetige Funktionen.* Bezeichnet $C(I)$ wie in 1.3.4 den $\mathbb{R}$-Vektorraum der auf dem beschränkten Intervall I stetigen Funktionen und $\lambda: C(I) \to \mathbb{R}$ die Linearform $\lambda(\varphi) := \int_I \varphi(\xi)\, d\xi$, so gilt $C(I)/\text{Kern}\,\lambda \simeq \mathbb{R}$ und $\mathbb{R} \oplus \text{Kern}\,\lambda = C(I)$.

§ 5*. Nilpotente Endomorphismen

1. Problemstellung. Im Struktur-Satz 8.3.6 konnten zerfallende Matrizen bis auf Ähnlichkeit durch ihre JORDANsche Normalform beschrieben werden. Die dabei auftretenden JORDAN-Matrizen $J = \lambda E + N$, N echte obere Dreiecksmatrix, können nun selbst noch auf eine Normalform gebracht werden. So wird es sich im Satz 5 zeigen, daß jede echte obere $m \times m$ Dreiecksmatrix N vom Rang 1 zu jeder echten oberen $m \times m$ Dreiecksmatrix ähnlich ist, bei der genau ein Element $\neq 0$ ist. Ein einfacher Beweis für die Existenz einer Normalform für nilpotente Matrizen kann mit Hilfe des Begriffs des Quotientenraums geführt werden.

2. Zyklische Unterräume. Es sei V ein Vektorraum über K und $f \in \text{End}\, V$ gegeben. Für $a \in V$ bezeichnet man den von $a, f(a), \ldots, f^k(a), \ldots$ aufgespannten Unterraum mit $U(f, a)$. Wegen $f(f^k(a)) = f^{k+1}(a)$ bildet f jeden Unterraum $U(f, a)$ in sich ab. Einen Unterraum U von V nennt man *f-zyklisch*, wenn es $0 \neq a \in V$ gibt mit $U = U(f, a)$. Ist $f = 0$, so sind die f-zyklischen Unterräume genau die eindimensionalen Unterräume.

Nun sei f nilpotent. Es gibt dann zu $a \in V$, $a \neq 0$, eine kleinste natürliche Zahl $m = m(f, a)$ mit $f^k(a) \neq 0$ für $0 \leqslant k < m$ und $f^k(a) = 0$ für $k \geqslant m$. (Ist $f(a) = 0$, so ist $m(f, a) = 1$.)

Lemma. *Die Vektoren $a, f(a), \ldots, f^{m-1}(a)$, $m = m(f, a)$, bilden eine Basis von $U(f, a)$.*

Beweis. Auf eine Relation $\alpha_0 a + \alpha_1 f(a) + \cdots + \alpha_{m-1} f^{m-1}(a) = 0$ wende man der Reihe nach $f^{m-1}, f^{m-2}, \ldots, f$ an und erhält der Reihe nach $\alpha_0 = 0, \alpha_1 = 0, \ldots, \alpha_{m-1} = 0$. □

3. Der Struktur-Satz. *Ist V ein endlich-dimensionaler Vektorraum über K und $f \in \text{End}\, V$ nilpotent, dann ist V eine direkte Summe $V = U_1 \oplus \cdots \oplus U_s$ von f-zyklischen Unterräumen $U_1, \ldots, U_s$.*

Zum *Beweis* darf man $f \neq 0$ annehmen, denn anderenfalls ist V nach Bemerkung 1 in 1.8.1 eine direkte Summe von eindimensionalen, also f-zyklischen Unterräumen. Man nimmt an, daß der Satz für alle K-Vektorräume einer Dimension kleiner als $n = \dim V$ bereits bewiesen ist. Da $f \neq 0$ nilpotent ist, gibt es eine natürliche Zahl $m \geqslant 2$ mit $f^{m-1} \neq 0$ und $f^m = 0$. Wählt man nun $a \in V$ mit $f^{m-1}(a) \neq 0$, so ist $U = U(f, a)$ mit Basis $a, f(a), \ldots, f^{m-1}(a)$ ein f-zyklischer Unterraum nach 2, und es gilt $m(f, a) = m$. Für den Fortgang des Beweises benötigt man nun zwei Hilfsbehauptungen:

Behauptung 1. *Gilt $f^k(b) \in U$ für ein $b \in V$ und ein $k \geqslant 0$, dann gibt es $b' \in b + U$ mit $f^k(b') = 0$.*

Beweis. Für $c := f^k(b) \in U$ gibt es $\alpha_0, \ldots, \alpha_{m-1} \in K$ mit $c = \alpha_0 a + \alpha_1 f(a) + \cdots + \alpha_{m-1} f^{m-1}(a)$. Wegen $f^m(b) = 0$ gilt $f^{m-k}(c) = 0$. Wendet man daher der Reihe nach $f^{m-1}, f^{m-2}, \ldots, f^{m-k}$ auf c an, so folgt $\alpha_0 = 0, \alpha_1 = 0, \ldots, \alpha_{k-1} = 0$ und daher $c = f^k(c')$ mit $c' := \alpha_k a + \alpha_{k+1} f(a) + \cdots + \alpha_{m-1} f^{m-k-1}(a) \in U$. Für $b' := b - c' \in b + U$ folgt $f^k(b') = f^k(b) - f^k(c') = c - c = 0$. □

Behauptung 2. *Es gibt einen K-Vektorraum $\tilde{V}$ und Homomorphismen $g\colon V \to \tilde{V}$, $\tilde{f}\colon \tilde{V} \to \tilde{V}$ mit $n = m + \dim \tilde{V}$,* Kern $g = U$, Bild $g = \tilde{V}$, *$g \circ f = \tilde{f} \circ g$ und $\tilde{f}^m = 0$.*

Beweis. Man wählt $\tilde{V} := V/U$ (vgl. 4.3) und für g den kanonischen Epimorphismus $\pi\colon V \to \tilde{V}$. Nun wird $\tilde{f}\colon \tilde{V} \to \tilde{V}$ definiert durch $\tilde{f}(a + U) := f(a) + U$, $a + U \in V/U$. Da U ein f-invarianter Unterraum von V war, ist $\tilde{f}$ wohldefiniert und ein Endomorphismus. Schließlich folgt $(\tilde{f} \circ g)(a) = \tilde{f}(a + U) = f(a) + U = g(f(a)) = (g \circ f)(a)$ für $a \in V$, also $\tilde{f} \circ g = g \circ f$. Man erhält $\tilde{f}^k \circ g = g \circ f^k$ für $k = 2, \ldots$ und daher $\tilde{f}^m \circ g = 0$. Da g aber surjektiv ist, folgt $\tilde{f}^m = 0$. Mit dem Korollar 2 in 4.4 ist alles bewiesen. □

Nun wird im Beweis fortgefahren: Ist $U = V$, so ist nichts mehr zu beweisen. Anderenfalls wählt man $\tilde{V}$ und $\tilde{f}$ nach Behauptung 2. Dann ist $\dim \tilde{V} < \dim V = n$, und man hat eine direkte Summendarstellung $\tilde{V} = \tilde{U}_1 \oplus \cdots \oplus \tilde{U}_s$ mit $\tilde{f}$-zyklischen Unterräumen $\tilde{U}_1, \ldots, \tilde{U}_s$ von V.

Behauptung 3. *Es gibt $a_1, \ldots, a_s \in V$, so daß für $i = 1, \ldots, s$ die folgenden Aussagen richtig sind:*

a) *$\tilde{U}_i = U(\tilde{f}, \tilde{a}_i)$ mit $\tilde{a}_i = g(a_i)$.*
b) *$g\colon U_i \to \tilde{U}_i$ ist eine Bijektion mit $U_i := U(f, a_i)$.*

Beweis. Nach 2 gibt es $\tilde{a}_i \in \tilde{V}$ mit $\tilde{U}_i = U(\tilde{f}, \tilde{a}_i)$. Für $m_i := \dim \tilde{U}_i$ gilt daher $m_i = m(\tilde{f}, \tilde{a}_i)$ und $\tilde{f}^{m_i}(\tilde{a}_i) = 0$. Da $g\colon V \to \tilde{V}$ surjektiv ist, gibt es $a_i \in V$ mit $\tilde{a}_i = g(a_i)$, hier darf man a_i noch um einen beliebigen Summanden aus U abändern. Wegen $0 = \tilde{f}^{m_i}(\tilde{a}_i) = (\tilde{f}^{m_i} \circ g)(a_i) = g(f^{m_i}(a_i))$ folgt $f^{m_i}(a_i) \in U$. Nach Behauptung 1 darf man ohne Einschränkung $f^{m_i}(a_i) = 0$ annehmen. Aus $f^k(a_i) = 0$ folgt $\tilde{f}^k(\tilde{a}_i) = (f^k \circ g)(a_i) = g(f^k(a_i)) = 0$, also $k \geqslant m_i$. Damit hat $U_i := U(f, a_i)$ die gleiche Dimension wie $\tilde{U}_i$, und wegen $g(U_i) \subset \tilde{U}_i$ folgt die Behauptung. □

Behauptung 4. $V = U \oplus U_1 \oplus \cdots \oplus U_s$.

Beweis. Sind $u \in U$, $u_1 \in U_1, \ldots, u_s \in U_s$ mit $u + u_1 + \cdots + u_s = 0$ gegeben, so wendet man g an und erhält $g(u_1) + \cdots + g(u_s) = 0$ nach Behauptung 2. Da die Summe $\tilde{U}_1 + \cdots + \tilde{U}_s$ direkt ist, ergibt Behauptung 3 schon $u_1 = \cdots = u_s = 0$. Dann gilt aber auch $u = 0$, und die Summe $U \oplus U_1 \oplus \cdots \oplus U_s$ ist direkt. Aus Dimensionsgründen folgt die Behauptung. □

4. Nilzyklische Matrizen. Man definiert Matrizen $N_m \in \mathrm{Mat}(m; K)$ durch

$$N_1 = 0, \quad N_2 = \begin{pmatrix} 0 & 1 \\ 0 & 0 \end{pmatrix}, \quad N_3 = \begin{pmatrix} 0 & 1 & 0 \\ 0 & 0 & 1 \\ 0 & 0 & 0 \end{pmatrix}, \ldots, N_m = \begin{pmatrix} 0 & 1 & 0 & \cdots & 0 \\ & & \ddots & \ddots & \vdots \\ \vdots & & & \ddots & 0 \\ & & & & 1 \\ 0 & & \cdots & & 0 \end{pmatrix},$$

und nennt diese Matrizen *nilzyklisch*. Bezeichnet $e_1, \ldots, e_m$ die kanonische Basis des K^m, so folgt $N_m e_i = e_{i-1}$ für $i > 1$ und $N_m e_1 = 0$. Speziell ist $N_m^m = 0$, und der K^m ist N_m-zyklisch. Umgekehrt gilt das

Lemma. *Ist $f \in \mathrm{End}\, V$ nilpotent und U ein f-zyklischer Unterraum, dann gibt es eine Basis B von U, so daß die Restriktion $f|U$ von f auf U durch die Matrix N_m, $m = \dim U$, dargestellt wird.*

Beweis. Man wählt $a \in U$ mit $U = U(f, a)$ und setzt $b_i = f^{m-i}(a)$ für $i = 1, \ldots, m = m(f, a)$. Ist $M(f) = (\mu_{ij})$ die darstellende Matrix (vgl. Satz 2.2), so gilt

$$\sum_{i=1}^{m} \mu_{ij} b_i = f(b_j) = \begin{Bmatrix} b_{j-1}, & \text{falls } j > 1 \\ 0, & \text{falls } j = 1 \end{Bmatrix},$$

und man erhält $\mu_{i1} = 0$ und $\mu_{ij} = \delta_{i,j-1}$ für $j > 1$. □

5. Die Normalform. Zum Schluß soll Lemma 4 mit dem Struktur-Satz 3 kombiniert werden: Ist $f \in \mathrm{End}\, V$ und ist U ein f-invarianter Unterraum, dann ist die Einschränkung $g = f|U$, $g(u) := f(u)$ für $u \in U$, ein Endomorphismus von U. Ferner ist U auch g-zyklisch, falls U als f-zyklisch angenommen wird.

Satz. *Ist V ein endlich-dimensionaler Vektorraum über K und $f \in \mathrm{End}\, V$ nilpotent, dann ist jede f darstellende Matrix ähnlich zu einer Kästchen-Diagonalmatrix von nilzyklischen Matrizen.*

Korollar. *Jede nilpotente Matrix A ist ähnlich zu einer Kästchen-Diagonalmatrix von nilzyklischen Matrizen.*

Bevor man auf den Beweis eingehen kann, benötigt man das

Lemma. *Ist $f \in \mathrm{End}\, V$ und $V = U_1 \oplus \cdots \oplus U_s$ eine direkte Summe von f-invarianten Unterräumen $U_1, \ldots, U_s$ und sind $M_1, \ldots, M_s$ darstellende Matrizen der Einschränkungen $g_1 = f|U_1, \ldots, g_s = f|U_s$, so ist jede darstellende Matrix von f zur Kästchen-Diagonalmatrix $[M_1, \ldots, M_s]$ ähnlich.*

Beweis. Nach Lemma 4 braucht nur eine Basis B von V angegeben zu werden, für welche $[M_1, \ldots, M_s]$ die darstellende Matrix ist: Man wählt der Reihe nach eine Basis $b_1, \ldots, b_{m_1}$ von U_1, so daß M_1 die darstellende Matrix von g_1 ist, eine Basis $b_{m_1+1}, \ldots, b_{m_2}$, so daß M_2 die darstellende Matrix von g_2 ist, usw. Für $B = (b_1, \ldots, b_{m_1}, b_{m_1+1}, \ldots)$ gilt dann $M_B(f) = [M_1, \ldots, M_s]$. □

Der *Beweis* des Satzes folgt mit dem Lemma nun aus Satz 3 und Lemma 4.

Literatur

[1] Artin, E.: Geometric Algebra, Interscience, New York, 1957

[2] Bourbaki, N.: Algèbre linéaire, in: Eléments de Mathematique, livre II: Algèbre, Hermann, Paris, 1947

[3] Fischer, G.: Lineare Algebra, Vieweg, Braunschweig, 1975

[4] Gantmacher, F. R.: Matrizenrechnung, Deutscher Verlag der Wissenschaften, Berlin, 1958

[5] Greub, W. H.: Lineare Algebra, Springer, Berlin-Heidelberg-New York, 1967, Grundlehren 97

[6] Gröbner, W.: Matrizenrechnung, R. Oldenbourg, München, 1956

[7] Halmos, P.: Finite Dimensional Vectorspaces, Nostrand, Princeton, 1958

[8] Kowalewski, G.: Einführung in die Determinantentheorie, Veit & Co., Leipzig, 1909

[9] Kowalsky, H.-J.: Lineare Algebra, W. de Gruyter, Berlin, 1967, 1970

[10] Kuiper, N.: Linear Algebra and Geometry, North Holland Publ., Amsterdam, 1961

[11] Lang, S.: Linear Algebra, Addison-Wesley, Reading, 1966

[12] Lorenz, F.: Lineare Algebra I und II, Bibl. Institut, Mannheim, 1982

[13] Oeljeklaus, E., Remmert, R.: Lineare Algebra I, Springer, Berlin, 1974

[14] Pickert, G.: Analytische Geometrie, Leipzig, 1961

[15] Proskuryakov, I. V.: Problems in Linear Algebra, Mir Publishers, Moskau, 1978

[16] Schreier, O., Sperner, E.: Einführung in die analytische Geometrie und Algebra, Hamb. Math. Einzelschriften **10**, B. G. Teubner, Berlin, 1931

[17] Schreier, O., Sperner, E.: Vorlesungen über Matrizen, Hamb. Math. Einzelschriften **12**, B. G. Teubner, Leipzig, 1932

[18] Tietz, H.: Lineare Geometrie, Aschendorff, Münster, 1967

[19] van der Waerden, B. L.: Algebra, Springer, Heidelberg-Berlin-New York, 1959

[20] Wedderburn, J. H. W.: Lectures on Matrices, AMS Coll. Publ. **17**, New York, 1934

Namenverzeichnis

Sachverzeichnis

Zahlen

Von **H.-D. Ebbinghaus, H. Hermes, F. Hirzebruch, M. Koecher, K. Mainzer, A. Prestel, R. Remmert**

Redaktion: **K. Lamotke**

1983. 31 Abbildungen. XII, 291 Seiten
(Grundwissen Mathematik, Band 1)
Broschiert DM 48,–. ISBN 3-540-12666-X

Erstmals werden alle interessanten Zahlsysteme in **einem** Buch ausführlich behandelt. Sieben Autoren und ein Redakteur haben in enger Zusammenarbeit dargestellt, wie sich der Zahlbegriff historisch entwickelt hat und wie er exakt begründet und erweitert werden kann.

Von den natürlichen Zahlen führt der Weg über die ganzen und rationalen Zahlen zu den reellen Zahlen. Darüber hinaus werden die komplexen Zahlen, die Hamiltonschen Quaternionen und die Cayleyschen Oktaven dargestellt. Mit Methoden der Algebra, Analysis und Topologie wird begründet, warum man mit den Quaternionen und Oktaven an die Grenzen für höherdimensionale Zahlsysteme stößt. In einer anderen Richtung werden die reellen Zahlen zu den Conwayschen Zahlen und Spielen einerseits und zu den Robinsonschen Non-Standard-Zahlen mit ihren infinitesimalen Größen andererseits erweitert.

Der erste Teil bietet zum Thema „Zahlen“ das, was jeder Mathematiker zu diesem Thema gehört und gelesen haben sollte. Die beiden anderen Teile sollen eine über das **Grundwissen** hinausgehende Neugier des Lesers stillen. Sie bieten eine Fülle von Themen auch für Proseminare oder Seminare. In diesem Sinn ist der Zahlenband für die neue deutsche Lehrbuchreihe **Grundwissen Mathematik** nicht charakteristisch; insbesondere können die anderen Bände dieser Reihe unabhängig vom Zahlenband studiert werden.

Jeder, der sich mit Mathematik beschäftigt - an der Hochschule, am Gymnasium oder in Wirtschaft und Industrie - wird dieses Buch mit großem Gewinn lesen und immer wieder gerne zur Hand nehmen.

Springer-Verlag
Berlin
Heidelberg
New York
Tokyo